资助

MUSEUM-SCHOOL COOPERATION PROMOTES THE WORK OF "DOUBLE REDUCTION"

馆校结合助推“双减”工作

第十四届馆校结合科学教育论坛论文集

COLLECTION OF PAPERS OF THE 14TH FORUM ON MUSEUM-SCHOOL COOPERATION & SCIENCE EDUCATION

李秀菊　曹　金　李　萌
主编

社会科学文献出版社
SOCIAL SCIENCES ACADEMIC PRESS (CHINA)

本书编委会

（以姓氏笔画为序）

前　言

《国家中长期科学和技术发展规划纲要（2006—2020年）》确立了提高自主创新能力、建设创新型国家的发展战略。科技人才队伍建设需有效满足创新型国家和世界科技强国目标的新要求。国务院印发的《全民科学素质行动规划纲要（2021—2035年）》，提出要持续完善科学教育与培训体系，将科学教育纳入基础教育各阶段，在“十四五”时期实施青少年科学素质提升行动。2022年9月，中共中央办公厅、国务院办公厅印发《关于新时代进一步加强科学技术普及工作的意见》，提出强化基础教育和高等教育中的科普教育，将激发青少年好奇心、想象力，增强科学兴趣和创新意识作为素质教育的重要内容，把弘扬科学精神贯穿于教育全过程。

馆校结合能有效拓展学校教育资源，其教育理念对提升我国青少年科学素质有着积极作用。学校和科技场馆是最重要的两个科学教育阵地，为中小学生提供重要的科普资源，近些年，校外场馆逐步融入科学教育体系之中。2020年教育部和国家文物局发布的《关于利用博物馆资源开展中小学教育教学的意见》中提到，要推动博物馆教育资源开发应用，建立馆校合作长效机制，馆校结合发展迈入新征程。2022年4月发布的《义务教育课程方案和课程标准（2022年版）》，提到要注重社会资源的开发与利用，发挥各类科技场馆的作用，把校外学习与校内学习结合起来，补充校内资源的不足。

馆校结合科学教育论坛自2009年举办第一届以来，已经成为中国科普研究所在科学教育领域的品牌学术活动。第十四届馆校结合科学教育论坛于

2022 年 7 月在北京召开，论坛为国内外科技类场馆、博物馆和中小学的科学教育实践者、研究者、管理者和政策制定者搭建交流的平台，以理论和实证研究引领馆校结合科学教育实践。

本届论坛共收到投稿论文 114 篇，经过专家严格评审，最终收录 48 篇论文到论文集中。这些论文从馆校结合科学教育活动设计与实施研究、馆校结合数字化教学变革、科学教育工作者专业能力提升研究、馆校结合评价研究和国外馆校结合理论与实践研究五个方面探索了馆校结合助推“双减”工作下的馆校合作发展，具有较高的应用价值，创新性突出，对馆校结合的理论与实践具有重要的借鉴意义。

论文集在编辑的过程中，难免有不当之处，欢迎广大读者批评、指正。

编者

2022 年 11 月

目 录

基于三维虚拟互动技术的课程创新设计与实施

——以北京自然博物馆“人类起源与进化”为例

金荣莹　柴玉慧*

（北京自然博物馆，北京，100050）

摘　要　在教育数字化转型和“双减”背景下，一方面，可基于三维虚拟互动技术开发馆校结合课程，课程依托博物馆展厅资源、学校生物课程标准，符合学生认知规律，是对校内课程的补充和延伸。另一方面，“双减”政策落地后，社会和学校对优质教育资源有很大的需求，三维虚拟互动课件开辟了一条新的科普教学路径，把难讲、难懂的知识点转化为直观的影像表现出来，并且借助自主操作提高学习积极性。

关键词　三维虚拟互动技术　5E 教学模式　馆校合作　课程设计

1　基于三维虚拟互动技术的课程简介

三维虚拟互动科普教学课程主要依托 Z-SPACE 显示屏，装配主机、电子笔、3D 眼镜等构成虚拟全息 3D 显示设备，利用北京自然博物馆采集的数字化资源成果，以虚拟现实技术为主导，结合科普课程教具箱的使用，设计制作北京自然博物馆的科普教学课程，在博物馆常设活动以及馆校合作活动中加以应用。科普课程教具箱和三维虚拟互动课件配套开发，主题涉及北京自然博物馆常设展厅中的昆虫（动物—人类朋友展厅）、古人类

* 金荣莹，北京自然博物馆副研究馆员，研究方向为博物馆教育；柴玉慧，北京自然博物馆馆员，研究方向为博物馆教育。

（人之由来展厅）、被子植物（植物世界展厅）、古爬行动物（古爬行动物展厅）。

2 三维虚拟互动技术的课程应用——以北京自然博物馆“人类起源与进化”为例

2.1 课程背景

根据以往馆校合作经验，学生到场馆中参观常常缺乏主动性，对于场馆提供的辅助参观资源如讲解、学习单等学生也是应付了事，参观学习过程中收获有限。

“人类起源与进化”作为馆校结合课程首次采用三维虚拟互动技术，将已经灭绝的生物类型以三维模型的形式再现出来，生动且直观。它是基于博物馆人之由来展厅资源设计开发的课程，具有鲜明的场馆特色，人之由来展厅是馆内的四大基本陈列之一，展览以“我们是谁？我们从哪里来?”两个问题为切入点，就人的起源和演化、人的由来以及人的生态地位等方面，按照时间和演化顺序，借助图版、标本、多媒体、景观、投影等手段进行详细的阐述和说明。

“人类起源与进化”相关内容与人教版《生物学》七年级下册第四单元生物圈中第一章“人的由来”第一节“人的起源和发展”中的部分内容相关，可以作为校内课程的扩展和延伸。校内课程包括现代人和类人猿拥有共同的祖先，人类从猿到人的进化，露西和石器化石的介绍，这些内容北京自然博物馆人之由来展厅均有涉及。由于课堂中的教学资源有限，传统教学过程中只能通过图片等手段开展教学，不利于学生对相关内容的理解和掌握。“人类起源与进化”知识的重点及难点在于运用比较方法找出人和类人猿的异同点；认识到古人类化石和遗物等对研究人类起源的重要性；认同现代人类是在与自然环境的长期斗争中进化而来的观点。学生可以结合博物馆现有展厅资源及三维虚拟互动课件对这些内容加以扩展和丰富，使零散知识系统化。

2.2 教学模式

本活动采用5E 教学模式。在新课标的指导下，寻求与之相匹配的教学模式尤为重要。课程标准提到的面向全体学生探究性学习、提高学生科学素养等课程要求，与5E教学模式的思想相匹配。[1] 5E教学模式是美国生物学课程研究开发的一种以建构主义为基础，能帮助学生组织学习内容、培养学生科学素养和提高学生技能的教学模式，强调课堂教学的情境性、亲历性、尝试性、迁移性及应用性，该教学模式包括5个环节：引入、探究、解释、迁移和评价。

2.3 教育目标

生命观念：了解以自然选择学说为核心的生物进化理论，进化是生物适应环境的表现，生物适应环境的形式是多种多样的，认识人类进化过程中结构与功能相适应的特征。

科学思维：比较人类在起源和发展过程中自身形态结构和使用工具等方面的变化，形成生物进化的观点。

探究实践：通过展厅参观学习培养学生观察能力、归纳总结能力、语言表达能力以及运用三维虚拟互动课件自主学习的能力。

态度责任：认同人类起源与发展的辩证唯物主义观点，人类的演化同样适用于达尔文的“物竞天择、适者生存”理论，以及公共场所应遵守公共秩序、建立良好行为规范的养成教育。

2.4 对象分析

七年级学生已经具备一定的观察能力和归纳能力，对未知事物具有好奇心和探索欲，但对于观察到的现象欠缺分析能力。本节课依托自然博物馆人之由来展厅相关资源，展览内容为人类演化历程，生物教材中涉及的人类起源及早期演化知识在展览中均有涉及，除了对人类演化的整体介绍外，还选取典型代表重点陈列。展厅运用三维虚拟互动课件，帮助学生系统梳理知识，把难以理解的抽象内容具体化，对易混淆的内容进行对比，构建知识体系。

2.5 课程准备

材料：人类各阶段头骨模型、量筒、彩砂、三维虚拟互动课件。

场地：探索角实验室及人之由来展厅，展厅相对空旷和安静，适合组织单个班级的学生开展活动。

2.6 实施流程

2.6.1 引入

课程引入环节在一堂课时间中占比虽小，但需要教师精心设计，创设情境吸引学生，暴露学生认知错误，激起学生的探究欲望和学习兴趣，积极建构科学概念。引入环节可以通过创设与学生实际生活相关的问题情境，提高学生对问题的关注度，解决这些问题有助于学生解决实际生活中出现的问题，帮助学生理论联系实际。

本课中通过学生非常感兴趣的动画类短片《疯狂原始人》片段，引出课程主题——人，引入本次课程内容。通过师生问答了解学生对于人类起源和演化相关知识的了解程度。

设计意图：5E 教学模式的引入环节强调激发学生兴趣。初中学生的注意力集中时间不长，教师想要达成教学目标，就必须在课堂上激发学生的学习兴趣。以学生生活中熟悉又陌生的动画引入本节课程，易暴露学生的认知错误，引发认知冲突，符合学生的认知规律，播放动画能够有效吸引学生注意力，激发学生兴趣，通过问答，了解学生已有认知水平。

2.6.2 探究

利用引入环节产生的认知冲突引导学生探究，探究可以是实验类探究、观察类探究，也可以是资料分析类探究。无论哪种形式，学生都是探究活动的主体，教师是帮助学生形成新概念、获得新技能的协助者和引导者。学生自主探究寻求问题解决方案，通过自我产生认知冲突，解决问题，完成概念的转变或技能的提升，自主学习能力得到锻炼。教师可在过程中把控进度，关注学生表现，必要时给予引导和帮助，协助学生完成探究活动。

（1）三维虚拟互动课件应用

学生分组自主操作三维虚拟互动课件对人类演化各阶段的特征进行观察，例如可以直接放大观察各时期人类头骨、四肢结构，了解人类身体演化与环境适应的关系；可以借助教具箱中各阶段人类头骨模型进行直观纵向对比。

（2）展厅分组探究学习

在教室中对各时期人类各部分特征有了大致了解后，安排学生分组活动，利用展厅标本和展览观察，记录不同阶段人类身体结构特点，讨论、归纳总结得出演化规律，个人完成记录单。

设计意图：5E 教学模式的探究环节主体是学生。学生分组合作学习，带着问题进行自主探究学习，在教师逐步引导下通过观察归纳身体结构特点，讨论、总结人类演化的趋势。学生基于实物的观察，获得直接经验，形成科学认知。通过观察模型和标本，让学生认同结构与其生活习性相关，使其更好地理解结构与生活习性相适应的特点。

2.6.3 解释

学生通过以上环节对问题解决有一定的认识，渴望表达自己或小组的探究结果，这是感性认识上升到理性认识。此环节要尊重学生观点，每个学生已有的认知水平不同，对新的认知理解程度不同，需要给予学生表达观点的机会。教师通过学生的表达和暴露出的一些问题，引导学生得出科学的认知。无论是否形成正确的概念都不可打击学生的兴致和自信心。教学中的解释环节不仅要解释概念的定义，还要解释概念的内涵、外延等，帮助学生充分理解，形成新的概念。[1]

本课中通过对作为人类演化中最为重要的器官之一——大脑的观察和分析帮助学生利用探究环节得出结论，进一步深入学习。大脑的演化是重点讲述内容，通过各阶段头骨模型，对比不同时期人类头骨的变化，并总结规律。

设计意图：5E 教学模式的解释环节是学生阐述思考后的结果，对于学生的表达，教师应循循善诱，使学生形成正确的认知。[2]学生通过一系列观察、对比，对大脑结构有深层次理解，是对科学认知的检验。学生观察出模型间的差异，引发认知冲突，强化相关概念，掌握和理解结构上的区别，培养学生分类与对比、归纳与概括的能力，为深入学习做铺垫。

2.6.4 迁移

创设新的情境，使学生将形成的新概念和技能运用到新情境中，加以进一步的扩展或深化。教师设置的新问题可以与原问题相似，也可以是原问题的进一步深化，应是新概念的知识体系能解决的问题，目的是帮助学生巩固所学知识，实现对新知识的建构。[1]教师可以把生物学问题融入实际生活中，理论联系实际，用新知识解决生活中的实际问题，达成对知识的迁移。

本课中学生分组运用三维虚拟互动课件及展厅学习的内容设计实验，利用教具箱中提供的各阶段头骨模型，测量各时期人类脑容量的变化情况，记录各阶段数值并进行对比分析。

设计意图：5E 教学模式的迁移环节是及时巩固学习成果的环节，培养学生应用能力及加强对科学概念的深化理解。实验操作可以验证前面展厅中学习的内容，通过亲自动手加深记忆和理解。

2.6.5 评价

评价不仅是对教学目标达成情况进行评价，也要对学生课题表现进行评价，评价应贯穿整个教学过程。教师要注意对学生的行为活动和学习效果进行及时评价。[1]

本课中教师通过学生各个环节的发言情况及学生自主学习、展厅探究学习的表现性评价，对学生整个教学过程进行综合评价。

设计意图：5E 教学模式的评价环节是学生反思的过程。评价可分为正式评价（通过当堂测验等方式来判断学生对知识的掌握水平）和非正式评价。[2] 本课采用非正式评价，教师在教学过程各个环节对学生的观察及自述进行评价。学生通过梳理并表达学习过程中的疑问和收获，对知识的理解进一步加深，在此基础上师生共同总结本课的知识要点。[2]

2.7 教育效果

教育活动实施以来，主要在馆校合作方面开展教学活动，课程实施累计 30 余次，总受众 1200 余人，广受来馆学生及教师的好评。

本活动不局限于七年级学生参与，也会根据学生年龄调整活动方案。活动主要采用表现性评估，通过教师与学生的问答、课堂教学的反馈、观察学生的小组活动等教学过程，了解学生对学习内容的理解掌握程度，并随时调整教学策略。活动结束后通过与教师、学生进行访谈，收集统计学生记录单中的问题，对活动效果进行评估。本活动主要特点包括以下几方面。

第一，针对探索角教室及人之由来展厅两个教学场所的教学活动，学生分组争取做到各组成员能力互补，分工合作明确。分组学习可以发挥团队作用，在教室中分组学习可以明确组员具体工作内容，避免无效活动，争取最大学习效率，在展厅中组长带领组员，相互监督完成学习任务。

第二，博物馆针对馆藏资源和展厅资源设计三维虚拟互动课件，弥补学生到场馆中参观常常缺乏主动性和目的性的问题。学生对知识进行迁移，可巩固学生对新概念的理解和运用，也帮助学生建构知识体系。

2.8 评价反思

对于人类的起源内容的学习，学生既感兴趣又觉得不易理解，原因在于缺乏直接经验，相关内容与实际生活有距离。借助博物馆资源学习相关内容可以帮助学生突破重点难点问题；场馆展厅的学习除了在知识内容、知识体系方面便于学生理解外，还可以从科学过程和科学精神方面对学生加以培养，如让学生了解到科学家如何利用化石证据来推测出具有科学内涵的知识（如展厅中展示了一块足迹化石，科学家根据这块化石复原了阿尔法南猿一家的生活场景并展示出来）；教学过程也强调学生通过三维虚拟互动课件进行自主学习，借助阅读、观察、对比、记录等方法主动成为学习的主体。相较于课堂中的讲授教学，这一学习过程对于知识的整体把握更到位，更加受学生的欢迎。但内容的设计和过程的组织需要教师事先与场馆进行沟通，并提前到场馆中实地考察，便于教学过程的组织和推进。同时，展厅中的信息含量远超课本的范畴，最好是学生在校学习完相关课程后再进入博物馆学习，对学生构建知识体系更加有利。在完成教学参观环节后，应为学生提供额外的自由参观和学习时间，满足学生多样化学习需求。

3 结语

如何将教育数字化转型更好地融入博物馆的核心业务，是当今科普场馆数字化转型的一大挑战。与此同时，要响应“双减”政策，聚焦馆校合作中的资源共建问题，将博物馆教育融入整个教育的生态系统。三维虚拟互动技术的运用，并不是与传统的博物馆教育活动相排斥，而是在展厅参观以及展厅讲解等学习方式的基础之上，引入一种新型自主操作的学习方式，使学生在博物馆得到创新性的互动体验，更有利于博物馆发挥教育功能。

参考文献

［1］聂梓妃：《“5E”教学模式在初中生物学教学中的实践研究》，四川师范大学硕士学位论文，2020。
［2］栾卿、李玥：《“5E 教学模式”的实践研究——以〈去括号〉教学为例》，《中学教学参考》2020 年第 35 期。

疫情防控常态化时代线上科普对策研究

——基于科技馆线上应急科普资源内容分析

路 通 刘尚昆 王 铟*

（北京师范大学，北京，100875）

摘 要 加强常态化应急科普是应对新冠肺炎疫情等突发事件时提升公众科学素养的重要手段。本文从反思线上科普资源的设计出发，采用内容分析法，从资源类型、主题和涉及学科等角度对广东科学中心、旧金山探索馆和伦敦科学博物馆三家比较有代表性的科技馆在疫情期间展示的线上科普资源进行分析。研究发现，疫情期间线上应急科普资源中活动类占比最多，其次是产品类；国内外科技馆针对疫情主题从多视角进行科普资源设计；疫情期间科普资源设计的跨学科性更加突出。本文针对如何加强常态化应急科普得出以下启示：加强活动类科普资源的开发，形成线上线下兼顾的品牌活动；重视互联网新技术、新媒体在科普资源开发中的运用；从跨学科视角出发设计多元化科普资源，形成稳定的应急科普模式。

关键词 科学普及 线上应急科普 科普资源开发

1 引言

2021年6月，《全民科学素质行动规划纲要（2021—2035年）》正式发

---

* 路通，北京师范大学科学与技术教育专业硕士研究生，研究方向为科学教育；刘尚昆，北京师范大学科学与技术教育专业硕士研究生，研究方向为科学教育；王铟，北京师范大学教育学部教育技术学院副教授，研究方向为科学教育与科学传播。北京师范大学张黎楠、洪欣悦和胡张莹对本论文亦有贡献，在此一并致谢。

布，提出坚持日常宣教与应急宣传相统一，到2035年基本建成平战结合的应急科普体系。[1]2020年初新冠肺炎疫情突袭而至，世界各地陆续出现了新冠变异毒株。① 截至2021年6月底，全球新冠肺炎确诊病例已经超过1.8亿。② 在疫情时起时伏的防控常态化时代，反思并总结应急科普实践是十分必要的。

科技馆日常宣教的科普资源以线下实体展品为主，面对疫情等应急状况，科普宣传受到空间等的限制和社交距离的约束无法直接在线下开展，原有的实体展品资源很难直接发挥作用。基于此，本文提出研究问题：如何设计适用于应急科普场景的科技馆内容资源?

教育学中的活动理论指出，教育媒介是教育效果的重要影响因素。在科技馆等教育场景下，科普资源是重要的教育媒介。选择合适的科普资源类型是强化科普效果的重要因素。

在疫情这样的应急科普情境下，线上科普成为主要的科学传播手段。因此，研究线上科普资源类型与科普效果的关系十分重要。这对于接下来线上科普资源的开发具有重要的指导意义。

为了回答以上问题，本研究采用内容分析法对比疫情背景下国内外不同科技馆应急科普资源的设计特点，以期从中获得启示。

2 研究过程

本研究主要采用网络文本分析法。网络文本分析法是内容分析法（Content Analysis）的一种，而内容分析法是对显性内容进行客观、定量描述的研究方法，通过内容分析能够在已有信息基础上获得合理的推断。[2]网络文本分析法通过对网上文本等显性内容的中心思想进行提炼，开展相关主题的研究，这种方法已经被应用到包括博物馆在内的各种旅游场所的服务效果研究中。[3~5]本文通过对样本科技馆网站中线上应急科普主题的内容进行分析来开展研究。

① 世界卫生组织官网，https：//www.who.int/zh/activities/tracking-SARS-CoV-2-variants，2021年7月8日。

② 世界卫生组织官网，https：//covid19.who.int/，2021年7月8日。

2.1 样本选择

本文选择的研究案例为广东科学中心、旧金山探索馆和伦敦科学博物馆。这三所科技馆分别具有中国、美国和英国三种不同的文化背景，且都是本国较为典型的科技馆。截至 2021 年 2 月，除广东科学中心外，其他两馆仍处于暂时闭馆状态，需要借助线上科普资源进行科普传播。三馆的具体情况对比如表 1 所示。

表 1 所选科技馆样本基本情况对比

馆名	地理位置	接待人次	理念	官方网站
广东科学中心	中国粤港澳大湾区	线下参观累计超过 2000 万人次	亲近科学、拥抱未来	http://www.gdsc.cn/
旧金山探索馆	美国旧金山湾区	网站年浏览量约 2400 万次	通过科学、艺术和人类感知力去探索世界的公共学习实验室	https://www.exploratorium.edu/
伦敦科学博物馆	英国伦敦	线下年参观量超过 500 万人次	通过屡获殊荣的展览、标志性物品和令人难以置信的科学成就来激发游客的灵感，持续记录全球科学、技术和医学的进步	https://www.sciencemuseum.org.uk/

2.2 关键词选择

本研究以“COVID”“pandemic”“epidemic”“novel coronavirus”（针对英文网站）或“新型冠状病毒”“新型冠状肺炎”“新冠病毒”“新冠肺炎”“新冠疫情”（针对中文网站）为关键词在三个科技馆的官方网站上进行检索。

查询结果限定日期为 2020 年 1 月 1 日至 2021 年 2 月 20 日。其中部分网页由于和新型冠状病毒、新冠肺炎以及科普传播不相关（如开馆闭馆公告、场馆介绍等）被剔除，最终本研究选择 45 条网页信息进行内容分析，其中旧金山探索馆有 26 条，伦敦科学博物馆有 7 条，广东科学中心有 12 条。

2.3 内容分析编码

2.3.1 资源类型

参考野菊苹构建的分类体系，本研究将线上科普资源分为科普产品、科普知识和科普活动三大类。[6]科普产品是指通过互联网、图书等传播的视频、音频和文本等内容产品。科普知识则是自然科学和社会科学对应各学科下的具体知识。科普活动则包括展览、报告、讲座、比赛和实验观察体验等。各资源类型具体示例和解释如表 2 所示。

表 2 所选科技馆样本线上应急科普资源的分类

资源类型	解释
科普产品	视频、图书等能够独立传播的产品
科普知识	介绍某一主题背后的相关学科知识
科普活动	包括动手活动、互动模型展示、比赛等

2.3.2 主题类型

主题类型可以分为病毒概况、病毒检测、预防方式、传播方式、治疗方式、疫情历史和疫情启示 7 类，具体解释如表 3 所示。

表 3 所选科技馆样本线上应急科普主题的分类

主题类型	解释
病毒概况	介绍病毒的大小、形状、类别
病毒检测	介绍如何确诊新冠肺炎
预防方式	介绍如何预防新冠肺炎
传播方式	介绍新冠病毒的传播方式
治疗方式	介绍新冠肺炎的治疗方式
疫情历史	如发生过的抗疫故事、历史上的大瘟疫
疫情启示	包括反思人与自然的关系、保护野生动物等

2.3.3 涉及学科

根据我国普通高中课程方案（2017 年版 2020 年修订）的分类标准，本文将线上资源中所涉及的知识领域划分为生物学、化学、历史、物理等学科。

采用以上内容分析编码规则，经两名研究者进行试分析，发现部分编码结果出现不一致。后经全体研究者讨论达成共识，以保证编码规则具备客观性和一致性。例如，在对资源类型进行编码时，有的项目中既包含动手活动也包含示范性的视频，经讨论最终决定按照其主要部分的类型将其划为活动类。此外，同一资源包含的主题和学科内容可能不止一类，归类时会被划入多个主题。

3　内容分析结果

3.1　资源类型方面

如图 1 所示，三所科技馆在疫情应急科普中多涉及各个资源类型，且各个科技馆中活动类科普资源占比最多。这体现出世界各地的科技馆都比较重视在活动中开展科普教育，即使是在疫情这一特殊历史背景下。

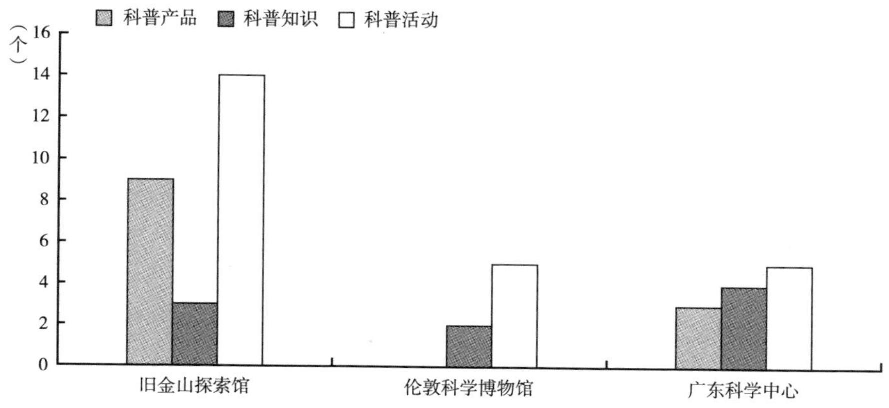

图 1　所选科技馆样本线上应急科普资源类型的分布

在活动的具体形式方面，不同科技馆之间显现一定的差异。旧金山探索馆除了在原有品牌活动（如“科学点心”“天黑之后”，活动具体介绍见表 4）基础上增添新冠肺炎相关元素外，还专门开发了帮助公众与科学家交流的在线对话类节目，最大限度地发挥科学家在科学知识传播中的专业性与权威性。伦敦科学博物馆则开启了疫情物证资料收集活动，以期在为之后的研究提供记录的同时，提高公众对疫情科普活动的参与感和重视程度。广东科学中心的活动则主要是比赛，面向公众征集与疫情相关主题的作文等，以通过赛后激励的方式鼓励公众参与。

表 4　所选科技馆样本活动类科普资源的介绍

馆名	活动名称	活动简介
旧金山探索馆	新冠对话：与科学家在线问答	“新冠对话”是受美国国家科学基金会资助的项目。活动每周邀请一位在新冠肺炎疫情防治中发挥重要作用的科学家，以对话的形式解答收集到的公众问题
	科学点心（Science Snacks）	“科学点心”是经过测试的动手操作指引单，可将对自然现象的探索带入教室和家庭。每种活动都使用廉价且容易获得的材料，提供详细的说明和图像，详细说明需要进行的操作
	“天黑之后”线上版（After Dark Online）	“天黑之后”是旧金山探索馆举办的面向成人的线下活动。在活动中，参与者可体验到一系列独特且每周定期更新的项目。受疫情影响该活动改成线上版
伦敦科学博物馆	历史物件留存（Collection COVID-19）	作为伦敦科学博物馆所属的科学博物馆集团收藏项目的一部分，收集国内外、社会或个人抗击疫情的相关物件，如个人制作的口罩等，以期为后人提供警示和参考
广东科学中心	征文比赛	征文主题为“科学防疫抗疫 使命有你有我”。选题包括从科普的角度宣传推广防疫抗疫知识、真实记录和赞美最美的“她或他”等

运用增强现实（AR）等新技术建设科普资源也是科技场馆应对新冠肺炎疫情的一大举措。伦敦科学博物馆与科技公司合作，在疫情期间推出融入增强现实技术的游戏 App“我的机器人任务 AR”（My Robot Mission AR）。通过将 AR 与一系列有趣的科学挑战活动结合，玩家可以在沙漠等虚拟环境中操控机器人去解决未来世界中存在的问题，像真正的科学家那样思考。

伦敦科学博物馆所在的科学博物馆集团与当地 *Bitesize* 联手，通过为期一周的实验活动，将科学趣味活动带入疫情背景下人们的家中。这些实验活动或使用日常用品开展引人入胜的科普实验，或通过壮观的实验来揭示科学的奇妙世界。这种新的科普方式使公众在疫情背景下也能持续参与到科学活动中。

3.2 主题方面

图 2 显示了所选科技馆样本线上应急科普主题分布情况。可见，旧金山探索馆和广东科学中心对“病毒概况”和“预防方式”方面的科普关注较多。伦敦科学博物馆关注的主题较少，但更注重疫情中的历史物件留存等对历史的记录和反思。相比于另外两馆，旧金山探索馆较少关注“传播方式”和“疫情启示”这两个主题。

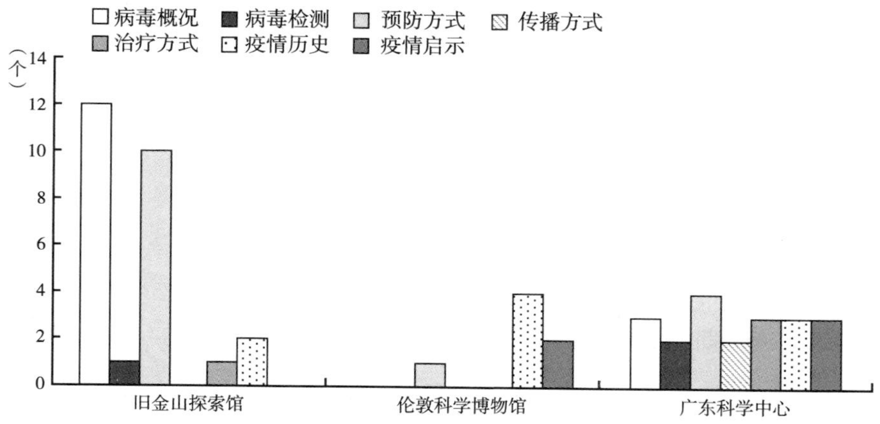

图 2　所选科技馆样本线上应急科普主题分布

3.3 涉及学科方面

图 3 呈现了所选科技馆样本线上应急科普的学科分布情况。科技馆的应急科普涉及生物学、化学、物理等多个学科。伦敦科学博物馆和广东科学中心还涉及历史学科，或收集相关实物，回溯历史上的其他重大疫情，或记录本次疫情中的真实事迹。旧金山探索馆应急科普涉及的学科门类更为广泛，其中包括社会学（如探讨新冠病毒在不同种族社区的感染率不同，导致感染率相差过大的原因和应对措施）和心理学（如探讨疫情发生以来反亚裔等仇外心理出现的原因和应对措施）。

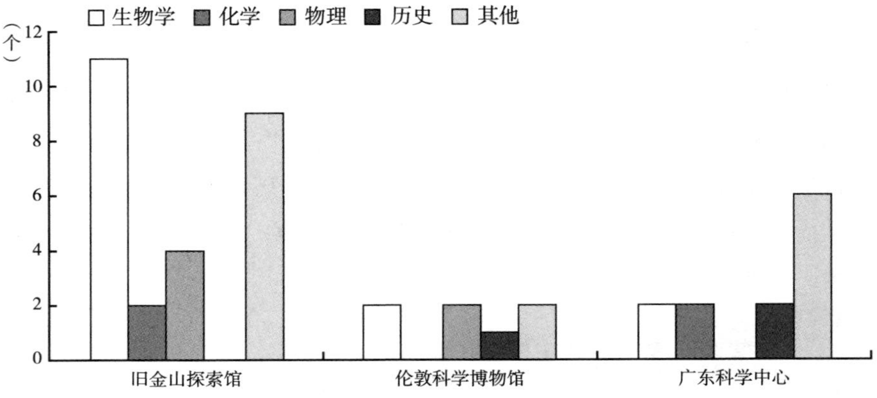

图 3　所选科技馆样本线上应急科普学科分布

4　结果与讨论

4.1　疫情期间活动类科普资源占比最多，其次是产品类

随着科技馆教育理念的更新，科技馆活动的设计越来越注重互动性。公众通过与展品、科普新媒体甚至周围伙伴的互动，实现对科学知识的自主建构，进而提升个人的科学素养。这在各国科技馆应对新冠肺炎疫情的科普中都得到体现。通过比赛、物品征集、在家实验等各种各样的活动，公众在亲身参与中接受科普。

此外，科普资源的设计呈现品牌化趋势，这在旧金山探索馆的活动设计中表现得尤其突出。旧金山探索馆的“科学点心”系列活动向师生和家庭成员提供便于操作的科学活动主题和包括材料准备清单及实施步骤在内的指引。同时，这些活动的设计也参考了美国的国家科学教育标准，使得教学活动具有科学合理的教学目标，有利于学生的思维发展与科学素养的培养。正是以上特点使家长和孩子在家就能接受高质量的科普教育成为可能。

4.2　国内外科技馆针对疫情主题从多视角进行科普资源设计

旧金山探索馆和广东科学中心对“病毒概况”和“预防方式”两个主题

都给予了高度关注，这体现了科技馆在应对突发公共卫生事件时指导公众防患于未然的重要作用。但并非所有科技馆都涉及“病毒概况”和“预防方式”方面的主题，比如伦敦科学博物馆。此外，相比其他两馆，伦敦科学博物馆更注重通过疫情中的历史物件留存等记录历史并进行反思。它发起“历史物件留存”项目来收集民众在疫情生活中用到的相关物件，如个人制作的口罩等，以期为后人提供警示和参考。这与伦敦科学博物馆作为科学与工业类博物馆拥有较多收藏也有一定关系。[7]

相比于另外两馆，旧金山探索馆对疫情启示方面关注较少。它更多的是通过设计活动等吸引公众参与，较少开展历史物件的留存、比赛等活动。对于像旧金山探索馆这样的大型民办非营利科技馆，在面对疫情这样的重大事件时，如何保持一定的收入确保机构正常运转是管理者需要考虑的重要问题，这在一定程度上导致旧金山探索馆在资源设计时较少涉及物件留存、比赛等高投入低回报的活动。

这种关注主题上的不同也可能与不同国家在时间维度上的文化差异相关。[8] Tom Cottle 将不同国家对过去、现在以及未来的理解用三个圆圈来表示（见图4），圆的大小表示重视程度的高低，圆之间的位置表示对过去、现在以及未来之间关系的理解。[9] 从图 4 可以看出，英国人所画的代表过去的圆圈比代表现在的圆圈要大，这表明英国对过去的重视程度比美国和中国更高。这种过去取向型的时间观念更加注重用传统或历史作为背景审视当下的事物。这种差异一定程度上解释了为何伦敦科学博物馆更加注重疫情中的历史物件留存。

图 4　不同国家的时间观念

资料来源：〔荷〕冯·特姆彭纳斯、〔英〕查尔斯·汉普顿—特纳，《跨越文化浪潮：应对全球化经营中的文化差异》，陈文言译，中国人民大学出版社，2007。

4.3　疫情期间科普资源设计呈现跨学科性

在开展新冠肺炎疫情相关的应急科普时，各科技馆都关注到多学科知识的融合。然而，不同科技馆在科普过程中涉及的学科范围不同。

伦敦科学博物馆和广东科学中心在涉及生物学知识的基础上，还涉及历史知识，通过对疫情中涌现的典型事迹的记录，在真实的历史环境中感受人类历史重大节点中英雄人物表现出的崇高精神。此外，对历史上鼠疫等大瘟疫进行回顾，有利于指导人们更好地应对当下的疫情、体会历史对人类未来发展的启示。

旧金山探索馆涉及的学科门类则更为广泛，其中还包括社会学和心理学。美国由于其独特的多种族文化，在面对疫情这类公共卫生事件时爆发不同种族之间的矛盾冲突（如新冠病毒在不同种族社区的感染率相差很大），从社会学的视角出发化解矛盾冲突是旧金山探索馆在进行科普时考虑到的一个问题，这体现了美国文化背景下科普涉及学科的综合化、多元化。

5 结论与启示

5.1 形成线上线下兼顾的品牌活动，适应平时战时的快速过渡

科技馆在平时状态中线下资源一般相对较为固定。而面临突发状况时，可以在既有资源的基础上设计线上线下相结合的各类活动来实现平时到战时的快速转换，这在三个所选科技馆的应急科普资源类型分布上已有体现。

与简单的科普知识和科普产品的呈现相比，设计科普活动具有更大的优势。这也可以用文化历史活动理论（Cultural Historical Activity Theory，CHAT）的观点来解释。文化历史活动理论是在维果茨基（Vygotsky）社会文化理论基础上由其同事列昂捷夫（Leont'ev）和恩格斯托姆（Engestrom）提出的，它强调在具体的历史文化语境下，借助中介工具促进主体和客体的互动。[10]在科技馆科普背景下，则是借助科普资源这一中介工具，促进游览者主体和科普资源背后的科学知识、科学精神等内容客体的互动。从文化历史活动理论的视角看，在新冠肺炎疫情这一特定的历史背景下，活动设计的重要性更加显著。

在原有品牌的基础上设计新的活动，也是进行应急科普的有效方法。如美国旧金山探索馆的"科学点心"系列活动，公众根据相关说明在家中就能动手独自完成，实现"做中学"。[11]其本身并非为应对新冠肺炎疫情而单独设计，

而是为家庭和师生在科技馆外进行科普动手活动而准备的。这种独特的活动形式既能满足日常情景下的科普需求，也能在疫情这样的应急科普背景下发挥作用，是一种值得借鉴的举措。相同的品牌活动建设在国内也有先例。疫情期间中国地质博物馆借助该馆原有的“玩转地博”和“地博讲堂”等品牌活动，与抖音、快手等直播平台合作，或对话科学家，或在线讲解展品“背后的故事”，获得了300多万人次的观看量。

在资源有限的情况下，科技馆可以集中打造一批易于在互联网传播的品牌活动，积累粉丝量，扩大影响力。如此，在面对疫情这样的应急事件时，就能迅速地将品牌科普活动从线下转到线上，最大限度地保证科普传播渠道的畅通。

5.2 重视互联网新技术、新媒体在科普资源开发中的运用，满足平战不同时期需求

除了线下活动，线上资源的开发也需要加以重视。科技馆应借助VR、全景摄像等技术，开发更多易于网络传播的科普资源。疫情背景下，传统的线下活动无法正常开展，但互联网能拓展出新的科普渠道。[12]伦敦科学博物馆在疫情期间推出VR手机应用，公众下载后就可以在家浏览集成在其中的各类科技馆资源。类似的还有我国国家文物局疫情期间推出的“云端博物馆”活动。借助全景摄影等技术，公众足不出户在家就能浏览300多家博物馆的网上资源。疫情期间，湖北省博物馆、中国文物报社还联合新媒体平台和明星艺人，以“文物+动画”的形式在疫情期间向公众介绍馆藏文物。2019年中国（青岛）艺术博览会上也曾展示过VR皮影戏“田忌赛马”的体验项目。因此，对于互动性不太强的展品，在进行资源开发时可以利用VR、全景摄像等新技术，增强参观者和展品的线上互动性。这些资源不仅可以满足平时状态下的使用需求，在疫情等应急情况下更能发挥重要作用。

5.3 从跨学科视角出发设计多元化科普资源，形成稳定的平战结合应急科普模式

面对当今世界错综复杂的真实问题时，往往涉及多学科、多领域的综合协

作，这也是当今科技馆教育注重跨学科整合、发展 STEM 教育的重要背景。借鉴世界其他科技馆的经验，我国科技馆可以从多层次、多学科审视新冠肺炎疫情等公共应急事件，设计多元化的科普资源。情境学习理论指出，个体是在与情境的互动中不断学习的。[13]新冠肺炎疫情这一真实的历史情境给包括科技馆教育在内的各种形式的公众科学知识学习提供了丰富的机会。以疫情为主线，可以将相应的生物学、历史、化学等知识联系起来，结合相应的展品，向公众提供更丰富的学习情境。[14]此外，作为一个重大公共事件，新冠肺炎疫情也从多个层面折射出平常一些不曾被关注的方面，如社交方式、心理健康等。在这些方面进行挖掘，对于提升公众科学素养有很大帮助。总体来说，以疫情这一历史事件为素材，可以通过设计多种多样的科普资源，提升公众的科学素养。从跨学科视角出发设计多元化科普资源这一思路不仅适用于疫情期间的科普教育，对于其他公共应急事件的科普教育也同样适用，由此形成稳定的平战结合的应急科普模式对未来应急科普的开展必定大有裨益。

参考文献

［1］国务院：《全民科学素质行动规划纲要（2021—2035 年）》，http：//www.gov.cn/zhengce/content/2021-06/25/content_ 5620813. htm。

［2］Krippendorff K. ，*Content Analysis*：*An Introduction to its Methodology*，Sage publications，2018.

［3］林德雨、孟子敏：《基于网络文本分析与 ASEB 栅格分析的博物馆游客感知研究——以广东省博物馆为例》，《科学教育与博物馆》2020 年第 4 期。

［4］文捷敏、余颖、刘学伟等：《基于网络文本分析的“网红”旅游目的地形象感知研究——以重庆洪崖洞景区为例》，《旅游研究》2019 年第 2 期。

［5］方世敏、戴巧灵：《基于网络文本的湖南省博物馆游客感知研究》，《博物馆研究》2019 年第 1 期。

［6］野菊苹：《数字化科普资源分类体系和元数据交换研究》，华中师范大学硕士学位论文，2013。

［7］吴国盛：《走向科学博物馆》，《自然科学博物馆研究》2016 年第 3 期。

［8］〔荷〕冯·特姆彭纳斯、〔英〕查尔斯·汉普顿—特纳：《跨越文化浪潮：应对全球化经营中的文化差异》，陈文言译，中国人民大学出版社，2007。

［9］Cottle T. J. ，“The Circles Test：An Investigation of Perceptions of Temporal

Relatedness and Dominance", *Journal of Projective Techniques & Personality Assessment*, 1967, 31 (5).

[10] Engestrom Y., *Activity Theory and Individual and Social Transformation*, Perspectives on Activity Theory, 1999.

[11] 钟晓舒:《"做中学"与中国当代幼儿科学教育变革》,华东师范大学硕士学位论文,2012。

[12] 郝倩倩:《科普短视频在应急事件中的传播分析——以"新冠肺炎疫情"为例》,《科普研究》2020年第5期。

[13] 贾义敏、詹春青:《情境学习:一种新的学习范式》,《开放教育研究》2011年第5期。

[14] 王凡、石晶、张雨岑:《科学思维在真实情境中的应用——对新冠肺炎疫情的认知分析及教学应用》,《中学生物教学》2020年第4期。

面向家庭群体的博物馆学习单设计案例研究

陈佳雯[*]

（上海师范大学，上海，200233）

摘　要　随着联合国推出终身学习的概念，对于公众而言非正式学习也成为日常生活中的重要一部分，博物馆学习由此走入人们视野。近年来，国内相关教育政策和馆校合作与进馆有益等活动，也使得博物馆逐步成为学习和教育的重要场所，目前博物馆的主要受众还是中小学生及其家庭群体。博物馆学习单作为博物馆学习的重要中介与工具，在相关开发和设计上依然处于探索阶段。博物馆学习单的研究与设计不仅是当前博物馆教育与学习的研究热点，也是教育技术学在博物馆领域得到综合应用的重要体现。所以本研究主要围绕面向家庭群体的博物馆学习单，整理和收集国内外不同博物馆学习单，挑选典型案例进行分析和对比，一共收集了国内外 8 个博物馆 11 组学习单作为样本进行分析研究。对博物馆学习单的问题设置、内容模块、版面设计等相关要素进行总结归纳，探讨面向家庭群体的博物馆学习单的设计特质，为我国博物馆设计面向家庭群体的学习单提供了借鉴和启发。

关键词　博物馆　学习单　家庭群体

1　导言

1.1　研究背景

我国博物馆的主要受众是青少年和家庭群体（以儿童为中心），国务院发

* 陈佳雯，上海师范大学教育技术师范专业本科生。

布的《全民科学素质行动规划纲要（2021—2035年）》，明确提出了青少年科学素质提升行动，要加强对家庭科学教育的指导，提高家长的科学教育意识和能力。学校、社会和家庭协同育人的思想已经深入人心，家庭群体间的充分沟通和对于博物馆资源的充分利用，能够更好地促进青少年和整个家庭群体的参观与学习。学习单是科技馆为协助教师或家长指导学生观众而设计的引导参观、自我学习的教育资料，内容和形式都不拘一格。现阶段我国对于博物馆学习单的研究还较为初级，在分类和设计要求上不同学者也有不同看法，但对于家庭群体这一博物馆主要受众进行专门的博物馆学习单设计和探讨无疑具有重要意义。

1.2 研究问题

基于上述研究背景，提出本研究的一个基本问题：如何设计面向家庭群体的博物馆学习单？

具体来讲，该基本问题可以细分为以下几个主要研究问题。

（1）面向家庭群体的博物馆学习单的内容模块与问题设置有哪些特点？

（2）面向家庭群体的博物馆学习单的版面设计包含哪些要素？

（3）面向家庭群体的博物馆学习单总体设计应包含哪些特质？

1.3 研究方法（案例分析法）

本研究使用的相关学习单案例主要来源于国内外博物馆网站所下载的学习单，选取典型案例对内容模块、题目类型、具体问题以及相关要素等方面进行分析，探讨面向家庭群体的博物馆学习单的设计特质。

1.4 相关概念界定

1.4.1 博物馆学习

现行的《国际博物馆协会章程》将博物馆定义为：“一种非营利性永久机构，为社会及其发展服务，且向公众开放；旨在收集、保存、研究有关人类及其环境的物质的与非物质的遗产，以便展出，公之于众，从而达到教育、研究、供人欣赏的目的。”其中，博物馆的教育功能是博物馆学习这一概念的变相解析。本研究认为博物馆学习是指发生在博物馆环境中，参观者自发进行的，与博物馆内容（环境及馆藏展品）互动，达成意义建构并获得知识的过程。

1.4.2 学习单

学习单在国内外都有许多不同的名称，在国外或称 learning sheet、worksheet、study sheet 等，在国内可称活动单、学习卡、学习手册等。关于学习单的定义说法众多，目前学术界关于学习单并无统一明确的要求和定义。本研究对学习单的定义如下：为帮助和促进参观者在博物馆的参观学习所使用的一种辅助学习的中介工具，不拘于内容和形式。

2 国内外面向家庭群体的博物馆学习单案例分析

博物馆学习单在设计和开发上目前暂无统一的规定和标准，针对不同博物馆和不同展览方向，针对不同人群受众和不同参观需求，博物馆学习单设计不一，形式和模块多样。笔者收集国内外较具权威性的博物馆的不同学习单，整理和分类后进行分析比较。

2.1 样本的选取

笔者根据可获得性和博物馆代表性两方面来选取学习单案例。在可获得性方面，通过网络获得所有样本，从博物馆官方网站上下载。关于博物馆的代表性，在满足前者要求的前提下，选择较有代表性、规模较大的博物馆，挑选典型案例进行分析。在学习单受众对象的普遍性上，以家庭群体和学生群体为主的参观者是博物馆的主要受众，本研究主要面向家庭群体（主要是 3~12 岁儿童亲子家庭）进行案例分析。样本来源如表 1 所示。

表 1 学习单样本来源

国家	博物馆名称	学习单名称
美国	波士顿美术博物馆	CHOCOLATE
		FAMILY
	大都会艺术博物馆	Explore Asian Art(Journey to a Chinese Garden Court)
日本	东京国立博物馆	まるごと体験！日本の文化
英国	大英博物馆	Ancient Greeks(Age6+)

续表

国家	博物馆名称	学习单名称
中国	上海儿童博物馆	“骨碌带你去旅行”活动指南
		“太空航行”和“返回地球”展区参观学习单
	上海自然博物馆	矿石接龙
		探秘缤纷生命
	中国科学技术博物馆	光与影子
	台湾自然科学博物馆	认识雨林跟我来!

2.2 部分样本分析

2.2.1 波士顿美术博物馆

波士顿美术博物馆以收藏东方艺术品著称于世，展品包括古典艺术、乐器、当代艺术、欧洲绘画等。该博物馆学习单特色主要体现在版面设计和内容规划上，契合其美术馆艺术氛围和相关主题，让参观者更具有代入感。笔者就“CHOCOLATE”和“FAMILY”两组学习单进行分析和总结。

“CHOCOLATE”学习单的设计意图在于：以巧克力为主题，探索古代美洲盛放和饮用巧克力的不同器皿，了解不同文化的碰撞和曾经的巧克力。“FAMILY”学习单的设计意图在于：以家庭为主线贯穿始终，探索家庭和亲情的力量。二者内容模块分布如表2、表3所示。

表2 “CHOCOLATE”学习单内容模块

版块	题型	内容
主题和引言	—	引出巧克力主题,引导相关展品具体位置
圆筒花瓶（LG32）	观察题	数一数花瓶
	思考题	为什么有这么多花瓶 观察花瓶,思考花瓶上的相关图像信息
	创作题	在提供的空白处,设计自己的花瓶
巧克力壶（LC27）	观察题	找出与众不同的细节
	思考题	思考拿着巧克力壶的姿势 思考与现代壶的相同和不同之处

续表

版块	题型	内容
巧克力杯（135）	观察题	观察周围其他例子
	思考题	思考与古代玛雅花瓶的不同之处
附加	操作题	两个不同地区的巧克力食谱
参观结束后	操作题	重画和用纸制作花瓶

表3　“FAMILY”学习单内容模块

版块	题型	内容
主题和引言	—	引出家庭主题，引导相关展品具体位置
伪群雕像潘默鲁（105）	思考题	你是否曾紧紧抓住你父母或你爱的人？你认为孩子有多大？ 为什么男孩的嘴上有一根手指？ 为什么要多一个自己的雕像？你有一个替身会让他干什么？
科普兰家族的三姐妹（237）	思考题	如果被画肖像会拿什么？会穿什么？
	互动题	假装正在被画，让父母或朋友拍一张照片
宫殿柱（171）	思考题	感受雕像里孩子的感觉，想一个能给你安全感的人
	创作题	在提供的区域将自己和那个人画在一起
	互动题	模仿雕像中母亲的样子
参观结束后	创作题	画一张全家福

学习单设计分析：①二者在学习单的题目设置上都利用相关思考题引导参观者注意艺术品的细节和不同文明的体现，如展品105的思考题中引导参观者注意雕塑中每个小孩都用一只手紧紧抓住旁边男人的腿这一细节，使参观者共情和回忆个人经历。②二者在学习单的活动设计上都注重完整性和参与感，并且各具特色。“CHOCOLATE”学习单在参观第一个艺术品后设计了一个设计自己的花瓶草图的创作题，在最后“参观结束后”部分要求重新制作之前的花瓶，首尾呼应，也涵盖了参观前中后的整个过程。③二者在版面设计上都独具巧思，模块设置紧凑。整个版面采用只有一个主题颜色的设计，重点明确，具有美感，契合美术馆的审美和艺术。在学习单上方有相关引言和创作者版权说明，中间区域则包含相关艺术品的图像、内容说明、相关思考题和创作题。角落区域也用小字注明引用展品的具体细节等。

2.2.2 上海自然博物馆

上海自然博物馆，目前是上海科技馆分馆，馆藏品29万余件，包括来自华东地区乃至全国及世界各地的自然界和人类历史遗物，隶属植物、动物、古生物、地质及人文五大类。该博物馆学习单特色主要体现在面向不同年龄群体设计了不同的学习单，内容更倾向于专题型，围绕某类具体展品或主题展开，版面设计有趣合理。笔者选取“探秘缤纷生命”和“矿石接龙”学习单进行分析。

“探秘缤纷生命”学习单的设计意图在于根据其指引，通过观察自然界不同生物和了解其相关知识，揭示大自然的奥秘和生命的多彩。“矿石接龙”学习单的设计意图在于通过对于不同矿物岩石的寻找和观察，了解这些矿物的名称颜色和各异的形状，学习更多关于矿石的知识。学习单内容模块分布如表4、表5所示。

表4 “探秘缤纷生命”学习单内容模块

版块	题型	内容
引言	—	引出主题
昆虫	选择题	选择图示的触角形状
	创作题	为图片上色
叶美如画	连线题（观察题）	形状与标本对应
犒角争锋	连线题（思考题）	角与对应特点
大小有序	填空题（思考题）	完成文本
兽类皮毛	填空题（思考题）	完成文本
蟹的雌雄	填空题（思考题）	完成文本
动物之家	填空题（观察题）	寻找鸟巢
自然之声	连线题（互动题）	蟋蟀和蝉的对应声音
	思考题	思考发声原理

表5 “矿石接龙”学习单内容模块

版块	题型	内容
引言	—	引出主题
矿石接龙	填空题（观察题）	按要求寻找矿石并记录
	阅读题	相关知识补充
矿物形状小百科	填空题	完成矿石表格 完成总结表格

学习单设计分析：①二者在内容设计上交互感都较强，如“探秘缤纷生命”围绕自然界各种生物展开，设计配合展厅规划和展品位置，将地图和知识点巧妙结合，针对每一个展品设计一个相关活动，具有趣味又不失难度。②二者在题目旁都配有一些鼓励性语句，并且注意简化信息量，趣味性和益智并重。配合二维码以便家长扫描答案，增加与展品的联系和家庭的交互。③在版面设计上都选用了同一色系，颜色明亮，重点突出，配有一些相关插画，显得生动有趣。

3　总结与分析

上述收集的样本包含国内外 8 个博物馆的 11 组学习单，受众都面向家庭群体（其中有一组并未具体注明但是配备了家长辅导手册，所以认为此学习单是可以面向家庭群体的）。家庭群体是博物馆的主要受众，面向家庭群体的博物馆学习单也是博物馆学习单中的一个重要方面。接下来笔者将从面向家庭群体的博物馆学习单的内容模块、问题设置、版面设计等方面进行总结与分析。

3.1　面向家庭群体的博物馆学习单的内容模块与问题设置分析

3.1.1　面向家庭群体的博物馆学习单问题类型设计分析

对于上述学习单样本，笔者进行了学习单题目类型统计。关于学习单的题目分类设置如表 6 所示，学习单题目类型统计结果如表 7、图 1 所示。

表 6　学习单的题目分类设置

题型	要求
观察题	需要对展品或展览进行仔细观察
思考题	需要对结果或问题进行更进一步的深层思考，而非仅仅通过观察或常识就可以直接说出结果（鉴于大部分题型都需要进行额外的深层思考，思考题和其他题型数目有部分重复计数）
创作题	需要进行个人创作和体现想法的题型，如上色或画出个人设计等
操作题	不需要更多地拓展思考和创作，只需要按部就班地根据指示完成操作
互动题	需要参观者与展品或同行者之间基于题目要求而形成交互或活动

续表

题型	要求
阅读题	有较多知识性内容的补充和介绍，需要参观者阅读和学习
填空题	需要对空白内容进行填充
选择题	需要选择正确选项
连线题	需要对不同物体进行连线

表 7　学习单问题类型分析

单位：道

学习单	题目								
	观察题	思考题	创作题	操作题	互动题	填空题	阅读题	选择题	连线题
CHOCOLATE	3	3	1	2	0	0	3	0	0
FAMILY	2	2	1	0	2	0	3	0	0
Ancient Greeks(Age6+)	5	6	1	0	3	1	5	0	0
Explore Asian Art (Journey to a Chinese Garden Court)	2	2	3	0	0	0	3	0	0
まるごと体験！日本の文化	4	3	3	0	0	0	2	0	0
“骨碌带你去旅行”活动指南	3	3	3	0	1	1	0	3	2
“太空航行”和“返回地球”展区参观学习单	2	2	1	0	0	1	0	1	0
探秘缤纷生命	1	1	0	0	0	3	1	0	0
矿石接龙	3	5	1	0	1	4	0	1	3
光与影子	2	5	1	0	0	1	0	3	0
认识雨林跟我来！	6	6	1	0	1	5	5	1	0

通过国内外不同博物馆学习单的题目类型统计和比较可知：①大部分博物馆学习单的题目类型设置都以观察题和思考题为主，这与博物馆本身定义与属性密不可分，对展品本身的观赏观察是博物馆参观的重要一环，因此观察题的设置是最基本也是最重要的部分，能有效帮助提高参观者对相关展品的重视度并提供更多选择，同时阅读题对于展品背后相关知识和背景的补充也能和观察题相辅相成，完善展品的展出和参观者对于展品的认识。②根据统计可以看出，创作题是博物馆学习单题目设置中很常见和重要的一种交互题型，大部分

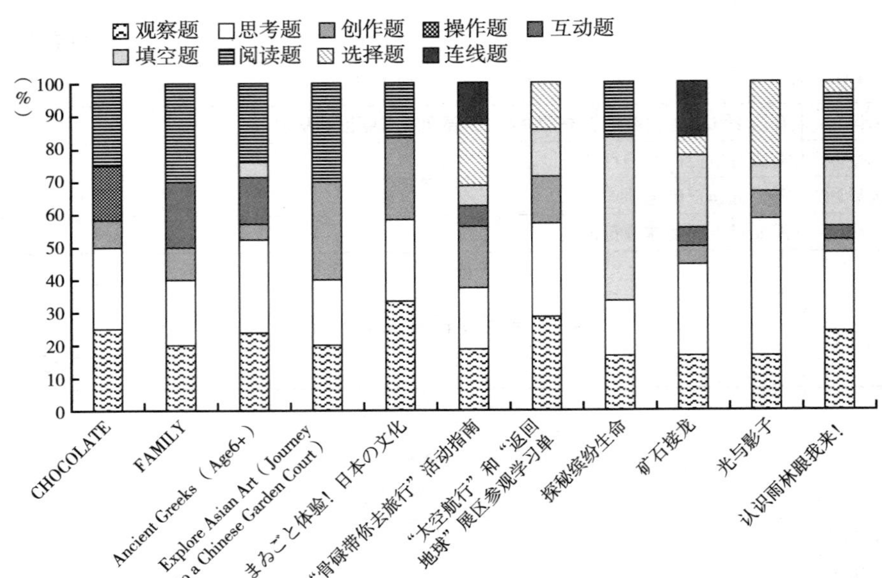

图 1　学习单问题类型分析

创作题以画画或者上色为主，鼓励参观者通过自我设计与参观展品相结合，赋予新的意义和思考方向，同时也是参观者的个人创作与相关知识拓展的一种结合。③根据上述题型归纳可以看出，博物馆学习单的内容设置更倾向对于参观者自主探索和思考的启发，鼓励激发参观者的好奇心。④通过对比不同博物馆学习单的题型，可以看出国内外学习单题目设置差异比较明显，国外整体题型和题目占比都较为稳定，题型上多变能持续吸引参观者的兴趣，同时题目先后顺序的设置也更加契合参观的顺序和心态，有适当的互动题和创作题，拉近参观者与展品的距离，将参观和学习有效结合。国内的学习单内容更倾向于知识性学习，以常规的填空题、选择题、连线题为主，创作题和互动题较少，在学习单和展品的巧妙结合上需要进一步开发。

3.1.2　面向家庭群体的博物馆学习单模式设计特点与内容侧重分析

通过样本分析发现，虽然目前对于博物馆学习单的设计与类型并无明确的分类和要求，但是大多数学习单在设计时的模式倾向和展示出的特点还是比较一致的，有一定的设计模式，经过对于国内外面向家庭群体的不同博物馆学习单的模式设计特点及内容侧重的分析归纳得出结论，如表 8、表 9 所示。

表 8　学习单模式设计特点归纳

学习单	模式设计特点					
	交流讨论	导览参观	专题学习	交互活动	展品主导	知识主导
CHOCOLATE	√		√	√	√	
FAMILY	√		√	√	√	
Ancient Greeks(Age6+)		√		√	√	
Explore Asian Art (Journey to a Chinese Garden Court)			√	√	√	
まるごと体験! 日本の文化			√	√		√
“骨碌带你去旅行”活动指南						√
“太空航行”和“返回地球”展区参观学习单						√
探秘缤纷生命		√	√	√	√	
矿石接龙			√	√	√	
光与影子			√			√
认识雨林跟我来!		√	√	√	√	

表 9　学习单模式设计特点与内容侧重分析

学习单设计特点	学习单内容侧重
交流讨论	为共同参观者或家庭群体提供相互交流、探讨问题和彼此互动的机会
导览参观	偏向于引导参观者按照一定的顺序在展览区域进行有目的和选择性的参观,突出一些重点展品
专题学习	以某个主题或主线为中心,引导参观者就相关展品和知识进行学习
交互活动	有较多的交互活动设计,帮助参观者更代入和深入参观学习
展品主导	以某一展品或展区为重点,引导参观者进行相关参观学习
知识主导	以一些相关知识为中心,引导参观者参观和观察相关展品,以获得更多知识性学习

通过国内外面向家庭群体的不同博物馆学习单的模式设计特点分析和对比可知：大部分学习单选择以专题学习为主导，即以某个主题或主线为中心，引导参观者就相关展品和知识进行学习。其优势在于可以在展品之间形成一个完整的认识链，较为全面地了解和学习相关内容，而不是断层或孤立的知识点。此外，目前的学习单设计非常重视交互活动，能给参观者更好的参观体验和趣

味性，但是在交流讨论的相关设计上较为欠缺，面对家庭群体和多人参观设计交流讨论可以有效提高互动程度和学习深度。

3.2 面向家庭群体的博物馆学习单的版面与其他相关要素设计分析

根据上述样本，笔者对面向家庭群体的博物馆学习单的版面及相关要素进行整理和归纳，如表 10 所示。

表 10 面向家庭群体的学习单版面与相关要素分析

学习单	相关要素									
	任务驱动	互动创作	地图导览	展品插图	手绘插画	色彩丰富	二维码	小图标	引言	小结
CHOCOLATE	√	√		√		√			√	√
FAMILY	√	√		√		√			√	√
Ancient Greeks(Age6+)	√	√	√	√	√	√		√	√	√
Explore Asian Art (Journey to a Chinese Garden Court)	√		√	√		√			√	
まるごと体験! 日本の文化		√		√	√	√	√		√	
“骨碌带你去旅行”活动指南	√	√		√					√	
“太空航行”和“返回地球”展区参观学习单		√		√					√	
探秘缤纷生命	√	√	√	√	√	√	√	√	√	
矿石接龙	√	√		√		√	√		√	√
光与影子		√				√		√		
认识雨林跟我来!	√	√	√		√			√	√	√

通过对国内外面向家庭群体的不同博物馆学习单版面设计及其相关要素的整理和归纳可知：①大多数面向家庭群体的博物馆学习单都是以任务驱动为问题设置导向的，其中一部分会设置一些情境让儿童在参观学习中更加具有代入感和参与感，如大英博物馆的“Ancient Greeks（Age6+）”学习单，让孩子

化身为探险家根据学习单的导览地图对古希腊文化艺术进行探索和挖掘，每完成一个任务都有一个小方框打钩，大幅提升孩子的自信心和满足感。②展品插图可以有效帮助儿童快速找到对应展品，也是大部分学习单的主要组成部分，也有部分选择手绘插图，生动有趣，更契合儿童的兴趣爱好，激发参观学习动力。③大部分面向家庭群体的博物馆学习单都色彩丰富，主题分明，并且图文搭配，更适合儿童阅读和使用。如东京国立博物馆的“まるごと体験！日本の文化”学习单，利用多种配色搭配不同主题，有效区分版块边界，虽然只用了 1 张 A4 纸的正反面却配置了四个不同文化特色展品，不同版块颜色分明而不显杂乱。④展品插图，手绘插画，相对应的小图标和色彩的搭配都是优化学习单版面的重要因素。以中国台湾自然科学博物馆的“认识雨林跟我来！”学习单为例，其整体使用了手绘漫画作为背景，使儿童代入热带雨林的探险之旅，同时首页配备了相关符号图标的说明，使用不同图标代替“填空题”“思考题”这些字眼，在排版上显得更生动形象，也与其手绘背景更好相融，具有巧妙构思。⑤只有小部分博物馆在学习单上配置了二维码，二维码是当代科技发展背景下一种快捷方便的交互产物，在面向家庭群体的博物馆学习单中可以起到加强与展品的交互和家庭的交流双重作用。⑥引言和小结是使学习单锦上添花的存在，大部分学习单都会使用引言，引言可以设置情境设定任务，激发儿童参观学习兴趣和动力。小结的设置并不普遍，但是设置“参观结束后”的任务或创作可以对展品和参观内容形成一个回忆加深印象，也使得学习单流程更加完整。

3.3 面向家庭群体的博物馆学习单设计的特质小结

通过上述关于面向家庭群体的博物馆学习单设计案例的总结归纳和分析，使面向家庭群体的博物馆学习单设计有了一定基准，得出面向家庭群体的博物馆学习单设计的特质如下。

①针对儿童不同年龄阶段的特质分类设置；②内容设计上需要难度适中，要有适当的鼓励；③版面设计上需要生动形象，合理且具有巧思；④版块分布上，参观前—中—后应当形成完整设计；⑤家长可以配备辅助性材料，适当利用二维码；⑥启发儿童思考和好奇心；⑦增强儿童与展品、儿童与家庭之间的交互和关联；⑧注意整体趣味性；⑨可以配合双语或多种语言。

4　结论与展望

4.1　对研究问题的回答

笔者在第 1 部分提出基本问题：如何设计面向家庭群体的博物馆学习单？为了回答该问题，需要解决以下 3 个子问题。

（1）面向家庭群体的博物馆学习单的内容模块与问题设置有哪些特点？

通过国内外不同博物馆学习单设计案例的对比和分析发现，在内容设计上应整体偏向于启发参观者的个人思考和自主拓展能力，通过相关展品引发参观者的好奇心，拉近展品与参观者的距离。大部分学习单都有展品的相关背景补充，同时利用相关问题和一些交互内容设置，使参观者对于展品有一个更全面和有深度的认识了解。

问题设计上国内外还是有较大差异的，国外博物馆学习单在问题设置上更偏向于参观者本身的体验感和互动，多用一些创作题、观察题和交互题，能促进参观者对于展品的自我探索和发现，获得更好的参与感，也拓展了相关知识的学习。国内博物馆学习单在问题设置上更倾向于知识性的学习探索，多为选择题、填空题和连线题等，同时问题设置在展品与参观者的交互程度上有待进一步拓展。但是国内外博物馆学习单在问题设计上都比较重视创作题和观察题的运用，观察探索与博物馆本身性质完全契合，交互创作则是启发参观者自主思考和拓展探索的重要一环。

（2）面向家庭群体的博物馆学习单的版面设计包含哪些要素？

通过对于国内外不同博物馆学习单版面及其相关要素的对比和分析发现：展品插图可以有效帮助儿童快速找到对应展品，也是大部分博物馆学习单的主要组成部分，也有部分选择手绘插图，生动有趣，更契合儿童的兴趣爱好，能激发其参观学习动力。同时手绘插图和小图标也是美化排版和优化学习单界面的重要方法。整体版面要色彩丰富，主题分明，恰当的色彩搭配和图文排版可以使学习单版面重点分明、条理清晰，更吸引儿童阅读兴趣和增强使用意愿。可以配置二维码在学习单上，加强与展品的交互和家庭的交流，家长也可以通过扫描二维码了解展品更多相关知识与孩子进行交流讨论。

（3）面向家庭群体的博物馆学习单总体设计应包含哪些特质？

通过对于面向家庭群体的不同博物馆学习单设计的分析发现，在学习单的相关内容设计上可以使用任务驱动作为设置问题的方法，在题型设置上尽可能多样化，要注重启发儿童个人思维和创作能力，注重儿童与展品的交互，和家庭成员的交流沟通，可以使用地图导览和二维码交互，便于提高参观效率和精准度，也能提升家长参与度和互动性。对于家长群体可以配备额外的辅导手册或者相关知识背景和活动指南，便于更好地开展亲子活动和相互交流，启发儿童。

4.2 论文研究的不足和展望

本研究关注学习单在博物馆学习中的作用与意义，收集了国内外不同博物馆学习单设计案例进行分析与对比，对于面向家庭群体的博物馆学习单设计特质进行研究探讨。但是由于时间、资源等因素，本研究仍存在一些不足，如在相关案例分析时，样本量还比较少，并且只通过网络进行收集，有一定的局限。对于面向家庭群体的博物馆学习单设计特质的分析也仅仅局限于理论分析，是一个初步的探索与浅层研究，并未进行进一步的实践和设计。

目前，国内面向家庭群体进行博物馆学习单设计还属于少数，面向家庭群体的博物馆学习单相关课题与研究也有待进一步开发，但是随着近年博物馆学习的热潮和日益受到重视的趋势，同时伴随信息化的迅速发展和现代科技的不断进步，相信更加新颖和利用现代技术交互的博物馆学习单也会出现，这些都将使家庭群体和其他参观者在博物馆进行更深层次和更丰富的学习交流。

参考文献

[1] 钱岩、常娟、邵航、李光明：《利用学习单开展的一次馆校衔接教育活动的调查报告》，《科学之友》2011 年第 21 期。

[2] 鲍贤清：《博物馆场景中的学习设计研究》，华东师范大学博士学位论文，2012。

[3] Falk, J. H. & Dierking, L. D., *Learning from Museums: Visitor Experience and the Making of Meaning*, New York: AltaMira Press, 2000.

[4] Kelly L., *Visitors and Learners: Adult Museum Visitors' Learning Identities*, na, 2007.
[5] 乐俏俏:《藏品在博物馆教育活动中的应用探析》,《博物馆研究》2015年第2期。
[6] 孟庆金:《学习单:博物馆与学校教育合作的有效工具》,《中国博物馆》2004年第3期。
[7] 张承宁:《博物馆交互式学习单的设计与开发研究》,辽宁师范大学硕士学位论文,2020。
[8] 李文晴:《博物馆探究式学习单的设计研究——以上海科技馆“智慧之光”展区为例》,上海师范大学硕士学位论文,2018。
[9] 李芮珂:《博物馆学习单设计原则研究》,《中国教育技术装备》2021年第18期。
[10] 鲍贤清:《场馆中的学习环境设计》,《远程教育杂志》2011年第2期。
[11] 李芮珂:《导览式博物馆学习单的设计研究——以中国“慰安妇”历史博物馆为例》,上海师范大学硕士学位论文,2018。
[12] 潘艺文:《国内儿童展览语境下亲子访客体验品质度量研究》,广东工业大学硕士学位论文,2020。
[13] 王婷、郑旭东、李秀菊:《家庭群体的场馆学习研究:进展、挑战与出路》,《电化教育研究》2018年第7期。
[14] 郭子叶:《科技类博物馆参观中亲子家庭学习对话研究》,上海师范大学硕士学位论文,2018。
[15] 戈畅:《论家庭观众的艺术博物馆体验——以昆明当代美术馆为场域的质性研究》,中央美术学院硕士学位论文,2021。
[16] 孙浩:《面向博物馆的学习单设计研究》,扬州大学硕士学位论文,2017。
[17] 张元霞:《面向家庭群体的科技馆探究式学习单设计研究——以中国地质大学逸夫博物馆“大自然的雕塑家”展区为例》,华中科技大学硕士学位论文,2019。
[18] 洪瑶:《浅议博物馆学习单问题的设计》,《中国博物馆》2016年第2期。
[19] 冯承柏:《外国博物馆学理论及历史的扎记》,《中国博物馆》1991年第1期。
[20] 王婷:《行为、身份与认知的交互:亲子群体博物馆学习机制的文化透视》,华中师范大学博士学位论文,2019。
[21] 沈炯靓:《“场馆学习”——探索新的教学方式》,《基础教育课程》2014年第3期。
[22] 罗德燕、胡芳、陈蓉:《博物馆开展系列亲子科普教学活动的设计》,《中国博物馆协会博物馆学专业委员会2013年“博物馆与教育”学术研讨会论文集》,2013。

[23] 罗跞、寇鑫楠：《场馆中亲子互动行为观察研究及促进策略——以上海科技馆为例》，《科普研究》2020 年第 5 期。

[24] 孙浩：《交互式博物馆学习单的设计与开发——以扬州双博馆学习单设计研究为例》，《中国市场》2016 年第 29 期。

[25] 崔玲玲、张天云：《交互式学习单在博物馆学习中的开发——以大同市博物馆为例》，《中国信息技术教育》2021 年第 6 期。

[26] 伍新春、李长丽、曾筝、季娇：《科技场馆中的亲子互动类型及其对学习效果的影响》，《教育研究与实验》2012 年第 6 期。

[27] 翟俊卿、毛玮洁、梁文倩、张鸿澜：《亲子在参观自然博物馆过程中的对话研究》，《现代教育技术》2015 年第 11 期。

[28] 陈柏因、陈美霖：《自然博物馆中学习单对亲子参观对话的影响》，《科普研究》2019 年第 6 期。

[29] 任燃：《国内外学习单对比分析带来的启示与思考》，《自然科学博物馆研究》2016 年第 4 期。

[30] Allen S.，“Designs for Learning：Studying Science Museum Exhibitions that do more than Entertain”，*Science Education*，2004，88.

[31] Falk，J. H.，& Storksdieck，M.，“Using the Contextual Model of Learning to Understand Visitor Learning from a Science Center Exhibition”，*Science Education*，2005，89（5）.

[32] Falk J. H.，*Identity and the Museum Visitor Experience*，Left Coast Press，2009.

[33] Falk J. H.，Moussouri T.，Coulson D.，*The Effect of Visitors' Agendas on Museum Learning*，Curator，1998.

[34] Borun，M.，Dritsas，J.，“Developing Family-Friendly Exhibits”，*The Museum Journal*，1997.

[35] Borun，M.，Dritsas，J.，Johnson，J. I.，Peter，N. E.，Wagner，K. F.，Fadigan，K.，Jangaard，A.，Stroup，E.，and Wenger，A.，“Family Learning in Museums：The PISEC Perspective”，Philadelphia：Franklin Institute. 1998.

关于内蒙古自治区科技场馆科技辅导员人才队伍建设的调研报告

胡新菲　杨冬梅　斯日木*

（内蒙古科学技术馆，呼和浩特，010010）

摘　要　只有加强高素质科技辅导员人才队伍建设，充分发挥内蒙古科技辅导员在科普教育工作上的职能，才能满足公众日益增长的文化需求，达到提升自治区内全民科学素质的目的。本次调研立足于内蒙古自治区各科技场馆的实际情况，以全区科技馆行业内的科技辅导员为调研对象，探讨自治区在科技辅导员人才队伍建设上遇到的瓶颈，将自治区级科技馆、盟市级科技馆、旗县级科技馆进行对比，分析科技辅导员的配备情况、招聘现状、培养现状、管理情况等因素，提出科技辅导员人才队伍建设中存在的四个问题，分别是人员结构问题、人员配备问题、人员培养机制问题及人员管理问题，并有针对性地提出改进建议。

关键词　内蒙古　科技辅导员　科学普及

习近平总书记指出："科技创新、科学普及是实现创新发展的两翼，要把科学普及放在与科技创新同等重要的位置。没有全民科学素质普遍提高，就难以建立起宏大的高素质创新大军，难以实现科技成果快速转化。"这一重要指示精神是新发展阶段科普工作和提升公民科学素质的根本遵循。《全民科学素质行动规划纲要（2021—2035年）》明确提出：在基层科普能力提升工程中，

---

* 胡新菲，内蒙古科学技术馆，研究方向为科技馆教育活动开发；杨冬梅，内蒙古科学技术馆，研究方向为科学教育；斯日木，内蒙古科学技术馆，研究方向为科技馆教育活动开发。

要加强专职科普队伍建设，大力发展科普场馆专职科普人才队伍。[1]

近年来，随着内蒙古自治区科技场馆建设力度不断加大，各场馆配备的展教人才队伍也不断壮大，科技辅导员是展教人才队伍中的主体，是科技馆事业发展的主力军，在科普事业中发挥着重要的作用。为建设适应新时代发展要求的高素质科技辅导员队伍，充分发挥其科学普及的桥梁作用，满足公众日益增长的科普文化需求，提升全民科学素质，内蒙古科学技术馆对全区科技馆行业内的科技辅导员队伍开展调查研究，通过调研获取真实有效的数据及资料，摸清全区科技馆科技辅导员人才现状，发现人才队伍建设中存在的问题，挖掘产生问题的深层原因，并有针对性地提出改进建议。

此次调研工作以问卷调查法为主要方式，分为单位问卷调查和科技辅导员个人问卷调查，调研时间为 2021 年 12 月 2~28 日，其中单位问卷要求各场馆填写真实数据并盖章提交，个人问卷采取无记名方式通过识别二维码用手机提交，系统自动生成调查数据。

1　科技辅导员人才队伍现状

本次调查对象：全区范围内已建成实体馆的科技馆，包括自治区级 1 个、盟市级 9 个（包括单列市 1 个）、旗县级 7 个，共收回单位调查问卷 17 份；个人调查问卷 181 份，其中自治区级科技馆 66 份、盟市级科技馆 78 份、旗县级科技馆 37 份。单位问卷主要从机构设置、人员招聘、人员配备、职业发展、人员培训和考核制度等方面展开调查。个人问卷主要从个人履职、素养、能力等方面展开调查。

1.1　科技辅导员配备情况

按照《科学技术馆建设标准》，建筑面积 30000 平方米以上的为特大型馆、15000~30000 平方米为大型馆、8000~15000 平方米为中型馆、8000 平方米以下为小型馆。[2]科技馆工作人员中，管理人员宜占总数的 10%~15%，专业技术人员宜占总数的 65%~75%，工勤人员宜占总数的 15%~20%。科技馆建设规模与工作人员配备标准为：特大型馆 1 人/200 米^2、大型馆和中型馆 1 人/180 米^2、小型馆 1 人/160 米^2。

本次调查以自治区内各科技馆的教育功能面积测算科技辅导员的人员配备情况，17 个场馆中，有 9 个场馆科技辅导员的配备缺口为现有人员的一半以上。

1.1.1　科技辅导员中女性多于男性

各馆配备的科技辅导员中女性占 3/4 左右，男性占 1/4 左右。自治区级科技馆科技辅导员中女性占总数的 80%，男性占 20%；盟市级科技馆中女性占总数的 72%，男性占 28%；旗县级科技馆中女性占总数的 70%，男性占 30%。

1.1.2　科技辅导员年龄呈年轻化

在年龄分布方面，各馆 40 岁及以下科技辅导员占总数的 93%，其中 20~30 岁的人员占比略高于 31~40 岁的人员占比。自治区级科技馆 40 岁及以下的科技辅导员占总数的 99%；盟市级科技馆 40 岁及以下的科技辅导员占总数的 90%；旗县级科技馆 40 岁及以下的科技辅导员占总数的 86%。从年龄结构上来看，科技辅导员队伍整体呈年轻化（见图 1）。

1.1.3　科技辅导员所学专业中文科类占比大

各馆科技辅导员的专业以工学、文学和理学为主，工学和理学合计占总数的 41%，文学占比高于理学，艺术学占 16%。具体而言，科技馆科技辅导员所学专业中文科类多于其他类别，约为理工科两类的 1.5 倍。在岗位与专业的匹配度上，40% 的科技辅导员认为匹配，大多以理学及文学为主（见图 2）。

1.1.4　以本科学历为主，研究生学历比例低

从总体情况看，本科学历的科技辅导员占总数的 78%，硕士研究生占 5%，文化水平较高。自治区级科技馆中本科学历科技辅导员占总数的 80%，硕士研究生占 11%；盟市级科技馆中本科学历占总数的 78%，硕士研究生占 4%；旗县级科技馆中本科学历占总数的 73%，无硕士研究生学历（见图 3）。就学历与年龄的关系来看，40 岁及以下以本科及以上学历为主，占到 86%；40 岁以上以本科及以下学历为主。

1.1.5　在编科技辅导员高级职称比例低

各馆在编科技辅导员占总数的 32%，非编工作人员占总数的 68%，目前各馆非编科技辅导员无法评职称，无职称人员占大多数。全区科技馆在编科技辅导员中，拥有初级职称者占总数的 62%，拥有中级职称者占 33%，副高级

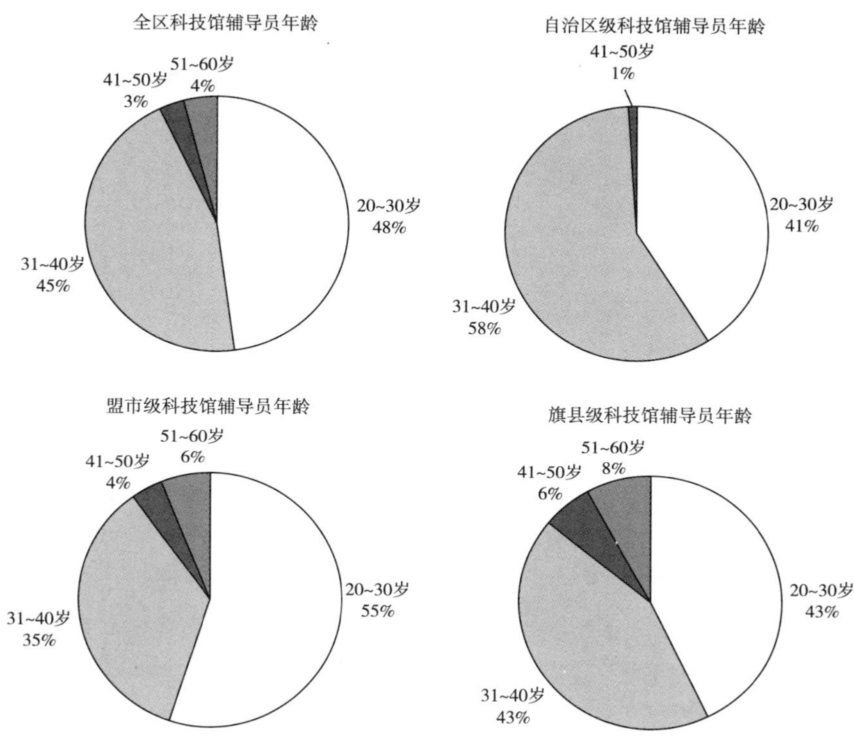

图 1　各级科技馆辅导员年龄

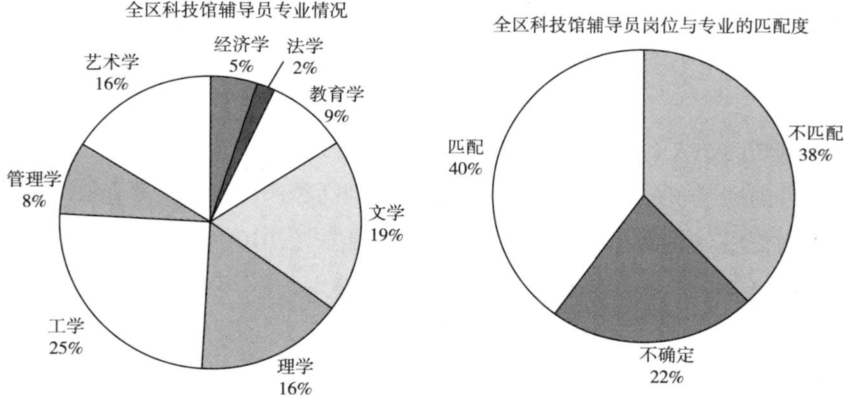

图 2　全区科技馆辅导员专业与匹配情况

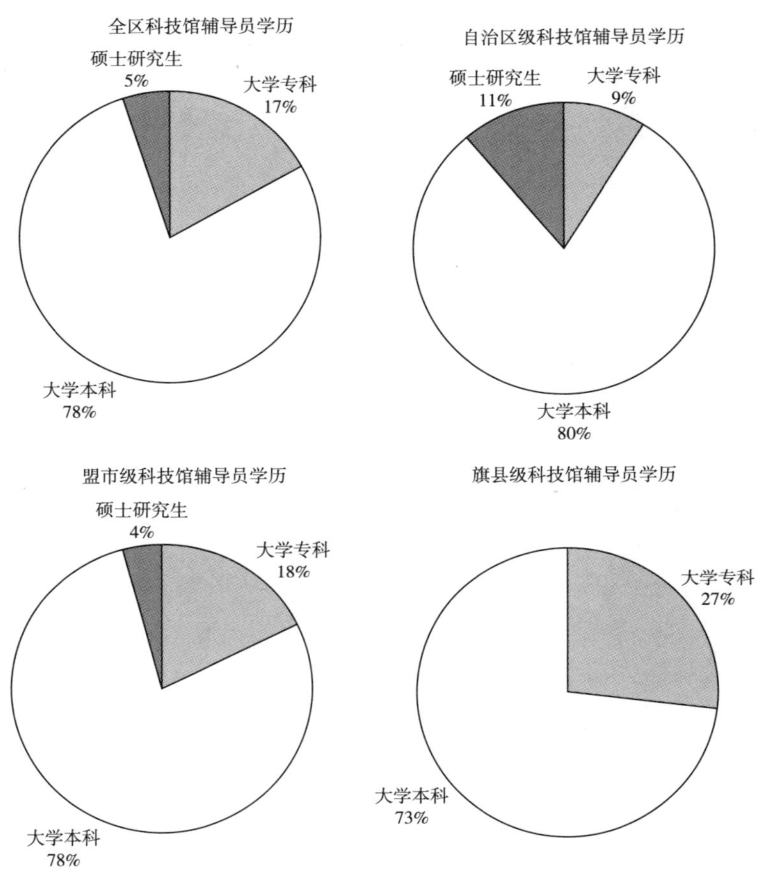

图 3　各级科技馆辅导员学历

职称比例则为 5%（见图 4），其中自治区级科技馆中副高级职称 1 人，盟市级科技馆中副高级职称 2 人，旗县级科技馆中副高级职称 1 人。专业人才中高级职称比例低于《国家中长期人才发展规划纲要（2010—2020 年）》对高级、中级、初级专业技术人才 10∶40∶50 的比例要求。[3]

1.1.6　科技辅导员从业年限时间较短

全区科技馆科技辅导员从业经验 5 年以上者为 31%，从业经验 10 年以上者占 6%，另有 25%的科技辅导员从业经验在 6~10 年，而从业经验不足 2 年者达到 40%，从业经验不足者比例偏高；从业经验在 2~5 年、6~10 年和 10

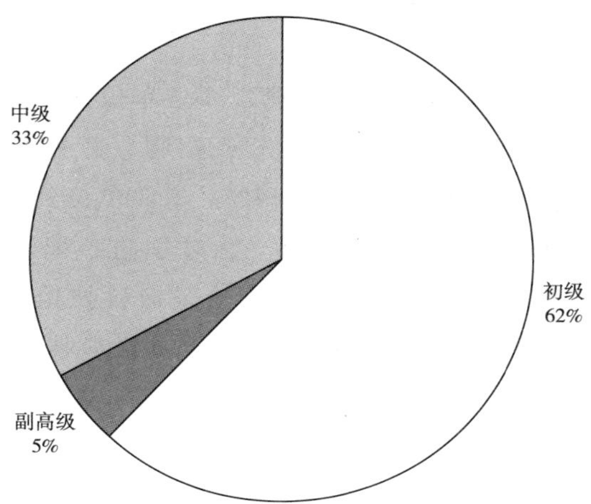

图 4　全区科技馆在编辅导员职称情况

年以上者均不满 30%，经验丰富者比例偏低对场馆迅速发展造成一定的影响（见图 5）。

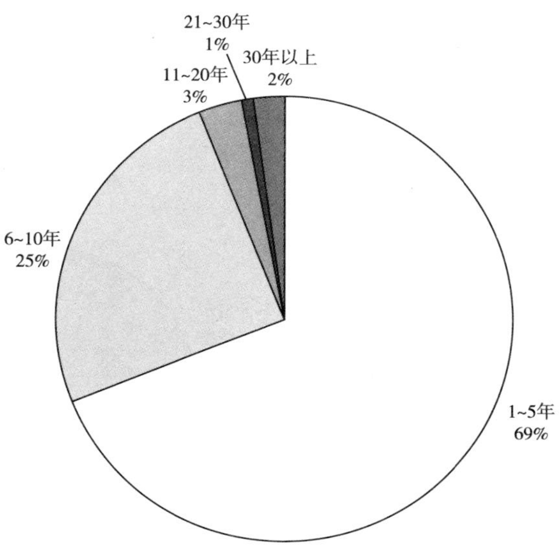

图 5　全区科技馆辅导员从业经验情况

1.2 科技辅导员队伍招聘现状

目前，全区科技馆科技辅导员招聘以事业单位公开招聘为主。各馆对科技辅导员的招聘方式中，事业单位公开招聘、劳务派遣及其他方式的区别并不明显，分别为35%、31%、34%。事业单位公开招聘占比略高于其他两项，其他招聘中包含工作调动、人才引进、编外合同制、三支一扶、公益性岗位等方式。具体来说，自治区级科技馆劳务派遣占61%，盟市级科技馆事业单位公开招聘占41%，旗县级科技馆其他招聘占57%（见图6）。

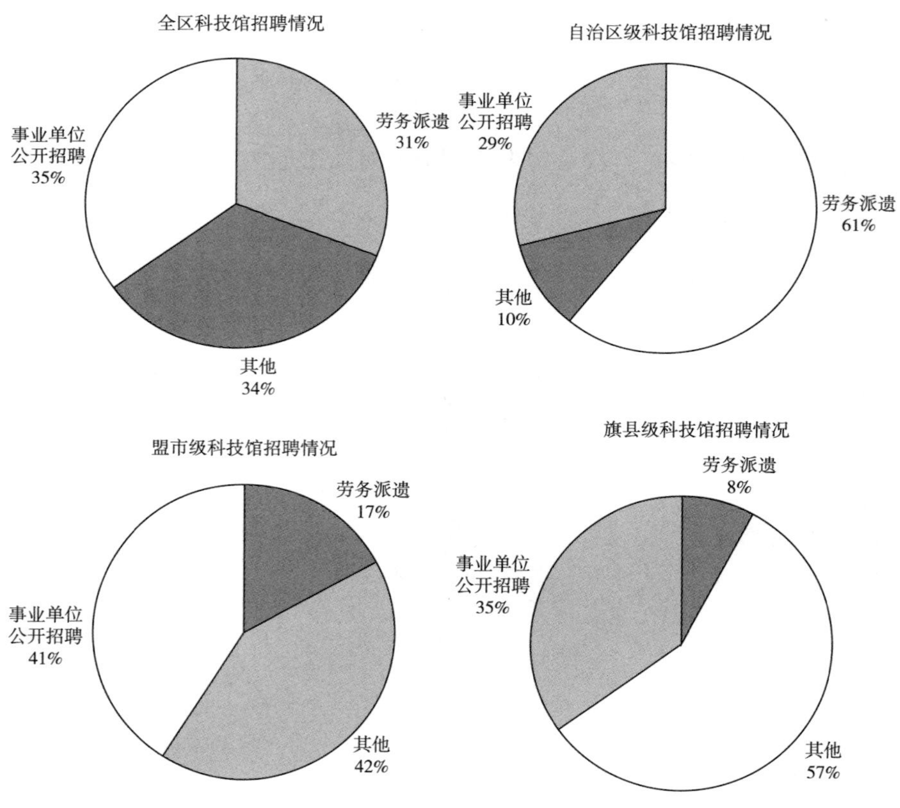

图6 各级科技馆招聘情况

1.3 科技辅导员队伍培养现状

1.3.1 培养计划

全区科技馆对科技辅导员是否制订培养计划的调查中，科技辅导员个人认为制订培养计划的占54.1%，认为未制订培养计划的占45.9%。其中自治区级科技馆58%的科技辅导员认为单位未制订培养计划，盟市级及旗县级科技馆科技辅导员认为未制订培养计划的分别占41%、35%。

1.3.2 培训情况

全区科技馆科技辅导员普遍参加过单位组织的培训，一半以上的人认为可以满足发展需求。一年内参加3次以上科技馆业务培训的占58%。其中，自治区级科技馆辅导员参加3次以上培训的占91%，未参加过培训的占比为零；盟市级、旗县级科技馆辅导员参加3次以上培训的分别占46%、27%，未参加过培训的分别占14%、19%（见图7）。由此可见，自治区级科技馆更加注重对科技辅导员的培训，希望通过培训来提升员工的工作能力。

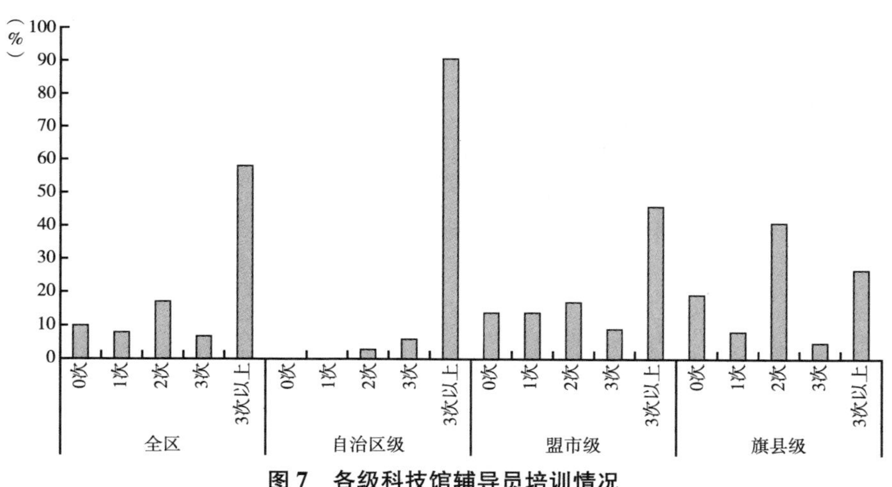

图7 各级科技馆辅导员培训情况

一半以上的科技辅导员认为培训活动能够满足个人的发展需求，认为不能满足需求的科技辅导员占比超过20%，反映出相关科技辅导员并不认可培训的内容及形式，还有许多可以改进的地方。盟市级科技辅导员认为培训活动能够满足个人发展需求的比例最高，占44%（见图8）。

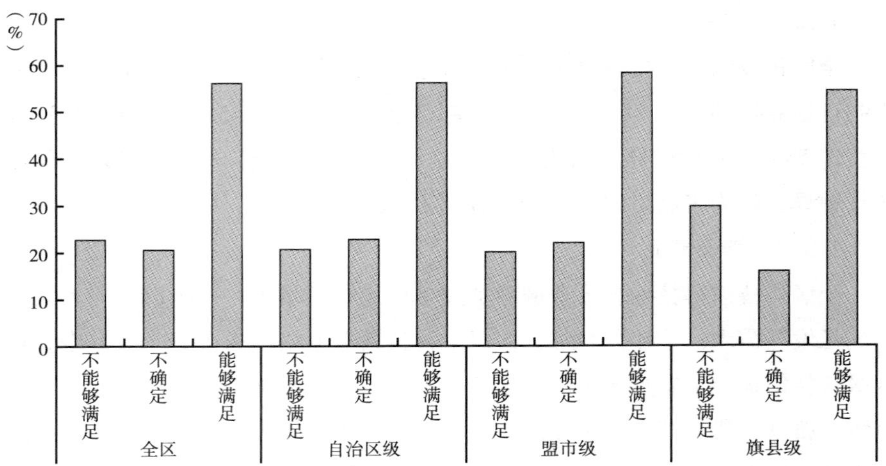

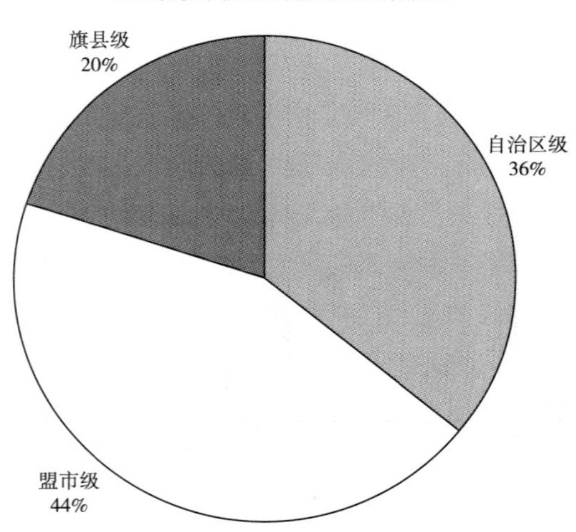

图 8　各级科技馆培训活动情况

1.3.3　培训内容

各馆在培训内容上大致相同，理论培训、专业知识培训的占比较高，分别占 25%、24%，其次为实践性业务培训，占 20%，沟通表达能力培训占 16%，创新能力培训占15%，自治区级科技馆在创新能力培训上占比较盟市级、旗县级科技馆偏低（见图9）。

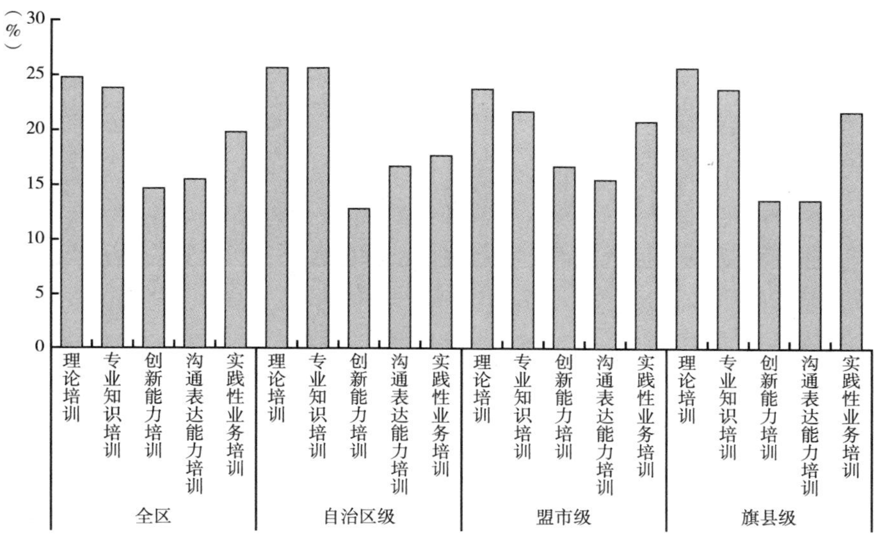

图9　各级科技馆培训内容情况

全区大部分科技辅导员认为所在场馆有激励措施激发学习热情。全区超60%的科技辅导员认为所在场馆有激励措施激发学习热情，其中，旗县级科技馆辅导员认为所在场馆有激励措施激发学习热情的占比最高，为84%；自治区级科技馆辅导员认为所在场馆有激励措施激发学习热情的占比最低，为64%（见图10）。

1.4　科技辅导员管理情况

1.4.1　科技辅导员工资普遍偏低

各馆科技辅导员工资普遍偏低，月工资3000元以下的占总数的56%，3000~5000元占41%，5000元以上占3%。自治区级、盟市级、旗县级科技馆科技辅导员月工资3000元以下的分别占64%、58%、41%（见图11）。自治区级科技馆科技辅导员工资与盟市级、旗县级科技馆科技辅导员工资相比偏低。

1.4.2　目前科技辅导员已具备的能力

针对全区科技辅导员已具备的能力从撰写论文情况及设计教育活动情况进行

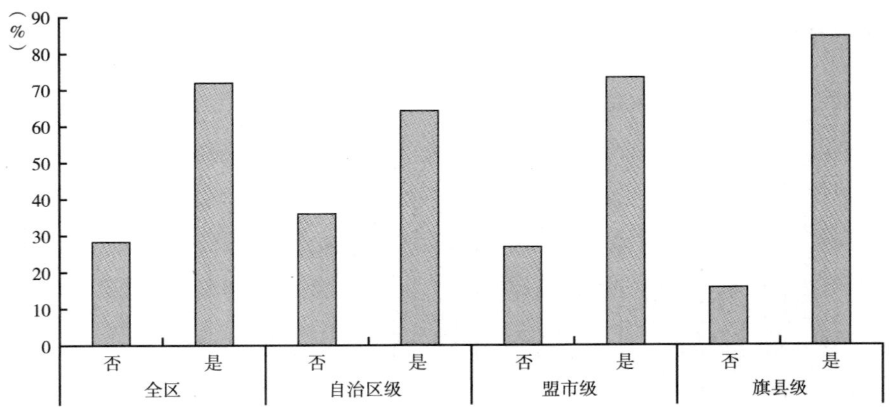

图 10　各级科技馆有无激励措施激发科技辅导员的学习热情

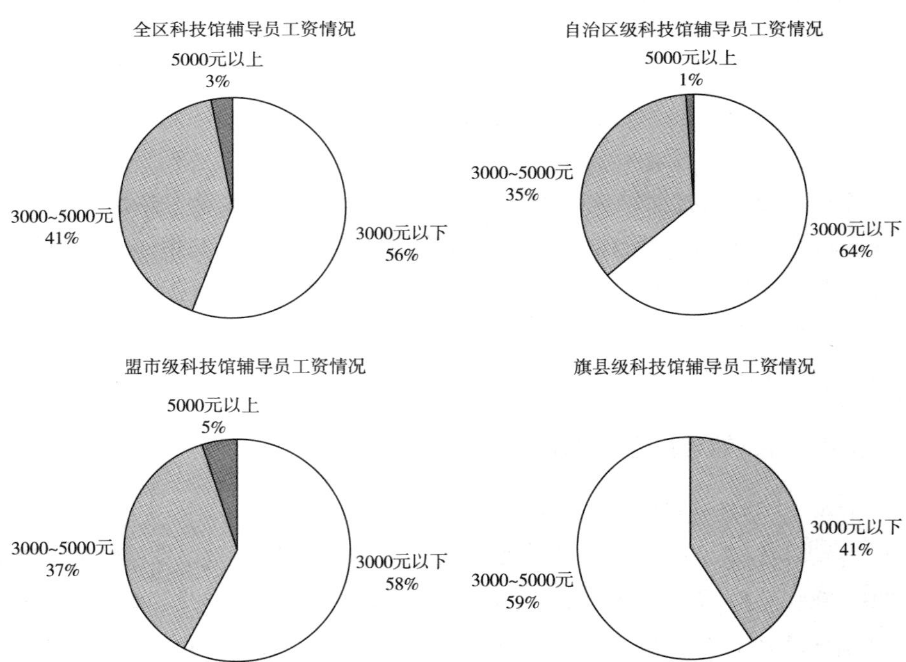

图 11　各级科技馆辅导员工资情况

分析。

全区大部分科技辅导员都获得过奖项，但将工作经验转化为论文的能力普遍偏低。自治区级科技馆科技辅导员获得一等奖的占比较高，共有 12 人，是盟市级、旗县级的总和。全区科技馆中，科技辅导员同时获得一、二等奖的有 7 人，同时获得二、三等奖的有 14 人，同时获得一、二、三等奖的有 2 人。全区科技馆中在 1 年内未发表论文的人数占比超过 85%，发表过 1 篇论文的人数为 17 人，占总人数的 10%，自治区级科技馆辅导员发表论文的人数比盟市级科技馆辅导员少 7 人（见图 12）。

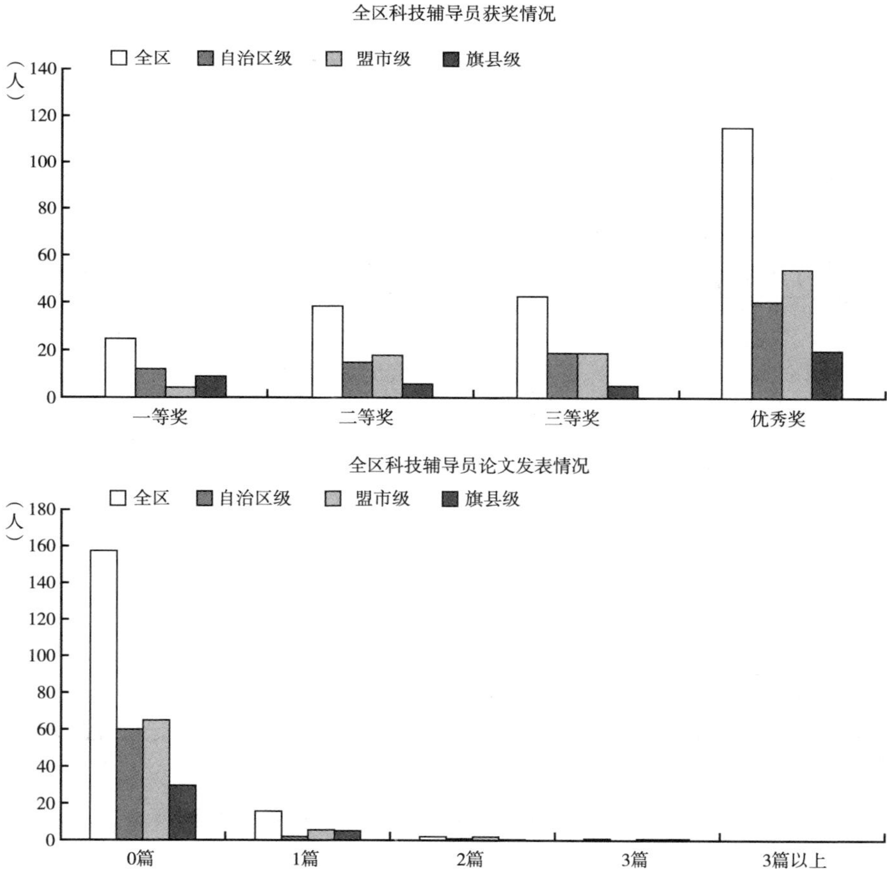

图 12　全区科技辅导员获奖及论文发表情况

设计教育活动在 1、2 项的以自治区级科技馆辅导员为主，3 项以上的以盟市级科技馆辅导员为主。全区近 60%的科技辅导员设计过教育活动，其中单独设计教育活动 3 项以上的占总人数的 22%，合作设计教育活动 3 项以上的占总人数的 24%。盟市级科技馆辅导员设计教育活动 3 项以上的人数高于自治区级、旗县级科技馆辅导员设计教育活动 3 项以上的人数总和（见图 13）。

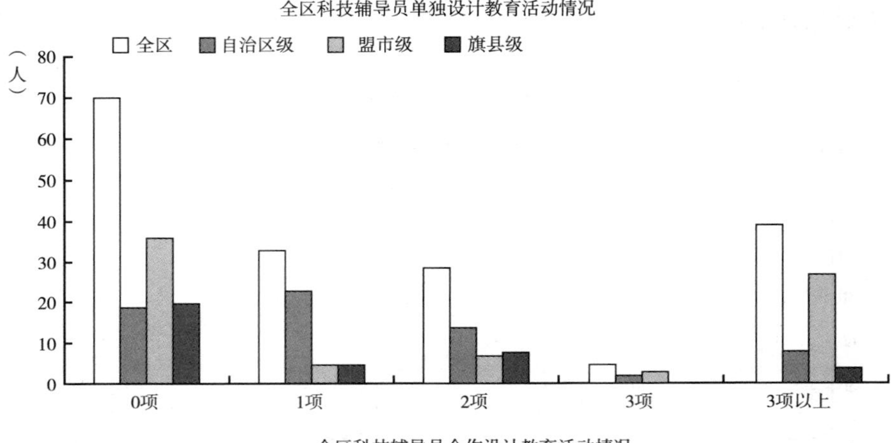

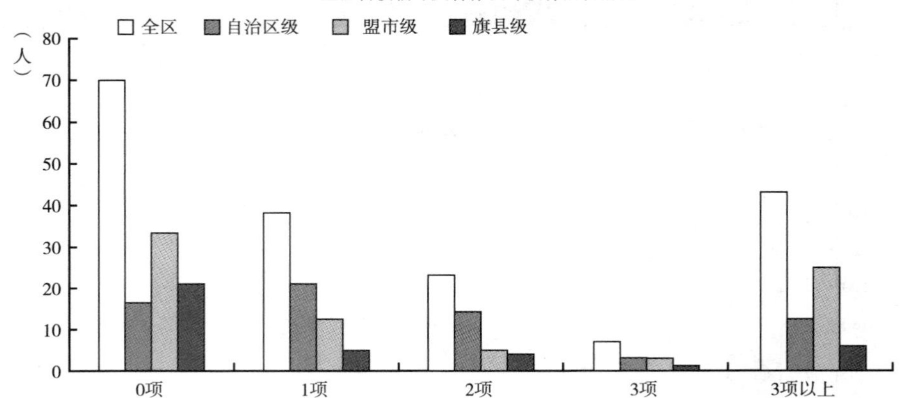

图 13　全区科技辅导员单独与合作设计教育活动情况

2 人才队伍建设存在的问题

2.1 人员结构存在的问题

科技辅导员是科技馆展教队伍中的主力军，从整体调查情况看，各馆非编制人员多于在编人员，工资主要来源于政府购买服务、自筹或项目资金，因此大多数科技辅导员面临缺编制、收入低、无职称评定、无晋升通道的问题。尽管这其中不乏高学历人员，但由于没有编制，无法参加专业技术人员任职资格的评审等，无归属感，盟市级及以上科技馆的年离职率平均为10%，旗县级科技馆的年离职率平均为14.3%，这是造成队伍不稳定的主要因素。

2.2 人员配备存在的问题

从17个场馆的统计数据分析来看，各场馆普遍存在科技辅导员配备不足的情况。中型以上场馆对外开放时间为每周六天，闭馆一天，加之配备的女员工明显多于男员工，常有休孕、产、哺乳假人员，因此每日有近1/3的人员需要轮休不在岗，凸显人员配备不足的问题。

高学历人员配备不足，理工科专业人员明显少于文科专业人员，专业匹配度不高，例如教育学、传播学专业和理工科专业人员配备少，很难满足当前科普教育工作要求。作为面向观众开展科学教育的专业技术人员，在科技辅导员队伍中教育相关专业的员工比例仅为6.6%。科技馆内对设计教育活动的科技辅导员要求偏低，开发和实施过程中，科技辅导员拥有初级职称的人数占设计教育活动人数的86.5%，拥有中级及高级职称的人数过少。在已经设计教育活动的科技辅导员中，有意愿参加后期科普教育活动培训的仅占12.3%，积极性并不高。这一现状对于科技馆开发和实施高水平的教育活动，特别是运用先进教育学理论和方法的教育活动十分不利。

2.3 人员培养机制存在的问题

通过单位问卷调查发现，盟市级及以上科技馆已对科技辅导员的专业能力定位比较明确，但多数场馆未按专业能力划分岗位，出现“高要求、低标准”

现象。科技辅导员在撰写论文、课题研究、设计研发、创作能力、获得奖项等方面，专业匹配度不高，导致专业能力较差，整体专业素质偏低。在人员培养上，更加注重理论培训、专业知识培训，缺少对科学教育活动开发与实践相关业务的针对性培训，还有部分旗县级科技馆仍用讲解员能力来定位科技辅导员的专业能力，准入门槛降低，也是造成人才队伍素质整体偏低的因素。

从调查结果看，所有场馆均未制订科技辅导员人才培养计划，而只做了培训计划，虽然培训次数较多，但培训内容不分层次，缺乏比较完整的分类指导培训制度。培训目的欠缺针对性，缺乏长期的、系统的规划和培养体系指导，造成培训结果实际应用效果不明显。

2.4 人员管理存在的问题

大多数场馆科技辅导员人才队伍建设相配套的制度不全，未能明确其工作性质及定位，导致人才队伍职责混乱。所实施的绩效考核制度效果不佳，不够科学规范，有的场馆考核结果与工资不挂钩，有的场馆与工资挂钩但差异不大，没有起到激励从业人员积极性、主动性、创造性和鼓励优秀人才脱颖而出的竞争机制的作用，也未实施末位淘汰制，辅导员无动力提升业务能力。

各场馆非编科技辅导员的流动性较大，并且达不到同工同酬，因此在人才培养方面，非编人员与在编人员存在较大的差异，造成大多数非编科技辅导员自主学习的动力不足，进步空间不大，难以留住人才，导致展教人才队伍不稳定。

3 培养全区人才队伍的参考性建议

科技辅导员队伍是科技馆事业发展的主力军，加强队伍建设，解决队伍建设中存在的问题，是内蒙古自治区科普事业再上新台阶的必经之路。此次调研工作意义重大，首先要厘清思路，科技馆要开展哪些科学教育活动，而这些活动需要什么样的科技辅导员、科技辅导员需要什么样的专业素质和技能，由此提出解决现阶段自治区科技辅导员队伍建设存在问题的参考性建议及科技辅导员的职业定位、性质、职责、专业素质与技能的基本要求。

3.1 优化科技辅导员人员结构

受事业单位编制的控制，自治区内大多数场馆的在编人员明显满足不了其教育功能的发挥需求。建议一：积极申请增加编制，或申请设立“控制编”，由财政拨款控制人员总工资额，由场馆与科技辅导员签订劳动合同，自主管理队伍。建议二：按照场馆发展目标和岗位设置，向政府购买服务的人力资源公司提出人才需求，真正做到派遣人员的学历、专业、素质能力与岗位相匹配，择优汰劣。

3.2 明确科技辅导员的职业定位、工作职责及职业要求

3.2.1 科技辅导员的职业定位①

科技馆科技辅导员是指在科技馆从事普及性科学教育、科学传播活动开发与实施的专业技术人员。其是具有专业技术能力的教育工作者，须经过严格考核，具有良好的职业道德，掌握系统的专业知识和专业技能。从科普人才的实际来看，科普人才不仅要具备一定的专业知识，还要具有把这些知识通过一定方法、渠道和形式向公众进行传播普及的能力，或者具有协调管理科普工作的能力。[4]

3.2.2 科技辅导员的工作职责

科技辅导员，是指在展厅及场馆外展览中实施展品辅导、展览讲解等基于展品的教育活动的专职人员；在教室、实验室、工作室、活动室等场所及馆外实施科学小实验、科技小制作、科学表演、科普报告/讲座、冬/夏令营等其他教育活动的专职人员；从事以上教育活动资源（教案、教材、教具、文稿、软件等）开发、撰写、编辑的专职人员；组织并保障上述教育活动正常运行的专职人员。上述工作职责，对从事教育活动的专职人员的要求极高，不但要求科技辅导员了解教育学、教育心理学等方面的知识（为了更好地服务学校，必须熟悉掌握“2017 小学科学课程表”、152 个“中小学综合实践活动主题”以及《义务教育科学课程标准（2022 年版）》），还需要拥有从事大量教育活动的经验，具有一定的组织能力，在传播知识的过程中，能够及时接收学生的反馈，并保证教育活动的安全开展。

3.2.3 科技辅导员的职业基本要求

职业道德要求：遵纪守法，讲究公德；爱岗敬业，忠于职守；甘于奉献，

① 《科学技术馆科技辅导员职业标准》（中国科技馆试行版，2015 年 6 月 3 日）。

服务公众；热爱科普，热爱教育；积极进取，勇于创新；严于律己，为人师表。基本素质要求：具备科学素质；具备良好的表达、沟通、交流能力和语言组织能力，具有良好的团队合作精神；临场应变，具备处理突发事件的能力；身体健康、相貌端正。对知识与技能的要求：了解科技馆经典展品和本馆展品的科学原理与知识，掌握基本科学思想和科学方法；了解教育学、博物馆学、心理学、传播学等基本理论和知识；了解科技馆的基础理论和知识及国内外科技馆的发展概况；具备运用上述原理、理论和知识，开发或者实施教育活动的技能及组织能力；具备广泛的科技知识，了解最新科技资讯，关注科技动态，补充专业知识；掌握接待规范和相关礼仪，并运用规范的礼仪接待受众；了解安全隐患和安全事故处理的基本知识，具备在教育场所处理安全隐患和安全事故的能力。

3.3 建立健全人员培养机制

科技辅导员是科技馆展教队伍的主体，要根据科技馆教育活动的功能定位、特征定位和发展方向，确定科技馆科技辅导员的职业定位与专业素质、技能要求。结合本馆的发展目标、岗位设置、工作需要，针对科技辅导员人才队伍建设，制定形成近期、中期、长期的相应培养规划，科技辅导员要根据技能划分等级，按照不同等级开展培训逐步形成理论与实践相结合的科技馆内培训材料，通过培训体系达到培养目标，以增强科技辅导员的归属感、成就感，提升科技辅导员从事本职工作的热情和动力。

对各级别科技辅导员的工作职责和应具备的学历、基本素质、专业知识和技能等提出明确要求，特别是开发实施科学教育活动的职责与能力，其要求明显高于现有的《展览讲解员国家职业标准》。同时，要兼顾维护展厅、教室、实验室、工作室、活动室等教育场所及其教育活动正常运行的需要。

“初级科技辅导员”的职责，侧重于运行保障和辅助教学。随着科技辅导员等级升高，其职责中运行保障的比例逐渐降低，教育活动开发与实施的比例逐渐加大。在“中级科技辅导员”的职责中，教育活动实施的比例最大；再到“高级科技辅导员”，其职责以教育活动开发与相关科研为主。不同等级科技辅导员的专业能力要求和获取职业资格的培训、考核内容和方式，应根据其岗位职责、专业技术含量，有所区别、各有侧重。

3.4 加强科技辅导员的管理机制建设

必须科学、准确、明晰地确定科技馆教育活动的功能定位、科技馆教育活动的特征定位、科技馆科技辅导员的职业定位，这三个定位如果模糊不清，加强科技辅导员队伍建设就难以“对症下药”，很难将科技馆编制、评价体系、岗位职责、业绩考核等制度落实到工作实践中。

根据职业定位招聘人员，在专业学历的选拔上对职责进行划分。应建立健全以教育活动数量、水平、绩效为核心的考核、上岗、晋升、薪酬、奖惩机制，按级别设置工资结构，加大级别工资差异，建立客观反映工作完成情况的绩效测评体系和公正合理的奖惩制度，有效激励科技辅导员开发实施教育活动和钻研业务的积极性。

4 结语

以上是对自治区部分科技馆科技辅导员队伍建设的调研情况。全区 12 个盟市，除赤峰市、锡林郭勒盟未建成实体馆，其他盟市均有实体馆，除鄂尔多斯市科技馆与呼和浩特市科技馆未提交调查问卷外，本次调研得到了其余 8 个盟市科技场馆的积极配合。按照防疫要求未对各盟市科技馆做实地调研，研究和分析还不够深入，对于某些问题的认识尚处于粗浅阶段，论文中若有疏漏与不妥之处，敬请予以批评指正。

参考文献

[1] 国务院：《全民科学素质行动规划纲要（2021—2035 年）》，http：//www.gov.cn/zhengce/content/2021-06/25/content_ 5620813.htm。

[2]《科学技术馆建设标准》（建标 101-2007）。

[3] 《国家中长期人才发展规划纲要（2010—2020 年）》，http：//www.gov.cn/jrzg/2010-06/06/content_ 1621777.htm。

[4] 郑念：《我国科普人才队伍存在的问题及对策研究》，《科普研究》2009 年第 2 期。

试析科学教育工作者思维能力的培养与提升

王　冰　张西宁　余　菲*

（陕西科技馆，西安，710004）

摘　要　科学教育工作者的能力提升，是一个需要不断学习和实践的过程。在这个过程中，思维能力是学习能力的核心。通过提高科学教育工作者的思维能力，可以高效推动其专业能力的提升，从而使其更好地适应纷繁复杂的科学教育场景所提出的各种要求，使其在科学教育活动中的预测、判断、规划、决策、创造行为更为精准，并且在自我定位、判明情况、收集信息、策略选择、评价结果的时候产生积极的影响和作用。

关键词　科学教育工作者　思维能力　科学教育活动

思维能力是学习能力的核心，通过提高科学教育工作者的思维能力，可以高效推动其专业能力的提升，从而更好地适应纷繁复杂的科学教育场景所提出的各种要求，使其在科学教育活动中的预测、判断、规划、决策、创造行为更为精准，并且在自我定位、判明情况、收集信息、策略选择、评价结果的时候产生积极的影响和作用。本文以科技馆科学教育工作者为主要研究对象，结合其他开展科学教育活动场馆的实际情况，对如何培养和提升系统性思维、成长型思维、发散性思维、批判性思维、结果导向思维，从而提升科学教育专业能力提出相关建议。

* 王冰，陕西科技馆高级工程师，研究方向为科学教育和科技馆建设；张西宁，陕西科技馆副馆长，研究方向为科技馆运行管理；余菲，陕西科技馆工程师，研究方向为科学教育活动策划和内容开发。

1 系统性思维

系统性思维是一种将认识对象作为一个独立的“系统”，从系统与要素、要素与要素、系统与环境之间的相互联系、相互作用等方面综合地考察认识对象的一种思维方法。[1]这种思维要求我们在分析和解决具体科学教育问题时，要将这个问题看作一个“基于具体科学教育目标下的系统”，然后通过对这个系统的结构、目标、策略、技能和评价的理解去分析和解决这个问题。

1.1 基于要素之间关系的思维方式

这个“基于具体科学教育目标下的系统”，是由一个个元素组成的。除了科学知识、科学方法、科学精神、科学思想等教育内容是这个系统的元素外，各种教育策略和技巧也是这个系统的元素，其他诸如展品、参观者、教育人员等也都是这个系统的元素……元素既是一个系统中最为明显的事物，又是可被替换、动态的，每一个元素的变化，都会被加入系统中，然后跟着系统一起不停地演化出很多个结果。但不管元素如何变化，“基于具体科学教育目标下的系统”还是这个系统。

1.2 强调整体关系的思维方式

这个“基于具体科学教育目标下的系统”各元素之间存在一定的关系（我们一般称之为主题或脉络）。在这个系统中，各内容之间、内容和策略之间、展品和参观者及科学教育工作者之间还有着一定的关系，这些关系既可以表现为社会关系，也可以是学科知识和自然现象。元素可以调换，但关系往往是固定的。决定系统价值的是元素之间的关系和结构，要想真正理解和掌握这个系统的运作，我们就需要做到全面思考，按照各元素之间的关系，把元素放到适当的整体结构中去，而非盯着元素本身。这也正是我们越来越多开展主题式科学教育的原因所在。

1.3 具有一定的目的性

同样的元素，根据某个科学教育主题组合成不同的结构，就能实现不同的目的。所以，我们在开展具体的科学教育活动之前，首先要明确目的是什么，然后根据目的进行元素整合和关系架构。就科技馆而言，总目标就是在“科学实践”的基础上，通过“探究式学习”获取“直接经验”，以达到提高科学素质的目的。实际工作中，“基于具体科学教育目标下的系统”的目的往往会表现得更为具体或更有阶段性，如激发兴趣、鼓励质疑、学会观察、掌握某一项技巧等。

2 成长型思维

成长型思维认为每个人的能力，都可以通过学习和实践加以提升。这种思维模式下，科学教育工作者会更加勇于甚至乐于面对问题的挑战，并且在挑战过程中始终保持旺盛的动力，不断超越自我、总结经验、提高技能，从而获得能力的提升。

2.1 在任何行业或领域，最有效的提升都是通过充分利用面对挑战时的适应能力，来达到提升能力的目的

事实上，挑战越大、问题越难往往意味着成长的可能性越大。挑战既可以是针对自己之前的科学教育实践，也可以是根据其他优秀科学教育案例提出的新目标。即使在这个挑战过程中遭受了挫折也不要轻易否定自己，而是要从过程中寻找原因，继而不断改进，直到下一个挑战出现。这个过程中，尽管有可能对提升的幅度并不是非常满意，但我们的进步一定会是实实在在的。

2.2 跳出自己的“安全区”和“舒适区”

尽管走出这一步的初期，面临的往往是混乱或退步，但不走出这一步，就很难发现并承认自己的错误和不足，也不可能实现能力提升的目的。那些原本不会做或没做好的事才能称为挑战，一旦我们把注意力集中在挑战的过程之中，就会想方设法来提升自己，从而赢得这些挑战。不管什么样的挑战，战胜它的最好办法是从不同方向去想办法，包括同行之间的交流与请教。

2.3 设定明确而恰当的成长目标，并且关注自己是否处于一个持续发展或上升的状态

把具体的科学教育活动量化、细分，对活动过程中遇到的困难和解决方法进行内省和反思，即使没有取得理想的效果，这个想方设法迎接挑战的过程也会使我们获得提升，增强自己耐受挫折或失败的能力，这本身也是科学教育能力提升的一个方面。

3 发散性思维

发散性思维就是思维主体根据已有的信息，运用已知的知识、经验，通过推测、想象，提出各种设想，寻找多种途径，沿着不同的方向和关系去思考和重组相关信息，多方面、多层次地寻求解决问题的答案和方法，最终产生新的信息的一种思维方式。发散性思维能将多种知识、多种技能于碰撞中顿悟、于整合中吸纳重组，是科学教育工作者组织、策划、驾驭科学教育活动进程的思维基础，是培养科学教育工作人员开放、敏捷、灵动思维的重要方式。

科学教育工作者的发散性思维过程是在紧紧围绕具体主题的基础上，通盘考虑教育的目的、内容、结构、策略、手段及技巧，就如何拓展主题内容、深化主题内涵、展现主题思路进行全面思考。在科学教育活动过程中，要根据互动反馈情况，适时调整。这些能动性的反应都是科学教育人员发散性思维的外在表现。这其中，多视角地理解和分析教育主题是驾驭整合活动的核心，在筛选、权衡、调整、实施的过程中和过程之后，教育人员的思维应始终处于一种开放状态，表现出在确认与质疑中的反复权衡和取舍，直到确定最佳选择。

3.1 积累知识，提高发散性思维的流畅性

流畅性指单位时间内扩展的思路和内容的数量和速度，强调的是数量多、速度快。扩展的思路和内容越多，说明流畅性越高。提高发散性思维的流畅性，可以有效拓展科学教育人员的思维广度和深度，为创造性思维打下扎实的基础。在科学教育活动策划过程中，需要围绕主题，结合目标进行多角度的内容组织与挖掘，有意识地尝试从不同的角度、方向、方面，用多种方法、技巧

和思路来实现教育目标，从而使整个科学教育活动科学、有趣而灵动。

流畅性的基础是背景知识拥有量，对于已系统接受过正规教育的科学教育工作者而言，增加背景知识量的途径，一是依靠平时有意识的知识积累，二是以检索收集为主要形式的知识建构。知识积累的存量越多，我们能理解和收集的新知识也会越多，这两个途径说到底是殊途同归的。越来越多的理论和事例表明：科学教育人员发散性思维的流畅性不仅仅取决于他已经知道多少知识、掌握了多少技能，还在于他怎样突破自身的限制，去更高、更宽广的平台上获取更多的资源，学到更多。

知识拥有量的积累是一种积极主动的过程。在网络发达的信息社会，我们尤其需要注意区分知识和信息的不同：首先，由于信息的碎块性，它比知识更容易获取，又由于信息的可传递性很强，其比知识更容易被接受。而知识是指那些被验证过的、正确的、被人们相信的概念、规律、方法论，具有较强的序列性和累积性特点。其次，知识往往会被信息所排挤，人长期接受低密度、高反馈的碎片化信息，会弱化信息筛选和处理能力，掩埋思考能力。最后，最重要的是，在信息社会中，信息只表示屈从别人的思考，我们接受的碎片化信息往往都是未经自己思考的结果，而知识则处于发出信息的地位，体现出个人独立思考的力量和自由。

3.2　勇于突破，培养发散性思维的变通性

变通性指克服人们头脑中某种固定的思维框架，按照新的方向来思索问题的能力，是发散性思维“质”的指标。发散性思维的变通性越高，思索问题的灵活度就越高，思维的范围和维度也会越广、越多，更能做到触类旁通、举一反三、突破常规。发散性思维的“变通”常常需要借助横向类比、跨域跳跃、触类旁通等手段，使发散性思维沿着不同的方面和方向扩散，表现出极其丰富的多样性和多面性。这就要求科学教育人员在面对问题时，即使问题得到解决，也要有意识地多找几个角度和方法，然后在其中找出最为适合和恰当的解决方案。

培养发散性思维的变通性，首先，要求科学教育工作者对自己的知识积累有着准确、深刻而全面的理解，因为理解本身就是用一个人的知识积累灵活地思考和行动的能力，理解意味着能够灵活地执行。其次，要求教育人员消除思

维的惰性，使自己的思维活跃起来，能够从一个领域跳跃到另一个领域去思考。不同类别属性越多，跨度越大越好。最后，需要注意的是，发散性思维是一种爆炸式的立体思维过程，一是强调多条思路向外扩展，二是强调保持思维的系统性，不仅要考虑教育活动的整体，还要考虑活动的细节，否则发散性思维很有可能会沦落为散漫性思维。

3.3 大胆创新，培养发散性思维的独特性

发散性思维的独特性，指人们在发散思维中做出不同寻常、独特新颖的反应和见解的能力。其特点就是不依常规，寻求新意，独创性高的人想的办法往往比较独特。不少心理学家认为，发散性思维的独特性是测定创造力的主要指标之一，也有学者认为独特性是发散性思维的最高目标。[2]毋庸置疑的是，发散性思维的独特性是体现科学教育人员独创性及个性化的重要指标之一。

科学教育人员在活动策划、组织和实施过程中，需要在思维活动高度发散的状态下，根据知识积累和信息收集，从过程、方法、态度、工具、思路、质疑与反思等多种角度，历史、现实、未来多个纬度，人类、社会、个人多个范围，就科学的本质、某一科学发现的前因后果、某一科学工具的多种用途、某一科学方法对解决问题的各种可能性、某项科学教育活动设备的多种用途、某个科学现象的各种可能解释、某项器材的各种可能功能等方向出发，积极拓展思考角度，及时整合、重构或跟进，不墨守成规，不囿于传统方法，敢于创新，充分彰显个性化特色和风格。

4 批判性思维

批判性思维主要是对相信什么和做什么做出判断，这种判断主要依靠分析和评价。批判性思维的分析和评价需要做到清楚、准确、相关、有深度，并具有严格的逻辑性。在此基础上还要有严格的推理，这种推理具有合理的框架和明确的目的性。推理过程中使用到的数据必须得到相应的解释，概念必须清晰，并将概念的内涵和外延都表述清楚。只有做到这些，才能够称得上是科学的批判性思维。[3]批判性思维的目标在于形成正确的结论、做出合理的决策，作为体现思维水平、凸显人文精神和独立人格的思维方式，批判性思维被公认

为21世纪基本技能中的必要元素，被普遍确立为教育特别是高等教育的目标之一，有的学者甚至将批判性思维列入科学方法范畴加以研究。

科学教育人员应着重培养以下几个方面的批判性思维：一是能够准确识别现象、观点和问题，并把握问题重点。很多时候，提出正确的问题就成功了一半，因为答案就在问题里。二是具备收集、辨别和整合相关信息的能力，能够辨识这些信息中未陈述的假设和价值，能够通过理解来解释所获信息的数据资料、评价证据和评估论证，合理吸收其中具有准确性、相关性和扩展性（深度、广度）的内容运用于科学教育实践。三是能够清楚地判断信息、知识之间是否存在自洽、他洽、续洽的逻辑关系，通过科学实践、探究式过程获得的直接经验推导出合理的结论和概括，并能够对结论和概括进行证伪或证明。四是基于较为丰富的科学教育实践，持续保持一定的开放性和质疑心、好奇心，不断建构、丰富和完善自己的知识和理论体系，对科学教育工作中的具体事物和价值能够做出适当评判。具体而言，通过解决以下几个问题提升上述技能。

4.1 科学教育活动主题是否突出和目标是否明确？

科学教育活动主题是指科学教育活动所要表现的中心思想，泛指主要内容。目标则是对科学教育活动预期结果的主观设想，具有维系各个方面关系、为科学教育活动指明方向的作用。无论是探究某一科学现象背后的原理，论证或验证某一观点的正确与否，还是揭示某一问题的本质，科学教育活动的主题和目标都与科学过程再现密切相关，是引起科学探究行为的出发点和核心，更是获得后续所有直接经验的直接驱动力。如果一项科学教育活动的主题不够突出、目标不够明确，即使内容特别精彩，那整个教育活动也只能是一种七零八落的罗列，表面热热闹闹，实际效果却不尽如人意。就像老舍《四世同堂》中说得那样：“每个演员都极卖力气的表演，而忘了整部戏剧的主题与效果。”

4.2 科学教育活动涉及的内容表述是否准确？

科学教育活动是基于一定的专业知识、客观现象或历史事实展开的，准确性是科学教育最重要、最核心的评价标准。实践中，如果科学教育内容出现不准确的情况，大多数与科学教育人员对专业知识的理解和掌握不足有关，也与要突出“眼球效应”有关。因此，科学教育工作者必须具备辨别内容来源的能力。对于以下情形的科技信息，教育人员尤其要用心辨别和使用：非结论性的；与以往结论差异太大的；与主流观点发生冲突的；基于小样本或代表性不足的样本的；将动物实验得出的结论向人体延伸的；只发现统计相关性，而不具备因果性的；以经验代替规律的；特别是对于那些声称颠覆性的发现成果，要更加谨慎地处理。

4.3 科学教育活动内容的逻辑是否严谨？有没有逻辑谬误？

科学教育活动是一个科学实践和逻辑思维相结合的过程。为此，我们一方面需要确定教育内容是否符合逻辑三洽：逻辑自洽——我们的教育内容没有内部的逻辑矛盾，尤其是语言本身的逻辑矛盾，“逻辑自洽”是科学理论成立的基本前提。逻辑他洽——我们的教育内容能够解释现在人类知识总量中发现的事实。我们的理论或概念，必须跟我们不能否认的尤其是那些基础学科的理论没有冲突。逻辑续洽——我们新增的教育内容能否跟我们之前的逻辑表现一致，新知识、新事实能够在原有教育主题和目标中得以实现。如果自洽、他洽、续洽都成立，那么我们的科学教育内容在逻辑上就是成立的。另一方面，我们要极力避免陷入错误归因、滑坡谬误、肯定后件与否定前件、以偏概全、事后归因、相关即因果、证实性偏见、循环论证、偷换概念等逻辑谬误的陷阱之中。最后，科学教育内容的可信度源自逻辑和证据，科学教育工作者可以根据自身的知识积累提出合理的“假想”，但这种“科学假想”不是臆想，更不是幻想，需要找到充足的证据后才能作为科学教育的内容。

4.4 科学教育活动中证据的效力是否足够？

科学教育活动中的证据，指的是活动中所告知或通过科学实践得到的明确信息，用来证实或捍卫一个事实断言（概念、结论等）的可靠性。判断证据的效力是否足够，需要在保证整个教育活动推论逻辑严谨的前提下，重点关注：①数据收集是否完全，包括实验现象是否观察完整；②数据来源是否可靠；③实验设计是否严谨，有没有保持条件可控，有没有对照组；④有没有证明实验可重复性。

需要强调的是，随着科学技术的高速发展，科学教育工作者在正规教育中学到的事实性知识，有些在目前依旧是事实性知识，而另一些则需要重新论证，或者被证明是谬误。这就是为什么科学教育工作者不仅需要学习事实，同时也需要学会如何对这些事实加以思考——如何去检验它们、质疑它们，如何去权衡科学研究提供的各种证据。为此，科学教育工作者要非常慎重地建立自己的信息来源，要多参阅原始学术资料和正规参考文献，学会过滤掉那些没有论据支撑的信息源，同时还要熟悉每一项定理、概念或结论的适用范围。要将自己的教育主题建立在强有力的证据之上，同时要对证据的关联性赋予论据。当我们的教育内容不完整或不严谨时，其原因往往不在于证据的真实性，而是证据与主题之间的关联性不够直接或不能成立。对于科学教育工作者而言，知道某个原理、概念或结论只是一个开端，不能满足于成为信息或知识的记事簿，应该学会如何质疑，如何寻找支持理由和证据，避免简单地、非批判地接受东西，只有理解和掌握了相关的证据和过程后，我们才能称之为“学会了”。

5 结果导向思维

结果导向思维是一种以事情结果好坏为判断标准的思维方式。这种思维方式更多地关注要达到什么目的、取得什么结果，同时思考需要采取什么样的过程、方法和手段达到预想结果。这种思维方式要求思维主体具有很强的质量控制意识和强烈的责任心、敬业精神，能严格地遵照评估机制规范定位，同时对照结果来发现、分析和解决问题，最后优化过程来保障结果。实际工作中，部分科学教育工作者不同程度地存在以完成岗位职责为结果的思想。而事实上，职责只是对工作范围和边界的抽象概括，完成职责只是对流序和过程负责，并不意味着达到预期结果。没有结果意识，职责就是一纸空文，而达到预期结果才是对教育目的和价值的负责。

结果导向思维的核心是以结果指导过程，发现、分析和解决问题贯穿于这种思维的整个过程：开展科学教育活动要达到什么目的？本项教育活动期待达成的具体指标是什么？活动结果对观众来说有什么意义？这个结果有可能对观众产生什么样的价值？我们的教育内容（包括过程安排、教学策略、实验演示等）是否足以支撑我们达到这些目的？整个教育过程是否符合“科学实践”“探究式学习”“直接经验”的获取要素和特征？……这样，我们的整个活动就会在符合科学教育相关评价标准的前提下，达到预期的效果并得到持续的改进和提高。

结果导向思维对失败更加敏感，但从能力提升的长期性和持续性出发，科学教育工作者需要在这种敏感中不断得到锤炼。这是因为对照预设的结果，我们会更早地意识到自己有可能的失败，更容易找到自己失败在什么地方，并且更快地从失败中获取经验，修正之前的思路和内容，尝试新的教育策略，继续努力并用结果对其进行再次检验。这样，我们就把“失败”从一种负面的评价转化成一种准确、及时的反馈，变成一座可以用来学习和获取经验的“宝库”。基于这种思维，科学教育工作者在相关教育活动的策划和实施过程中，会自然而然地充分考虑或预设各种导致失败的意外情况，增强整个教育活动的“容错性”，从而有效避免失败的窘境。

参考文献

［1］彭漪涟、马钦荣主编《逻辑学大辞典（修订本）》，上海辞书出版社，2010。

［2］段继扬：《试论发散思维在创造性思维中的地位和作用》，《心理学探新》1986年第3期。

［3］〔美〕朱蒂·查坦德等：《最佳思考者：如何培养批判性思维》，王蕙译，人民邮电出版社，2013。

“双减”背景下家长对校外科技教育的认知与需求

——以西城区青少年科技馆为例

赵　溪*

（北京市西城区青少年科技馆，北京，100037）

摘　要　“双减”背景下，校外活动场所迎来了增量时代，如何能够在留存这部分增量的同时避免校外活动内卷化，是我们所面临的关键挑战之一。为了应对这一挑战，需要了解家长的认识与需求，开展适当的引导教育，对教育活动进行改革创新。为了解家长的认知与需求，笔者根据与家长平时的交流，建立了“选择目的、效果期望、选择因素、综合评价”四个维度的评价模型。通过对量表结果的分析，提出了针对性建议：解决报名难需要在职能和功能探索上发力；形成竞赛成绩之外的多维度人才培养评价方式等。

关键词　“双减”　校外科技教育　科技馆活动

1　引言

1.1　提质增效是“双减”政策对校外培训转型发展的要求之一

“双减”指的是减轻义务教育阶段学生作业负担和校外培训负担，在“双减”政策出台之前，我国已实行多年针对学校课业的“减负”教育改革。可是

* 赵溪，北京市西城区青少年科技馆教师，研究方向为科学教育。

校外培训机构的不断发展壮大，导致“学校教育减下来，校外培训增上去”，2021 年 7 月，教育部有关负责人就《关于进一步减轻义务教育阶段学生作业负担和校外培训负担的意见》有关问题答记者问时指出：目前全国面向中小学生的校外培训机构数量巨大，已基本与学校数量持平，但培训质量参差不齐，如果任其发展，将形成国家教育体系之外的另一个教育体系，不仅增加学生课外负担和家长经济负担，还会扰乱学校正常教育教学秩序。近年来大量资本涌入培训行业，展开“烧钱”大战，广告铺天盖地，对全社会进行“狂轰滥炸”式营销，各种贩卖焦虑式的过度宣传，违背了教育公益属性，破坏了教育正常生态。

1.2 “双减”落实不但要“堵”更要“疏”

家长作为学生校外时间的规划者，他们的认知与行为对真正减轻学生的校外负担至关重要。“双减”后虽然培训机构已经大面积关停，可是笔者在与家长的交流中发现，存在校外培训从明处转向地下、从线下转为线上、从机构提供转向教师提供的情况。

由此可知，在对校外培训机构实行严格审批管理的同时，要为学生提供能够开阔视野、全面发展和实践锻炼的场所和资源作为替代。青少年宫、青少年活动中心、青少年科技馆、博物馆等校外活动场所责无旁贷。

在此背景下，校外活动场所迎来了增量时代，而这些新增加的学员和家长有着不同于存量学员和家长的期待，如何在留存这部分增量的同时避免校外活动内卷化，是我们面临的关键挑战。为了应对这一挑战，需要了解家长的认知与需求，开展适当的引导教育，对教育活动进行改革创新。

2 关键概念界定

2.1 校外科技教育

在学校以外的科技学习都算是校外科技教育，小学科学课程标准中提出的诸如家庭、社区、公园、田野等场所中进行的科学学习，都算是校外科技教育。本文讨论的主体为科技馆、科学博物馆、科学中心、青少年科普教育实践机构等校外教育机构。

2.2 认知与需求

认知与需求是一个宽泛的概念，本文讨论的认知与需求包括：家长选择校外科技教育的目的，家长对校外科技教育活动的期望，家长选择校外科技教育活动的影响因素，家长对校外单位的综合评价。

3 认知与需求模型的建立

为了解家长的认知与需求，笔者根据与家长平时的交流，建立了“选择目的、效果期望、选择因素、综合评价”四个维度的评价模型。具体结构如图 1 所示。

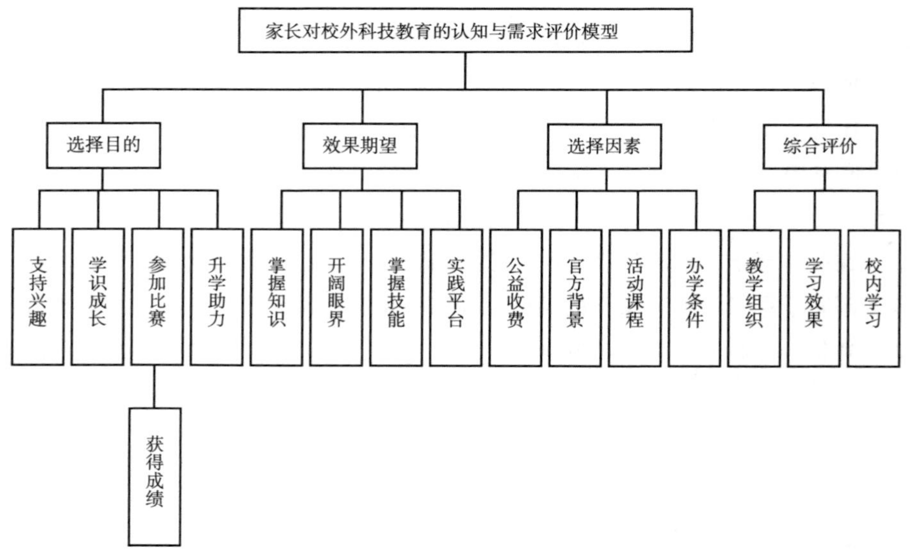

图 1 评价模型

需要说明的是，本模型并非通用模型，而是针对西城区青少年科技馆（以下简称“西城科技馆”）的学员家长所设计的，来自老师与家长沟通交流中的高频词和热点问题。

根据本模型设计调查问卷，问卷内容包括基本信息（学段、学习兴趣小组类型、学习时长等）、李克特量表和收集建议填空，向西城科技馆的674名学员家长发放，最终收回有效问卷316份，问卷 Cronbach. α 系数0.811，KMO 值0.806。

4 对问卷的分析

对问卷进行数据分析，发现家长对校外科技教育的认知存在以下特点。

4.1 参加比赛是西城科技馆学员家长的首要目的

西城科技馆学员家长的首要目的是参加比赛（8.33分），相比支持兴趣（5.89分）、升学助力（7.68分）和学识成长（7.74分）更高。

实际上，随着政府对科普工作的重视和信息化建设加快，家长和学生可以轻易获得大量的校外科技教育资源，无论是网络科普平台、科普场馆（北京动物园、北京天文馆、北京科学中心等）还是科普书籍，均能在培养学生兴趣和促进学识成长上提供支撑。

西城科技馆除了提供科技类兴趣小组活动外，还负责科技竞赛类活动的组织实施，也就从功能定位和擅长领域方面与其他科技教育资源供给方区分开来。

4.2 掌握技能已经不是家长期望的主要效果

在效果期望的得分中，掌握技能（5.8分）显著低于掌握知识（7.96分）、开阔眼界（8.45分）和实践平台（8.85分）。

回顾校外教育的发展史，考级考证等具有浓厚技能培训特质的学习效果评价方式曾经占据主流。可是随着时间的推移，以掌握技能衡量培训效果的校外教育形式逐渐冷却，取而代之的是能力提升。在本次问卷调查中，家长最看重的能力是逻辑思维能力（70.89%）、动手操作能力（65.82%）和团队协作能力（52.22%），如图2所示。由于能力相比技能的涵盖内容更加多元，也就更加难以通过兴趣小组这一单一形式进行培养、量化和评价。所以需要通过展示活动、竞赛活动、交流活动来为学员提供实践平台，在此过程中以活动促进学习，在活动中开阔眼界。

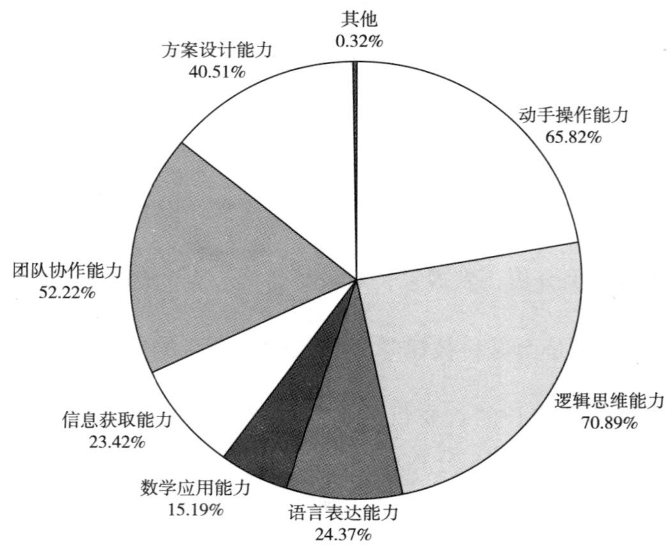

图 2　家长看中能力的占比

4.3　官方背景是选择西城科技馆的首要因素

在量表中，西城科技馆的官方背景（7.53 分）是家长最终做出选择的重要依据，排在公益收费（4.89 分）、活动课程（7.00 分）和办学条件（6.60 分）之前。

在“双减”背景下，校外科技类培训整体迎来了高速发展期，一方面源自学科类培训机构的转型导致资本和人才向这一领域汇集，另一方面是家长寻找学科类培训替代品所导致的需求增长。可是同学科类培训机构一样，很多非官方背景的校外科技培训机构存在盲目扩张、挪用学费等管理问题，导致相关纠纷频发。而西城科技馆的官方背景则让家长无后顾之忧。

4.4　对西城科技馆的综合评价总体满意

如果说官方背景能够让家长放心，那对整体活动的综合评价则关系满意度。在量表的相关项目中得分均较高：教学组织 8.26 分，学习效果 7.48 分，校内学习 7.45 分。

其中需要关注的是校内学习，在各类校外素质类教育中，科技类活动具有与学校学习内容关系紧密的特点。这就需要校外科技教育单位在“双减”要求下谨慎设计学习目标与内容，规避“超前学、内卷化”等现象。同时我们也应看到，确实有一部分学生在科技馆的学习有助于校内成绩的提高，但这主要受学习兴趣、逻辑思维、自信心增长等因素的影响。西城科技馆的课程注重学员自我探究，即使一些内容与学校内容有联系，也没有通过书面作业、考试等方式对知识性内容进行强化，很难通过知识连接产生校内成绩提高的效果。

4.5　报名难，指导比赛，沟通不足是家长的主要问题

在收集建议的填空里，现有名额少报名难度大、提供更多比赛指导和机会、加强馆校沟通告知所学内容被高频提及。具体的出现原因和解决方法在下一部分详细论述。

5　调研结果对“双减”背景下西城科技馆教育教学工作的几点启示

5.1　解决报名难需要在职能和功能探索上发力

习近平总书记在党的十九大报告中提出全新论断，我国社会主要矛盾已经转化为人民日益增长的美好生活需要和不平衡不充分的发展之间的矛盾。这一论断同样适用于“双减”背景下官方背景校外科技教育单位与家长学生之间的主要矛盾。不管是西城科技馆还是因为疫情限流的各类博物馆报名难、抢票难一直是热议问题。

在场地、师资等办学条件短时间内难以突破的情况下，调结构挖潜力的供给侧改革不失为探索解决之道的途径之一。校外教育单位不仅要成为科技教育活动的主阵地，还要发挥其更重要的功能与职能，建设区域内的研发基地、孵化基地、展示基地与“物流”基地（即发挥优质科技教育资源整合与链接的功能）。同时，教师要在兴趣小组活动的设计者和实施者基础上，成为培训者和项目管理者。2021 年以来，西城科技馆为将优秀的科技教育活动资源引入

学校，丰富学校的课后服务和科普教育活动，设计推出了西城科技馆“馆校社”科技教育联合体项目。由西城科技馆的教师进行活动设计，学校老师或师范生开展活动实施，让更多学生在学校就能够体验高品质的校外科技教育活动，此模式获得了主管部门、师范类高校和区域内多所学校的支持，现已进入试点实施阶段。

除了现有资源的推广外，科技馆还应发挥自身科技教育枢纽功能，引入科研院所、专业院校、科技场馆等具有科普职能的资源，让自身的活动更具有前沿性与专业性。2020 年开始，科技馆教师加入清华大学材料学院牵头的国家自然基金石墨烯科普项目，与科研人员共同编写科普书籍、研发主题活动，为科研人员在中小学开展科普讲座和教师培训搭建桥梁，充分对自身职能进行拓展与探索。

5.2 探索形成竞赛成绩之外的多维度人才培养评价方式

家长对参加竞赛和了解科技馆学习内容与效果的需求，其实都指向校外科技教育一直以来的难点：学习效果评价。与艺术、体育等校外教育领域相比，科技教育在学习效果的可见化方面一直是弱项。于是很多家长都将比赛成绩作为衡量培养效果的唯一标准。

在“双减”背景下，很多学科相关的考级和比赛纷纷被叫停。“比赛热”有传导到校外科技教育领域的趋势。而在学生活动管理部门的规划中，比赛一直是严格管控的对象。教育部每年对面向中小学生的全国科技类竞赛活动进行名单更新，北京市教委也已经实行类似的清单管理制度。因此规范科技竞赛的组织，引导发挥竞赛活动在青少年科技人才培养中的正确作用，探索竞赛成绩之外的多维度评价方式，是深入落实“双减”政策，充分发挥竞赛活动育人功能的重要课题。

西城科技馆已开展对竞赛活动多维度评价方式的探索。以北京“小院士”活动为例，自 2012 年开始，北京“小院士”展示活动经过多年的发展改革，已经从竞赛成绩主导变为展示交流主导。2021 年为参加学生提供了线上集中展示（线上集中展示虽然有评委点评，但不进行打分）、网络平台展示、成果出版展示、学生培训展示等多种展示方式，既让学生在实践中获得能力提升，也在交流展示中开阔了眼界，充分满足了家长的需求和期望。不但吸引北京市近200所学校参与，还有广东深圳、广东肇庆、山东济南、江苏常州的学校主动申请参与展示交流。

5.3 加强家馆联动，做好家长引导

科技馆应持续开展家馆联通工程，利用家长课堂、家长信、家长会、家委会等形式不断渗透先进的科技教育理念，引导家长的培养预期从“拿奖”逐渐转化为“育人”。在实际工作中，要注重多方向、全阶段整合，例如通过社会科技发展需求、课程设计解读、优秀学员展示等方向，让家长理解学员在科技馆学习的短期成长与长远收获，减少因不了解而产生的疑虑。

6 结语

“双减”背景下，校外科技教育是一片广阔蓝海，大有作为空间，可同时这也对资源单位和教师提出了更多样化的要求。我们要充分学习领会“双减”政策精神，从学生兴趣出发，以“立德树人、五育并举”为目标，为学生搭建学习实践、展示交流的平台。在做好校外科技教育主阵地的基础上，把科技馆打造成集研发基地、孵化基地、展示基地、“物流”基地于一体的综合性多功能科技教育单位，同中小学、科研院所、科普场馆一道，打造形式多样、覆盖广泛、质量拔尖的青少年科技教育生态。

参考文献

[1] 赵溪：《从校内外科技教育差异谈校外科技教改创新》，《首都校外教育》2020年第4期。

[2] 李秀菊：《〈义务教育小学科学课程标准〉发布——校外科学教育的机遇与挑战》，《中国科技教育》2017年第5期。

[3] 郑思晨：《“双减”政策下校外教育的使命与担当——以中国福利会少年宫为例》，《科学教育与博物馆》2021年第6期。

博物馆资源与高校历史课程的实践教学

——以湖北大学中国现代史课程拓展博物馆实景教学为例

张志里　张链链*

（湖北大学，武汉，430062）

摘　要　如何让历史教学更具实践性与现场感，是目前高校历史专业课程教学亟待解决的一个问题。随着地方历史文化资源成为历史教学的“新宠”，与之紧密联系的博物馆资源也逐渐走进历史教学的视野，近年来博物馆事业蓬勃发展，博物馆资源作为历史课程重要资源的价值越来越受到历史教育工作者的重视，其教育功能也逐渐得到开发。许多高校历史专业参照欧美国家的成功经验，依据自身条件，在借助博物馆资源拓展历史课程教学方面做了许多有益探索，但仍有许多问题尚待解决。诸如博物馆课程资源开发利用的理论和体系尚不完善，实践教学过程的设计不合理，利用博物馆资源的广度、深度与方式仍有较大局限，等等。本文拟在这些方面略做探索，从高校、博物馆、教师与学生四个层面分析博物馆资源整合利用的意义，以及借由博物馆资源拓展延伸高校历史课堂教学的途径和方法，并通过湖北大学中国现代史课程教学的一个完整案例予以说明。

关键词　历史教学资源　博物馆资源　实践教学　大课堂　课程资源整合

1　博物馆资源与高校历史教学资源整合背景

随着历史教育的社会化，历史教育日益从学校向社会拓展，博物馆就是历

* 张志里，湖北大学历史文化学院；张链链，湖北大学历史文化学院。

史教育向社会拓展的主要空间或场所之一。近年来，随着历史教学课程资源整合的不断推进，博物馆资源作为历史教学资源的重要性也日渐凸显。

1.1 高校本科历史教学的现状与问题

高校作为社会人才培养的重要基地，也是优秀社会历史文化的有力传承者，应当紧跟社会发展潮流，以社会人才需求和经济发展趋势为依据，切实优化调整当前的高校历史专业课程教学。

结合学界的相关研究，目前我国高校历史学专业课程教学主要存在以下几个问题。①

其一，高校历史学课程教学选取教材僵化刻板。当前高校历史学专业定位不清晰，导致课程目标设置与实际脱离，进而致使教材的选取脱离学生现实学习需求和社会对历史学人才的需求。高校对于历史学专业的定位不清晰，教材选取古板且与学生学习需求脱离，教学更是流于形式，将直接而严重地限制高校历史学专业培养社会经济文化发展所需历史学人才的能力。

其二，高校历史学课程教学模式单调乏味。传统的历史专业教学方法停留在解释型教学上，一味地进行灌输式教育，缺乏对学生兴趣的激发、启发与引导，学生的能动性与建构性明显不足。在新时代信息革命和"教育革命"的背景下，部分高校和专业教师没能紧跟时代要求更新教学理念与教学模式。除此之外，受传统观念的影响，历史学作为较为"冷门"的社会科学，在高校的教学资源分配上没有受到足够的重视，在很大程度上抑制了历史学专业课程教学方法，尤其是实践教学的开拓与创新。

其三，高校历史学专业课程教学考核机制单一。虽然近几年针对高校历史教学的方法模式和考核机制都有新的理论成果出现，但是部分高校和教师在历史学专业学生成绩的考核机制方面，仍然存在考评方式较单一的问题。虽然考

① 孙洁在其文章中提出，当前高校本科历史教学的三个问题：一是课程教学所用教材僵化古板，二是高校历史学课程教学模式机械单调，三是高校历史学专业课程教学成果评价机制单一［参见孙洁《高校历史学专业教学改革初探——〈历史教育：追寻什么及如何可能〉》，《中国高校科技》2019 年第 9 期］；刘玉萍在其文章中指出，当前本科历史教学存在的两个主要问题，一是在教学模式上，我国教育模式始终都是传授知识，在创新方面确实是有所缺失的；二是在考核方式上，主要是以闭卷的形式为主，考核方式较为单一，导致学生分析解决问题的能力受到限制。

试是较为直观地检查和审视学生学习效果和学习状态的考察方式，但是较为单一的考试无可避免地会出现学生“临时抱佛脚”，通宵达旦地死记硬背知识点，考完试就如数奉还于老师的情况。这种情况下，学生就以“应试”心态对待学业考核，但平时的学习没有通过考核机制监督起来，就无从考查学生历史学科素养的培养和提升，历史教学的真正价值和意义无从体现，历史专业核心素养的培养更无从谈起。

客观地讲，改革开放以来，我国高等教育学校已在诸多方面取得了巨大发展，成绩斐然，毋庸置疑。就历史专业的发展而言，新时期我国高校历史教学坚持以马克思理论为指导，坚持党的领导，坚持传统文化的先进方向，在专业建设的方方面面都取得了长足进步。“但从长远来说，我国新时期高校历史教学也面临着严峻的挑战”[1]，吴志远指出新时期高校历史教学面临着三大严峻挑战：一是历史知识接收过程复杂，历史知识与现实学习、生活的距离较大，加之今夕文献的差异性，使得历史教学面临挑战。二是“历史虚无主义”对高校历史教学的挑战仍然严峻。由于现代科技手段发达，学生可以通过多渠道获取信息，容易受到一些不科学不健康甚至有悖历史事实的内容影响，产生错误的认知和史观，轻则不具备发展的眼光看待我国历史发展的某方面进程，严重的则是不加了解和分析就盲目否定我国历史某方面的发展，甚至否定历史文化、民族文化、传统文化等。三是历史教学手段落后，教学活动积极性有待提高。从高校的性质来看，大部分高校教师科研压力过大，无力从事教学改革和教学创新。我们注意到，部分教师在从事历史教学过程中缺乏兴趣，敷衍了事。很多高校仍存在重科研、轻教学的情况。

从以上情况来看，我国高校历史教学较以往虽然取得了长足发展，但与时代发展的要求仍有距离，在当下仍面临着诸多新挑战。因此，深化高校历史教学改革刻不容缓、势在必行。

1.2 地方历史文化作为课程资源的研究开发热潮

挖掘整理地方历史文化资源、开展乡土教育是我国历史教育的一个优良传统，当下，这一传统呈现复兴光大的势头，究其原因大抵有三：其一，地方历史具有重要的人文价值。地方历史文化资源是各地区在漫长历史发展过程中形成的凝聚在地方的历史发展、风土人情、时代风貌中的地域文化精神，是地方历史和文化特色的集中载体。地方历史文化资源在教育领域的应用，有利于促进学生对地方历史文化乃至我国历史文化的了解，提高学生的文化自觉和文化自信，是增强学生综合人文素养、厚植其家国情怀的重要途径。

其二，地方历史文化资源对于培育学生核心素养具有重要作用。学生发展的六大核心素养之一的文化基础，其中最重要的就是人文底蕴和科学精神，它强调能习得人文、科学等各领域的知识和技能，掌握和运用人类优秀智慧成果，涵养内在精神，追求真善美的统一，从而发展成为有宽厚文化基础、有更高精神追求的人。而地方历史文化作为最接近学生的课程资源，其开发利用不仅仅是让学生了解地方的特色历史和文化，更重要的是让学生在学习、理解、运用地方历史文化的过程中，逐渐形成历史学科基本素养、正确的情感态度和价值取向，以及具备人文积淀、人文情怀和审美情趣等。

其三，地方历史文化资源具有“存史”与“资政”的显著功能。随着近年来文化事业、文化产业的兴起和发展，政府和各种社会组织对于历史文化的挖掘与利用力度不断加大，使挖掘、整理、传播地方历史文化成为地方建设的重要项目。这一态势波及历史教育领域则是地方历史文化作为一种课程资源被不断引入课堂教学中，成为拓展历史教学领域、破解历史教学困境的一种新途径。而区域史研究的深入和史学理念的更新，更为地方历史文化作为历史课程重要资源的开发与利用提供了必要的理论基础。职是之故，在历史教育领域展开一系列挖掘、利用和开发地方历史文化资源以促进历史教学改革的种种行动，蔚然成风。

近年来，关于地方历史文化课程资源研究和开发的成果不断涌现，其主体基本围绕党史、红色文化、博物馆等地方历史和文化资源，结合教育工作者的研究需要，在小初高基础教育乃至高等教育范畴，或在历史、思政、地理、语文等学科范畴，产生一批优秀的研究开发成果和成功案例。例如，较有代表性的且能作为高校历史教学参考的最新研究成果之一，谷秀青的《武汉历史文化资源与高校〈中国近现代史纲要〉教学的融合》一文，概要性地总结了武汉地方历史文化资源，将其可融入《中国近现代史纲要》的部分整理成 5 个部分，并且针对这 5 个部分提出了教学手段和教学方法的建议。[2]除此之外，李海丽在其文章《地方历史文化资源在本地高校历史教学中的应用——以信阳地区为例》中，强调了高校在传承地方历史文化中的义务和重要作用。并且指出地方历史文化资源的开发和利用呈现诸多方面不足的现状，强调高校历史教学开拓和应用地方历史文化资源的意义，同时提供了高校历史教学开发利用地方历史文化资源的方法建议。[3]

总而言之，地方历史文化课程资源的研究和开发，是在响应抵制“历史虚无主义”的浪潮下，新时代学科发展、教学改革和地方历史文化继承弘扬的背景下展开的，其对基础教育乃至高等教育，历史、思政等多学科的教学资源开发都有着深远的影响。

1.3　博物馆事业的蓬勃发展及其历史教育教学功能的开掘

在中国第八届中国博物馆及相关产品与技术博览会中，国家文物局局长刘玉珠在开幕致辞中提到，改革开放40多年来，中国博物馆数量增长了14倍，现已超过5000家，其中免费开放的博物馆逼近总数的九成，行业博物馆、专题博物馆百花齐放；生态博物馆、智慧博物馆等新型博物馆逐步兴起，非国有博物馆已经占全国博物馆总数近三成。2017年，全国博物馆举办展览2万余个，开展专题教育活动20万次，参观人数达9.7亿人次。“博物馆已经成为民众文化生活中不可或缺的重要内容。”在博物馆事业蓬勃发展的同时，其教学功能也随着教育课程改革和地方历史文化资源开发的脚步而逐渐被挖掘出来。

博物馆作为地方历史文化的载体之一，承担着社会教育的部分职能，其作为课程资源的教育功能也逐渐显现，围绕博物馆课程资源开发利用的研究成果不断涌现，对不同学科和不同阶段教育的影响显而易见，如曹温庆的《博物馆科学课程资源开发利用研究》、杨丽的《博物馆课程资源在中学历史教学中的应用》、陈金屏的《历史教学中博物馆的作用》等。但对于高校历史教学有借鉴意义的研究成果虽少尤珍，如李鹏在《博物馆资源在高校历史专业教学中的运用及意义——以内蒙古民族大学历史学专业实践教学为例》一文中，指出博物馆是高校历史专业实践教学的重要部分，是学习和研究我国历史不可或缺的重要基地与平台，并且阐明了博物馆资源在教学中应把握的原则和博物馆资源在教学运用中的环节，最后强调了高校历史教学开发利用博物馆资源的意义和作用。

总体来看，博物馆作为地方历史文化的重要载体，具有系统性和科学性的特征，博物馆较为系统和科学地将地方历史文化资源通过展品呈现出来，结合历史发展时间线以主题进行分区，使得参观者或者学生能够较为系统、科学和直观地了解某一历史发展的脉络，感受课本知识在实际生活中的呈现。因此，可以说，博物馆课程资源的开发和教学功能的挖掘是地方历史文化资源开发和利用内置于高校历史教学课程改革的重要部分。

2　博物馆资源及其历史教学功能

近年来，关于博物馆资源与历史教学关系的问题，引起我国教育界的广泛关注，在当前博物馆事业蓬勃发展、大数据化冲击以及高校历史教学改革不断推进的背景下，一系列相关研究成果开始不断涌现。但是讨论博物馆和高校历史教学的关系问题，不得不提到博物馆资源的概念界定及其教学功能的确定。同时还有必要探讨一下西方博物馆教学资源利用的传统，以及我国博物馆教学功能的确定。

2.1　博物馆资源及其所具有的教学功能

博物馆概念的首次界定应该是在1946年国际博物馆协会（ICOM）正式成立会议上，其将博物馆正式定义为：“为公众开放的美术、工艺、科学、历史及考古学藏品的机构，也包括动物园与植物园。”此时，博物馆概念的界定尚且停留在公众性的藏品机构，甚至还将植物园和动物园纳入其中。

对于“博物馆”一词各家定义繁多，但学界一直未有对“博物馆资源”的明确定义。笔者认为，可以将这一词拆分为“博物馆”与“资源”来解释。“博物馆”一词，按照2007年国际博物馆协会通过的《国际博物馆协会章程》，将其定义为“一个为社会及其发展服务的、非营利的永久性机构，并向大众开放。它为研究、教育、欣赏之目的征集、保护、研究、传播并展出人类及人类环境的物证”。而资源一词则是指拥有人力、物力、财力的总和。[4]由此，“博物馆资源”就可定义为博物馆人力、物力、财力资源的集合，并且可以用作研究、教育、欣赏之目的为人所用。就历史教学而言，博物馆资源则以其自身的社会性、服务性、开放性、直观性特点，运用其所具备的历史文化资源，在历史教学中发挥教学参考价值和提供教学场域等功能。如古代文物可以用作古代史的教学，近现代所藏文物可用作近代史或是党史教学的工具抑或是补充，利用这些博物馆资源辅之以现代的3D或VR技术，全方位展示文物与历史事件的关系，增添了历史教学的场景感与真实感。

2.2 博物馆资源的社会应用：西方的经验

将博物馆作为教学资源加以利用，在西方有着较为悠久的历史与传统。对于博物馆和教育教学的关系，各国的博物馆工作者均有相当明确的阐述。1853年，Edward Forbes在一篇关于博物馆功能的学术报告中指出，一个博物馆管理者即使是一个学习上的天才，但“如果他不懂教育学方面的知识”，那么“他就不适合做一个博物馆的馆长”。这间接印证了博物馆同教育学的关系。

1888年，英国格拉斯哥艺术博物馆馆长也曾明确表示：“我们现在站在迎接重要挑战的门槛上，我们需要与科学和学校教育紧密联系起来，在有效的教育改革活动中，博物馆应该占据重要的位置。它应该是其他教育机构的中心，是一个教室和报告厅中所用资源的储藏室。”由此可见，博物馆的教育功能被博物馆工作者肯定，并且其指出了博物馆在教育改革活动中应该占据重要的位置，以此展现出博物馆在教育教学活动中的重要性。

1984年，美国《新世纪的博物馆》一书中也明确指出：“若典藏品是博物馆的心脏，教育则是博物馆的灵魂。”此书深刻形象的比喻展现的是教育功能对于博物馆的价值，或者说，博物馆与教育教学的紧密联系。在许多西方国家，博物馆已经将极其丰富的文物资源作为依托，使之成为学校教育体系之外的第二个教育系统。很多博物馆设有专门的教育部门，并配备一定数量的博物馆教育工作者，力争最大限度地发挥博物馆的教育功能。博物馆教学以其直观、感性等特点，方便了教学中的互动和讨论，扩大了历史想象的空间，激发了讨论历史问题的欲望，因此，博物馆成为学校教育体系的重要组成部分。

除了上述博物馆工作者的肯定，国家教育部门也在教学制度层面，就博物馆作为教学资源的开发利用做出了相关明确的规定。如1988年英国教育当局所制定的“国家课程”中，就明确规定博物馆教育可与学校课程连接。并且这一政策规定在英国学校教育中起到了明显的作用。

2.3 国内开发利用博物馆教学资源的新近案例

谈及博物馆概念的界定和教育功能的确定，最终目的是把目光放归国内博物馆教学功能的肯定和发展。我国现行的《普通高中历史课程标准》中，对高中阶段的历史教学资源做出如下要求："凡是对现实课程目标有利的因素都是课程资源。历史课程资源既包括教材、教学设备、图书馆、博物馆、互联网以及历史遗址、遗迹、文物等物质资源，也包括教师、学生、家长及社会各界人士等人力资源。"高中历史教学标准将博物馆纳入课程资源的范畴，肯定了博物馆的教育功能。这个界定还只是存在于高中历史教学。关于高校历史专业教学资源的组成，仍然没有可供参考的规定。在大多数高校中，博物馆现场教学还未开展，博物馆作为高校历史教学的课堂延伸仍然没有得到大多数教育工作者的重视，与其他发达国家的高校历史专业教学资源组成相比，国内已经严重滞后。

近年来，随着教育理念和理论框架的不断更新和完善，在学界，已有较多学者展开相关研究并形成一批研究成果，但在高校，仅有为数不多的学校开始重视并且实施与博物馆相关的教学改革工作，将课堂延伸至博物馆甚至其他遗址遗迹类历史文化场景中，如内蒙古民族大学历史专业[5]。但是随着近年来博物馆建设的迅猛发展和课程资源开发研究的不断推进，博物馆教学资源开发利用的发展和研究迎来热潮，相关研究成果层出不穷，相关学者和教育工作者均在不同的角度和视域下研究博物馆资源的开发利用、推动博物馆教学功能深入各阶段的历史教育教学实践中。较有代表性且相关度较高的有如下成果：著述类的如吴刚平等人的《课程资源论》、美国艾琳的《博物馆与教育：目的、方法及成效》、美国博物馆协会编《美国博物馆国家标准及最佳做法》等。期刊文章如赵菁的《馆校合作视域下博物馆课程资源开发的实现路径》、王晶等人的《开发校外课程资源提升学生人文素养》、曹温庆的《博物馆科学课程资源开发利用研究》、杨丽的《博物馆课程资源在中学历史教学中的应用》、李君的《博物馆课程资源的开发与利用研究》等。

然而，综合上述研究和学界相关成果，基本将研究对象定位在初中、高中阶段的教学关系，关于博物馆作为教学资源与高校历史专业的教学关系，以及对教学实践的探索，目前还鲜见相关研究成果。对国内博物馆教学资源的开发利用情况主要呈现以下几个方面的特征。[3]

博物馆教学资源的开发利用较为普遍。放眼国内当前博物馆教学资源开发利用相关的研究成果，可谓硕果累累，博物馆教学资源的应用成果在历史、思政、地理、语文等各个学科遍地开花，其中也有不少成功的案例可供参考和借鉴。

博物馆教学资源在高校历史专业的应用十分有限，多停留于中小学阶段，或者思政、语文等其他学科，专门性的应用和成果较少。这一点阅读相关研究成果可以看出，尤其体现在博物馆教学资源在历史学科上的运用，大多集中于初、高中课程教学研究，在高校历史教学中的应用鲜少而珍贵，其研究发展空间还是非常可观的。

应用资源较为局限，资料利用碎片化。从博物馆涵盖历史范畴来看，一般集中于地方历史文化领域。但地方历史文化资源往往包括很多个纵面和横面。但是通史课程中，能够容纳地方性历史资源的空间和时间是非常有限的，且历史教学多局限在某个章节或某个知识点，将当地有关的历史资料补充进来，以佐证或拓展，资料的利用是非常碎片化的。投射到当地博物馆的资源利用情况也如上所言，高校历史专业教学对于博物馆教学资源的利用，没有形成系统化和科学化的体系，仅仅是碎片化利用，不足以开发博物馆教学功能的全貌，因此要加快各地博物馆教学资源的整合利用。

应用资源局限于课外实践，未能完整地融入学生课程成绩评价体系。由于我国课程资源的开发和利用起步较晚，博物馆课程资源的开发利用研究更是在这之后，其发展完善的空间还相当大。博物馆课程资源的开发利用虽在近年有不少的研究和相关问题的提出，但是具体付诸实践，还是暴露出诸多弊端，例如资源利用仅流于形式，局限于课外实践活动，没能完整地融入学生课程考核体系等，仍是学界和历史教育工作者需要付诸努力之处。

李鹏在其文章中介绍其所在学校利用博物馆教学资源的现状时，指出“历史学专业本科生专业课教学中”，所存在的“严重的教学资源单一”、博物馆教学资源始终未能与高校历史学专业课程对接等问题，是普遍存在于全国高校当中的，也是当前博物馆资源作为高校历史教学资源整合利用的现状之体现。

3 整合博物馆资源促进实践教学的要素及实施途径

博物馆教学资源在高校历史教学中的应用，是多方参与、教与学双向互动，经由观察、探究、建构等实践环节而完成的，因此探讨博物馆教学资源在高校历史教学中的整合利用需要从多个维度、多个环节、多重因素加以系统分析。

3.1 整合博物馆资源促进实践教学的要素

3.1.1 在观察中建构历史认知：从学生视角分析

从学生的视角来看，博物馆教学有利于激发学生历史学习的兴趣，改变了学生的历史认知视角。博物馆以自身的直观性、科学性和趣味性，使得学生从枯燥乏味的课本和传统课堂中脱离出来，在全新的场景和视域中学习了解历史，感受历史长河遗留下的星点轨迹。博物馆纷繁众多的文物藏品，从学生的兴趣点出发激发了学生探索历史问题的求知欲与好奇心，转变传统教学中的被动式，让学生成为历史学习的主角。

“博物馆在教育的过程中将课本与博物馆结合，透过三维空间的实物造景、情景塑造，使遥远时空的历史得以实现。”[6]学生通过博物馆进行的课堂延伸，意识到了解和学习历史不再是拘泥于课本教材和教师讲授，而是可以通过博物馆直接地、近距离地观看和感受。博物馆作为高校历史教学资源和课堂教学的延伸，能够培养学生学科素养和正确史观，并且能在今后的学习和相关工作中，自觉地运用多重视角、使用文献和文物资料看待、分析和研究历史。

3.1.2 培养历史研究能力：从学生视角分析

博物馆教学有利于培养学生的历史研究能力和历史科研素养。通常认为历史研究的主要方法有三种：史料文献研究，考古证据研究，跨学科研究。在高校历史教学中融入博物馆教学，一方面，可以通过教师对文献史料的介绍，在日常的教学当中贯穿史料教学的价值和应用，培养学生的史料研究能力；另一方面，博物馆教学是借助许多考古文物开展的，在对文物进行讲解和研究的过程中，又可锻炼学生的考古研究能力。学生既可在课堂中掌握相关基础知识，又可锻炼自己的业务能力，最重要的是可培养学生重实证的科学研究思想。

3.1.3 “大历史观”的培育：从学生视角分析

合理运用博物馆资源服务高校历史教学，可从实践层面开阔学生的历史视野，丰富学生的历史知识，这明显区别于传统历史教学，既充分体现了博物馆资源的特点，又与传统的历史课堂教学优势互补。在实践教学过程中，可以“大历史观”统领史料的运用和历史解释的生成，从而有助于学生在更为宽阔的视野下整合历史文献资源，服务于课堂教学。同时也要注意把握文献资源多元化、真实性、合理性等原则，培养学生的“大历史观”。

3.1.4 拓展与引导历史教学：从高校教师的角度分析

从高校历史教师角度来看，其提升了教师的专业能力。教学相长是永远的教学法则。在高校历史教学过程中，教师不仅是课程教学的设计者、引导者和组织者，更是新的理念和新的知识的传递者。教师无论是在传统课堂还是在博物馆现场教学中，都需要对教学主题进行完整全面的了解和知识结构的架构，特别是在博物馆教学当中，教师不仅需要对考古学、博物馆学等相关知识进行必要的储备和熟悉，还需要具备一定的组织沟通能力。因此，从这一角度来看，博物馆教学的广泛运用，势必会促进高校历史学专业教师教学能力的提升。

3.1.5 延伸展馆社会教育功能：从博物馆建设的角度分析

从博物馆建设的角度来看，历史教学整合利用博物馆课程资源使得博物馆的教育教学功能更加完善，以教学促建馆，以建馆促教学。随着社会经济的发展，博物馆作为地方社会公共服务机构的重要作用和价值不断被重申，高校历史教学对于博物馆课程资源的整合利用不仅发挥了其社会服务和教育教学功能，还在这一过程中，通过专业教师和学生的参与，进一步完善博物馆在展品陈列、展词设计和活动宣传等方面的建设。

3.1.6 以“大课堂”促进专业建设：从高校历史学科建设的角度分析

从高校历史学科教学和建设的角度来看，通过高校历史学对博物馆课程资源的整合利用，历史学科教学和学科建设理论框架得到发展和完善，锻炼出一批优秀的师资力量，培养出一代史观正确且具备学科素养的学子，真正做到了以教学促建馆，以建馆促教学。

3.2 整合博物馆资源促进实践教学的实施途径

博物馆资源的整合利用，是以博物馆所具备的功能为中心，最大限度地利用博物馆自身资源。博物馆具有收藏、研究、教育三种功能，随着国情和教育事业的发展，博物馆的教育功能日益得到应有的重视。在现代博物馆的经营理念中，教育不仅是博物馆对社会的责任，也是主要的任务。[7]利用博物馆进行高校历史课程开发是实现其资源整合利用的不二之选，运用博物馆资源开发高校课程尤其是高校的历史类课程与博物馆内涵息息相关。但现今我国博物馆课程资源的开发利用仍然处于较低水平，尤其是教师缺少开发利用博物馆的动力，更不用说在课程实施中考虑博物馆课程资源场景化，加之现有的实践中结合博物馆资源的教学活动准备不足，以至于博物馆课程资源的利用度不高，出现对博物馆无准备的浏览、博物馆教学过程缺乏设计、参观活动缺乏条理性等问题。[8]在高校教学中合理地利用博物馆资源进行课程开发显然有其必要性，笔者认为“馆校合作”是博物馆课程资源开发利用的核心，可通过以下三种途径使得博物馆课程资源得到整合利用。

其一，博物馆进校园。让博物馆直接进入高校面对学生是馆校合作的一种方式，博物馆可联系学校举办主题活动，安排讲解员进行讲解，将其能够移动的资源带入高校，直观地向观众展示其价值，再通过宣讲、趣味问答等形式宣传本博物馆的相关知识、特色与优势，吸引更多的人来馆参观，既能增加自身的知名度，也可丰富校园活动。

其二，博物馆为教师进行培训。在馆校合作中，教师是博物馆资源的整合利用者和利用博物馆进行教学的实施者，起着无可替代的作用，以美国博物馆为例，其非常重视针对学校教师开展培训，使教师了解和熟悉博物馆资源，并与博物馆专业人员建立良好的关系，而教师在参加培训后，成为博物馆代言人，将博物馆的展示理念与内容传播出去，加强学生对博物馆的认识和利用，例如：美国自然历史博物馆在特别展览举办期间，开展教育者之夜活动，内容包括酒会专业导赏课程资料及演示告知可与学生开展共同研究某领域的资源支持等。[9]这种模式可以作为馆校合作的参考，因为其不仅满足了高校对于教师培训的要求，也宣传了博物馆，是馆校良性互动的重要体现。

其三，将博物馆用作高校历史教学场所。博物馆的陈设用于历史教学有着独特的优势，除激发学生学习兴趣外，也能完善历史课堂教学的丰富素材，更能培养、发展学生历史思维能力和创造思维能力。[10]将博物馆资源整合利用可以丰富高校课程教学的手段以达到更好的教学效果，博物馆从原来仅供参观的场所，转变为教学的“第二课堂”，讲解员也转变为另一种形式的教师。教学活动不限于课堂教学，历史专业也可选择博物馆作为专业实习的场所，进行实践教学，安排相关学生到博物馆实习，了解博物馆的相关情况，发挥博物馆的社会性功能，用于高校课程开发。

4 湖北大学中国近现代史课程教学案例

在高校历史专业教学中，开发与利用博物馆资源应注意把握多元性、科学性、合理性等原则，并在具体实践过程中协调好课程选择、博物馆评估、馆校教学合作、教学方案设计与实施及教学效果检验与评价等环节，这样才能达到激发学生学习兴趣、改变学生历史视角、提升教师专业能力的目的。

因此，在当前高校历史学课程改革和博物馆教学资源开发利用的背景下，湖北大学历史学专业积极响应高校历史教学改革形势，开展模式独特、形式新颖的教学设计和教学活动。笔者以传统课堂教学“工人运动高潮的出现”和武汉二七纪念馆场景教学结合为案例展开阐述。

此次教学出现两种课堂教学的呈现方式，即传统教学模式下的课堂讲授和博物馆场景下的现场教学。但是根据课程目标的需要，教学过程采用两种教学模式，大致分为三个部分——“夹心型”教学，即“传统课堂讲授+博物馆现场教学+传统课堂讲授”（总结与归纳）。三个部分的主要教学思路如下。

第一部分，第一次传统课堂讲授。这一部分课堂讲授的授课方式与过去并无二致，特殊的则是在环节的设计与内容的安排上。“夹心型”教学的第一次课堂讲授旨在导读和发布任务。主要是针对“工人运动高潮的出现”这一章节的主要知识点做一个梳理和介绍，让学生带着任务有条理地进行阅读、了解和思考。与此同时，为第二部分博物馆现场教学和第三部分回到传统课堂讲授（总结与归纳），即二七纪念馆的参观和现场教学以及学生的学习和参观的总结汇报做准备。

第二部分，博物馆现场教学。这一部分有别于实践活动，不是把现场完全交给学生，而是教师在有限且高效的引导和讲解中，在已有的阅读了解和知识储备基础上，使学生快速将“工人运动高潮的出现”和“二七纪念馆”相关历史事件链接起来，通过展品和展词加深印象，并从中学习了解正确的史观和习得历史学科素养。与此同时，带着任务参观可以使学生在参观过程中不断产生问题和分析思考，为第三部分传统课堂讲授的总结汇报做准备。

第三部分，第二次传统课堂讲授（总结与归纳）。这一部分，正是“夹心型”教学在教学环节设置上的特殊之处——将总结与归纳的环节设置在教师导读、学生阅读、参观博物馆之后，使得学生在前面所有课程环节的思考和收获在最后一部分课堂中得以呈现。一方面是锻炼学生的阅读、分析和思考能力，另一方面则是考察学生的总结能力。在课堂的最后，由教师总体评价和总结，对三个部分的教学做一个归纳和汇总，梳理整体知识脉络，提出课堂的闪光点。

除此之外，笔者根据相关研究成果和实际课堂需要，对三个教学部分中的细节做出一些规定，以供参考。

第一，课程主题和博物馆选择的对应性：课程主题和博物馆的选择应该具有一致性或者相关性，这样课程设计和教学环节才能环环相扣。

第二，博物馆评估：教师在选择对应主题的博物馆后，须根据课程需要针对性地了解展品信息等专业知识，并且评估馆方展品展词的专业性和正确性。

第三，教学路线的规划：大型博物馆一般设有多个主题的展厅，教师需要根据时间线和教学需要，规划参观顺序和路线，形成“主动参观线路”。整个教学过程按照常规应当设置三个部分，前言、主体各部分和结语。前言和结语两个部分主要由教师主导，而主体各部分可以提前划分让学生做好准备讲解，进而锻炼学生的搜集资料、阅读和展示能力。

第四，三方互动的把握。博物馆现场教学是由博物馆工作人员、任课教师和学生三方参与的教学活动。其中，博物馆工作人员通常承担主讲任务和引导工作；教师应当做好延伸讲解和辅助说明，使学生能够快速地建立起书本知识与文物之间的联系；学生在此期间并不是被动的听众，可以随时根据需要向博物馆工作人员和教师提出疑惑。除此之外，教师可以针对学生所提出的具有代表性的问题展开深入讲授并组织讨论。

关于这一个案例的教学，笔者认为有必要强调馆校的教学合作这一行动的重要性。高校与符合要求的博物馆挂牌合作，建立“教学基地”，高校与博物馆之间形成科学合理互相促进的教学合作关系。双方前期的专业沟通，有利于博物馆在陈列方案、观众动线规划等方面充分考虑高校教学的需要。与此同时，高校教师和学生也可以利用专业知识，积极参与博物馆陈列方案的制定和相关活动的展开，在展品陈列、辅助展品设计和文字表达等方面为博物馆的建设提供意见和帮助。最后，博物馆不仅为学生提供了学习的场景和资源，馆校互动下学生参与和辅助馆方活动，也能为学生提供知识实践和历史学相关工作的学习机会。

实践效果：湖北大学现代史课程针对“工人运动高潮的出现”这一课的设计，既通过两次知识的讲授保证实践教学的基础性，又能通过博物馆现场教学增强教学的现场感，强化学生的知识结构，使得原本难以梳理的工人运动的线索，在博物馆中得以轻松实现，同学们对“工人运动高潮的出现”这一课，也有了更加深刻的体会。

教学效果测量方法：①课后每人梳理出自己的知识框架；②总结课每人发表自己的实践感悟；③实践教学知识检测；④实践教学满意度调查问卷。

通过多种检测方法，保障学生对于知识点的掌握和对重难点知识的理解，帮助学生梳理出自己的知识脉络，也有助于学生大历史观的培育。

在本案例的教学环节设计中，笔者在第一部分就设置了参观博物馆后的心得体会以及意见建议。在最后一部分的总结、归纳汇报中，学生根据已有的知识储备和博物馆参观经历，针对馆方的一些问题着重展开讨论，并且部分学生针对部分问题提出了较为可行的建议。这一教学案例中的汇报成果也可谓新型课堂教学中的意外收获，换言之，是高校历史教学在整合利用博物馆资源的过程中多方合作、多方受益的体现。

5 结语

近年来，随着国家对文化遗产保护的日益重视，文博事业快速发展，博物馆的数量大为增加，博物馆在为广大民众提供文化服务的同时，其教育功能和实践功能也可为历史教学活动所运用。将博物馆资源与高校历史教学有机整合起来，可有效应对高校历史教学存在的问题，丰富教育教学的形式和内容。同时，在整合过程中可借鉴国内外成功经验开发出符合本地区、本校特色的课程实例。湖北大学中国近现代史课程教学之“工人运动高潮的出现”就是立足武汉本土博物馆所开发的课程，采用“夹心型”教学模式加强馆校合作的同时也收获了良好的教学效果，既培育了学生的史学素养，又调动了学生的学习兴趣。之所以选择博物馆作为高校历史教学资源，还在于新时代的博物馆不再只是古物的保存机构，其也能运用科技手段让文物“活起来”，从而更有效地传播中华文化，高校历史教学与博物馆资源的整合对弘扬民族文化、带动受教育者的民族情感有着深远意义，因此在高校历史教学活动中对博物馆资源的整合不可或缺，而如何走出地方博物馆，整合全国甚至全世界博物馆资源进入高校历史教学活动中，也是需要进一步深入思考的问题。

参考文献

[1] 吴志远:《浅析高校历史教学》,《高教学刊》2017 年第 8 期。

[2] 谷秀青:《武汉历史文化资源与高校〈中国近现代史纲要〉教学的融合》,《湖北成人教育学院学报》2016 年第 6 期。

[3] 李海丽:《地方历史文化资源在本地高校历史教学中的应用——以信阳地区为例》,《当代教育实践与教学研究》2020 年第 10 期。

[4] 辞海编撰委员会编《辞海》,上海辞书出版社,1994。

[5] 李鹏:《博物馆资源在高校历史专业教学中的运用及意义——以内蒙古民族大学历史专业实践教学为例》,《民族高等教育研究》2017 年第 5 期。

[6] 李学东:《美国博物馆爱国主义教育的做法及对我国的启示》,《赤峰学院学报》(哲学社会科学版) 2016 年第 3 期。

[7] 孟庆金:《现代博物馆功能演变研究》,大连理工大学博士学位论文,2010。

[8] 李君:《博物馆课程资源的开发与利用研究》,东北师范大学博士学位论文,2012。

[9] 吴镝:《美国博物馆教育与学校教育的对接融合》,《当代教育论坛》2011 年第 13 期。

[10] 陈金屏:《历史教学中博物馆的作用》,《济宁师范专科学校学报》2002 年第 6 期。

深度衔接课程标准，推动馆本科学课程重构

——来自英国伦敦科技馆的经验

陈奕喆*

（上海交通大学，上海，201100）

摘　要　随着教育成为科技场馆的首要职能，场馆和学校的教育资源有效衔接成为构筑育人合力的重要环节。课程标准是馆校结合的重要路径之一，但目前对课程标准的片面理解使场馆教育浮于零散知识和孤立技能的灌输，限制了场馆独特教育功能的发挥。因此，本文认为馆校结合需以课程标准为锚点，实现对现有课程的超越和重构。本研究采用内容分析法梳理英国伦敦科技馆的场馆教育实践，以资借鉴。研究发现，依托课程标准，伦敦科技馆构建了学段有序衔接、多元主体融合的馆本课程体系。馆本课程目标衔接课程标准，旨在帮助学生加强科学知识学习，掌握科学技能方法，理解科学社会关系，树立可持续发展理念，探索科学生涯的发展。在此基础上，馆本课程充分发挥场馆特色，弥补学校课堂教学不足，基于具身认知的理念，结合科技前沿，为青少年提供基于真实情境和任务的活动体验，以问题发现与责任感知助力价值形成，以促进对话和深度体验推动生涯探索。伦敦科技馆的馆校结合经验启示我国科技场馆，依托课程标准，以知识整合和技能迁移优化馆本科学课程，以价值培育和可持续发展理念引领馆本科学课程，以职业认知和生涯教育延伸馆本科学课程。

关键词　馆校结合　课程标准　馆本课程　场馆科学教育

---

* 陈奕喆，上海交通大学教育学院硕士研究生，研究方向为场馆科学教育、科学教育。

国务院于2015年公布的《博物馆条例》将“教育”置于研究、收藏、保护等功能之前，作为场馆的首要职能。[1]场馆教育是指利用场馆资源引起参观者学习行为的活动。[2]澳大利亚学者Martin等人指出，场馆的特殊场域可以营造沉浸式的场景，将科学知识置于具体情境之中，[3]使概念和事实具备更强的迁移性和应用性，可以为科学学习提供多种具体信息和具身经验来源，[4]弥补学校科学教育的不足。《全民科学素质行动规划纲要（2021—2035年）》将“建立校内外科学教育资源有效衔接机制”[5]作为青少年科学素质提升的重要行动之一。2006年以来，随着各地科技场馆数量的快速增长，场馆内的科学教育也得到迅速发展，很多场馆都设立了专门的教育部门，研发并组织基于场馆的科学教育活动。对科技场馆“重展轻教”“有展无教”的现象也更加重视。在此过程中，科技场馆不断寻找与学校情境发生互动的连接点，课程标准逐渐成为世界范围内“馆校结合”的共性选择。课程标准的引入亦伴随着场馆教育沦为学校科学教育补充与附庸的危机。对接课标，“和而不同”[6]成为充分发挥场馆教育的特色、推动“馆校结合”的深度发展与协同合作的必由之路。为此，本研究关注伦敦科技馆以课程标准为锚点的场馆科学课程建构经验，以期为我国科技馆教育职能的进一步发挥提供参照。

1 发展瓶颈：从标准到锚点

“馆校结合”在我国经历了变革和探索的发展阶段。自2006年8月中国科协青少年科技中心启动“科技馆活动进校园”以来，科技场馆的教育功能得到有效拓展，逐渐成为非正规科学教育的主阵地。[7]于2012年启动的“科普场馆科学教育项目展评”活动培育了一批高质量的场馆科学教育资源。在此过程中，课程标准成为场馆科学教育活动与学校科学教育接轨的重要“锚点”。2017年中国科协青少年科技中心修订的《科普场馆科学教育项目评审标准》指出项目研发背景、设计概述、教学目标、教学内容均应与课程标准对接，[8]为场馆科学课程开发提供了路径参照。而从当前我国科技场馆馆本课程设计现状来看，将课程标准中具体学科教学知识点简单移植到场馆情境中、传授碎片化知识的现象还较为普遍。[6]对课程标准的简单化、片面化理解限制了科技场馆独特教育功能的发挥，弱化了场馆科学教育区别于学校科学教育的自身优势。我国“馆校结合”的发展需要探索以课程标准为锚点的馆本课程开发新路径。

英国是现代博物馆的诞生地之一，涵养了深厚的场馆教育理念。“馆校结合”在英国已走过了百年的发展历程，经历着与时俱进的变化革新。1920年英国博物馆协会发布的《场馆与教育的关系》报告指出馆校合作是场馆的重要职能。[9]1929年亨利·迈尔斯（Henry Mires）撰写的《关于不列颠群岛公共博物馆的报告》提出了一项构想：以课程标准为框架编写全国科学场馆教育资源目录，以供学校灵活选择使用。[10]20世纪90年代，英国《国家课程标准》的实施为馆校合作的深化提供了契机，[11]馆本资源和课程标准的关联成为场馆教育项目开发的共识原则。21世纪以来，随着课程标准的数次修订和人才培养目标的不断革新，人们担忧更高成就标准之下中学的“应试导向”，[12]亦呼唤科技场馆与学校教育的更紧密衔接，发挥强有力的支持作用。

这一理念深刻影响着英国科技场馆的教育实践。英国科技馆集团（Science Museum Group）下属的国家科学与媒体博物馆、国家铁路博物馆、伦敦科技馆、曼彻斯特科学与工业博物馆、希尔登运动博物馆等均将课程标准深度融入教育项目设计与实施中，形成了“基于课标而高于课标”的场馆教育特征，以课程标准为衔接学校和场馆的桥梁，围绕核心素养统整科学经验、知识、兴趣、行为和态度，[13]充分发挥场馆科学教育的独特优势。其中伦敦科技馆成立于1857年，是英国历史最悠久的科技馆之一，在深厚历史底蕴和丰富现代科技的交织中不断创新场馆教育模式。伦敦科技馆的馆本课程是实现馆校结合的重要渠道，其馆本课程设计的对象与受众以学校参观团体为核心，部分场馆课程专门针对学校学生开放。伦敦科技馆的场馆课程开发以“吸引力、实用性和对应课程标准”[14]为基本遵循，使科技场馆与学校教育形成有效互动。

因此，本研究以伦敦科技馆为案例，运用内容分析法梳理其场馆科学课程模式，主要回答以下研究问题：①伦敦科技馆的馆本课程体系如何与课程标准对应？②伦敦科技馆的馆本课程目标如何与课程标准衔接？③伦敦科技馆的馆本课程实施如何与课程标准融合？

2 寻找锚点：依托课程标准构建馆本课程体系

英国学段划分包含学龄前的两个阶段、小学和中学的四个关键阶段（Key Stage）、中学后的一个关键阶段以及高等教育阶段。英国现行《国家课程标准》主要适用于小学和中学阶段，涵盖了特定学段应学习的科目以及各科目中应达到的标准。[15]课程标准按照关键阶段组织，涵盖关键阶段 1 至关键阶段 4 的学生学业目标，形成了学科内容进阶体系。

伦敦科技馆所有面向学生群体的馆本课程均标注了适用学段，并与相应学段的课程标准要求契合（见表 1）。不同学段的馆本课程在平均时长方面有所差异，充分适应了学生的认知发展特征。作为非正规科学教育的重要形式，伦敦科技馆的单一馆本课程往往同时适用多个学段，将有层次、有广度、有挑战的科学内容有效重构形成富有趣味的场馆科学课程。尽管如此，从不同学段适用的馆本课程数量来看，关键阶段 3 到关键阶段 5 得到了场馆科学课程的重点关注。英国学生在关键阶段 4 和 5 分别面临着普通中等教育证书考试（General Certificate of Secondary Education，GCSE）和普通教育证书高级水平考试（General Certificate of Education Advanced Level，GCE A-Level）。英国教育标准办公室（The Office for Standards in Education，Ofsted）的一份报告指出，在学业压力之下中学科学实践活动出现被边缘化的状况，许多学校压缩科学探究和实践活动为“应试教育”节省时间。[16]而“学生能通过科学探究回答有关周围世界的科学问题”[15]是英国《国家课程标准》的重要目标之一，伦敦科技馆在课程设置方面的这一侧重回应了素养导向科学教育的客观需求，成为正规教育中薄弱环节的重要补充，为学生提供科学观察、实验和主动学习的机会，充分发挥对学校科学教育的补充作用。

表 1 伦敦科技馆馆本课程学段分布

年龄段	年级	学段	馆本课程数量	平均时长
0~4 岁	—	幼儿教育阶段(Nursery)	5 个	40 分钟
4~5 岁	—	学前教育阶段(Reception)	7 个	40 分钟

续表

年龄段	年级	学段	馆本课程数量	平均时长
5~7岁	1~2年级	关键阶段1(Key Stage 1)	7个	40分钟
7~11岁	2~6年级	关键阶段2(Key Stage 2)	10个	51分钟
11~14岁	7~9年级	关键阶段3(Key Stage 3)	21个	63分钟
14~16岁	10~11年级	关键阶段4(Key Stage 4)	22个	61分钟
16~18岁	12~13年级	关键阶段5/继续教育(Key Stage 5/Further Education)	22个	45分钟
18岁以上	—	高等教育(Higher education)	13个	42分钟

资料来源：年龄段和学段划分来自英国教育部（https：//www. gov. uk/national-curriculum），馆本课程数量和平均时长根据英国科技馆馆本课程整理（https：//www. sciencemuseum. org. uk/learning/see-and-do-schools）。

学段的有序衔接使馆本课程具有层次性和统整性，课程设置聚焦课程标准中的关键内容。伦敦科技馆往往将多个学科主题融入一门馆本课程中，呈现真实问题所包含的多学科知识。统计各主题所涉馆本课程数量可见，伦敦科技馆作为学生非正规科学学习的重要场所，主要聚焦科学领域的相关内容，对标国家科学课程标准，囊括了生物学、化学和物理学的诸多关键概念与核心知识。馆本课程在各学科主题上的分布较为均衡。除此之外，围绕“科学实践”（Working Scientifically）这一课程标准中关键主题的馆本课程数量较多。作为国家科学课程标准的重要维度，“科学实践”强调学生除知识之外的科学过程理解与科学方法习得。伦敦科技馆在上述生物、化学、物理领域的主题馆本课程中常融合许多科学实验、操作、模拟等环节。主题之间的搭配组织体现了伦敦科技馆的馆本课程体系对传递知识、掌握方法、构建思维的有机整合。

主题的多元组合促进学生通过馆本课程深度探索特定学科领域，并形成跨学科理解（见图1）。在科学领域主题之外，伦敦科技馆的馆本课程还包含数学、历史学、地理学、技术与设计、艺术与设计等其他学科课程标准下属内容主题。这些主题与科学主题的相互融合拓展了科技场馆的内容边界，使科技馆摆脱了对孤立科学事实和科技成果的简单呈现，而成为有效对接科技和社会的场所。这既为学生提供了更丰富的主题课程，也促进学生在更宏观视野中看待与理解科学问题和现象，进而能够主动探索科学技术和多学科领域的联系。同时，伦敦科技馆的馆本课程还包含两个非课程标准明确界定的内容主题，分别为“生涯发展”和“STEM”，前者强调学生科学职业理想的树立和科学生涯领域的探索，后者关注将科学、技术、工程和数学作为紧密关联的统一体，综合运用跨学科知识解决问题。这两个主题尽管未成为课程标准规定的学习领域，但其所隐含的理念与课程标准的学习目的相吻合，对此类主题的关注也反映了科学场馆对正规学校教育的拓展和延伸，在偏重知识习得、技能培育和态度形成的课程标准基础上，通过对部分主题的提取和整合，形成“基于课标而又高于课标”的馆本课程主题框架。

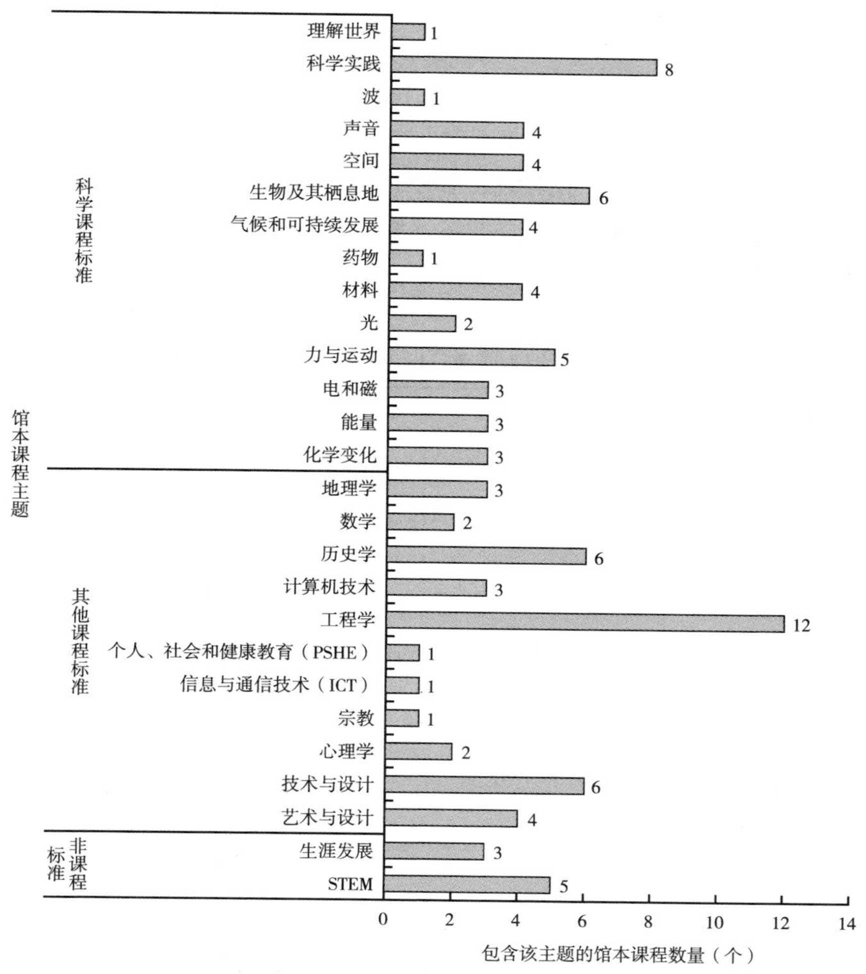

图 1　英国科技馆馆本课程主题与课程标准对应情况

3 深度衔接：拓展课程标准的馆本课程目标

课程目标反映了课程设计理念，引导教育实践的具体实施。本研究收集了伦敦科技馆面向学生的馆本课程目标陈述文本，并运用 NVivo 12 Plus 软件开展主题编码分析，共提取出 15 个二级编码，经过持续比较分析归纳形成 5 个一级编码，从而构建了伦敦科技馆馆本课程目标框架。英国国家科学课程标准将学生科学学习成果划分为知识领域、技能领域和社会理解领域，设置了三大教育目标：①促进生物、化学和物理学的科学知识发展和概念理解；②通过不同类型的科学探究，帮助学生回答有关周围世界的科学问题，从而加深对科学本质、过程和方法的理解；③理解科学在当下和未来的作用和影响。[15] 通过对表 2 编码结果的分析可见，伦敦科技馆的馆本课程目标与课程标准目标深度衔接，基本覆盖了三大目标领域，并在各领域目标下细分了更有侧重的子目标，同时增加了生涯发展目标维度，有效拓展了课程标准的目标取向。

表 2 伦敦科技馆馆本课程目标与课程标准目标对应情况

<table>
<tr><th colspan="2" rowspan="2">国家科学课程标准
目标维度对应情况</th><th colspan="3">伦敦科技馆馆本课程目标</th></tr>
<tr><th>一级编码</th><th>二级编码</th><th>频次</th></tr>
<tr><td rowspan="12">科学课程标准三大目标</td><td rowspan="3">促进特定科学领域的知识发展与概念理解</td><td rowspan="3">促进科学知识学习(13)</td><td>促进跨学科学习</td><td>5</td></tr>
<tr><td>探索前沿知识</td><td>5</td></tr>
<tr><td>激发学习兴趣</td><td>3</td></tr>
<tr><td rowspan="5">理解科学本质和过程,掌握科学方法</td><td rowspan="5">掌握科学技能方法(11)</td><td>掌握科学家技能</td><td>4</td></tr>
<tr><td>具备调查研究能力</td><td>2</td></tr>
<tr><td>具备探究能力</td><td>2</td></tr>
<tr><td>具备科学好奇心</td><td>2</td></tr>
<tr><td>具有创造力</td><td>1</td></tr>
<tr><td rowspan="4">理解科学对当下和未来的影响</td><td rowspan="2">理解科学社会关系(4)</td><td>理解科学对社会的作用</td><td>3</td></tr>
<tr><td>理解社会对科学的影响</td><td>1</td></tr>
<tr><td rowspan="2">树立可持续发展理念(7)</td><td>理解可持续发展问题</td><td>4</td></tr>
<tr><td>承担可持续发展责任</td><td>3</td></tr>
<tr><td colspan="2" rowspan="3">非科学课程标准目标</td><td rowspan="3">探索科学生涯发展(8)</td><td>开展科学生涯探索</td><td>4</td></tr>
<tr><td>了解科学家群体</td><td>3</td></tr>
<tr><td>与科学生涯建立关联</td><td>1</td></tr>
</table>

注：一级编码频次由各二级编码频次相加得出。

3.1 促进科学知识学习

英国国家科学课程标准认为，学生对关键知识和概念的理解为学习进阶奠定基础，浅层理解和误解将阻碍学生获取更高阶的科学知识。[15]因此有效的知识学习成为科学教育至关重要的目标之一，在场馆这一非正规学习情境中同样得到体现，“促进科学知识学习”频次最高，是伦敦科技馆重点关注的目标。从横向的内容交叉来看，伦敦科技馆充分认识到场馆统整多学科知识的优势，将“促进跨学科学习”作为重要着眼点，使学生获得“跨主题的丰富学习体验”。[17]从纵向的学科发展来看，“探索前沿知识”是掌握领域发展动向、理解学科未来走向的重要一环。如“家中的奇妙生活”（The Secret Life of the Home）项目旨在让学生“了解科学、设计和技术领域的突破性成果”。[18]而从长远角度来看，“激发学习兴趣”才是促进学生在未来发展中持续学习科学知识的关键。伦敦科技馆的馆本课程目标陈述中“兴趣”被反复提及，如“目的是太空”（Destination Space）项目希望使学生“对载人航天飞船充满兴趣”。[19]伦敦科技馆以科学知识理解为导向形成了兼具多元性和前沿性的课程目标，激励学生持续学习。

3.2 掌握科学技能方法

相较科学知识的有效传递，科技场馆在促进科学方法掌握方面具有区别于正规学校教育的独特优势。英国国家科学课程标准关注学生科学实践技能的形成，在此基础上，伦敦科技馆将其进一步细化，形成了更具指导性的技能教育目标框架。“掌握科学家技能”是其中的首要目标，在多项馆本课程中均有提及，如“技术人员”（Technicians）项目将其目标表述为“帮助学生发现在科学行业工作所需的技能”。[20]伦敦科技馆以科学家群体为参照，使多元的技能目标有所依托，科学家技能代表了面向真实科学情境解决问题所需的基本方法和过程。在此基础上，“调查研究能力”“探究能力”成为重要的技能目标。伦敦科技馆所强调的探究能力侧重问题意识，如“探索太空”（Exploring Space）项目旨在使学生在场馆学习中“关注宇航员的太空生活和工作、人类探索太空面临的挑战与未来发展等广泛的问题”。[21]调查研究能力则更强调针对特定问题寻找、收集、比较、分析信息，并做出决策，回答问题的过程。如伦敦科技馆内“花园”（The Garden）互动空间的目标旨在“使儿童通过亲手操作研究科学技术领域的问题”。[22]在科学实践技能培育的过程中，科技馆希望学生逐渐“具备科学好奇心”“具有创造力”，为科学技能的持续发展提供更有力支撑。

3.3 理解科学社会关系

深度理解科学技术对人类社会当下和未来的影响不仅是国家课程标准的重要目标，也是伦敦科技馆的教育理念。伦敦科技馆所属的英国科技馆集团将“促进科技创新和工程创新，并探索它们如何创造与维持现代社会”[23]作为集团范围内的2030年战略目标之一。伦敦科技馆的馆本课程始终致力于传递“科学不仅仅是知识，更是思考和探索我们周围世界的方式”[13]这一认识。基于此，伦敦科技馆区分了科学技术与社会互动中的两个维度：一方面促进学生“理解科学对社会的作用”，充分认识到科学技术解决社会问题、推动社会变革的重要功能，如“温顿数学空间”（Mathematics：The Winton Gallery）希望学生意识到“数学如何塑造了我们生活的世界”。[24]另一方面促进学生“理解社会对科学的影响”，意识到科技在社会的框架内发展，受到社会的制约和引导，如“信息时代”（Information Age）课程聚焦信息和通信技术在200年间的新发明，并旨在使学生思考“社会如何回应、评价、影响这些科学发明和创造”。[25]

3.4 树立可持续发展理念

实施可持续发展教育，使青少年群体具备面向未来的可持续发展知识、能力和责任意识是当前世界范围内人才培养的重要目标。英国国家科学课程标准将整体性可持续发展教育目标分解并置于生物、化学、物理等各学科视角之下，在特定学科话语内探讨可持续发展的问题与挑战。而伦敦科技馆实现了“化整为零”的教育目标重构，提取了可持续发展教育的双重面向，将“理解可持续发展问题”和“承担可持续发展责任”贯穿诸多馆本课程。科技场馆为学生提供了更有具身性的学习体验，有助于学生更直观地感知和思考人类社会未来发展的挑战。如伦敦科技馆基于“亚马逊专题展”（Amazionia）开发的馆本课程旨在让学生“探索当下气候变化和生态系统面临的问题”。[26]而在深刻的现状洞察背后，学生能对人类个体应承担的可持续发展责任有清晰的认识进而付诸行动才是可持续发展教育取得成效的关键一环。如“美丽星球”（A Beautiful Planet）3D探索项目希望让学生“认知地球发生的变化，并能意识到我们有多大能力来保护它”。[27]

3.5 探索科学生涯发展

培养青少年科学兴趣和生涯理想是关乎国家创新人才储备的重要工作。英国政府资助的ASPIRES项目研究表明，大多数学生在10岁时对科学存在较高兴趣，与此同时抱有科学职业理想的人数较少。[28]因此促进学生在科学领域的生涯探索成为当前科学教育的重要目标。英国国家科学课程标准的主要功能是对学生学校教育阶段的学业成就进行界定，尽管在学习目的中对学生科学好奇心和学习动机的培育有所提及，但课程标准并未将科学生涯教育作为单列的目标维度。已有实证研究表明，非正式学习情境能促进学生科学职业理想的形成，[29]伦敦科技馆充分发挥了校外教育资源对学校科学教育的互补作用，将“激励青少年成为下一代科学家、发明家和工程师，为国家科学创新做出贡献”[30]作为科技馆整体的核心使命，并充分融入馆本课程之中。科技馆的课程为学生开展广泛的“科学生涯探索”提供机会，具体而言，鼓励学生“了解科学家群体”，建立对真实科学职业领域的认识。如“明天的世界”（Tomorrow's World）项目为学生“了解前沿领域的科学家、工程师、设计师等人的观点”[31]提供机会。而消除科学职业神秘感和距离感的深层目的在于使学生“与科学生涯建立关联”，正如“设计你的未来”（Engineering Your Future）项目在目标陈述中所言：“使青少年意识到科学技术是他们也有能力从事的事业。”[32]

4 多元路径：超越课程标准的馆本课程实施

馆本课程目标为场馆科学教育实践提供了参照方向和基本遵循，以此为基础，伦敦科技馆中各具特色的馆本课程发展出多元的实施路径。从总体上看，科技馆中教育活动的开展受到国家科学课程标准的影响，在内容选择和实施策略层面均体现了对学校科学教育的补充。而在更广泛意义上，伦敦科技馆的馆本课程实践突破了对课程标准基本要求的遵循，充分调动独特的场馆教育资源，使教学活动面向多重教育目标，形成了“超越课标而又区别课堂”的多元实施路径，最终指向对学生科学素养的整体性培育。

4.1 知识理解：具身认知与探索前沿

在科学内容的学习方式上，伦敦科技馆充分运用实物展品、多媒体设备、互动装置和模型器材，使学生获得视觉、听觉、触觉等多感官信息，直观地感知科学现象，通过具身性学习体验，真正“置身于”科学情境之中，从而收获区别于学校课堂教学的学习成果。如“探索太空”（Exploring Space）项目不仅包含火箭、卫星、探测器和着陆器模型等反映人类航空航天的技术产品，还有航天员食品、宇航服、太空尿布等反映太空环境中生活特点的物品，[21]使学生获得逼真具体的太空环境体验。而“能量馆”（Energy Hall）空间通过全尺寸模型、缩略版模型、动画视频和交互式电子屏幕，[33]帮助学生了解蒸汽动力如何在工业化进程中发挥作用。而在科学内容的选择方面，相较于学校课程中相对固定的学科知识，场馆能更灵活地与学科领域互动，更及时地反映知识的迭代与更新。伦敦科技馆将科学领域的前沿进展和重要成果引入馆本课程，为学生呈现了面向未来的科学发展趋势。如“明天的世界”（Tomorrow's World）项目以科学主题故事形式展现科学领域令人惊讶的突破性成果，并以交互式触摸屏为媒介供学生开展学习，所呈现的内容“每隔几个月更新一次，以确保反映最新的科学发展和创新成果”。[31]伦敦科技馆通过青少年喜闻乐见的方式传递前沿知识，有效激发学生的探索热情和科学好奇心。

4.2 技能培育：真实情境和任务解决

科学实践是英国国家科学课程标准的重要内容领域，在不同关键阶段包含不同的技能培育重点。科技场馆在场地空间、仪器设备、活动开展等方面的优势能有效促进学生掌握科学方法，对标课程标准的课程活动也为学生有效结合理论和实践提供了契机。伦敦科技馆遵循国家课程标准对不同关键阶段科学技能的要求，有针对性地开展馆本课程帮助学生形成科学实践能力。科技馆内专门设置了互动性教育空间（Interactive Gallery），开展学生的科学探索和实验操作活动。如“好奇实验室”（Wonderlab）中包含了力、电、声音、空间、数学、物质等七大主题，并对每一主题设计了真实任务情境。在“力”这一主题下，学生将了解生活中的力如何使移动、旋转发生，如何保持建筑物的稳定，并测量空气阻力、角动量和摩擦力。最后学生将探索如何构建尽可能长、光滑、稳固的轨道，使小球依靠重力完成滚动。[34]这一馆本课程主要针对关键阶段 3 和关键阶段 4 的中学生，对照英国国家科学课程标准对上述两阶段的科学实践能力要求可见，馆本课程囊括了其中诸多要素：①科学态度，注重科学的客观性、准确性、精密性和可重复性；②实验和调研技能，根据对现实世界的观察以及先验知识与经验提出问题并开展探究，选择、计划与执行最合适的方法来检验假设，在实验室中适用合适的技术、设备与材料；③分析评价，解释观察到的现象和获取的数据；④测量，进行基本的数据分析，包括简单的统计方法。[15]伦敦科技馆将基于课程标准的科学技能培养目标进行分解和重组，使学生在应对复杂问题的过程中形成多元技能。

4.3 价值形成：发现问题与感知责任

为促进学生深入理解科学与社会的关系，形成科技进步与人类社会可持续发展的责任意识，伦敦科技馆在馆本课程的设计中广泛融入了科技发展的历史视角，在较长的时间跨度中全面展现科学技术的短期与长期影响。如围绕“科学之城：1550~1800”（Science City：1550-1800）专题展开设的馆本课程全面展现了伦敦对新思想、新知识和实用科学技术的追求如何促使其“从繁华的首都城市发展为全球性贸易、商业和科学研究中心”。[35]学生得以感知科技发展对社会变革的巨大推动作用。与此同时，伦敦科技馆更聚焦科技对当下和未来产生的潜在风险和危害，尤其关注可持续发展问题与挑战。在馆本课程设计中，不仅全面展现科技带来的问题本身，更注重挖掘问题背后的形成机制、科技在解决问题中可能发挥的作用，从而鼓励学生做出负责任的决策。如“大气”（Atmosphere）馆本课程主要聚焦碳循环和温室效应主题，向学生呈现了气候变化的机制、温室气体的来源和影响、全球碳循环路径，并重点展示了现有科学技术能够以何种方式介入并改变上述过程中的特定环节，课程围绕一个核心问题展开：科技已被证明能促成改变，那么我们未来的选择是什么？[36]学生立足人类社会的未来发展视角批判性思考科学技术在历史、当下和明天的影响，形成对生活世界的宏观认识，并主动思考人类社会面临的挑战，形成科学责任感和使命感。

4.4 生涯探索：促进对话和深度体验

伦敦科技馆为学生具身参与科学职业体验和生涯探索提供了教育项目和资源支持，也成为多元主体共促青少年科学生涯教育的沟通桥梁和重要窗口。通过模拟真实科学工作情境，学生能够在探究性和实践性课程项目中获得从事科学职业的直观感受，加深对特定职业领域的认识，从而深入思考个体科学生涯发展的可能性。如伦敦科技馆的大卫·塞恩斯伯里空间（David Sainsbury Gallery）推出了“技术人员”（Technicians）项目，为学生提供健康科学、创意艺术、制造和可再生能源等多个领域的实践体验机会。在场馆模拟搭建的技术人员工作空间中，学生需完成特定科学职业中的任务和挑战。[20]这一过程使学生在深度体验中收获了成就感和自信心，主动与科学生涯产生关联，适度消解了科学职业理想的距离感。除此之外，伦敦科技馆扮演着联结多元主体共促青少年科学生涯教育的沟通桥梁。使行业专家、科技从业人员、研究人员等群体能够直接和青少年发生对话，发挥榜样、引导和辐射作用。如科技馆定期举办的“生涯技能集会”（Skills Fair）使学生与特定职业领域的行业雇主进行面谈，了解职业领域基本现状和能力要求，通过参与领域专家小组互动问答，探索个体感兴趣的生涯发展话题。[37]

5 总结与启示

伦敦科技馆馆本科学课程的体系框架、目标愿景与实施路径，为基于课程标准的场馆科学教育变革提供了有价值的经验参照。对我国而言，随着《义务教育科学课程标准（2022 年版）》将学生科学核心素养发展作为学校科学课程的立足点，[38]科技场馆和学校教育之间已具备强有力的人才培养共识。我国《全民科学素质行动规划纲要（2021—2035 年）》提出建立校内外科学教育资源有效衔接机制，强调了科技馆、博物馆、科普教育基地等科普场所广泛开展各类学习实践活动对青少年科学兴趣提升的重要作用。[5]场馆与学校的频繁互动推动场馆科学教育和学校科学教育的不断对话和深度衔接，而课程标准勾勒了人才培养理念与方法的框架体系，成为联结两种教育情境、构建育人合力的重要锚点。在这一意义上，伦敦科技馆的教育实践为我国场馆教育变革提供了启示。

首先，以知识整合和技能迁移优化馆本科学课程。英国科技场馆科学课程在内容层面对课程标准的拓展与超越着重体现为知识本身的跨学科整合和知识之外的实践技能培育。英国国家科学课程标准划分了不同关键阶段应学习的核心科学概念和知识。伦敦科技馆基于课程标准中多学科主题的有机结合构建了整合型馆本课程，建立了科学知识间的关联和结构，形成了以跨学科知识为显著特征的场馆科学教育内容体系。当前随着素养导向的科学教育对学习者高阶思维的培育，学生越来越需要理解科学本质，并能面向真实生活问题实现高通路迁移。[39]因此，我国科技场馆的馆本课程开发应脱离对零散知识和事实的简单呈现，立足课程标准，聚焦核心概念，全面理解课程标准所倡导的教育理念、目标和方法，从而帮助学生吸纳与组织科学信息，形成组织性、结构化的跨学科概念深度理解。同时，具备科学技能已成为学生学科素养的重要体现，为学生面对科学世界的挑战、解决科学问题奠定基础。当前在我国科技场馆中不乏为学生提供互动、实验、模拟的设施设备，然而离开问题情境的技能训练往往沦为机械化的重复性操作，从中获得的操作技能也难以在新的任务中得到运用。伦敦科技馆提供了面向真实问题的学习场景，使科学实践技能的习得有目的、有情境，技能与知识之间有关联、有运用。鉴于此，我国科技场馆应思考如何将核心知识和关键技能有效整合，以此架构馆本科学课程内容框架，使学生主动参与、动手动脑，在科学技能运用中充分调动相关知识，实现深度理解和知识迁移。

其次，以价值培育和可持续发展理念引领馆本科学课程。我国科学课程标准明确将“理解科学、技术、社会与环境的关系，形成基本的科学态度和社会责任感”[38]作为科学课程的基本功能。科技场馆自身兼具公益属性和教育功能，作为重要校外教育场所，处于学校与社会之间的衔接位置。因此，科技场馆的馆本课程应成为学生认识科学和社会关系的重要窗口，立足人类社会历史发展的视角呈现科学自身发展及其与社会的互动，促进学生基于科学历史观看待科技变革对人类发展的影响。这将有助于弥合科学教育和人文教育间的鸿沟，培养学生科学价值观念和对科学本质的正确理解。[40]与此同时，更应以可持续发展理念展望科学与社会的未来发展。随着1992年联合国环境与发展大会在国际社会首次确立了可持续发展理念，中国的可持续发展进程不仅实现了国内的路径创新，而且彰显了强烈的国际责任感。习近平在《生物多样性公约》第十五次缔约方大会领导人峰会上的讲话强调了共建地球生命共同体的重要理念。[41]2021年我国对“碳达峰”与“碳中和”工作进行全面部署，倡导绿色、环保、低碳的发展理念。[42]中国为推进联合国2030年可持续发展议程做出了卓越贡献。在这一背景下，我国各级各类可持续发展教育不断深化，形成了民间官方相补充、线上线下相融通的可持续发展立体化宣教模式。[43]可持续发展教育的综合性使现有任何一门专门学科都不足以独立承担起可持续发展教育的任务。[44]而科技场馆的馆本课程能有效整合多学科知识，主动关联科学和社会，兼容多种教学模式和组织形式。以场馆教育促进青少年形成可持续发展的伦理观与价值观，提升学生对可持续发展议题的认知水平、学习意识和参与能力，为学生树立科学使命感和责任意识提供动力。

最后，以职业认知和生涯教育延伸馆本科学课程。科技创新作为提高社会生产力和综合国力的战略支撑，在国家发展全局中居于核心位置。习近平在中央人才工作会议上指出，人才是创新的第一资源，创新驱动本质上是人才驱动。[45]无论是在学校情境还是场馆情境中，促进科技创新人才储备都是科学教育的重要目标。我国课程标准认为，科学课程应有助于学生“为今后学习、生活以及终身发展奠定良好基础”。[38]伦敦科技馆的馆本课程在学习情境设置和体验活动设计方面为学生提供了深度的职业生涯探索机会，有效促进学生树立科学职业理想，形成科学生涯认同。科技场馆具有整合多种科学教育资源的优势，应成为学校主体、家长群体、科研机构、行业组织、社会团体等多元主体优势互补、构建合力的平台。在此基础上，我国科技场馆的馆本课程不仅需指向学生当前科学知识的获取和科学技能的发展，更应成为青少年深度感知科学职业、建立个人与科学生涯的关联的契机，为学生整合科学知识、掌握科学方法、塑造科学精神、激发科学理想提供稳定而有效的生涯支持。

参考文献

[1] 国务院：《博物馆条例》，http：//www. gov. cn/zhengce/2020 - 12/27/content_ 5573725. htm，2015 年 2 月 9 日。

[2] Mitchell，S.，*Object Lessons：The Role of Museums in Education*，Edinburgh：HMSO，1996.

[3] Martin，A. J.，Durksen，T. L.，Williamson，D.，Kiss，J.，& Ginns，P.，"The Role of a Museum-based Science Education Program in Promoting Content Knowledge and Science Motivation，" *Journal of Research in Science Teaching*，2016，53（9）.

[4] Bamberger，Y. M.，& Tal，T.，"Multiple Outcomes of Class Visits to Natural History Museums：The Students View，" *Journal of Science Education and Technology*，2008（17）.

[5]《国务院关于印发全民科学素质行动规划纲要（2021—2035 年）的通知》，http：//www. gov. cn/zhengce/content/2021 - 06/25/content_ 5620813. htm，2021 年 6 月 25 日。

[6] 朱幼文：《理念与思路的突破：从"馆校结合"到各类教育项目——"科普场馆科学教育项目展评/培育"带来的启示》，《自然科学博物馆研究》2021 年第 1 期。

[7]《中国科协办公厅 中央文明办秘书局 教育部办公厅关于印发〈科技馆活动进校园工作"十三五"工作方案〉的通知》，https：//www. cast. org. cn/art/2017/4/21/art_ 459_ 73790. html，2017 年 4 月 21 日。

[8] 中国科协青少年科技中心：《关于开展 2017 年科普场馆科学教育项目培育工作的通知》，https：//www. cyscc. org/#/newsDetail？id=2295，2017 年 4 月 10 日。

[9] British Association for the Advancement of Science，"Final Report of the Committee on Museums in Relation to Education，" Report of the British Association for the Advancement of Science，1920.

[10] Henry Miers，"A Report on the Public Museums of the British Isles（Other than The National Museums），" *Carnegie United Kingdom Trustees*，1929，3（9）.

[11] 王乐：《英国馆校合作的历史沿革、成长经验与本土启示》，《现代教育论丛》2017 年第 5 期。

[12] Museum Association，National Curriculum for England Published：Concerns Remain that Museum Visits could Suffer，https：//www. museumsassociation. org/museums - journal/news/2013/09/16092013-new-national-curriculum-for-england-published/.

[13] Science Museum Group，What Influences Science Capital：The Eight Dimensions，https：//learning. sciencemuseumgroup. org. uk/blog/eight-dimensions/.

[14] Science Museum，Learning Advisers，https：//www. sciencemuseum. org. uk/learningteacher-cpd-and-events/learning-advisers.

[15] UK. Government, The National Curriculum, https://www. gov. uk/national - curriculum.

[16] Ofsted, “Maintaining Curiosity: A Survey into Science Education in Schools,” The Office for Standards in Education, Children’s Services and Skills, 2013.

[17] Science Museum, Wonderlab: The Equinor Gallery-school Information, https://www. sciencemuseum. org. uk/learning/wonderlab-equinor-gallery-school-info.

[18] Science Museum, The Secret Life of the Home - School Information, https://www. sciencemuseum. org. uk/learning/secret-life-home-school-info.

[19] Science Museum, Destination Space-school Information, https://www. sciencemuseum. org. uk/learning/destination-space-school-info.

[20] Science Museum, Techincians: The David Sainsbury Gallery-school Information, https://www. sciencemuseum. org. uk/learning/technicians - david - sainsbury - gallery-school-info.

[21] Science Museum, Exploring Space-School Information, https://www. sciencemuseum. org. uk/learning/exploring-space-school-info.

[22] Science Museum, The Garden-School Information, https://www. sciencemuseum. org. uk/learning/garden-school-info.

[23] Science Museum Group, Learning Strategy 2020 - 2030, https://learning. sciencemuseumgroup. org. uk/learning/learning-strategy-2020-2030/.

[24] Science Museum, Mathematics: The Winton Gallery-School Information, https:// www. sciencemuseum. org. uk/learning/mathematics-winton-gallery-school-info.

[25] Science Museum, Information Age-School Information, https://www. sciencemuseum. org. uk/learning/information-age-school-info.

[26] Science Museum, Amazionia-School Information, https://www. sciencemuseum. org. uk/learning/amazonia-school-info.

[27] Science Museum, A Beautiful Planet 3D - School Information, https://www. sciencemuseum. org. uk/learning/beautiful-planet-3d-u-school-info.

[28] Archer, L., Moote, J., Macleod, E., Francis, B., and DeWitt, J., “ASPIRES 2: Young People’s Science and Career Aspirations, Age 10-19,” UCL Institute of Education: London, UK, 2020.

[29] Simpkins, S., Davis-Kean, P., and Eccles, J., “Math and Science Motivation: A Longitudinal Examination of the Links between Choices and Beliefs,” *Developmental Psychology*, 2006 (43).

[30] Science Museum Group, Inspiring Futures Strategic Priorities 2017 - 2030, https://www. sciencemuseumgroup. org. uk/wp - content/uploads/2020/05/SMG - Inspiring-Futures-May-2020. pdf.

[31] Science Museum, Tomorrow's World-School Information, https://www.sciencemuseum.org.uk/learning/tomorrows-world-school-info.

[32] Science Museum, Engineering Your Future-School Information, https://www.sciencemuseum.org.uk/learning/engineer-your-future-school-info.

[33] Science Museum, Energy Hall-School Information, https://www.sciencemuseum.org.uk/learning/energy-hall-school-info.

[34] Science Museum, Wonderlab: The Equinor Gallery-Guide, https://learning.sciencemuseumgroup.org.uk/resources/wonderlab-the-equinor-gallery-guide/.

[35] Science Museum, Science City: 1550 - 1800: The Linbury Gallery-School Information, https://www.sciencemuseum.org.uk/learning/science-city-1550-1800-linbury-gallery-school-info.

[36] Science Museum, Atmosphere, https://www.sciencemuseum.org.uk/learning/atmosphere-school-info.

[37] Science Museum, Skills Fair: STEM, https://www.sciencemuseum.org.uk/learning/skills-fair-stem-school-info.

[38] 中华人民共和国教育部：《义务教育科学课程标准（2022 年版）》，http://www.moe.gov.cn/srcsite/A26/s8001/202204/t20220420_619921.html。

[39] Perkins, D. N., & Salomon, G., "Teaching for Transfer," *Educational Leadership*, 1988 (46).

[40] 张春燕、李雁冰：《我国科学史融入科学教学实践的回顾与展望——基于近十年研究的可视化分析》，《教学研究》2022 年第 1 期。

[41] 习近平：《共同构建地球生命共同体——在〈生物多样性公约〉第十五次缔约方大会领导人峰会上的主旨讲话》，https://www.ccps.gov.cn/xxsxk/zyls/202110/t20211012_150831.shtml?ivk_sa=1024320u，2021 年 10 月 12 日。

[42] 中共中央、国务院：《关于完整准确全面贯彻新发展理念做好碳达峰碳中和工作的意见》，https://www.ccps.gov.cn/xtt/202110/t20211024_150970.shtml，2021 年 10 月 24 日。

[43] 岳伟、陈俊源：《环境与生态文明教育的中国实践与未来展望》，《湖南师范大学教育科学学报》2022 年第 2 期。

[44] 徐敬标：《小学科学教育中渗透可持续发展教育的研究》，《课程·教材·教法》2013 年第 1 期。

[45] 习近平：《深入实施新时代人才强国战略 加快建设世界重要人才中心和创新高地》，http://www.moe.gov.cn/jyb_xwfb/moe_176/202112/t20211216_587739.html，2021 年 9 月 27 日。

数字化助力馆校合作的经验与启示

——以英国科学博物馆集团为例

王　宇　赵晓飞*

（内蒙古科学技术馆，呼和浩特，010010；

和林格尔县蒙古族学校，呼和浩特，010010）

摘　要　馆校合作是一种重要的教学组织形式。数字技术的不断发展为馆校合作开辟了新的探索空间。以英国科学博物馆集团为例，从运用多种数字技术优化参观访问体验，开发数字教育资源延伸校外服务的功能边界，建立网络学院拓展教师专业发展路径三个方面，详细探究了其数字化助力馆校合作的成功实践。在此基础上，总结了数字化助力馆校合作的四点经验：以教师的使用体验为核心，统领数字化助力馆校合作；以研究成果和调查数据为基础，指导数字化助力馆校合作；以场馆教育资源的系统化转换为基础，推进数字化助力馆校合作；以新一代数字技术为突破，强化数字化助力馆校合作。

关键词　博物馆　馆校合作　数字化　英国科学博物馆集团

1　引言

馆校合作指的是场馆与学校为实现共同教育目的，相互配合开展的一种教学活动。[1]随着信息时代与数字社会的持续演进，以5G、人工智能、物联网、大数据、云计算、区块链等为代表的数字技术蓬勃发展，深刻改变着各行各业

---

* 王宇，内蒙古科学技术馆高级工程师，研究方向为科普教育；赵晓飞，和林格尔县蒙古族学校英语教师，研究方向为英语教育。

的面貌。博物馆行业亦然，数字技术的广泛应用极大地提高了信息传播的速度和效果，为博物馆的知识传播与公共服务提供更多可能。[2]在数字技术改变观众行为并重塑场馆体验的时代背景下，英国科学博物馆集团积极拥抱变化，不断探索数字化助力馆校合作的新路径，取得了明显成效，具有较高的研究价值。鉴于此，本文采用网络调查法、文献调查法和案例分析法，选取英国科学博物馆集团作为案例调查对象，从服务理念、活动形式、资源管理、合作模式等要素出发，对其数字化助力馆校合作的实践进行归纳总结，分析其特点，以期为我国的馆校合作提供借鉴。

2 英国科学博物馆集团数字化助力馆校合作的实践

英国科学博物馆集团（Science Museum Group）由伦敦科学博物馆、约克国家铁路博物馆、曼彻斯特科学与工业博物馆等 5 家博物馆组成，保存着科学、技术、工程、医学、交通和传媒等领域的 730 万件藏品，每年接待超过 500 万名游客，是世界上规模最大的科学博物馆集团。[3]经过长期探索实践，英国科学博物馆集团与学校发展出一系列行之有效的合作形式，主要有以下三类：一是参观访问，由学校教师和博物馆教育者协调联系，制订有针对性的教学计划，组织学生在博物馆内进行实地教学；二是校外服务，由博物馆提供人员或资源，在博物馆外开展各类教育活动，如向学校出借藏品资源等，拓展延伸博物馆的教育空间；三是教师专业发展，以学校教师为服务对象，使其熟悉博物馆所拥有的资源，了解场馆在配合学校常规教学方面的意义，掌握场馆教育以实物和活动为中心的特殊教学方式等，目的是获得学校教师对馆校合作价值的认可，以及使其具备承担馆校合作教学的能力，促进博物馆各项资源的利用。[4]

2017 年 3 月，英国文化、媒体和体育部发布《英国数字化战略》，旨在通过一流的数字化基础设施、先进的技能培训和有效的监管，使英国成为开展先进研究、试验新技术以及发展数字化业务的绝佳之地。[5]英国科学博物馆集团积极响应这一战略，通过重组数字化学习平台，开发面向教师的资源网站等数字化技术手段助力参观访问、校外服务、教师专业发展等馆校合作活动，取得丰硕成果。

2.1 运用多种数字技术优化参观访问体验

参观访问是最为传统的博物馆和学校的合作形式，同时也是最为频繁、常见的馆校合作形式。英国科学博物馆集团综合运用多种数字技术手段，优化和再造了参观访问的各个环节，极大地提升了馆校合作活动的效果。

首先，在参观访问前，通过数字技术扫除各种障碍，让教师能够方便快速地安排参观访问活动。在这方面英国科学博物馆集团做了如下卓有成效的工作：一是优化网站访问逻辑，在官方网站的醒目位置面向教师设置“学习”导航栏，将为学校和教师提供的场馆教育资源全部列出，并在页面顶端添加“参观时间”“教育阶段”“课程类型”三个组合过滤筛选器和搜索栏控件，教师在登录官方网站后，能够通过导航栏、搜索栏和组合筛选过滤器，方便快速地查找到需要的场馆教育资源。二是将场馆教育资源的所有信息以文字、图片、音视频、动画等富媒体形式上传官方网站，方便教师查询了解，做出访问决策。以伦敦科学博物馆的“交互式展馆”（Interactive Gallery）为例，官方网站制作了专题页显示该展馆的所有信息，专题页有两个内容板块：悬浮窗板块显示展馆的重要信息，如建议参观时长、价格、展厅位置、关联课程（如电与磁、数学等）、适用的教育阶段（如 KS1、KS2 等）、所能接待的最大团体规模以及活动指南、常见问题等的快速跳转链接；主体内容板块介绍展馆的基本信息，如展品数量、所能进行的现场实验和科学表演、展馆访问活动的预约日历、可以选择增加的收费体验项目、常见问题、特殊注意事项等。

其次，在参观访问时，使用数字技术优化和提升活动效果。一是为参观访问活动定制开发应用程序和 App。例如，伦敦科学博物馆设计开发了一款协助参观者探索场馆的应用程序——“宝藏猎人”App，并在官网提供安卓和 iOS 两个版本的软件下载链接，学生可以通过移动设备如智能手机、iPad 等，下载运行“宝藏猎人”App，在参观访问博物馆时，App 会随机提出“拍一张你能找到的最大的轮子”“拍一张你认为很昂贵的东西”等挑战，学生接受挑战后在场馆中寻找符合描述的物品拍照，完成挑战取得胜利。这种数字技术与参观访问的深度融合，将博物馆的参观访问活动变成一个巨大的互动游戏，能够鼓励和引导学生深入探索展览，收获独特的参观体验。二是为参观访问活动提供系统的数字化馆校合作指南，包括实施计划、课程关联、互动形式、教学技巧、学习单及辅助教学工具等，协助教师更好地围绕场馆教育资源开展参观访问活动，提升学习效果。例如“温顿数学馆”（Mathematics：The Winton Gallery）的指导手册，里面详细介绍了温顿数学馆的具体位置、所属学科、适用的教育阶段、展览的主题和分主题、展厅平面图、不容错过的重点展项、围绕展览可以思考和讨论的各种问题、建议继续探索的其他展厅等内容。

2.2 开发数字教育资源延伸校外服务的功能边界

校外服务是 20 世纪 60 年代后兴起的馆校合作形式，随着数字时代的来临，英国科学博物馆集团充分利用数字技术对场馆资源进行了升级改造，包括为藏品建立电子图片库、制作可交互的三维数字模型、为动手实践活动制作演示视频等，并通过网络以更加便捷、可交互、可分享的形式进行展示和传播，让优质教育资源以更加专业化、体系化、多元化的方式和途径走出博物馆，延伸校外服务的功能边界。

为藏品建立电子图片库。电子图片库是场馆教育资源进入学校的一种非常简单、低成本的方式。英国科学博物馆集团的调查研究表明，学校教师最需要博物馆提供的是能够根据需要进行调整的教学辅助材料，博物馆通过建立藏品的电子图片库，编写图片库在课堂中的使用指南等方式，为学校教师提供丰富的辅助材料，支持课堂教学。例如，英国科学博物馆集团的数学和铁路图片库（Maths and Railways-Image Bank），收集整理了 15 张数学和铁路相关藏品的高清图片，详细介绍了图片库的主题、适用的教育阶段等，提供了在教室里使用图片库的方法指导，分享了围绕图片库主题能够开展的讨论方向，并且为每张图片添加了详细的文字说明和供学生在课堂思考解答的问题等，方便教师使用。

为藏品制作可交互的三维数字模型。采用数字技术为藏品制作可交互的三维数字模型，可以全方位、多角度地记录展品的细节特征和全部信息，并在网络空间以直观、动态、可交互的方式进行展示，对提升博物馆的校外服务能力具有重要意义。英国科学博物馆集团为“医学：威康展厅”（Medicine：The Wellcome Galleries）的 20 件珍贵藏品制作了可交互的三维数字模型和详细的技术使用说明手册，并在官方网站上开辟专栏进行展示，教师按照手册载明的步骤操作，可以在任何一台计算机、平板电脑、智能手机、VR 设备上下载这些三维数字模型并应用于学校课堂上，用新奇有趣的方式开展教学活动，带领学生探索藏品蕴含的丰富知识。

为动手实践活动制作演示视频。一直以来，在博物馆开展的动手实践活动都是最受学生欢迎的内容之一，制作展示这些活动的视频，并在不同的网络媒体平台上分享传播，能够吸引更多的教师和学生尝试在学校或家里动手实践这些活动，启发思考、展开讨论，最终收获知识。例如建造穹顶（Build a Dome）动手实践活动的演示视频，展示了如下内容：一是采用通俗的语言与动画相结合的方式，详细演示了穹顶的建造过程，方便教师和学生完成动手制作环节，降低参与门槛；二是提出问题，如“为什么穹顶没有坍塌”“你能在你的穹顶结构中辨认出哪些不同的形状”等，引导教师和学生开展讨论，进行深入思考；三是展示穹顶在日常生活中的应用案例，将科学知识与日常生活联系起来，加深记忆；四是提出下一步探究方向，如“你能让你的穹顶变大还是缩小”“你还能用什么材料来改进成品”等，丰富和扩展活动内容，培养学生应用科学知识解决问题的能力，激发其创造力。

2.3 建立网络学院拓展教师专业发展路径

教师专业发展是博物馆面向学校教师开展的一类馆校合作活动。2018 年 10 月，英国科学博物馆集团网络学院正式启动，通过为教师提供网络培训，分享实践经验和研究成果等，拓展教师专业发展路径，促进馆校合作可持续发展。

面向教师的网络培训。网络培训能够在引进新的教育理念、专业理论知识、专业化技能和实践经验的交流等方面，为学校教师的专业成长提供有力支援，而且能够有效促进教师与校外专业团体之间更大范围的互动与合作，扩大教师的专业视野，使教师能够及时了解和分享外部专业信息，是教师专业成长的重要途径。[6]英国科学博物馆集团网络学院为教师开设了两类免费培训课程，分别是“团体培训”和“课堂讨论”。“团体培训”是面向中学和小学教师团体开设的课程，需要以学校或组织的名义申请，最少 15 人，该类课程有两个主题：“课堂之外的 STEM”主题侧重帮助教师熟悉和掌握英国科学博物馆集团开发的辅助教学资源、实用工具和教学技巧，能够提升教师使用博物馆资源的能力；“创造有吸引力的学习体验”主题侧重向教师分享非正式环境中的教学方法，能够帮助教师打造富有创造力的 STEM 课堂。“课堂讨论”是面向教师个人的实践培训课程，旨在通过交流分享经验，探索发现通过物品、图片以及其他元素引导和鼓励学生参与讨论的方法，提升教学质量。目前，该中心每年培训英国各地的学校教师 500 余名。

向教师提供丰富的数字教育资源。数字教育资源在激发学习兴趣、辅助教学活动、促进教学创新、提升教学质量等方面具有独特优势。英国科学博物馆集团网络学院为教师提供了丰富的数字教育资源，大致可以分为如下几类：一是网络教师培训课程的配套学习资源，如“神秘盒子活动”“强大的问题”等，用于支持教师培训课程的开展，巩固学习效果；二是参观前资源，如“Google 实境教学”、博物馆展览宣传视频等，可以让教师了解博物馆概况，吸引教师发起博物馆参观访问活动；三是参观时资源，如“宝藏猎人”应用程序、“搜寻伟大对象”等，能够帮助教师优化活动设计，提升学习效果；四是参观后资源，如“医学图片库”“数学与健康图片库”等，支持教师将博物馆的参观体验延伸到课堂之上，继续学习之旅；五是数学专题资源，如“博物馆里的数学”“科学活动中的数学”等，将博物馆的数学相关教育资源优化整合，方便教师使用。除此之外，英国科学博物馆集团还充分利用互联网为教师提供各种教育信息和资源，如借助推特等网络社交媒体向教师分享资源、创意和新闻，每月向教师投递电子邮件，介绍即将到来的展览、活动和最新的研究成果等。

3 经验与启示

数字化是未来发展的大势所趋，博物馆顺应潮流对传统的馆校合作服务进行数字化升级势在必行。他山之石，可以攻玉，英国科学博物馆集团的成功经验，能够为我们思考中国如何利用数字化助力馆校合作带来如下启示。

一是以教师的使用体验为核心，统领数字化助力馆校合作。教师是馆校合作的重要参与者，也是博物馆数字教育资源的重要使用者，其使用体验是评价博物馆数字化成败的关键。英国科学博物馆集团围绕教师需求，确定了数字化助力馆校合作的重点和原则：为教师提供高质量的数字教育资源，满足教师对格式的多样化需求，如 Word、PPT 和 PDF；在可能的情况下，用更新颖的形式来丰富数字教育资源，如视频、3D 模型、应用程序等；所有数字教育资源都存储在一个集中的、易于搜索的数据库中，并为教师提供自由搜索栏和组合筛选过滤器；面向教师的“学习”标签应该突出显示在博物馆网站的主要导航中，等等。这些重点和原则在数字化助力馆校合作中贯彻始终，发挥了统领全局的重要作用。

二是以研究成果和调查数据为基础，指导数字化助力馆校合作。英国科学博物馆集团数字化助力馆校合作的一个关键目标是开发有吸引力且实用的数字教育资源，便于支持教师以更具创造性的方式开展教学，优化博物馆参观访问体验，促进学生自主学习。为了实现这一目标，英国科学博物馆集团开展了大量的基础调查和研究工作，如采用线上问卷调查、电话沟通等方式，了解 300 余名教师对博物馆数字化改造的需求和想法；研究总结其他同类博物馆数字化教育资源平台的优缺点，如史密森尼学习实验室、格林威治皇家博物馆学习资源网站等；与伦敦博物馆、英国历史皇宫管理局、泰特美术馆等多个场馆中从事数字、教育工作的专家围绕数字化助力馆校合作这一主题进行深入交流等。[7]通过一系列调查研究，不断完善改造方案，增强科学性、前瞻性、可行性，提升数字化助力馆校合作水平。

三是以场馆教育资源的系统化转换为基础，推进数字化助力馆校合作。数字化助力馆校合作的基础环节是场馆教育资源的数字化，英国科学博物馆集团没有仅仅满足于把场馆教育资源简单地转换成图片、视频或是电子文档，而是努力挖掘场馆资源的内涵知识、学科分类、教育阶段、关联课程、活动形式、合作方法、辅助教学工具等教育价值，并通过综合运用多种数字技术全方位、多角度地呈现出来，系统化完成场馆教育资源的数字化转换，推进数字化助力馆校合作。

四是以新一代数字技术为突破，强化数字化助力馆校合作。新一代数字技术的内涵是以高速光纤网络、高速无线宽带为硬件基础，以数据化知识和信息为关键要素，以综合数据平台、现代互联网信息平台为重要载体的各种前沿技术。英国科学博物馆集团在数字化助力馆校合作的实践中，积极探索使用新一代数字技术，如 3D 技术、虚拟现实技术、增强现实技术等，将场馆教育资源以仿真虚拟空间、可交互的三维模型、应用程序等数字化形式，上传到统一的综合数据平台和互联网信息平台进行共享传播，极大地丰富了博物馆数字教育资源的形式，增强数字化助力馆校合作实效。

4 结语

馆校合作是博物馆服务社会、服务公众的重要方式，利用数字技术助力馆校合作，是博物馆数字化、智能化、网络化发展的必然结果。放眼未来，我们可以预见，随着数字化时代的持续演进，会有更多先进的数字技术出现并运用到馆校合作中，数字化助力馆校合作的新方向、新模式、新方案也将越来越丰富、越来越多元，具有更强的趣味性、交互性和沉浸式的“数字化”馆校合作必然会出现在公众面前。

参考文献

［1］王乐：《馆校合作机制的中英比较及其启示》，《现代教育论丛》2017 年第 2 期。

［2］李无言、王小明：《新兴技术重塑场馆的基本功能》，《博物院》2021 年第 2 期。

［3］英国文化教育协会：《科学博物馆》，https：//www. britishcouncil. cn/ccu/arts/museum-science，2021 年 9 月 1 日。

［4］宋娴、孙阳：《西方馆校合作：演进、现状及启示》，《全球教育展望》2013 年第 12 期。

［5］《〈英国数字化战略〉发布》，http：//www. ecas. cas. cn/xxkw/kbcd/201115_122318/ml/xxhzlyzc/201704/t20170401_ 4525773. html，2017 年 4 月 1 日。

［6］王乐：《馆校合作研究——基于中英比较的视角》，华中师范大学博士学位论文，2015。

［7］Emilia McKenzie，Developing a Learning Resources Website for Teachers，https：//learning. sciencemuseumgroup. org. uk/blog/developing-a-learning-resources-website-for-teachers/.

区域性馆际合作下的“馆校结合” 模式探索

——美国芝加哥 Park Voyagers 馆际合作案例研究

朱 礼 鲍贤清*

（上海师范大学，上海，200234）

摘 要 馆校结合作为博物馆发挥教育功能的重要方式，目前偏向以单个博物馆为主体与学校对接。面对这样的现状，馆际结合能整合博物馆间的资源，提供更优质的教育资源。美国芝加哥 Park Voyagers 项目联合了密歇根湖畔的 11 家不同类型的博物馆，给青少年提供课后服务活动，为家庭开发亲子活动，使得资源以网状形式呈现。该项目给国内馆际结合提供几点启示：通过馆际结合丰富教育资源、将家庭纳入服务范围和凸显区域性优势。

关键词 馆际结合 馆校结合 博物馆

1 研究背景

馆校结合作为博物馆发挥教育功能的重要模式，被社会各界越来越多的认可。目前较普遍的馆校结合模式偏向于以单个博物馆为主体与学校对接。例如，北京科学中心的“三生”展线课程，课程适合一至八年级学生；[1]郑州博物馆结合四、五年级开发的“照片墙上的秘密”活动；[2]厦门科技馆基于展品开发的“海洋中的森立”探究课程[3]。而一家博物馆的馆藏展品类型有限，开发的活动受到博物馆类型的限制，例如艺术类博物馆以绘画、欣赏活动为

* 朱礼，上海师范大学硕士研究生，研究方向为博物馆教育、STEM 教育；鲍贤清，上海师范大学副教授，研究方向为博物馆教育、STEM 教育。

主，历史类博物馆围绕历史事件设计活动。并且这些博物馆多为一些大馆，小馆因为自身原因较少开展馆校活动。

馆际结合为破解这样的局面提供一种新思路。国内已有一些博物馆展开馆际合作，南京博物院联合教育专家和大运河沿线的 33 家博物馆，为馆校合作打造了大运河文化读本《大运河的故事》;[4] 中国丝绸博物馆、陕西历史博物馆、甘肃省博物馆等六家博物馆协作开发的“丝路文化进校园”项目，以“丝绸之路为核心”，构建有意义、分众化的馆校合作教育体系[5]；2018 年，京津冀地区的博物馆共同签订了“京津冀博物馆协同创新发展合作协议”优化区域博物馆体系，三地博物馆共享专家库，形成覆盖面更大的资源库，加强京津冀的文化认同感[6]。这些尝试让从业者和教育者看到了馆际合作的可行性和优势。

2 问题的提出：区域性馆际合作服务教育的必要性

本文所指的区域性馆际合作服务教育，是指在某一地区内的博物馆围绕公众教育这一目标，相互合作提供教育资源，实现资源有效利用的最大化。笔者从馆方、校方等角度分析馆际结合的必要性。

2.1 博物馆自身的限制

博物馆提供的教育资源受到博物馆类型的限制：科技类博物馆开发的课程活动受到展品类型的限制，因为展品的共性而产生相似性，教育活动容易同质化；文史类博物馆的展品具有唯一性和地域性，特点鲜明但推广性稍弱；天文、地质和海洋等专题类博物馆专业性强，参加开发的活动需要一定的背景知识。此外，馆方的任务量超额，馆方需要根据课标开发不同年龄段的课程，从小学到高中。

2.2 校方、家庭对多样化资源的需求

学校希望提升学生的科学素质、创建多样化课堂、培养全面发展的人才，因此倾向于利用馆校结合项目，开阔学生的视野，进行体验式学习。然而，现在供校方选择的空间有限，现有的课程无法满足全部需求，没法充分开展个性

化学习。

现有研究表明家长在儿童的成长过程中扮演着重要角色，家长希望用尽身边的一切资源为儿童创造更好的学习条件。亲子家庭作为博物馆的主要参观人群，对馆校结合项目大力支持，但是，目前馆校结合的结果对提高家庭来博物馆的参与度贡献不大。[7]究其根源在于馆校结合未把家庭当成目标人群，仅把目光聚焦于儿童。在馆际结合提供更多教育资源的模式下，将家庭纳入服务人群，可提供新的学习选择。

2.3 多方沟通的局限性

整体来看，我国馆校结合已经取得很大进展，但是馆方和校方间的交流仍有困难，缺乏第三方的介入，缺乏相应的保障。[7]现有的馆校结合项目多在政府的支持下进行，若脱离政府，难以顺畅交流。例如，双方不明确对接人员，馆方与教师沟通不充分等。

馆方和校方的需求让从业者和教育者看到了馆际结合的必要性，通过资源整合为双方提供更多更优质的教育资源。对于馆方，整合藏品、观众、员工人力资源等，输出更完善丰富的科学学习资源；对于校方，有更多的选择，自由度和灵活性更高，提高家庭对科学学习的兴趣。然而，目前国内的馆际结合尚不成熟，处于摸索阶段，本文通过分析国外的成熟案例，为国内的馆际/馆校结合提供一点参考。

3 美国 Park Voyagers 馆际合作项目案例分析

3.1 项目背景

Park Voyagers①（公园探险者，以下简称 PV）项目始于 1998 年，它是由 Museums In the Park（MIP）和 Chicago Park District（CPD）两个组织合作举办的。它鼓励青少年参与在公共空间中的博物馆学习，提高青少年的观察、探索能力，培养科学思维，鼓励终身 STEAM 学习。

① Park Voyagers，https：//parkvoyagers. org/。

MIP 是一个非营利组织，由芝加哥密歇根湖旁的 11 家博物馆组成，具体成员有：阿德勒天文馆、芝加哥艺术学院、当代艺术博物馆、墨西哥国家艺术博物馆、波多黎各国家艺术与文化博物馆、芝加哥历史博物馆、杜萨布尔非裔美国人历史博物馆、科学与工业博物馆、林贝聿嘉诺特巴特自然博物馆、菲尔德博物馆和谢德水族馆。这些场馆中有天文馆、美术馆、科技馆、自然博物馆和水族馆，提供各类 STEAM 活动。MIP 是芝加哥经济的重要组成部分，并有志于打造活力社区。每年约有 800 万人参观 MIP 中的博物馆，MIP 会从 800 万人中选出 270 万人免票。CPD 是全美最大的市政公园管理者，拥有 600 多个公园、70 多个游泳池和 20 多个海滩，为公众提供各类体育活动和文化项目。CPD 的愿景是通过各类活动提高芝加哥的生活质量，创建一个以公众为中心的公园体系。CPD 有两个理念，一是青少年优先，为青少年和家庭提供在公园里逗留的充分理由；二是价格优惠，让所有人都能负担起优质的娱乐活动。

MIP 希望居民参加博物馆学习，发挥博物馆的教育职能，并致力于打造活力社区；CPD 希望公众参加公共空间的各类活动，创建公园体系。MIP 关注青少年的发展，提供免费参观机会和工作机会，而 CPD 把青少年放在首位，关注青少年的发展，两者相同的理念促成了 PV 项目。MIP 是芝加哥经济的重要组成部分，为许多人提供工作岗位和免费参观的机会，CPD 希望通过优惠的价格让所有人参与娱乐活动，二者经济上的理念不谋而合。项目中，CPD 提供场地，MIP 提供活动资源和资金支持，希望通过二者的努力，当地的每个人可以接触到博物馆学习。

PV 项目每次举办活动的地点是在社区的公共场所，类似国内街道的活动中心。[8]一周中的三天，不同博物馆轮流举办活动，项目组织者在社区公园内张贴海报和旗帜，吸引居民参加活动。相比于参观博物馆，将博物馆内活动外延，提供给居民体验式学习机会，吸引低收入人群参与活动，逐渐唤起居民对博物馆教育功能的认识。项目将青少年、家庭作为服务对象，通过课后服务活动具象化课本上的知识点，依靠公共活动告诉家长如何利用博物馆资源学习，锻炼博物馆教师的专业技能，建立博物馆和家庭的联系。

3.2 馆方提供多种项目

博物馆选取课本中的科学知识，对应课标开发课后服务活动，让青少年在社区内接触到艺术、历史、科学和自然方面的体验式学习，将课本知识重新构建。每个博物馆结合自身展品，开发活动。天文馆有自制日晷、填色本和观察星空活动；美术类博物馆以动手绘画活动为主；历史类博物馆借助宾果（bingo）游戏，让青少年学习历史；自然博物馆通过视频传达给青少年探究方法，引导他们去野外观察记录，完成自己的观察手册。11 家博物馆提供 33 种不同的活动，鼓励青少年进行科学学习，培养科学思维。项目也关注博物馆从业人员的发展，鼓励从业人员以志愿者的身份参与到活动中，提升自身水平。

明面上这些活动主题各异，以 STEAM 的形式呈现，但它们的内核、方法是相通的，鼓励青少年通过实践的方式学习科学知识。活动中，博物馆从业人员相互讨论、共享信息，为后续活动的顺利开展和学校教师提供资源包。此外，PV 项目关注青少年的长期发展，提供给青少年实习项目和科研项目。

3.3 满足校方、家庭需求

除了针对青少年的课后服务活动外，PV 项目还提供亲子活动，提供非正式环境中的多元教育。11 家博物馆提供了 71 种亲子活动，博物馆为家庭提供资源包，鼓励家庭进行非正式的科学学习，通过不同的活动，帮助家长建立信心，让家长意识到除了娱乐功能外，博物馆还有教育功能。波多黎各国家艺术与文化博物馆与贝西默公园合作举办豆类拼画活动，墨西哥国家艺术博物馆和富兰克林公园举办水彩画活动。科学与工业博物馆为青少年开发了探秘磁铁活动，进而为家庭设计了自制磁悬浮活动，通过活动的迭代，鼓励家庭参与到科学学习中；阿德勒天文馆利用自身资源，开发了观星活动和模拟火箭发射活动。除了常规活动，PV 项目为家庭举办研讨会，两次研讨会间邀请这些家庭参观博物馆，增加学习体验。项目的最后，家庭能够免费参观每家博物馆一次，借此强化家庭对博物馆的兴趣。

对于校方，PV 项目的这些活动不但将课本知识具象化，还提供了多种选择，满足不同学校的需求。PV 项目提供的活动让家庭感受到博物馆的魅力，鼓励他们实地去博物馆学习。

3.4 项目成果

过去 20 多年间，PV 项目在芝加哥地区的 102 个公共场所举办 230 次活动，共计 8900 个亲子家庭参与到项目中，2 万多名参与者，项目总时长高达 30 万小时，改变许多家庭对博物馆的看法，给经济状况不便的家庭提供参观博物馆的机会。该项目整合了 11 家博物馆的资源，使资源以网状形式呈现，从青少年的课后服务开始，循序渐进，以家庭参观博物馆告终，借助公共空间，推广科学学习，拉近家庭与博物馆的距离，搭建博物馆工作人员与家庭的桥梁。

4 启示

4.1 馆际结合丰富教育资源的供给

在 Park Voyagers 项目中，依托芝加哥地区的 11 家博物馆和城市公共空间，项目给青少年提供了不同主题、不同学科的课后服务，为家庭开发了各类活动，给博物馆提供活动资源包。博物馆作为馆校结合的输出方，活动的涵盖面要广、涉及的内容要多，如此才能给学校多样选择。馆际结合将不同类型博物馆的资源整合，教育活动的主题、形式不再受到限制。对馆方而言，馆际结合促进同行交流，从业者思想碰撞，开发出新的教育活动。大馆的压力均分给其他场馆，形成网状结构，形成同化效应，更好地实现博物馆的教育价值。对校方而言，有更多的教育活动可以选择，活动的时间也更灵活，实现学生的个性化教育，做到因材施教。

在具体实施中，馆际/馆馆结合可以由大型博物馆牵头，以构建联盟的形式，带动中、小型博物馆，进行交流与资源整合，开发教育活动。例如，2016 年上海市 11 家科普场馆组建科普场馆“自然联盟”，通过馆校合作机制建设，开展青少年校外教育项目和资源库的建设。馆际的资源整合不限于藏品，也应将从业人员的发展、博物馆教师的培养纳入整合范围。

4.2 将家庭纳入服务人群

因为 MIP 和 CPD 理念上的影响，Park Voyagers 项目将家庭纳入服务人群，通过研讨会、参观和动手活动，吸引家庭参与博物馆学习，让家长意识到博物馆的教育功能。在青少年构建自身知识体系时，家长可以发挥诸多作用：启发儿童提出高阶问题，帮助儿童完成操作过程，将博物馆学到的东西应用到生活情境中；多次深入地体验场馆。博物馆从业者在开发活动时，应把家庭纳入其中。

操作层面上，博物馆调整已有活动的时间，提供资源包，告知家长博物馆学习的方法，鼓励家长以不同角色参与到学习中。学校可以把馆校结合活动的信息告知家长，邀请家长参与活动，充当博物馆和家长的桥梁。

4.3 凸显区域性优势

Park Voyagers 项目中，博物馆的区域性极强，都位于密歇根湖畔；活动在社区内的公共空间举办，社区是居民生活的核心地带，也具有很强的区域性。区域性是天然优势，馆方应抓住这一优势，与区域内的博物馆合作，同时与区域内的学校密切合作，校方也要合理运用区域内的博物馆资源，丰富青少年的科学学习。美国博物馆从业者艾莉森（Alison Moore）指出展项的成功离不开四方面的因素：基于社区需求的使命的确立、为孩子提供熟悉的环境、给予他们真实体验和创造自主游戏的机会。[9]

区域内的馆际结合是互利共赢的，同一区域内的博物馆文化底蕴相同，开展合作时更便捷。博物馆可以将活动引入社区，带动公众参与，凸显社区的优势。2010 年的《上海宣言》提出“博物馆社区化和无边界化”[10]，博物馆需要主动融入社区，在社区内举办各种教育活动，社区亦可运用博物馆资源，与馆方建立长期合作机制。

5 余论

本文所提到的区域化馆际合作中，区域是指某一地区内的博物馆，对于国内而言，博物馆资源丰富的城市值得一试。馆际合作时需考虑国内外文化的差异，区域也可以指抱有同一信念的文化共同体，例如中国丝绸博物馆、陕西历史博物馆、甘肃省博物馆等六家博物馆以“丝绸之路为核心”展开的馆校合作项目。此外，国内馆校结合聚焦于中小学，适合高中生的课程凤毛麟角，更不用提实习等与社会接轨的活动，馆际合作时，可以将目标人群扩大，包含家庭和高中生。

馆际合作能够大幅降低开发成本，提高服务质量。对于博物馆而言，可以整合资源，大馆带动小馆辐射的范围更广；对于校方而言，馆际合作满足学校的不同需求，为科学学习提供更多的可能性。

参考文献

［1］赵冉：《北京科学中心馆校合作的实践初探与思考》，载高宏斌、李秀菊、曹金主编《无所不在的科学学习——第十二届馆校结合科学教育论坛论文集》，社会科学文献出版社，2020。

［2］鲁文文、田超然、周佳佳：《场馆科学教育项目校本化实施初探——以“照片墙上的秘密”为例》，载高宏斌、李秀菊、曹金主编《无所不在的科学学习——第十二届馆校结合科学教育论坛论文集》，社会科学文献出版社，2020。

［3］洪施懿：《以“问题”为导向，基于展品的探究式学习——厦门科技馆“问问大海”课程的探索与实践》，载高宏斌、李秀菊、曹金主编《无所不在的科学学习——第十二届馆校结合科学教育论坛论文集》，社会科学文献出版社，2020。

［4］中国大运河博物馆：《南京博物院推出专为中小学生“量身定制”的大运河文化读本》，https：//canalmuseum. net/news/60c1d0d31971333bdf/。

［5］中国丝绸博物馆：《国家文物局第二批博物馆进校园示范项目“丝路文化进校园”启动会在国丝举办》，https：//www. chinasilkmuseum. com/sljxy/info _ 291. aspx？ itemid=28129。

［6］陈静、焦鹏航：《京津冀协同发展背景下博物馆合作模式探索及展望》，《文物春秋》2021 年第 5 期。

［7］张秋杰、鲁婷婷、王铟：《国内外科普场馆馆校结合研究》，《开放学习研究》2017 年第 5 期。

［8］Museums and Community Outreach, *A Secondary Analysis of a Museum Collaborative Program Garibay*, Cecilia. Saybrook University ProQuest Dissertations Publishing, 2004.

［9］美国儿童博物馆协会编著《儿童博物馆建设运营之道》，中国儿童博物馆教育研究中心编译，科学出版社，2019。

［10］郑奕：《博物馆教育活动研究》，复旦大学出版社，2015。

基于文献视角的博物馆教师项目研究述略

王程程*

（复旦大学，上海，200433）

摘　要　学校教师作为博物馆和学校合作的重要主体，在构建校内外教育共同体中发挥着至关重要的作用。本文将“博物馆教师项目”界定为：博物馆针对中小学教师群体，利用馆方资源而规划的教育项目。为把握研究脉络，本文运用文献分析法对博物馆教师项目的国内外研究展开综述，并在文献爬坡的基础上，归纳总结当前教师项目理论与实践中存在的问题，为后续研究构建立论前提。

关键词　馆校合作　教师项目　中小学教师　博物馆

1　问题的提出

教师有出色的讲解演绎能力，一名对博物馆有热爱、有了解的教师，会通过积极推广，为博物馆培养更多的忠实拥护者。上海博物馆素来有“一名教师相当于一万名学生”的说法，教师一旦种下“博物馆的种子”，就会通过其漫长的职业生涯，慢慢播种给自己的学生和身边的老师们，进而对社会产生深远持久的影响。

博物馆开展教师项目，有助于实现博物馆和学校的“双赢”。对于博物馆而言，基于当前博物馆和学校数量上不对等的情况，服务教师可以一定程度上弥补博物馆教育人力资源的不足，辐射更广泛的群体，继而扩大博物馆在学校

---

* 王程程，复旦大学文物与博物馆学系，研究方向为馆校合作与教师项目。

中的教育影响力。例如2004年纽约市开始的“城市优势”（Urban Advantage）项目，将第一年参加的教师作为种子教师，为新参与项目的老师提供深入的培训，担当该项目的执行专家。[1]

近年来国家相继出台各项政策，也为博物馆教师项目的开展保驾护航。2020年9月30日教育部和国家文物局联合发布《关于利用博物馆资源开展中小学教育教学的意见》，指出“建立馆校合作长效机制，离不开师资的联合培养”。[2]2020年教育部办公厅印发的《中小学教师培训课程指导标准（师德修养）》中，特别强调要“充分利用各种社会场馆、历史遗址、爱国主义教育基地以及各种反映中国特色社会主义建设成就和时代特征的优质教育资源”，这有助于教师“理想信念”的培养。[3]

当前国内博物馆教师项目愈发流行，尤其是各类教师研习会深受中小学教师青睐，但是相较于国外博物馆教师项目的发展，我国博物馆教师项目在实践方面暴露出资源大多不公开、形式较为单一、内容方面存在同质化等问题；在理论研究方面我国的相关研究多是在馆校合作或者学校课程资源规划的背景下集中讨论，缺少博物馆教师项目的专门研究。

为搭建博物馆教师项目的研究体系框架，需以该议题整体的研究回顾和成果分析为基础。本文试图对博物馆教师项目的概念进行界定，基于文献爬坡梳理国内外的研究成果，对博物馆教师项目的文献进行综述，分析研究现状及存在问题，得出未来研究方向的相关启示。

2 概念界定与研究方法

2.1 博物馆教师项目概念界定

博物馆教师项目，相关的关键词和表述有：教师专业成长、教师专业发展[4]、教师职业发展、educators program、professional development 等。其中前三个术语多是在馆校合作的背景下，作为馆校合作的类型之一出现。而后两种多见于国外博物馆官网和国外文章。为了适应中国语境以及理解方便，本研究使用博物馆教师项目这一术语。

关于博物馆教师项目，Lui[5]和Stone[6]认为教师项目是为K-12教师启动的，学习如何在课程中使用博物馆作为教学资源以及了解艺术博物馆的永久收藏或特别展览。于瑞珍认为教师专业发展主要是以学校教师为服务对象，使其有机会熟悉博物馆所拥有的资源，并与专业人员建立良好的关系，便于各项资源的利用，进而有能力为学生解析博物馆内的收藏与展示，这一说法得到宋娴博士的认同。

综合以上看法，研究者将博物馆教师项目初步界定为：博物馆针对中小学教师群体，利用馆方资源而规划的教育项目，其目的是促进教师和学生的学习。其中本文关注的学校教师，即中小学任课教师，学段包含普通小学、初中及高中，职业发展阶段包含职前、在职和退休教师。常见的教师项目，例如教师和学生实地参观、教师研习会、职业培训、教师义工、线上资源等。

从博物馆教师项目所属学科领域上看，一则属于博物馆教育活动中的一项，其教育对象为中小学教师；二则与馆校合作中的教师职业发展类型有所交叉，如教师研习会、教师工作坊和教师会员活动等；三则与教师专业发展与培训相关[7]，部分博物馆举办的教师培训项目可以获得教委认证的教师培训学分。在这个向度上，教师项目的内容也需体现三个领域的特性（见图1）。

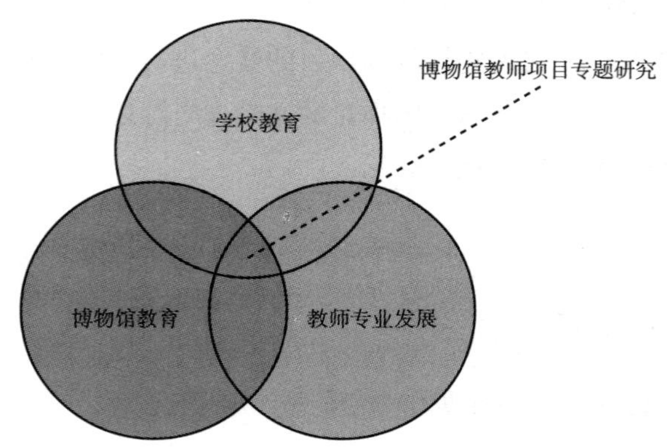

图1　博物馆教师项目所属学科领域

2.2　研究方法

文中主要采用文献分析法对博物馆教师项目开展研究。笔者通过谷歌学术、中国知识资源总库平台（中国知网 CNKI）、鸠摩搜书等中英文数据库，检索查阅有关博物馆教师项目的论文和专著，收集整理国内外博物馆教师项目的相关研究，在对文献充分阅读、分析以后，尝试对目前国内外教师项目的相关研究进行综述，了解博物馆教师项目研究的“他山之石”和不足之处，助益后续研究。

3 博物馆教师项目的文献综述

3.1 国外文献综述

国外博物馆教师项目的理论研究集中在四个方面：一是强调博物馆教师项目的重要性，早在 1938 年拉姆西（Ramsey）倡导博物馆关注学生和在职教师，[8]戴维森（Davidson）2010 年的研究分析了对于博物馆学习存在不同态度的教师，会对学生在博物馆中的学习效果产生重要影响。[9]二是对博物馆教师项目的影响因素进行分析，2002 年安德森（Anderson）从正面分析教师专业发展的因素，而 2018 年 AAM 的报告中，分析了教师选择博物馆的阻碍因素。三是将博物馆教师项目和具体学科结合：包括科学（让皮尔 Jeanpierre，奥伯豪斯 Oberhauser 和弗里曼 Freeman）、历史（马库斯 Marcus）和艺术（维伦纽夫 Villeneuve，马丁·哈蒙 Martin-Harmon 和米切尔 Mitchell）等研究。四是对博物馆教师项目进行有效性评估，如 2010 年谢凯文（Kevin Hsieh）对费城艺术博物馆暑期教师项目的评估。

除了具体论述，2017 年，梅丽莎·宾曼（Melissa Bingmann）在《博物馆教育者手册》第五章中，系统介绍了博物馆如何促进教师的专业发展。包括：将主动学习融入专业发展、评估教师的需求、成立教师组织工作坊、跨区域协作补充短板、符合国家和地方的课程标准、以学分等作为回报，和其他教师培训组织学习、提供丰富的资源，到教师的学校展开培训等。[10]

在实践方面，专门针对学校教师的教育项目以及配合馆藏品的线上资源，几乎是国外大型博物馆的标配，其中教师项目实践最为卓越的当属美国。国外教师项目的典型代表如美国自然历史博物馆、史密森学院、大都会艺术博物馆等。以史密森学院为例，该学院旗下提供教育者资源的共有 26 家机构，内容涉及：教师和学生实地参观的教师指南、促进教师专业发展的研讨会、将博物馆与学校课程结合的教案设计以及丰富的教师活动等。这些国外博物馆的教师项目，经验丰富、体系完善、特色鲜明，有的博物馆甚至延伸出教师资源中心和教师学院等教师职业发展的专门机构。

3.2 国内文献综述

博物馆教师项目的研究，涉及学校教育、博物馆教育和教师专业发展三个维度，是在三个研究方向的交叉下，逐渐形成的专门研究。因此对博物馆教师项目进行文献综述，需要从博物馆教育和馆校合作、教师专业发展、学校教育和课程资源规划、教师项目的专门研究四个方面展开论述，前三个方面属于整体中的局部研究，后面一个方面属于局部专题研究。

3.2.1 关于教师专业发展的相关研究

随着世界范围内教育改革的浪潮，越来越多的研究者认识到教师专业发展是影响教育改革效果的关键因素。对于教师专业发展的研究，一方面集中于专业发展本身，如杨秀玉较早对于20世纪60年代到20世纪末期，国际上几种较有影响力的教师发展阶段论进行综述、评析，[11]可以为我们针对教师发展的不同阶段开展教师项目提供参考借鉴。又如钟启泉站在国际视野下，对教师“专业化”进行理论阐释，并对我国教师“专业化”面临的挑战和课题进行讨论。文中提及美国《教师专业化标准大纲》，要求教师运用社区的资源与人才[12]，为博物馆开展中小学教师项目提供政策借鉴。

另一方面将理论运用于实践，对教师培训的方式方法和绩效评估展开研究。刘娜以教师发展阶段理论为基础，调查我国教师培训中存在的问题，并提出校本培训模式和合作探究型教师培训模式。[13]周敦主张将体验式学习引入教师培训，并设计体验式培训模型，[14]而方君在此模型基础上进行完善，力图构建中小学教师体验式培训的评估模型[15]；徐夏云借鉴柯氏四层次评估模型和考夫曼五层次评估模型，从项目管理、主讲教师、参训教师三个维度，构建教师培训绩效评估模型，[16]为博物馆开展教师培训的绩效评估提供理论支撑。

3.2.2 关于学校教育和博物馆课程资源规划的相关研究

数次课程改革评估发现，课程资源不足是教师执行新课程中遇到的最大的难题。[17]而博物馆凭借丰富的课程资源和非正式的教学环境，愈发成为中小学开展素质教育有力的校外补充。近年来，结合中小学教学实践来规划博物馆资源成为研究的热点问题。

与学校基础型课程学科结合，在这类研究中占比较多，多以硕士论文的形式出现，相关的学科与博物馆的性质有一定关系，如历史类博物馆多与历史学科关系密切；自然科学类博物馆多与科学、生物和物理学科关系密切；艺术类博物馆多与美术学科关系密切。其中有代表性的研究有：杨丽基于建川博物馆规划中学历史课程；[18]李璐基于广东省博物馆规划中学美术校本课程，并进行理论探析；[19]罗岚基于昆明市区的乡土文化进行高中政治《文化生活》的课程设计；[20]曹温庆基于北京地区科学博物馆资源规划科学课程[21]等。以上研究内容，大致包括：梳理博物馆可以运用于学校学科教学的资源，调查当下教师对博物馆资源的认识和利用情况，最后分析存在的问题并设计教学课例。

值得一提的是，除了完整的教学活动设计，也有个别研究者，关注博物馆资源是课堂创新的重要源泉，如陈颖倡的研究中，认为博物馆微信公众号对于拓展课程资源、帮助中小学教师专业成长大有裨益，并精选 11 个博物馆机构类公众号供大家参考。[22]

此外，博物馆作为中小学实践基地的教育作用凸显，迎合了学校开展拓展型课程和探究型课程的需要，因此近几年也出现中小学实践活动和校本课程中对于博物馆资源的规划利用的文章。如陈晓以南京市岱山实验小学为个案，研究其博物馆系列的综合实践课程。[23]

总之，从学校教育角度出发，对博物馆课程资源规划的相关研究成果丰硕，且已积累数十年的经验。这类研究对学校教育和课程标准了解深入，研究成果中所设计的教学方案，不少已被学校采纳并落地开花，让博物馆对基础教育改革的价值进一步凸显。这些研究论著，也有助于博物馆了解学校教师的想法、了解学校课程标准和教材内容。但是该类论著也有不足之处，一是普遍偏重于论述相关实践的感性认识，较少上升到理性研讨，对于博物馆资源利用类型和数量的研究都不够充分；二是研究者多为中小学在职教师和职前教师，没有博物馆的教育背景和博物馆教育经历，因而对博物馆的利用仅限于展览中的藏品资源，缺乏博物馆教育活动和研究资源的利用与规划，与博物馆教育工作者的合作不够深入。

3.2.3 关于博物馆教育和馆校合作的相关研究

学校教师是馆校合作开展教育的重要主体，在博物馆教育学角度下，教师专业发展性质的教师项目，如教师培训、教师研讨会等，是馆校合作的类型之一。在国内馆校合作的研究热潮中，很多学者对博物馆教师项目进行宏观层面的概述，主要有案例分析和理论探讨两种类型。这些研究最早可追溯到2000年一篇对史密森学会[24]教师项目介绍的译稿，笔者从时间纵向发展的角度，以2013年为分水岭，将这些研究分为前后两个阶段：2013年以前主要是基础层面的理论初探和国外案例分析；2013年以后国内博物馆教师项目进入研究视野，研究多为应用层面的理论研究和国内外案例分析。

（1）基础层面（2000~2013年）

主要含三类论著，第一类是对国外优秀博物馆教师项目的经验介绍，如米歇尔·海曼提及史密森学会与教师相关的教育活动包括：提供教师手册和《史密森资源中心教师指南》、建立教师培训基地和举办“教师之夜”活动；于瑞珍研究中分析了明尼苏达州科学博物馆，根据时长将教师专业成长分成工作坊、研习班、专题计划和会议等；吴相利介绍了美国老史德桥村博物馆，有针对性地提供了翔实的教学资料，更好地为学校教师服务；[25]周婧景介绍了美国大都会艺术博物馆的教师项目，受众教师从幼儿园到高三，多以研讨会形式开展，且几乎皆为收费项目。[26]

第二类是基于国外经验对国内博物馆的建议，有代表性的对策包括：毛颖建议博物馆要重视教师群体，组织面向教师的培训和联谊活动，让教师了解和学会利用博物馆资源；[27]伍新春等从学校团体参观出发，较早地建议学校教师要重视参观前的启动、参观中的指导和参观后的跟进活动；[28]而鲍贤清[29]、杨艳艳[30]等研究者强调参观中学习单和教师指导手册的作用；宋娴和孙阳在梳理馆校合作演进后认为，要通过“教师资源中心”、驻馆实习等途径，重视以教师为核心的馆校合作。[31]

第三类是随着经验的累积以及研究的深入，出现了对馆校合作和教师项目的理论初探，以台湾学者的研究为主。刘婉珍在《美术馆教育理念与实务》的第六章，根据美术馆和学校的互动方式分成六种模式：“提供者”和“接受者”、博物馆主导、学校主导、社区博物馆学校、博物馆附属学校和第三中介者模式；[32]廖敦如根据其研究，在梳理英国和美国案例基础上，对适合台湾情况的博物馆主导型和学校主导型案例进行评析，认为要在职前阶段就开始培养教师的博物馆意识，教师项目的开展要坚持以学校为主体；于瑞珍认为专业成长不仅是馆校合作六种常见的活动类型之一，更是科学博物馆最常运用的三种形式之一，在对专业发展概述的基础上，通过对比相关个案提出：增派专职馆员经营馆校关系、建立正式沟通管道、博物馆过程与课程标准结合等有效建议。

（2）应用层面（2013~2020年）

由于国家对博物馆教育事业的重视，加上前一阶段的研究基础，国内很多博物馆主动开展教师培训、教师志愿者、教师会员等教师项目，馆校合作下博物馆教师项目的研究“渐入佳境”，进入应用层面，主要包含三类论著。

第一类是国外优秀博物馆教师项目的经验分析，关注内容包括互动形态、国家制度支持等。如宋娴介绍了美国纽约“城市优势”（Urban Advantage）项目和德国教师服务项目的博物馆案例，该文亮点是在上海科技特色学校开展问卷调查，了解具体利益相关者对于馆校合作的看法，并以此探讨学校教师的积极性对馆校合作的影响；[4]庄瑜对五种模式（博物馆主导、大学主导、中学主导、国家课程导向、第三中介者）的馆校合作案例进行说明和优势分析，具有创新性；[33]郑奕借美国、法国、日本等国博物馆教师项目的案例，主张博物馆在参观前要为学校教师提供素材资源，在参观后组织教师培训、研习营、教师之夜活动等；[34]张秋杰等在分析国外教师专业发展的现状中，谈到旧金山探索宫外借教具、鲍尔豪斯博物馆鼓励教师预先参观、德意志博物馆积极将博物馆融入学校计划等众多举措。

第二类是国内博物馆教师项目的案例分析，教师项目包含研习会、志愿者、教师培训、教辅资料等多种形式，与学校的互动也包含贡献型、合作型、共同创作型等，研究内容涉及实践总结、问题分析和对策建议等。彭晓雷聚焦河南省美术馆“教师志愿团队”；[35]王若谷[36]、马伟丽[37]和陈曾路[38]聚焦上海博物馆较早开展的“教师会员”、“教师研习会”和教师培训活动；冯统论述中国国家博物馆和史家小学合作规划课程的案例；[39]钱丽萍对湖州博物馆和吴兴教育局合作开展教师培训课程进行总结；[40]廖红和曹朋重点介绍中国科学技术馆的经验，包括为学校团体教师提供参观前培训、与中小学教师合作规划学生实践体验素材、夏令营教师培训活动等，更具先锋意识的是，该馆的展品成为近五年北京市中考题目考点，引发学校师生进馆参观热；[41]果美侠介绍故宫博物院规划多种课程将师生“引进来”和派送教学课件、材料包、教材等将博物馆“走出去”的努力；[42]还有王芳介绍了广东省博物馆所提供的以学生研学为导向的教师培训。[43]

第三类是基于实践发展的理论剖析，包括：王乐和涂艳国基于“一般学习结果理论”，提出馆校协同教学理论，并对其特点和活动范式进行详细论述，该研究指出馆校协同教学中，教师角色从权威者转变成合作者和学生学习支持者；[44]高雨总结了我国科技馆和学校科学教育结合的三种教育模式，科技馆进学校校园、学生走进科学类博物馆、科普基地的工作人员与学校教师合作规划项目；[45]同样，姚爽也根据全国科普场馆的馆校合作活动，总结出我国馆校合作活动的五种主要模式。[46]

3.2.4　教师项目的专门研究

在学校素质教育和博物馆教育大发展的背景下，近年来国内已经涌现出一些博物馆教师项目的专门研究。尽管数量上和国外教师项目专门研究相差甚远，研究对象也多局限于科技类自然类博物馆，但是这些研究内容扎实、成果先进，是我们进行教师项目研究的重要参考。笔者将从理论和实践研究两方面对这些专门研究展开详细论述。

在理论研究方面，常娟立足教师角色转变，认为教师对科技馆的认知会对学生在科技馆的学习效果产生影响，因此该研究希望教师可以转变为科技馆教育中的学习者、合作者、指导者、反省者和志愿者；[47]黄千股等以台湾自然科学馆为中心，对该馆周边学校教师进行问卷调查，调查教师对博物馆资源的认识以及利用过程中的干扰因素，研究发现教师拥有学校参观的决策权，为提升参观率，博物馆要主动融入学校的课程计划；[48]季娇等从意义探究和执行对策角度，重视培养职前科学教师的场馆熟悉度，提出植入式、辅助式、合作式这三种非正式学习情境下的专业发展模式。[49]与前面局部专题研究不同，朱峤的研究是为数不多系统论述博物馆教师项目的文章。该研究论证了教师的重要性，并且分析出教师运用博物馆资源时的局限和困难，由此结合案例提出建议：博物馆不仅要提供教师培训、教师研习会、教学资源等，还要让教师参与博物馆教育活动的策划，这些建议对于当下我国教师项目的实践具有很大的指导意义。[50]

在实践研究方面，米广春借美国自然历史博物馆配合展览推动教师专业发展的案例，指出博物馆开展教师项目要与课程标准相结合，来打消教师顾虑；[51]马麒对广西科技馆教师项目进行经验总结，包括和学校教师合作开设选修课、“科学教育拓展营”教师培训项目、为教师规划课程教案等；[52]上海自然博物馆“博老师研习会”是国内教师培训的典型案例，黄子义、唐智婷等以此为案例，总结馆校结合的基本特征，重视参与主体的考量，并呼吁完善多元主体准入机制；[53]刘楠、唐智婷等对项目的背景、目的和效果进行介绍，并通过问卷、访谈等方式调查教师和馆员的需求与意见，是为数不多对国内教师培训项目进行定性和定量评估的文章。[54]施育欣[55]、饶琳莉和于蓬泽[56]的研究，也都是以上海自然博物馆为例，对如何利用博物馆资源规划校本课程展开论述。

4　研究总结与启示

4.1　研究现状与不足

对比国内国外相关研究可知，在理论研究成果方面，国外对于博物馆教师项目的专门研究总量丰富，涉及博物馆种类齐全，内容集中在重要性、影响因素、具体学科结合、有效性评估四个方面。而国内博物馆教师项目研究，在学校教育、博物馆教育和教师专业发展三个研究方向的交叉下逐渐得到发展。国内的博物馆教师项目专门研究虽然成果少，且集中在科技类自然类博物馆，但是内容扎实、成果先进，是博物馆教师项目本土化开展的重要基础。

在实践成果方面，国外博物馆的教师项目，经验丰富、体系完善、特色鲜明，有的博物馆甚至延伸出教师资源中心和教师学院等教师职业发展的专门机构。专门针对学校教师的教育项目以及配合馆藏品的线上资源，几乎是国外大型博物馆的标配，其中教师项目实践成果最为丰硕的当属美国。国内博物馆的教师项目，是在国外经验引进下产生的，比较有代表性的场馆包括上海自然博物馆、中国科学技术馆等。

综合来看，目前的研究还存在以下不足：一是博物馆教师项目名目众多、类型繁杂，但国内国外研究都缺少对博物馆教师项目的类型归纳。二是相比国外，国内博物馆教师项目还存在不少差距。从数量上看，国内博物馆教师项目多是在馆校合作背景下论述，教师项目的专门研究和实践捉襟见肘；从具体内容上看，国内缺少教师项目评估研究；从形式上看，国内博物馆开展的教师项目，线上配套资料不足且信息不公开、培训成果落地困难。

4.2 未来研究展望

随着博物馆教育活动的精细化，国内博物馆教师项目还有很大的发展空间。笔者基于上述结论，对未来的发展做出以下展望与思考。

在未来教师项目研究趋势方面，笔者认为可能的发展方向包括：一是对教师需求展开分析评估，重视教师项目的前置评估研究；二是规范教师培训程序，提升博物馆开展教师培训的专业度；三是加强博物馆教师项目的内容开发，探索教师参观指南等配套材料；四是重视项目评估，完善多元主体评估指标。

在未来教师项目实践趋势方面，在借鉴国外先进经验的基础上，笔者认为可能的发展方向包括：一是从免费到收费，缓解未来国内博物馆经费紧张之困境；二是从线下到线上，通过直播或录播回放，打破时间、地点的限制；三是场馆数量增加，呈现由点及面、万木争荣的景象；四是馆际合作增强，从单打独斗到打成一片。

“一名教师相当于一万名学生”，中小学教师始终是博物馆重要的目标观众。博物馆开展教师项目，既能促进教师的专业成长，更能服务更广泛的学生群体，传达博物馆的教育使命。笔者期望中国的博物馆能由“拉”到“推”，和中小学教师合作构建校内外育人共同体。

参考文献

[1] American Association of Museums, *An Alliance of Spirit*: *Museum and School*

Partnerships, AAM Press, 2010.

[2]《教育部、国家文物局关于利用博物馆资源开展中小学教育教学的意见》（文物博发〔2020〕30 号），http：//www. gov. cn/zhengce/zhengceku/2020 - 10/20/content_ 5552654. html，2020 年 9 月 30 日。

[3]《教育部办公厅关于印发〈中小学教师培训课程指导标准（师德修养）〉等 3 个文件的通知》，http：//www. moe. gov. cn/srcsite/A10/s7002/202008/t20200814_ 478091. html，2020 年 7 月 22 日。

[4] 宋娴：《中国博物馆与学校的合作机制研究》，华东师范大学博士学位论文，2014。

[5] Lui W. C., *Thoughts and Practices in Art Museum Education*, Taipei: Nan Tain, 2002.

[6] Stone D. L., *Using the Art Museum. Art Education in Practice Series*, Davis Publications, Inc., 50 Portland Street, Worcester, MA 01608-2013, 2001.

[7] 吴卫东：《教师专业发展与培训》，浙江大学出版社，2005。

[8] Ramsey, G. F., *Educotional Work in Museums of the United States: Development, Methods And Trends*, The HW Wilson Company, 1938.

[9] Davidson, S. K., Passmore, C., & Anderson, D., "Learning on Zoo Field Trips: The Interaction of the Agendas and Practices of Students, Teachers, and Zoo Educators," *Science Education*, 2010, 94 (1).

[10]〔美〕安娜·约翰逊等：《博物馆教育者手册》，毛毅静译，浙江人民美术出版社，2019。

[11] 杨秀玉：《教师发展阶段论综述》，《外国教育研究》1999 年第 6 期。

[12] 钟启泉：《教师“专业化”：理念、制度、课题》，《教育研究》2001 年第 12 期。

[13] 刘娜：《基于教师专业发展阶段的教师培训研究》，河北师范大学硕士学位论文，2009。

[14] 周敦：《论体验式学习在教师教育技术能力培训中的应用》，《教育与职业》2007 年第 30 期。

[15] 方君：《中小学教师体验式培训评估研究》，华东师范大学硕士学位论文，2009。

[16] 徐夏云：《教师培训绩效评估研究——以浦东新区中小学学校双语特色建设项目为例》，上海师范大学硕士学位论文，2013。

[17] 马云鹏：《基础教育课程改革：实施进程、特征分析与推进策略》，《课程·教材·教法》2009 年第 4 期。

[18] 杨丽：《博物馆课程资源在中学历史教学中的应用——以建川博物馆为例》，四川师范大学硕士学位论文，2014。

［19］李璐：《基于博物馆课程资源的初中美术校本课程开发——以广东省博物馆为例》，广州大学硕士学位论文，2016。

［20］罗岚：《昆明市区乡土文化资源在〈文化生活〉中的开发与运用研究》，云南师范大学硕士学位论文，2018。

［21］曹温庆：《博物馆科学课程资源开发利用研究》，首都师范大学硕士学位论文，2007。

［22］陈颖倡：《中学历史教师专业发展中微信公众号的作用研究》，广西民族大学硕士学位论文，2019。

［23］陈晓：《利用博物馆资源开展小学综合实践活动的研究——以南京岱山实验小学为例》，南京师范大学硕士学位论文，2018。

［24］米歇尔·海曼、杨立平、马燕茹、李薇：《寻找与学校教育的契合点——史密森学会的实践》，《中国博物馆》2000 年第 3 期。

［25］吴相利：《博物馆与学校教育的对接融合——美国老史德桥村博物馆的实践》，《东南文化》2010 年第 2 期。

［26］周婧景：《博物馆儿童教育研究——儿童展览与教育项目的视角》，复旦大学博士学位论文，2013。

［27］毛颖：《博物馆与青少年教育》，《东南文化》2010 年第 1 期。

［28］伍新春、季娇、曾筝、谢娟、尚修芹、胡艳蕊：《科技场馆学习中社会互动的特征及影响因素》，《首都师范大学学报》（社会科学版）2010 年第 5 期。

［29］鲍贤清：《博物馆场景中的学习设计研究》，华东师范大学博士学位论文，2012。

［30］杨艳艳：《学习单支持下馆校衔接学习活动设计的研究》，上海师范大学硕士学位论文，2013。

［31］宋娴、孙阳：《西方馆校合作：演进、现状及启示》，《全球教育展望》2013 年第 12 期。

［32］刘婉珍：《美术馆教育理念与实务》，南天书局，2002。

［33］庄瑜：《学校中的缪斯乐园——构建教育未来的馆校合作研究》，《外国中小学教育》2015 年第 12 期。

［34］郑奕：《博物馆教育活动研究》，复旦大学出版社，2015。

［35］彭晓雷：《关于美术馆公共教育之“馆校合作机制”的研究——以河南省美术馆为个案》，首都师范大学硕士学位论文，2013。

［36］王若谷：《博物馆与学校合作开展教育活动研究——立足于上海博物馆的工作实践》，复旦大学硕士学位论文，2014。

［37］马伟丽：《博物馆公共教育之馆校合作研究——以上海博物馆为例》，山东师范大学硕士学位论文，2014。

［38］陈曾路：《立足博物馆最重要的服务对象——上海博物馆未成年人教育的一些

思考与实践》，《中国民族教育》2017 年第 5 期。
[39] 冯统：《馆校合作之课程实践研究——以中国国家博物馆课程为例》，山东艺术学院硕士学位论文，2017。
[40] 钱丽萍：《对区域性博物馆与学校教育互动合作的思考——基于湖州博物馆“拓展性课程”的实践》，载《2016 博物馆与文化景观研讨会论文集》，2016。
[41] 廖红、曹朋：《中国科技馆为学校提供开放学习服务的实践探索》，《开放学习研究》2016 年第 5 期。
[42] 果美侠：《论博物馆与学校的合作：发展新型合作伙伴关系》，《中国博物馆》2017 年第 2 期。
[43] 王芳：《“驿路同游”：建构馆校合作研学实践新模式》，《文博学刊》2019 年第 3 期。
[44] 王乐、涂艳国：《馆校协同教学：馆校合作教学模式的理论探索》，《开放学习研究》2017 年第 5 期。
[45] 高雨：《以实践体验为载体的馆校合作研究——以山东省科技馆为例》，山东师范大学硕士学位论文，2018。
[46] 姚爽：《浅析我国科技馆“馆校合作”的几种模式》，《科技与创新》2019 年第 6 期。
[47] 常娟：《呼唤教师在科技馆教育中新的角色定位》，《中国校外教育（理论）》2008 年第 Z1 期。
[48] 黄千殷、王鸿裕、张黛华等：《小学教师利用博物馆资源辅助教学之研究——以自然科学博物馆附近学校为例》，《海峡科学》2012 年第 3 期。
[49] 季娇、伍新春、燕婷：《探索职前科学教师专业发展的新途径——非正式学习情境的促进作用》，《课程・教材・教法》2014 年第 3 期。
[50] 朱峤：《如何提升中小学教师利用博物馆教育资源的能力》，《中国博物馆》2015 年第 3 期。
[51] 米广春：《教师的博物馆之旅——非正规教育中的教师专业发展》，《现代教育论丛》2010 年第 4 期。
[52] 马麒：《科技场馆与学校科学教育融合互动的探索与思考——以广西科技馆为例》，载《中国科普理论与实践探索——第二十三届全国科普理论研讨会论文集》，2016。
[53] 黄子义、唐智婷、姜浩哲：《馆校结合视角下科普教育的治理逻辑——以上海自然博物馆“博老师研习会”项目为例》，《科学教育与博物馆》2020 年第 Z1 期。
[54] 刘楠、唐智婷、邓卓、饶琳莉：《基于馆校合作的教师培训项目实践研究——以上海自然博物馆“博老师研习会”为例》，《科学教育与博物馆》2020 年第 5 期。

[55] 施育欣:《馆校合作背景下的校本课程开发的实践研究——以上海自然博物馆为例》，上海师范大学硕士学位论文，2017。
[56] 饶琳莉、于蓬泽:《上海自然博物馆校本课程的开发与实施》，《科学教育与博物馆》2018 年第 4 期。

国外科普场馆馆校结合理论与实践研究

——以美国国家地理博物馆、德国卫生博物馆为例

罗盈盈　侯养培*

（北京航空航天大学，北京，100191）

摘　要　本文通过分析国外馆校结合的发展状况，梳理了国外馆校结合的理论研究历程，归纳出国外馆校结合的特点和所关注的问题，并选取美国国家地理博物馆、德国卫生博物馆两所富有特色的科普场馆作为研究对象进行案例分析，提出未来应深化馆校结合的理论研究，发挥教师的主观能动性、重视科技能力和科技伦理等建议。

关键词　馆校结合　科普场馆　科学教育

馆校结合主要指科技馆、科学中心等具有科学性质的科普场馆和各个学校之间基于共同教育目标，共同开发教育项目、共享优质资源，从而建立的高度融合、相互合作的一种教育关系，其目的在于充分利用科普场馆的科普资源，发挥其教育职能。国外科普场馆与学校双向开展的馆校结合已经走过了相当长的一段历史，其合作模式、合作理念以及合作过程中存在的问题都值得我们研究、借鉴和学习，从而进一步应用于我国的馆校结合实践中。

1　国外馆校结合概述

1.1　场馆教育

正规教育是指由专门的教育机构提供，由专职人员承担的，有目的、有组

* 罗盈盈，北京航空航天大学科学与技术教育专业硕士，研究方向为科学教育与科学普及；侯养培，北京航空航天大学科学与技术教育专业硕士，研究方向为科学教育与科学传播。

织、有计划的教育或培训活动，主要指学校教育。非正规教育是指在生产劳动和日常生活过程中进行的教育活动，基本上在校外进行，其内容更加丰富、方法更加多样、形式更加灵活。

与正规教育以影响学习者的身心发展为直接目标不同，非正规教育没有明确的意向性，它是自发教育过程的结果。隶属于非正规教育的场馆教育以常设展览为核心，开展培训、实验、科普讲坛、动手实践、夏令营等多种形式的科普活动和教育活动。[1]

目前，科技场馆教育以自主性、情境性、长时性、互动性等特征得到了国内外教育界和博物馆界的关注。[2]

1.2 馆校结合的意义

相比于传统的学校教育，科技场馆教育无论是在资源设计还是组织保障上，都有更系统更专业的设计支持，其科普活动和教育活动具有场景真实化、效果可视化的优势，在开阔学生科学视野、培养学生探究能力方面具有极大的优势。然而，尽管科技场馆的教学活动和学校教育活动一样，渗透着教育价值观和教育观念，但科技场馆本身并没有权利关注课程内容的层次或者评价学生的学习成果，以实体展馆为依托的场馆教育在用户范围和活动辐射范围方面也具有一定的局限性。

因此，为了扩大场馆教育活动的受众、延伸场馆教育活动的涵盖内容，同时满足学校教育变革的要求、丰富学校教育内容，各国科技馆和学校开始谋求以馆校合作的方式，充分整合学校教育资源和科技场馆的展品资源，共同努力相互配合，更好地服务于科学教育，谋求馆与校共同发展。

1.3 国外馆校结合发展过程

国外科普场馆的馆校合作与国外科普场馆本身的发展历程一致，具有起步早、发展迅速、体系完善等特点。

从时间上看，国外科普场馆馆校合作的发展过程主要经历了萌芽期、发展期和成熟期三个主要阶段[3]，不同时期馆校合作的特点、合作方式也各不相同。

国外馆校合作发展过程如表 1 所示。

表 1　国外博物馆馆校合作发展历程

阶段	合作形式	合作案例	特点
萌芽期	①博物馆资源外借给学校 ②学校组织学生参观博物馆	1884 年英国利物浦博物馆向学校出借教学标本,并与 106 所学校建立了藏品借用关系	合作形式单一、合作内容缺乏深度
发展期	①双向学习,博物馆馆员进入学校课堂授课,教师进入博物馆接受培训 ②大学开设培养博物馆教育人才的专业课程	1969 年英国成立博物馆教育圆桌组织,专门从事博物馆教育的研究与推广	合作方式趋向多元化、合作内容融入性更强、馆校双向交互学习
成熟期	①科普场馆开发课程和设计教学项目 ②科普场馆与学校一起实施教学计划	美国旧金山探索馆遵循美国 K-12 科学教育框架,按学科划分提供教学引导和活动实践	国家课程标准建立,馆校教育高度融合、制度性共生

目前，国外科普场馆的馆校结合主要有参观学习、项目学习、营地学习、虚拟体验四种合作模式，表 2 为四种模式的具体分析。

表 2　国外馆校结合的合作模式

合作模式	合作主体	合作维度	合作内容
参观学习	学校、科普场馆	实地考察	学习场馆展品相关知识
项目学习	学校、科普场馆、政府部门、教育行政部门	实地考察 线上参与	面向学生开发课程项目 面向教师和场馆人员进行培训
营地学习	科普场馆、政府部门、教育行政部门、社会公益机构	实地考察	以冬令营或夏令营形式,针对特定主题,设计假期项目
虚拟体验	所有受众	实际考察 线上参加	利用设备,虚拟体验科普场馆

综上，我们可以看出，虽然国外馆校结合的发展脉络十分清晰，但其本质上是一个循序渐进的过程，我们并不能对其进行简单的时间断点分割。正处于成熟期的国外馆校结合并没有摒弃之前两个时期的合作形式，而是在前两个时期的基础上，丰富合作内容、挖掘合作层次、探索合作模式、延伸合作维度，以求达到更系统、更全面、更深入的馆校合作效果。此外，在新冠肺炎疫情影

响下，科普场馆内开展实地科普教育活动大大受限，各国科普场馆也在馆校结合方面进行新的转变，并取得了一定的成效，因此，我们可以适当借鉴国外成功经验，为我国馆校合作提供思路。

1.4 国外馆校结合研究现状

伴随着馆校合作实践形式的不断完善，国外对馆校结合理论的研究也在不断深入。

早期国外学者对馆校结合的研究主要集中于对场馆教育的效果进行量化统计，Donald J. G. 利用统计学方法对参观者进行了人口学统计和调查，获取参展者的基本信息和行为特点，达到了解展品的利用率、预测参观者学习需求的目的。[4]

随着研究内容的不断丰富和全面，国外学者开始运用多种理论、采取多种方法、转换多重视角、渗透多种层次对馆校结合展开分析研究，并取得了一定的研究成果。

在对馆校结合的合作层级、合作主体的研究上，Rick Rogers 认为馆校合作包括三个层级：沟通、咨询、合作，也就是 3C 模式（Communition、Consultation、Collaboration），馆校合作的主体包括学生、教师、学校、场馆、场馆教育工作者、教育行政部门、政府部门、社会公益机构等。[5]

在馆校合作方式的研究上，Harmon 等人归纳了馆校合作的两种类型，一是教师以咨询的方式与场馆进行简单信息交流，二是馆校双方为达到深层次合作而参照课标共同开发课程并实施。[6]

在馆校合作效果的研究上，Rennie 深入调查了关于学生与展品互动的影响因素，得出相比于让学生单独使用和操作展品，实施有目的的互动才是最佳的场馆学习方式。[7]

在馆校合作意义上的研究上，Ash 和 Wells 等人指出，学校与场馆在机构属性上存在的差异并不是由正规教育与非正规教育的划分决定的，而是学习活动的发生形式上的不同。[8]因此，应当充分发挥场馆的教育作用，以课程为纽带促进馆校结合。

而后，国外学者开始选定特定理论，对馆校结合进行理论研究。

Wilde M.，Urhahne D. 根据 Reinmann-Rothmeier 和 Mandl 的观点，结合建

构主义学习理论，对参观柏林自然历史博物馆的207名五年级学生进行实证研究，评估了三种不同方法在学习过程中的成功率和内在激励性。[9]

Elena等人以Arges区博物馆的“小考古学家”课程为实例，运用边做边学理论，充分研究了科技场馆课程项目的目标、发展和动力，提出重视科技馆教育功能的重要性和与学校教育相联系的必要性。[10]

Ersen等人通过探讨参观布尔萨科技中心对六年级学生科学过程技能的影响，得出科学中心对培养学生科学过程技能是有效的这一结论，点明了定期参观科学中心对学生科学技能的培养和实践的重要性和必要性。[11]

此外，在终身学习思潮和杜威的实用主义的影响下，日本也开始重视对博物馆教育学习体系的建设和研究。日本学者利用杜威“从做中学”的教育理念，详细介绍了日本馆校合作中博物馆与学校面临的问题。[12]

总的来说，国外对馆校结合的研究不断深入，经历了从笼统研究场馆教育到细化聚焦馆校结合、从简单设计课程项目到利用相关理论解读教育现象、从浅显关注馆校合作效果到深入探究学习结果这样一个层层递进的过程。

1.5 国外馆校结合的特点

通过对各国馆校结合概况、科学教育现状和科学课程标准的分析，本文归纳总结了国外馆校结合的两个特点，分别是课程标准论证了馆校结合的可行性、教育思潮促进了馆校结合的转向和深化。

1.5.1 课程标准论证了馆校结合的可行性

课程标准规定了学科的课程性质、课程目标、内容目标，提出了学习基本要求，反映了国家对学习结果的期望，是课程实施的纲领性文件，同时也是教学的指导性文件。作为正规教育的重要组成部分，科学课程是国家实施科学教育的主要载体，是落实科学教育宏观目标的重要方面。[13]

因此，研究科学课程标准的具体内容、解读科学课程标准的核心理念、分析科学教育的课程目标对了解各国科学教育的定位和整体概况至关重要。

通过对各国科学课程标准的梳理和解读，我们不难发现，目前国外科学教育呈现以下三个特点：强调教育目的终身化、重视科学探究能力的培养、强调科学与社会生活的联系。

这三点与各国科技馆以参观者为本位、体验式参观、沉浸式学习、集成式整合资源的建设理念高度契合[13]，体现了科学课标与科技场馆的关联性，充分论证了馆校结合的可行性，同时也点明了馆校结合的理论结合点，以下对馆校结合和课程标准的契合点进行详细阐述。

（1）馆校结合有助于达成课标的学习目标

不同于组织严密、职能专业的学校教育，科技场馆在普及和加强科学教育的过程中更强调学生本位，更侧重于从学生的视角出发，最大限度地为学生提供教育资源和学习条件，而馆校结合可以最大限度地结合科技场馆丰富的展品资源和学校的科学文化知识。在科学教育的内容和方式上，馆校结合可以通过设计针对性更强、目的性更明确的教学活动，展现自身的独特性和巨大潜力，更快更好地帮助学生完成知识学习，帮助教师实现课程目标。

（2）馆校结合有利于培养学生的科学探究能力

与传统的正规教育模式不同，绝大部分科技场馆主要通过接触设备和动手操作来激发学生的好奇心，提高学生的参与度。在科学知识的获取途径和方式上，馆校结合提供了不同的经验获取的可能性，在有组织地参观科技展品的基础上，通过引导学生沉浸式体验学习、情境化探究设计，与展品产生更高层次的互动，不受限制地与其他学习者进行交流，习得科学探究能力。

（3）馆校结合有利于学生理解科学与社会文化的关系

相比于学校，科技场馆在适应社会环境、了解社会舆论、处理社会问题、平衡社会利益等方面具有更大的灵活性。通过加强与科技场馆的联系，积极开展馆校合作，学校可以深化学生对科学知识发展过程本身的认识，改善学生对科学知识所产生的社会影响的看法，使学校教育行动更加多样化，让学生感受科学与社会、科学与文化的联系，认识到科学是建立和维护知识文化过程的产物。

综上所述，科学教育的特点和科技场馆的建设理念存在重合点，科学教育的目标和科技场馆设计的目的同样存在交集，而这些部分正是馆校结合的理论支撑点和实践立足点。通过馆校结合，建立正式和非正式教学环境之间的联系，改善学校活动范围内的教育行动，既是发展科学教育的重要途径，也是推动科学教育的重要环节，具有极大的可行性和相当大的潜力。

1.5.2 教育思潮促进了馆校合作的转向与深化

综观国外科技场馆发展历程，我们发现，无论是科技场馆本身的建构特点，还是场馆活动的教育理论，都受到教育思潮和心理规律发展的影响，馆校结合的内容和方式同样也是在先进教育理论基础上进行设计和开发。无论是馆校结合的发展，还是科普场馆自身的发展，都与教育理论和文化理论密切相关。例如，实用主义思潮下，馆校结合侧重于让展品走向课堂，开始让学生进入场馆；建构主义教育理论下，馆校结合则更进一步强调学生的主动性，通过模拟真实的场景，进行情境化学习，充分连接学生的学习与实践；多元文化主义思潮下，馆校合作的主题开始不再只是简单的科学知识的习得，而是关注科学与社会之间的关系，延伸至少数族裔文化保护；而在多元智能理论下，馆校结合则不再局限于单一的理论，而是针对不同的理论设立不同的展区，甚至与高校合作，开发自己的教育理论等。

总而言之，不同的教育思潮引导着不同的场馆教育理念，不同的场馆教育理念牵动着馆校结合的变革并不断丰富馆校合作的内容。在馆校结合过程中引入教育思潮，既是馆校结合实施的理论基础，也是深化发展馆校结合的现实需要，在与教育思潮不断结合与应用这一过程中，馆校结合也在不断完善并趋于成熟。

1.6 国外馆校结合关注的问题

通过对国外馆校结合研究文献的梳理，本文归纳了国外馆校结合实践备受关注的两个问题，分别是“博物馆学校化”、学校教师角色边缘化。

1.6.1 博物馆学校化

“博物馆学校化”是指在馆校结合过程中，学校教育理念和制度过度影响科技场馆的教育计划和科普活动的制定，这一过程抹杀了科技场馆的独立性，使其沦为仅仅用来说明学校所教知识的机构。[14]

作为负责公民教育的主要机构，学校在科学教育和科学普及过程中所发挥的重要作用不容忽视，但在馆校结合的过程中，无论是科普场馆还是学校，都必须注意到不能把学校课程和学校本身的价值看得太高，防止学校课程对科技场馆科普活动和教育计划的干扰。这就要求科技场馆以开放的方式建立与学校之间的对话，在谋求共同利益的前提下促进与学校社区的密切联系，保持自身在教育理念和认识论上建立的身份，而不是把这些放在一边，一味追求满足学校的目标、方法和要求。

1.6.2 学校教师角色边缘化

在馆校结合实践中，有两个严重的问题威胁着馆校结合的有效性：第一，学校教师没有提前建立场馆教学与课堂教学主题之间的关系，即事先参加会议或者参与教学计划设计，提前访问来自科技场馆的教育团队；第二，教育团队和学校教师在共同目标的界定上存在沟通困难。[15]关于馆校结合效果的研究表明，馆校结合实施过程中遇到的困难与教师沟通、培训和教育的困难高度相关。作为馆校结合活动的主要参与者和引导者，教师不应被排除在为学生安排活动的计划之外，也不应该一味不加批判地挪用科技场馆的教学计划，教师的职业身份是从培训中来的，从教师的角度进行场馆教育的反思虽然具有一定的挑战性，但也是一种有效的策略，馆校结合的第一步是"让教师做好使用和探索这种资源的准备，使学校的科学学习受益"。

目前，在教师参与度低这一问题上，国外馆校结合主要有两种解决方式，即事先提供教师培训、为教师制作参观指南。

2 案例分析

本节选取美国国家地理博物馆和德国卫生博物馆两所具有鲜明特色的国外科普场馆作为研究对象，系统分析其馆校结合的情况，并提炼其特色，希望能对国内场馆开展校校合作有所参考。

2.1 美国国家地理博物馆

美国国家地理博物馆，是同名杂志《国家地理》中所记载文字、图片、模型以及视频的展览地。美国国家地理博物馆由国家地理学会成立，与大部分科技博物馆类似，为了更好地开展馆校合作，博物馆与学校共同创建教学项目、积极探索和反思教学实践。

学会深入研究了学科领域的美国国家课程标准，寻求儿童发展专家和学校教师的建议，综合了具有 K-12 教学或幼儿教育背景的教学设计师、研究人员、内容开发人员的专业知识，创建了一个基于美国科学课程标准的学习框架，该框架按不同的年龄列出了不同教育阶段的儿童和青少年应该从他们与社会的经历中学到的态度、知识和技能。

基于学习框架，国家地理学会与博物馆开发 K-12 地理系列课程，包含人文地理与自然地理，并在线共享每个课程对应的教育资源，其官方网站的资源库与理念集板块提供了数千个地理教学活动，注明了对应年级、融合学科并提供了教师指南。例如，“促进小组生产力”案例中，7 年级老师 Ned MacFadden 指导学生了解如何成为更好的沟通者；“顶级作物”案例以游戏的形式引导 6~9 年级学生在课堂内外参与未来农业教育的设计与构思，其指南提供了学习目标、辅导员技巧、讨论思路以及与国家课程标准之间的联系；“共存基金会”则基于多元文化教育理论，融合人类学、社会学和地理学等学科，以体验式学习的方式，鼓励和引导 9~12 年级学生建立跨文化理解；理念集板块还包含一些在校园中或校园附近进行的地理教学活动。

国家地理博物馆还参与了国家地理学会与国家地理教育委员会主导的地理教育改革，并发布了地理教师教育手册，该手册解释了地理在小学、中学课程中的重要性；旨在提供给教育决策者，并倡导支持地理教育的重要性；解释了什么是地理，叙述了美国学生们在地理知识上与其他国家学生的比较，总结了为什么地理在帮助学生理解世界方面重要的原因，并提出了提高地理教学水平的方法。

此外，为了克服教师角色边缘化的问题，国家地理博物馆转换视角，以个人博客的方式，聚焦教育经验和心得的分享，让访问者充分了解世界各地教育工作者的灵感、教育理念倾向等。

教育博客的注册者并不局限于学校教师和场馆工作人员等教育者，相反，该博客最大限度地依托《国家地理》杂志，进一步扩充合作主体，联合各个探险队的探险家、摄影师等非教育者，通过分享他们的创新理念、课程项目、教育方法和策略，给教育者一定的启示，引导他们提出基于探究的教育想法、教育课程、教育故事，解决教育过程中尤其是新冠肺炎疫情背景下线上教育过程中遇到的问题，表 3 是部分教育博客实例。

表 3　美国国家地理博物馆教育博客实例

分享者	博客主题	博客说明
国家地理教育人员：教育家 Sharee Barton	24 名四年级学生+一名国家地理探险家=魔法	教育经验分享：学生参加使用野外显微镜的速成课程，与教授一起练习识别大型无脊椎动物，了解了大棱镜泉周围的微生物

续表

分享者	博客主题	博客说明
格罗夫纳教师研究员:Alison Travis	策略分享:利用历史之谜吸引学生	通过在课程中使用历史奥秘,把“为什么”的问题转回到学生身上,让他们充分参与探究
数学和科学教育家:Sonia Myers	在线教授成功的科学实验室	危机管理模式下的远程学习需要为学生腾出时间和空间,让他们在与同龄人在线参与实验、工程、设计或故障排除的过程中在单独的项目中进行创作交流
林德布拉德探险队队员:Ben Graves	如何制作简单的视频来转变学生的学习方式	视频现在已经成为主要教学模式,通过分享工作流程和一些策略,帮助教师制作用于课程的视频,并帮助教师培养一种线下上课也可以使用的技能

2.2 德国卫生博物馆

德国卫生博物馆成立于100多年前，特色展品是玻璃人像。作为欧洲极具特色和专业的博物馆，德国卫生博物馆致力于通过探究式学习，互动、多视角和无障碍补充学校的学习。

在教育活动开发过程中，德国卫生博物馆与德累斯顿工业大学、德累斯顿117小学、101德累斯顿高中等学校全面合作，设立学校日托中心、开发儿童大学、伦理辩论等项目，通过会议、讲座、实地游览、研讨会、辩论以及教师培训等方式，邀请学生和学校教师探索博物馆。

(1) 伦理学项目

伦理学项目是德国卫生博物馆的常设板块，也是其最具特色的馆校结合方式，该项目包含三个工作坊（每个工作坊持续约3小时）。比起单纯致力于学习科学与技术知识，德国卫生博物馆的伦理学项目更倾向于引导学习者讨论和反思他们在日常生活中遇到的问题，在了解人的身体机能和生命历程的前提下，引发学生关于伦理道德和人生意义的思考，强调科学与社会文化之间的联系，注重学生健全人格的培养。

其每个工作坊都会包含主题、展出性质、适用学校和年级以及说明，表4是伦理项目的实例。

表 4 德国卫生博物馆的伦理学项目

伦理工作坊	主题	形式	学校	年级
①我们希望未来如何生活?	一个人的态度是如何从对未来的愿望中产生的?	辩论	初中、高中、职业学校	10~12 级
②我应该自己决定我的生活吗?	自我决定的生活是什么样的?			7~12 级
③如何有尊严地死去?	我们的社会如何处理死亡问题?			9~12 级

伦理学项目是一个由浅入深、由表及里的过程。学生可以根据自己的选择，分成不同的小组，在系统学习人类生命的开始和结束、心理疾病或身体残疾等主题后，讨论个人自决权如何与承担责任相容的问题，以及思考如何处理自己的生活梦想和欲望、人际关系和爱情、抑郁与成瘾、成功和失败等。最后，基于以上两个部分，一起探讨诸如生命末期的自我决定、安乐死药物的使用、协助死亡的争议以及帮助或处理悲伤等问题。

总的来说，伦理学项目利用创造性的方法激发学生有争议的讨论，深入了解当前的伦理辩论，思考每个人在生活中都会遇到的道德态度问题，并基于这些问题形成自己的见解，共同思考自己生活中的问题。

（2）教师培训与合作

在提升教师参与度的问题上，德国卫生博物馆更侧重于教师综合能力的培训，并根据教师的个人意愿，在讲解和培训内容方面设置不同的焦点。该馆设立了针对教师新闻素养教学能力的培训课程，在培训过程中，教师需要适应虚假信息，并根据博物馆提供的工具，以实用的方式向年轻人教授这些主题。

3 总结与启示

3.1 深化馆校结合的理论研究

通过以上两所科普场所的分析可以看出，无论是美国国家地理博物馆还是德国卫生博物馆，都将自己的课程项目与本国科学课程标准、当代教育思潮充分结合。相对发达国家，我国的科普场馆起步较晚，有关馆校合作的理论研究力度虽然逐渐增大，研究结果有所增加，但与国外相比仍有一定的差距。因此，除了加强馆校合作的实践外，我们还需要深入研究我国的课程标准以及各学科门类的知识技能、情感态度的要求，做好具体的年级分层。在理论与实践结合方面，我们也应该尝试引入不同教育理论，思考馆校结合的合作动机以及诱发合作动机的因素，以理论指导实践，在实践中深化理论，达到更系统的馆校结合。

3.2 发挥教师的主观能动性

目前，实地游览仍然是我国馆校结合的主要合作形式，然而，在访问时，教师通常是一个被动的角色，并没有事先与课堂上研究的问题和内容建立联系，仍然存在学生流水式参观，教师完成指标式参与，学生学习积极性不高，学习动机不强等问题，这些问题大大降低了馆校结合的有效性。对此，国外馆校结合研究给了我们一定的启示，带领学生参观科技场馆只是科学教育连贯教学实践的一部分，在开展馆校合作时，我们必须发挥教师的主观能动性，安排教师规划教学策略、设计参观脚本，而不是仅仅单纯组织学生参观，让教师真正参与到合作项目中来，在涉及学校和科普场馆合作行动的问题中占据自己的位置，避免教师角色的边缘化和学校教育内容的缺失。

3.3 重视科技能力和科技伦理

科学技术是一把双刃剑，飞速发展的科技同样给个人和社会带来新的风险和不确定性，学校和科普场所作为一个综合性质的文化和教育中心，非常有必要引导学生认识自身、他人、社会与科技之间的关系，正确认知科技伦理问题。德国卫生博物馆通过伦理学项目，启发学生思考人生意义从而更好地面对社会与生活，这正是国内科普场馆忽略的一个问题。因此，我国科普场馆也可以独特的形式，对目前有争议的问题，如克隆技术、基因编辑等展开谈论。在传播科学文化知识的同时培养学生的科学思维和科技能力，重视科学伦理和道德规范，塑造科学精神以及正确的科学知识观与价值观。

科学技术的发展日新月异，科学文化的发展也在逐步向前，科学教育不应该囿于学校这一场所，科技场馆也不能失去其教育职能。如何在疫情防控常态化时代更好地进行馆校合作值得我们深思，馆校结合领域也有更多方面值得我们去关注、去探索。

参考文献

[1] 蒋丽珠、王怡楠：《馆校合作下科技场馆教育活动的创新研究》，《科技传播》2021 年第 2 期。

[2] 季娇、伍新春、燕婷：《探索职前科学教师专业发展的新途径——非正式学习情境的促进作用》，《课程・教材・教法》2014 年第 3 期。

[3] 侯易飞、叶肖娜：《国外科技场馆如何开展馆校合作》，载《中国科普理论与实践探索——第二十六届全国科普理论研讨会论文集》，2019。

[4] Donald J. G.，"The Measurement of Learning in the Museum，" *Canadian Journal of Education*，1991，（3）.

[5] Rick Rogers，*Space for Learning*：*A Handbook for Education Spaces in Museums*，Heritage Sites and Discovery Centers，Bath：Emtone，2004.

[6] Harmon，K. & Randolph，A.，*Collaborations between MUSCUm Educators and Classroom Tcachers*：*Partnerships*，*Curricula*，*and Student Understanding*，（ERIC Document Reproduction Service No. ED448133），1999.

[7] Rennie，L. J.，McClafferty，T. P. and Speering W.，*Young Children's Learning from Interactive Science Exhibits*，Paper Presented at the Annual Meeting of the American Educational Research Aasociation，San Dieg，1998.

[8] Zvi Bekerman，Nicholas C. Burgules，Diana Keller，"Learning in Places：The Informal Education Reader，" *New York*：*Peter Lang*，2006，（37）.

[9] Wilde M.，Urhahne D.，"Museum Learning：a Study of Motivation and Learning Achievement，" *Journal of Biological Education*，2008，42（2）.

[10] Ancuta，Elena Popescuner，"The Effects of Education Led through Practical Museum Programs for School Children，" *Procedia-Social and Behavioral Sciences*，2013（76）.

[11] Ersen，Muhlis Ozkan，"The Investigation of The Effect of Visiting Science Center on Scientific Process Skills，" *Procedia-Social and Behavioral Sciences*，2015，（197）.

[12]〔日〕小笠原 喜康：《オガサワラ ヒロヤス，Ogasawara Hiroyasu．博学連携と博物館教育の今日的課題》，《国立民族学博物館調査報告》2005 年第 56 期。

[13] 刘伟男、张松、崔鸿：《馆校合作：科学教育发展新路径》，《教育教学论坛》2018 年第 28 期。

[14] Monteiro B. A. P.，Martins I.，Aline D. S. J.，et al.，"The Issue of the

Arrangement of New Environments for Science Education through Collaborative Actions between Schools, Museums and Science Centres in the Brazilian Context of Teacher Training," *Cultural Studies of Science Education*, 2016, 11 (2) .

[15] Guisasola J. , Morentin M. , "Teachers' Conceptions of School Visits to Science Museums," *Enseñanza de las Ciencias*, 2010, 28 (1) .

“双减” 政策下馆校结合新拓展

张　微*

（山西省科技馆，太原，030021）

摘　要　科技馆是以展览教育为主要功能的公益性科普教育机构，通过参与、体验、互动性的展品和辅助性的展示手段，激发公众科学兴趣、启迪科学观念、进行科普教育的场所，而青少年是参观科技馆的主要人群，因此科技馆展览教育活动的组织和开展需要紧紧围绕青少年来设计，其中馆校结合工作就是非常重要的一部分，教育部“双减”政策实施后，馆校结合工作有了新的发展契机。本文将通过总结目前馆校结合工作来发现执行过程中普遍存在的问题及困难，结合教育部“双减”政策分析未来科技馆馆校结合工作的新发展方向。

关键词　馆校结合　中小学教育　科技馆　“双减”政策

1　背景

2006年，中央文明办、教育部、中国科协联合印发《关于开展“科技馆活动进校园”工作的通知》（科协发青字〔2006〕35号），提出要加强“馆校结合”，将科技馆资源与学校教育结合起来，特别是科学课程、综合实践活动、研究性学习，从而推进校外科技活动与学校科学教育有效链接。政策执行十余年来，各省市科技馆在“馆校结合”工作中有成绩有经验，但是也存在一定的问题，未能使公共资源实现效益最大化，发挥科技馆有别于课堂教育的

* 张微，山西省科技馆馆员。

优势。2021 年 7 月，中共中央办公厅、国务院办公厅印发《关于进一步减轻义务教育阶段学生作业负担和校外培训负担的意见》，并通知各地区各部门结合实际认真贯彻实施，“双减”政策的推动让学校教育和课外教育得到规范，也为科技类场馆教育提供了新的发展契机。

2 国内外馆校结合发展情况

博物馆教育诞生于欧洲，20 世纪初，美国的博物馆资料已向学校提供外借服务，并且已经有学校有规模地组织学生前往科技馆参观的案例，随后几十年间，英、美等国的科技类场馆设置专门的教育部门负责与学校开展服务链接工作，馆校合作关系确立，而随着国外教育改革的深入，教育标准实现了正式教育与非正式教育两者的有效链接，标志着馆校结合进入深度融合阶段。

相比国外馆校结合工作的开展历程，中国的馆校结合工作开展较晚，虽然根据我国国情制定了多个阶段的发展目标与规划，但是各省市、各场馆馆校结合工作的推动和执行仍存在较大差距，馆校结合的内容也相对简单，未能建立立体发展的框架。目前全国实体科技馆 408 座，各个科技馆都在积极开展馆校结合工作，也在馆校结合工作中创新工作内容，但是目前针对馆校结合的工作内容和结构并未形成固定的模式和考核标准，制度和形式仍然存在改进和进步的空间。

3 山西省“馆校结合”发展现状——以山西省科技馆为例

3.1 科技馆进校园，下沉市县学校，辐射人数增加

开展馆校结合工作以来，科技馆与中小学校的合作模式主要分为两种，组织学生前往科技馆参观和科技馆服务进校园活动。科技馆辅导员走出展厅，不定期地进入不同学校开展科普教育工作，共享科普教育资源。其中包括流动展览、科普剧、科学秀、科学实验等，针对不同受众年龄和学情背景，组织了不同的科普活动，形式多样，内容丰富。目前以山西省科技馆为例，每年下发任务超额完成，市县级学校占比逐年提升，科学表演内容和时

长逐年增加，活动内容新颖不重复。越来越多的市县级学生享受到了移动的科普大餐，受众人数大幅增加，而科技馆进校园活动的大力推广和宣传，激发了一部分中小学校对科学课程的推广与重视，科技馆进校园活动受邀次数增多，受欢迎程度增加。

但是由于未能与所有目标学校建立长期合作关系，科技馆进校园活动往往在某一地区某一学校昙花一现，受到时间、精力、经费等因素的影响，进校园活动无法做成系列特色活动，学生对科学表演和科普实践活动浅尝辄止，故而无法对学生产生持续性的影响和作用。

由于各地方情况不同，学校对学生科学课程的开展情况、科普教育工作的实施情况参差不齐，重视程度不一，造成科技馆进校园活动普及率较低，提供的科普展览和教育不深入、不连贯。

3.2 以校为单位，科技馆参观主力

作为馆校结合的另外一种形式，以校为单位的参观人数占每年来馆参观人数的六成左右，成为当之无愧的参观主力军。目前，山西省科技馆面向全省中小学校、高级中学、职业技术学校和全日制大专院校组织开展参观互动，团体预约渠道顺畅，受疫情影响，目前不进行团队预约，但鼓励学生自行组织团体参观。据统计，目前已有十余家幼儿园、中小学校与山西省科技馆建立了长期团体参观合作关系，定期组织不同年级的学生到馆参观。为认真贯彻落实《中国科协、中宣部、财政部关于全国科技馆免费开放的通知》精神，科技馆为来访参观的团队和个人提供免费参观、免费讲解等相关服务，针对提前预约的学校团体，科技馆额外提供了团队讲解服务，有别于普通来访参观人员，科技馆为不同团队制定了符合团队学生认知水平的讲解内容，做到了个性化讲解服务，并且根据学生认知水平制定了相关的科学课程内容，目前来访的各个学校对科技馆工作非常认可。

目前太原市幼儿园、中小学校百余家，和科技馆建立有效参观联系的学校十余家，所占比重较低，并且组织学生参观科技馆往往人数较多、秩序混乱，教师及学校重视程度不一，有些学校表现较差，老师和学生将科技馆参观游览作为一次“放风旅游活动”，学生收获甚少；有些学校较为重视，但是受限于学生人数多、随行教师少等因素，无法发挥科普教育预期效果。在这种模式

下，组织学生以团体的形式参观科技馆难以发挥科技馆优势，更无法盘活展厅展项，无法实现展厅科普教育与课堂教育的链接。

3.3 馆校联手打造金牌活动

目前山西省科技馆已经与市内多家中小学校建立合作关系，其中青少年科技创新大赛、参观科技展览征文暨科技夏令营活动、青少年机器人竞赛等国家级赛事都得到合作学校的积极响应，由科技馆牵头、学校大力支持的科技项目目前已经在全国的比赛中取得了优异的成绩，在相关政策推动下，随着对比赛的大力宣传，越来越多的学校愿意加入科技赛事中，推动学校科普教育，鼓励学生在课程之外开展相关科学实验课程，报名并支持相关比赛。随着越来越多学校和学生团体的加入，我们已经将很多项目打造成金牌活动进行推广，如创新大赛逆风小车科学实验课程，不仅依托科技馆展厅展项，还唤醒课本知识，实现书本知识和动手实验的链接，帮助学生获得直接经验。

由于目前中小学学生课业压力较大，学校考核制度也只限于书本课程考核，并没有将科普展览教育纳入考核制度，与学生学分、教师评级不挂钩，所以没有政策的推动，学校重视程度不一，更多的学校保持原有观点，执行应试教育。学生在完成书本学习之余才有精力和时间学习科学课程和科学知识，这种学习模式并不利于学生德智体美劳全面发展。

3.4 签约馆校合作基地校，推动长期合作共赢

2021 年 3 月 19 日，山西省科技馆联合太原市第四十八中学开展“馆校合作基地校”授牌仪式，基地校的成立标志着科技馆与学校建立起校内外科技教育相结合的运行机制，这是深化教育改革、落实科学课程标准、推进馆校结合的一项具有里程碑意义的行动，对山西省科技馆和学校的共同发展和进步具有深远的影响和非凡的意义。

自 2016 年起，山西省科技馆持续开展多样的馆校结合活动，依托场馆资源优势，坚持以科普教育为基础，积极开展科技馆与中小学馆校结合工作，集中开发适合中小学学生的教学资源、科学课程，拓展创新教学模式和方法，建立健全科普教育推广平台，为学校提供了多元化、丰富的科普教育大餐。经过 5 年的努力，科技馆的馆校结合工作初见成效，未来将与多所中小学校建立更

加稳定的合作关系，推进基地校的建设工作，深化馆校结合内涵，结合科技场馆的长项与中小学教育进行互补，强强联手实现教育的双赢。

4 科技馆教育的特点与不足

科技馆教育作为学校教育的“第二课堂”拥有很多教育优势。以山西省科技馆为例，每年科技馆会举办10余次不同主题的教育活动，其中开展相关主题的科学课程百余场，与此同时，保证系统化课程常态化开展，而科技馆课程教育有别于课堂教育，科技馆教育鼓励学生自己动手进行探索，完全以学生为教学主体，学生在科技馆学习可以从观察、深度观察、互动体验、探究式体验、沉浸式学习等学习方法中获得直接经验，而学校教育多数以教师为教学主体，以传统讲授的方式传播课本知识，学生获得间接经验。相比而言，科技场馆科普教育更加灵活有趣，形式更多样，可以作为学校课堂教育的延伸。

目前学校教育和科技馆教育有些脱节，学校教育的重点在课堂和书本知识，落脚点是周期化的考试和测试，更多地注重学生应试能力的培养，科技馆并没有成立相关部门专项负责与学校教育同步的相关课程的开发工作，学生走出课堂进入科技馆并不能找到完全符合课程进度的科普教育内容，无法进行课堂知识内容的实验与扩充，更多情况下，学生从科技馆获取科普教育内容往往是滞后教育或异轨教育，这些科普知识只能作为学生知识面的拓展，并不能实现馆校教育内容的融合和链接。

依托与中小学科学课标的展项、教育活动的开发是目前科技馆缺乏的，而这些内容的缺乏让科技馆这种非正式教育的开展陷入发展瓶颈。除此之外，受限于教育部、学校对教师团体的管理，目前科技馆展厅辅导员和学校教师之间也未曾构建有效链接，创客教育未能普及和推广。

5 新政策下的“馆校结合”新拓展

5.1 “双减”政策新走向

2021年7月，中共中央办公厅、国务院办公厅印发《关于进一步减轻义务教育阶段学生作业负担和校外培训负担的意见》，指出要落实立德树人根本任务，着眼于建设高质量教育体系，强化学校教育主阵地作用，深化校外培训机构治理，促进学生全面发展、健康成长。相比之前繁重的学生作业负担、校外辅导负担，“双减”政策下的学校教育效率提升，规范了课堂教育和校外教育的性质与属性，是全面开展素质教育的提前试水，而随后执行的“5+2”课后延时服务模式，让学校转变教育思路，更多的以社团活动、课后作业辅导为主，鼓励学生在校时间内自主完成作业，从而拥有更多时间去发展学生个人的兴趣爱好，促进学生的全面发展。

目前各个学校响应国家号召增加学生在校体育活动时间，保证每日一小时体育锻炼时间，足以证明国家扭转学生原有在校学习状态的决心。而学生在校课业压力的减轻为科技馆馆校结合发展提供了新的机遇。

5.2 “2+X”课后服务体系探索

新政策下学校调整教学模式，课外培训机构寻觅新的发展契机，作为课堂教育“第二课堂”的科技馆教育也应该加强与学校教育的链接。目前全国一线城市课堂教学以素质教育为主，学生知识面广，发散思维强，相比发达地区，全国其他地区升学压力大，如若较多地调整课本教育的比重，将失去地方升学竞争实力，增加学校和学生的升学压力，所以合理地平衡升学压力和国家政策之间的关系是需要学校不断探索的。

“2+X”课后服务体系是指中小学教学延时服务中选择基础课、体育课+科学课的服务模式，其既能够巩固根本，又可以兼顾培优。基础课和体育课是目前中小学教育中的重点要求内容，减负不减质，学校教育需要在保证教学内容和教学质量的前提和基础下开展学生的科学教育和兴趣教育。X 则代表科技课程及艺术类课程，如创客教育课程、STEAM 体验、研学等新型教学内容，在保证教学的前提下，丰富学生的课堂内容，让服务课程多样化、教育内容多元化。

5.3 科技馆“X”秀场

在新政策的学校教育中，应该加大馆校结合工作力度。

学校层面：以山西省科技馆为例，科技馆目前已与省市内多家学校建立了馆校结合工作关系，并签约馆校合作基地校，旨在更好地在学校开展科学教育工作，进行馆校结合工作的进一步探索。在新的政策导向下，学校出现新的需求缺口，而这个缺口是科技馆工作的强项内容，这种需求的诞生促进了学校和科技馆的合作与联系，拓展了馆校合作的深度和广度，更建立起学校和科技馆合作的纽带。

课程层面：山西省科技馆教育活动研发一直走在全国科技馆的前列，2021年第七届全国辅导员大赛华北赛区教育活动项目评比中，科技馆两项教育活动入围全国总决赛；2021 年全国科技馆联合行动北部区域优秀教育资源评比中科技馆两项教育活动获得一等奖。其中送选的多项教育活动内容涵盖创客、STEAM、研学等，真正做到了课程优质、课堂生动、内容深刻，并且部分课程已在科技馆教育工作室中完成多次学生教学体验和优化，如果将这些课程引入学校科学课堂，相信会对学校的科学课程内容加以补充和升级，让“X”课堂更生动充满趣味。

教师层面：2022 年 4 月，国家出台《义务教育课程方案和课程标准（2022 年版）》，其中对科学课程教育进行了细致的划分，重塑了科学观念、科学思维、探究实践、态度责任的四维核心素养内涵，从更高的层面要求和指导学生在科学学习过程中形成正确并有效的学习方法和科学手段，从更深的层面要求学生在掌握方法和手段的基础上探究式学习、创新式体验。新课标的改写提高了教师的课堂教学要求，促使教师优化、改进教学方案和策略。而这种创新式体验、探究式学习的教学模式是科技馆一直秉承的教学手段，帮助学生通过观察、深度观察、体验、探究等学习方法获得直接经验、掌握科学现象和科学原理。基于新形势下的需求，应当深化馆校结合，加强学校教师、科技馆辅导员的合作与交流，融合新的教学方法和理念，相互促进、相互学习。

学生层面：从学生未来发展的角度来分析“双减”政策，这是家庭、学校、社会共同的责任，也是三者友好合作互利共赢的未来。家庭教育鼓励学生、培养学生形成内在的驱动力，从提升综合素质的角度提高学生的知识素养和储备；学校和社会则负责创建环境、提供优质服务，搭建共享平台，帮助学生全面成长。三者构成有机体，形成育人团体，为学生成长提供服务，为自身发展提供机遇。

馆校合作是将学校教育有趣化实践化、科技馆教育学术化的一个很好的方式和途径，与学校教育相同的是科技馆教育立足于基础学科知识，制定符合不同认知水平学生的教学内容，传播有效的科学知识，与学校教育不同的是科技馆教育具有随机性和趣味性，学生可以在做中学，完全成为教学过程的主体，更好地利用探究式学习、互动式体验等学习过程完成学习既定目标，丰富学校教育的课堂形式。

通过合作交流与学习，加强科技馆辅导员和学校老师的交流合作，制订教师培养计划，形成考核机制，努力为学生上好一堂生动的科学课，更为科技馆进校园互动提供更多的合作方式。

5.4 线上线下双管齐下

受到疫情影响，自 2020 年开始，全国各科技场馆线下馆校结合工作暂缓，为线上合作提供了新思路。以山西省科技馆为例，目前科技馆开展了多场面向全省中小学生的线上教育展示活动，通过线上云参观、FOLLOW ME 线上讲展项、在线科学网课、线下活动线上共享等形式帮助学生了解科技馆展览内容和动态，足不出户也能云游科技馆。并且在无法执行科技馆进校园活动的背景下，开展馆校连线活动，通过直播、录播等形式让最新的科学表演、科学实验走进学校，为学生带来科技试听盛宴。和线下活动相比，线上活动适用范围更广，受众面积更大，实现了一次录制多次播放的效果，避免了疫情的影响，保证了馆校结合任务的完成，丰富了馆校结合的新形势，成为“X”课堂的一个新选择。

6 结束语

馆校结合工作是将科技馆搬进学校、把学生领进科普场馆的纽带，我国馆校结合工作的开展要遵循我国的国情，更要适应国家发展的新政策新背景，深度挖掘科技馆展览教育的属性，建立起学校和科普场馆的联合机制，加大人力、物力的投入，提高学校对科普教育的认可和重视程度，完善考核机制和管理机制，建立健全相关人员的培养工作机制，走出一条具有中国特色、地方特色的馆校结合之路，最大限度地发挥科技场馆展览教育的优势，完善课外教育、非正式教育的主阵地建设，为整体教育水平的提升贡献力量。

参考文献

［1］容晨、惠琳玉、李佳欢：《“双减”政策落地 新学期迎来新变化》，《固原日报》2021 年 9 月 15 日，第 2 版。

［2］邱也：《科学技术馆的教育功能与科技教育活动的改进思路》，湖南师范大学硕士学位论文，2020。

［3］侯易飞、叶肖娜：《国外科技场馆如何开展馆校合作》，载《中国科普理论与实践探索——第二十六届全国科普理论研讨会论文集》，2019。

［4］杨倩、颜景浩：《新时代下科技馆科学教育馆校合作模式研究——以临沂市科技馆为例》，载《面向新时代的馆校结合 · 科学教育——第十届馆校结合科学教育论坛论文集》，2018。

［5］刘怡：《浅谈科技馆与中小学开展“馆校结合”的问题与对策》，载《中国科普理论与实践探索——第二十四届全国科普理论研讨会暨第九届馆校结合科学教育论坛论文集》，2017。

“双减” 政策下博物馆场馆研学的挑战与应对

吴诗芸*

（西南大学，重庆，400715）

摘　要　“双减”政策是党中央着眼于建设高质量教育体系，落实立德树人根本任务，构建良好教育生态的战略部署，其聚焦于减轻学生过重的学业负担，促进学生综合素质与能力的发展。作为素质教育的一部分，场馆研学也必将随着“双减”政策落地发生深刻变化。在此背景下，场馆和学校需明确场馆育人价值、建设场馆“第二课堂”、形成多元学习形式、加强研学场馆建设，切实保障场馆研学的有效开展。

关键词　“双减”政策　场馆研学　馆校结合

基础教育最突出的问题之一就是学生学习负担过重，教育的功利化、短视化等问题没有得到根本解决。针对现阶段基础教育出现的问题，2021 年 7 月，中共中央办公厅、国务院办公厅印发了《关于进一步减轻义务教育阶段学生作业负担和校外培训负担的意见》，其实质在于缓解社会焦虑，促使教育回归育人初心。但“双减”政策并不是简单的“减时间”政策，而是要改变我国中小学生的学业负担内部结构不良导致的部分偏重与部分偏轻的失衡状况。[1]在此背景下的教育就需将学生从学术性科目的“强压”中解放出来，转向培养学生劳动、体育、艺术等方面的综合素质，将学生从机械重复的书面作业的“牢笼”中解放出来，注重培养学生的动手能力、观察能力、创造能力等综合能力。作为素质教育的一部分，场馆研学将学生置于一种活态的场馆环境之

* 吴诗芸，西南大学教育学部。

中，学生可以通过自己的亲身体验和具体感知，了解知识形成和发生的过程，促进认知发展，提高综合能力。在此过程中，改变以往“静态、被动、嵌入”的学习形态，进而转变为“开放、动态、生成”的学习形态，实施场馆研学符合教育发展的根本要求和现实需要。而在教育方针政策变革的背景下，场馆研学也必将随着“双减”政策落地和不断深化发生深刻变化，因而需厘清场馆研学的价值意蕴、把握场馆研学的发展方向，提出有针对性的应对策略，助力场馆研学发展。

1　场馆研学的意蕴与发展机遇

1.1　场馆研学的意蕴

研学旅行是对我国自古以来倡导的“读万卷书，行万里路”治学理念的传承和发展。2016 年，教育部等 11 部门印发了《关于推进中小学生研学旅行的意见》，在文件中将研学旅行明确定义为：在教育部门和学校有计划的组织安排下，通过集体旅行、集中食宿等方式开展的研究性学习和旅行体验相结合的校外教育活动。[2]而场馆作为研学旅行校外课堂的主要阵地，具体是指面向社会大众的，保存和传承人类历史文化，普及自然和科学技术知识的公共机构，不仅包括科技馆、博物馆、天文馆、美术馆等具有封闭结构的场所，也包括动物园、植物园、历史遗址、自然保护区等与文化、科学技术教育相关的露天开发场所。[3]综上所述，场馆研学就是以场馆为旅行的主要目的地，以场馆资源为载体，以激发学习兴趣，促进知识理解，提升综合素质为研学目标的校外实践活动，是场馆教育和研学旅行衔接的创新形式。

朱玲等学者明确将研学旅行基地划分为场馆类实践基地、技能培训营地、自然综合实践基地、人文专题实践基地和区域综合实践基地。[4]场馆研学作为研学旅行的重要组成部分，其具备一些个性特征和教学优势。一是学习的实物性，场馆研学是以馆藏实物为学习内容，学生通过直接接触和操作实物而进行的实物学习，实物学习是场馆研学的核心。[5]学生可以从展品实物的颜色、形状、重量等基本属性入手，激发学生研究的兴趣和动力，再由基本的问题引导至展品的历史背景、社会关系、文化含义以及价值等更复杂的问题，实现了由浅到深、由表及里、由简入繁的学习过程，符合学生的认知规律，有利于学生获取和巩固知识。二是知识的专业性，场馆的物品承载着历史、文化、科学、艺术等的发展轨迹，是特定时间、空间的产物，是对人类发展成果的真实记录。[3]因此，场馆研学具有高度的科学性和专业性。三是探究的完整性，场馆可以提供直接与展品互动的机会，形成对展品原理和规律的认知，也可以提供实验验证假设的机会，还能提供与专业人员、教师、同伴交流和分享的机会，在此过程中完成发现问题、探究问题、验证问题、纠正问题并最终形成具体认知的完整探究过程，促进学生的有效学习。

1.2 场馆研学的价值

第一，促进“身体在场”的具身学习。具身认知强调认知是身体参与的认知，通过身体、环境、感知、心智的互动融合完成知识的表征[6]，“而在场性”即“面向事物本身”，也即经验的直接性、无遮蔽性和敞开性[7]。场馆中的学习是学生利用身体的多种感官，通过观察展品、阅读说明、聆听讲解、嗅闻气味、动手操作、与人交流等方式实现与展品、环境和他人的互动，让学生产生身临其境的体验，并从中获取开放的、直接的经验，再通过强化学生具身体验的“有效注意”，促进其在大脑中的组织和整合，完成从感知到知觉的转化，实现知识的建构与表征，达成身体感知与心智认知的有效融合，取得身体在场的学习成效。[6]

第二，获得“沉浸式”的深度学习。国内学者将深度学习分为学习者特征、学习过程、学习内容和学习结果四个维度。[8]首先，在学习者特征方面，场馆为学生的“玩”和“学”提供了一个非正式的学习环境，这种非正式环境的场馆学习对激发学生兴趣与学习动机、参与互动活动等具有重要作用[9]，能够帮助实现学生的情感和行为的高投入；其次，在学习过程维度，学生在场馆研学的过程中具有较大的选择权，能够自主地使用多元的学习策略，实现学习过程的高参与；再次，在学习内容维度，场馆的学习是将学生置于真实复杂的情境之中，能够推动学生对学习内容进行深度的挖掘；最后，在学习结果层面，场馆研学不仅培养学生理解认知等低阶思维，而且推动学生在体验参与的过程中实现对知识的批判创新，促进学生高阶思维的养成，实现学习成果的高成效。总之，场馆研学能够从不同的维度满足学生需求，促进学生获得“沉浸式”深度学习。

第三，实现“差异化”的个别学习。差异化发展是学生发展的核心，也是高质量教育的主要特征。一方面，对学生个人来讲，学生可以根据自己的兴趣和知识基础，选择与自身实际相匹配的内容有侧重地体验、感受和理解，并获得具体的感知，从而实现差异化的学习，同时身体体验的不同也使得知识表征具有个体差异性，以达成对不同知识的不同理解。另一方面，对不同的学习群体来讲，场馆研学可以选择不同的学习内容和活动满足不同阶段的差异化学习需求。例如，小学生的研学重在激发学习兴趣，奠定知识基础，场馆研学可以利用多样化的方式来展现基础性知识，达到识记和理解层面的基础性学习，而中学生在独立思考能力、探究创新能力等方面有较大发展，且有一定的知识储备量，场馆就可以引导他们动手操作实际的展品模型，激发学生的批判性思维，提高学生的创新能力，使不同阶段的学习群体获得不同的学习体验，实现差异化的发展。

1.3 场馆研学的发展机遇

1.3.1 提升场馆的利用率

我国拥有丰富的场馆资源，教育部公布的第一批 204 个“全国中小学生研学实践教育基地”中，博物馆及相关机构占 50%，成为研学旅行校外课堂的主要阵地。[10]但根据调查，实际利用率仅处于中低水平。场馆虽拥有丰富的教育资源，但学校和教师出于教学惯性或安全等因素的考虑，并未有效利用场馆开展教学，甚至有研究者在与中小学教师访谈的过程中发现，他们并未意识到场馆资源对学校课程的促进作用。[11]

“双减”政策从校内的“作业”和校外的“培训”两方面入手，旨在减轻学生过重的学业负担，持续规范校外机构，将时间还给孩子。在此背景下，学生能够从课后作业和课外机构中解放出来，拥有更多的自由支配时间，与此同时，各地方政策的出台又进一步推动学校在课后实行场馆研学，如湖南省印发《关于进一步做好中小学课后服务工作的暂行办法》，明确提出中小学要充分整合校内平台、场所、设施设备等资源，利用图书馆、博物馆、美术馆、科技馆、少年宫、青少年活动中心等校外活动场所，为学生参与课后服务活动拓展空间。[12]福建省教育厅等八部门印发《关于加快推进全省中小学课后服务扩面提质工作的通知》，同样提出发挥场馆等校外活动中心在课后服务中的作用[13]，各地出台政策推动学校挖掘新的教学资源，探索自身课后服务的有效路径，而教师迫于教学环境的变化和自身专业成长的需求也会不断更新教育观念，提升对场馆研学的认识。由“照本宣科”式的统一教学转向互动高效的差异化教学。这势必会提升场馆的利用率，也为场馆研学带来巨大的发展机遇。

1.3.2　加强与学校的联系

调查数据显示，在中小学生参观场馆的过程中，主要存在“学校组织”“家人带领”“朋友陪同”“独自参观”这四种形式，其中，近60%的参观者都是与家人一起参观，说明“家人带领”是场馆研学的主要形式。[14]随着“双减”政策的持续推进，场馆研学成为重要的课后服务活动，这势必会推动学校有意识地组织场馆研学活动，“双减”政策落地后，场馆研学成为学校教育的延伸，在研学内容上就必须深入学校课程，了解学校需求，明确研学目标。同时，场馆学习的结果是多元的，不仅体现在学科知识上，还表现在认知、情感、价值观等多个方面，因此场馆研学的内容还需学校整体把握、科学指导，使学校教育与场馆研学互为补充，增强场馆与学校的联系。

2　“双减”政策下场馆研学面临多重挑战

2.1　场馆场地支持的有限性

一是场馆的空间有限，场馆的环境承载力是相对固定的，并不能随着研学人数的增加而无限扩大其在空间上的供给能力。而各地方政策将场馆研学与课后服务紧密联系，导致学生用于场馆研学的时间或将受政策的直接影响，主要集中于课后服务时间段。如何合理分流以保障场馆研学活动有效安全开展成为一大难题。二是场馆的展品资源有限，展品大多都是关于场馆主题的真实的记录，其本身就具有稀缺性，同时，展品的更新率较低，根据我国科技馆的建设标准规定，科学技术馆常设展品的年更新率应达到5%~15%。但很多场馆受制于经费的投入，展品一旦建成便鲜有变动，更新率远不及这个标准。[15]面对越来越多的研学群体就存在展品供给不足的问题，影响学生开展近距离观察、动手操作等互动性较强的研学行为，从而影响场馆研学的有效性。

2.2 场馆人力资源的有限性

据调查，博物馆等场馆目前主要发挥收藏和研究功能，在文化传播、宣传教育和休闲娱乐等方面仍具有较大不足[16]，这表明场馆本身所具有的专业服务人员就极其有限，其次研学旅行行业本身也存在巨大的专业人才缺口，研学导师供不应求，因而有限的人力资源难以满足“双减”后迅速增长的服务需求。另外，场馆的研学导师从业人员身份各异，在教育教学知识和技能、场馆专业知识上仍存在较大不足，且研学导师缺乏职业标准和专门的培养机制，难以提供高质量的研学指导，表现出场馆服务能力的有限性。

2.3 研学过程的形式化

场馆研学重在创设一个真实的情境，让学生通过探索和体验，以自己的方式去理解知识。但在实施过程中容易出现形式化的问题，一方面，“双减”政策后参与场馆研学的人数不断上升，学校为节约研学成本，往往采取“一刀切”“短平快”的方式，在短时间内安排较多的参观学习，且不重视研学活动的组织形式，导致学生的参与度和体验性不断降低，难以保障每个学生的有效学习，致使场馆研学流于表面；另一方面，场馆研学作为学校教育的延伸产品、课后服务的重要拓展途径之一，理应发挥场馆的教育性，然而学生在研学过程中“只旅不学”，将场馆研学停留在“旅游”层面，不仅没有发挥场馆在课后服务中的教育作用，反而加重了学生的学业负担，让场馆研学成为政策下的任务性学习，违背了“双减”为学生减负的初衷。

2.4 馆校合作的低效性

将场馆研学纳入课后服务之后，学校面临的是众多学生群体的组织安排，但学校与场馆间仍没有搭建起馆校共育平台，具体表现为：首先，学校尚未与场馆建立持久稳定的联系。学校在与场馆的联系方面仍处于较为被动的状态，难以及时满足课后研学的长期需求，难以在短时间内进行区域场馆资源的有效配置，导致学校研学组织进程的低效性。其次，学校与场馆没有规范的合作机制，在资源利用、项目实施、课程开发等活动上如何进行有效分配、如何厘清各活动的责任主体等都是学校和场馆面临的难题，导致学校合作过程的低效性。最后，学校、场馆、政府间缺乏相应的联动协调机构，导致三者之间沟通成本较高，难以及时传达相关信息，致使沟通过程的低效性。

3 助力“双减”政策落实场馆研学建设

3.1 重视场馆育人形式，突破路径依赖

正确认识场馆研学的教育价值是有效促进场馆研学的重要前提，突破路径依赖是推进场馆研学的必备条件。一方面，场馆要调整自身的角色和定位，注重发挥场馆的教育功能，同时要突破场馆故步自封、难以创新的瓶颈，深度挖掘场馆自身的教育特色，在场馆设计中凸显更多“教学”过程，在参观的过程中实现“有教有学”，并增强场馆的趣味性和互动性，使场馆更加符合学生的学习能力和生活实际。另一方面，学校首先要正确认识场馆研学的育人价值，明确其在培养学生学习兴趣，促进学生“知行合一”，提升学生综合素质等方面的积极作用。特别是在“双减”政策的背景下，学校要促进学生从“焦虑”中厌学走向“研学”中乐学，从质上有效减轻学生的学业负担，将场馆研学作为课后服务的重要拓展途径之一。其次，要改变学校管理者应付性的改革心态，转变因“自上而下”的改革方式而对研学保持消极观望、得过且过的态度，学校应着眼于学生成长和学校发展，主动探索创新，主动探索适合学生的场馆研学方案，并择优选择场馆建立合作机制。[17]保障场馆研学能满足就近、定期、可操作等实施准则条件，及时建立联动协调机构，保证学校、场馆与政府稳定有效的沟通。除此之外，还需教师转变教育观念，积极探索场馆研学的育人功能，改变个人按部就班、照本宣科的日常工作习惯，促使教师跳出固有的传授本学科教材知识的工作惯性，转向多学科视角、结合场馆情境、联系生活实际的教学。在场馆研学过程中也需要教师发挥应有的指导作用，在推进场馆研学等教育活动开发的同时促进教师个人的专业发展。

3.2 加强研学场馆建设，提升服务能力

场馆中的学习是通过个体与展品的交互、个体与环境的交互以及个体间的交互来完成的。在此过程中，展品、场馆环境、研学导师都具有重要作用，要

从这三方面入手，加强场馆建设，提升服务能力，才能促进学生的有效研学。首先，要重视展品建设。展品是场馆教育的媒介，在其中不仅承载了知识信息，还蕴含了当代科学教育理念和目标相对应的过程与方法、情感态度价值观层面的信息，有助于学生通过体验获得直接经验。[14]因此，要加强展品建设，促使展品更有效地向学生传递信息，主要可从以下几个方面进行：第一，提升展品的吸引力，具体而言就是要让学生“愿意了解”和“能了解”，“愿意了解”就是要激发学生的兴趣，通过丰富的感官刺激吸引学生的注意力，而“能了解”就是要基于学生的先前知识，结合学生已有的知识结构创新展品，提高场馆展品的互动性。第二，展品要联系生活实际，让学生能在学习和生活之间架起一道自由行走的桥梁，将学科知识与生活实际相联系，从而将场馆中的展品生活化和情感化[18]。第三，以学习主题或研学路线为线索收集和整合展品资源，使分散的展品资源实现集合化，并开展多样的支持活动使展品“动起来”。减少学生在研学过程中的“场馆疲劳”，让有限的展品资源发挥无限的教育作用。

其次，要加强场馆环境建设。场馆研学主要依托场馆环境进行，环境会直接影响场馆研学的实际效果。因此，要加强场馆环境的建设，一是从建筑风格出发，人的行为模式受到建筑空间设计的影响[15]，要使场馆的整体感官契合场馆主题，从视觉效果上达到和谐一致；二是补齐补全指导标识，在场馆研学的过程中指导标识起补充理解的作用，能够解答参观者对于展品通识性的疑惑，帮助学生及时了解信息和理解知识，是场馆研学中除教师、研学导师、同伴之外的“第四任导师”，能够提高场馆服务的针对性；三是从设施设备入手，如科技馆可以在基础设施中体现科技特色，在海洋馆中增加海洋元素的物品，营造环境氛围的同时，提高场馆研学的趣味性、互动性和参与性，让有限的场馆空间实现效益最大化。

最后，要重视研学导师的作用。研学导师是场馆研学的关键，也是场馆研学质量的重要保障。不仅要从数量上满足“双减”后的场馆需要，更要提高服务质量，发挥研学导师的重要作用，具体包括：第一，要注重研学导师专业知识的培训，作为场馆研学的指引者必须熟悉场馆展品的具体内涵、场馆环境的整体布局和场馆研学的实施内容，同时要具备一定的教育学知识，了解学生的最近发展区，帮助学生实现学习上的跨越式发展。要不断提升研学导师的专业素养，体现岗位的规范性与专业性。第二，要注重研学导师组织管理能力的培训，具体而言就是导师要根据课程实施要求，深入场馆和课堂，通过精心设计和巧妙安排有效利用场馆研学资源提升研学效果。[19]第三，要注重研学导师沟通协调能力的培训，场馆研学是一个团体性工作，需要多方协力完成，特别是在“双减”政策的影响下，场馆研学的人数可能会呈不断上升趋势，这就需提升研学导师的沟通协调能力，确保研学项目的实施效果。

3.3 提供多元学习形式，充分发挥作用

场馆学习的特质之一即产生多元结果[20]，特别是在“双减”政策的推动下，场馆研学的人数逐步上升，在高密度的学习环境中更要采取多样化的学习形式以促进学生的有效学习。一方面，要提供允许学生自由探索的机会，让学生对学习目标、学习内容、学习路径拥有自主选择权，充分发挥认知的主动性，调动学生多感官参与，让他们能够从不同的方面探索学习，实现多领域知识的融合，体现以学生为主体的研学特征；另一方面，场馆需要提供结构化和协作式的小组学习[21]，重视项目式学习，推动学生与他人在互动中实现理解世界和知识构建。有研究者关注到场馆学习的“社会联系”，观众与其团体成员的交流合作和相互作用是基于其所共有的社会文化背景和相近的知识基础，这使得他们在接收和理解场馆所传递的信息时有更多共通之处，促进学习共同体的形成。而中小学的场馆研学正契合这一社会联系，能够让学生在与同伴交流的过程中实现知识的构建。在场馆研学中可以通过 PBL，即项目式学习来推动学生的合作探究。项目式学习就是让学生以项目为载体，让学生在完成项目、解决复杂问题的过程中获得知识，基于场馆的项目式学习要强调以下几个方面：一是要选择真实复杂的问题，且问题不是事实性知识，而要具有持续探究的意义；二是要有完整的项目计划，包括项目目标、项目活动设计、评价方案设计等；三是要在项目探究过程中培养学生的高阶思维[22]，促使学生在同一情境中围绕具体问题探究协商，充分发挥集体智慧，实现合作探究，完成对知识的理解和重构，提高知识的认知力和理解力。

同时，“双减”之后的场馆研学要特别重视学习反馈，使学生的思维过程外显化和可视化，避免出现“只游不学”的现象。也要避免由于研学人数过多而出现“浑水摸鱼”的情况。一是要重视学生的展品创造，创造的过程也

是学生积极运用所学知识的过程，是学生思想的结晶，能够体现学生的思考力、创造力和执行力等综合能力，呈现清晰的学习过程。二是要让学生进行总结汇报，呈现学生在研学过程中所发现的问题以及思考和解决问题的过程。美国国家研究理事会认为非正式环境中的学习应包括理解科学知识、从事科学推理的能力、对科学的反思等六个方面，场馆学习作为非正式场景的主要形式之一，对学生学习结果的评价也应包括这几个方面[23]。在总结汇报的过程中就能发现学生对知识的理解是否正确，推理是否合理、反思是否到位，再通过老师指导和集体讨论帮助学生开阔思路、拓展经验、相互学习、共助提高，促进学生在场馆中的有效学习。

3.4 加强馆校双方合作，提高育人效能

场馆本身涉及多领域知识，蕴藏了丰富的课程资源，要充分挖掘场馆的课程资源，加强与学校的联系，推动场馆“第二课堂”的建设。一方面，场馆要加强对学科、课程、课标的研究，推进馆校的深度融合。实现场馆的学习内容与学校课程内容相结合，学生的场馆学习经验与学校学习经验相联系。首先，场馆要根据课程标准设计研学方案，了解学生在对应学段应具备的知识能力，明确研学目标，把握好课程标准这一衔接场馆和学校的教育枢纽；其次，场馆可设计“跟着教材去研学”等主题活动，将课程与教材知识融入场馆的展品和活动之中，为学生的知识和情感奠定基础，帮助更快地将课堂知识与场馆研学建立联系；最后，场馆可为教师提供“场馆指导手册”，让教师了解场馆具体展品的基本原理、所蕴含的学科知识、指导学生的相关提示，以及能够在学校开展的延伸活动等，让场馆服务与教师之间建立起有效的联系，使教师和研学导师共同成为场馆研学活动的促进者。

另一方面，教师首先要做好场馆研学的知识准备、指导交流和研学总结，促进学校教育与场馆研学的有效衔接。场馆研学是建立在丰富的场馆信息、开放的互动环境、团体的探讨协作以及学生的先前经验、知识基础和个人活动的基础上的。进入场馆前的知识准备是场馆研学的基础，要先唤起学生对场馆的积极情绪，才能帮助学生在研学过程中取得最大收获。其次，在参观过程中，学生可能会接触一些专业概念并形成新的认知，若任由学生探索而不加以指导，则可能会将“理解”变为“误解”，学生可能会形成错误的观念，并且无

法意识到错误，因此需要教师为学生的探究性学习指明一个正确的方向。最后，场馆研学虽会产生多元的效果，但获取的可能是零散的知识和个性化的经验，难以形成系统化的知识，因此，教师需要在场馆研学完成后进行总结归纳，使学生在场馆中获得的感性体验和学习过程中的理性分析结合起来，更好地整合各种信息和理解相关知识，增强知识获取的系统性和科学性。

参考文献

[1] 马健生、吴佳妮：《为什么学生减负政策难以见成效？——论学业负担的时间分配本质与机制》，《北京师范大学学报》（社会科学版）2014 年第 2 期。

[2]《读万卷书也要行万里路——教育部等 11 部门印发〈关于推进中小学生研学旅行的意见〉》，http：//www. moe. gov. cn/jyb_ xwfb/gzdt_ gzdt/s5987/201612/t20161219_ 292360. html，2016 年 12 月 19 日。

[3] 王牧华、付积：《论基于场馆馆校合作的场馆课程资源开发策略》，《全球教育展望》2018 年第 4 期。

[4] 朱玲、殷航：《基于课程的高中地理研学旅行资源整合与流程设计》，《地理教学》2019 年第 13 期。

[5] 付积、王牧华：《论中小学场馆学习的价值意蕴与实践策略》，《课程·教材·教法》2021 年第 2 期。

[6] 韩晓玲、刘新阳、柳珏玺：《具身认知视角下科技场馆学习支架的设计》，《现代教育技术》2021 年第 3 期。

[7] 殷世东：《新时代中小学研学旅行的内涵、类型与实施模式》，《现代中小学教育》2020 年第 4 期。

[8] 付亦宁：《深度（层）学习：内涵、流变与展望》，《南京师大学报》（社会科学版）2021 年第 2 期。

[9] 张燕、梁涛、张剑平：《场馆学习的评价：资源与学习的视角》，《现代教育技术》2015 年第 10 期。

[10]《教育部办公厅关于公布第一批全国中小学生研学实践教育基地、营地名单的通知》，http：//www. moe. gov. cn/srcsite/A06/s3325/t20171228_ 323273. html，2021 年 2 月 6 日。

[11] Kang C. , Anderson D. , Wu X. , et al. , “Chinese Perceptions of the Interface between School and Museum Education,” *Cultural Studies of Science Education*, 2010（3）.

[12]《湖南省教育厅等四部门〈关于进一步做好中小学课后服务工作的暂行办法〉政策解读》http://jyt.hunan.gov.cn/jyt/sjyt/xxgk/zcfg/zcjd/202110/t20211027_1056039.html，2021年10月27日。
[13]《福建省教育厅等八部门印发〈关于加快推进全省中小学课后服务扩面提质工作的通知〉》，http://m.taihainet.com/news/fujian/gcdt/2021-08-30/2547256.html，2021年8月30日。
[14] 谢娟、伍新春、季娇：《科技场馆“第二课堂”育人价值实现路径——基于我国城市中小学生的实证调查》，《中国教育学刊》2018年第9期。
[15] 鲍贤清：《场馆中的学习环境设计》，《远程教育杂志》2011年第2期。
[16] 中国博物馆协会编《中国博物馆年鉴2010》，科学出版社，2010。
[17] 荣雷：《论研学旅行推进过程中的路径依赖》，《教育科学研究》2021年第4期。
[18] 舒义平：《基于深度学习的红色场馆研学活动》，《教学与管理》（小学版）2021年第10期。
[19] 李先跃、张丽萍：《复合型研学导师的素质与能力探讨》，《黑河学院学报》2021年第1期。
[20] 伍新春、曾筝、谢娟、康长远：《场馆科学学习：本质特征与影响因素》，《北京师范大学学报》（社会科学版）2009年第5期。
[21] 陈颖博、张文兰、陈思睿：《基于增强现实的场馆学习效果分析——以“AR盒子”虚拟仿真学习环境为例》，《现代远程教育研究》2020年第5期。
[22] 魏巴德、邓青：《研学旅行实操手册》，教育科学出版社，2020。
[23] Falk J. H., Dierking L. D., *Learning from Museums*, Walnut Creek CA: AltaMira Press, 2000.

“双减” 政策下科技馆参与中小学课后延时服务的问题与对策

莎仁高娃*

（内蒙古科学技术馆，呼和浩特，010020）

摘　要　“双减”政策为青少年减轻课业负担，让学生们有更多课余时间自由探索和发展。在当前“双减”政策下，科技馆深化与学校的合作，剖析学校、家长与学生需求，坚持需求导向的课后延时服务。针对科技馆参与课后延时服务效率不高、科技馆与学校教育资源的衔接缺乏有效机制和途径、场地设施限制、专业师资不足等问题探讨了相应的对策，以期有效开展课后延时服务，提升学生科学素养。

关键词　“双减”政策　课后延时服务　科技馆　科技教育

1　中小学课后服务政策的背景和意义

据不完全统计，自 1955 年 7 月教育部发出中华人民共和国第一个“减负令”——《关于减轻中、小学校学生过重负担的指示》开始，教育部门共出台了 11 部专项减负政策和 24 部相关政策，我们发现每一次“减负令”所对应的“症状”都是片面追求升学率导致的学生课业负担过重的问题。[1] 随着教育部减负政策的实施，中小学的校内上课时间慢慢被严格限制，放学时间相应提前。然而随之也出现了“双职工家庭”的孩子放学后的看管问题及作业辅导问题，随之兴起的校外辅导机构缓解了学生放学后存在的一系列问题，但存在

* 莎仁高娃，内蒙古科学技术馆副研究馆员，研究方向为科技馆展览教育、科普教育。

监督工作不到位、从业人员素质参差不齐、机构设备简陋、安全隐患较多等问题。[2]

2017 年 3 月，教育部办公厅颁布《关于做好中小学生课后服务工作的指导意见》（教基一厅〔2017〕2 号，以下简称《意见》），标志着我国从国家层面正式推行校内课后服务。《意见》提出，课后服务要遵循教育规律和学生成长规律，促进学生全面发展，鼓励中小学与科技馆等校外活动场所联合开展课后服务。2021 年 7 月，中共中央办公厅、国务院办公厅印发了《关于进一步减轻义务教育阶段学生作业负担和校外培训负担的意见》，要求减轻学生作业负担和校外培训负担（以下简称“双减”）。“双减”工作的总体目标分为两个方面。在学校方面，使学校教育教学质量和服务水平进一步提升，作业布置更加科学合理，学校课后服务基本满足学生需要，学生学习更好地回归校园。在校外方面，使校外培训机构培训行为全面规范，学科类校外培训各种乱象基本消除。“双减”工作明确要求，要提升学校课后服务水平，满足学生多样化需求。拓展课后服务渠道，充分利用社会资源，发挥好少年宫、科技馆、青少年活动中心等校外活动场所在课后服务中的作用。“双减”政策下开展中小学课后延时服务工作是关注民生、服务民生的具体体现，是进一步增强教育服务能力、破解中小学生“放学早、接送难”矛盾的有效途径，也是减轻中小学生过重课外负担、促进学生健康成长的重要举措。[3]

“双减”政策的实施对于中小学生具有以下意义，首先，将正常生长发展的空间归还于学生。唯“分”论英雄以及以升学率排学校名次等问题导致学生作业和校外培训负担过重，学生合法的休息权得不到保障，使学生失去了正常的成长时空，造成了严重的学业焦虑情绪。例如，考试焦虑、分数焦虑和排名焦虑等，这种焦虑经部分学生家长的盲目从众，又加重了学生的心理负担，这给正在成长中的青少年，特别是义务教育阶段的少年儿童及其家长造成很重的心理负担。其次，“双减”的实施引导全社会转变人才观念。长期以来，高考成绩成为默认的人才评价标准，但从实际看，面对世界各国的竞争，我国先后提出了科教兴国战略和人才强国战略，明确提出国家和社会需要具有创新性的综合素质的人才。“双减”政策的实施，加之人才评价的转变，有利于引导家长、学校和学生改变传统的成才观，变为全面发展的人才观。[4] 最后，“双减”的实施有利于少年儿童发现和激活自身潜能。“双减”政策可以让学生腾出更多时间和空间，去参加个人感兴趣的学习与实践活动，从而发现和激活自身的潜能与天赋，并在活动与实践中将潜能转化为外显能力，引导学生的专业选择和职业发展。[5]

2 “双减”政策下，科技馆开展课后服务的必要性和意义

2021年6月国务院发布的《全民科学素质行动规划纲要（2021—2035年）》（以下简称《纲要》）指出，青少年科学素质提升行动的核心目标是：激发青少年好奇心和想象力，增强科学兴趣、创新意识和创新能力，培养一大批具备科学家潜质的青少年群体，为加快建设科技强国夯实人才基础。《纲要》要求“建立校内外科学教育资源有效衔接机制。实施馆校合作行动，引导中小学充分利用科技馆、博物馆、科普教育基地等科普场所广泛开展各类学习实践活动，组织高校、科研机构、医疗卫生机构、企业等开发开放优质科学教育活动和资源，鼓励和支持各行业各部门建立科普教育、研学等基地，提高科普服务能力”。这些都为科技馆深化综合实践指明了方向，增强了信心。目前的馆校结合活动受传统教育模式、时间、资金、人员等影响，基本以短期合作为主，没有形成长期性、系统性的合作关系。“双减”政策对馆校合作提出了进一步深度融合发展的新要求。中小学实施课后延时服务对学校的设施设备、课程资源、教师队伍力量等有了更多、更高的需求，教师的能力和水平、课后服务的内容和形式、教学理念和方法等方面面临着更多的挑战，需要大量的人力、财力、精力、物力投入来确保课后延时服务工作的有效开展，基于以上原因学校更需要与场馆深度融合，这不仅是科技馆推进馆校结合工作的契机，而且是科技馆科普教育服务能力和水平跨越式提升的挑战。全国各个科普场馆都在积极探索多渠道的课后服务方法与途径。

科技馆开展课后延时服务具有以下优势，首先，我国自2006年起就启动“科技馆活动进校园”工作，经过16年的探索，科普场馆与学校合作模式逐步建立，在学校科学教育的基础上，发挥科技馆实践化、差别化、个性化教育的优势，与学校教育已经形成了互相支持、互相补充、相得益彰的新格局。[6]其次，科技馆具有丰富的科普资源，而且科技馆教育是经过精心设计的，是具有明确主题和目标的学习。其具有场馆自身教育特征和先进教育理念和方法，

不仅普及科学知识，更要进行“价值引领”，突出对学生科学兴趣、思想观念等的正确导向作用。以“人”为中心，关注学习者的多元化学习结果，促进学生多元化和个性化发展，达到立德树人的目的。[7]这符合学校、家长与学生的需求，也正是教育改革总体目标所要求的。最后，科技馆是服务社会公众的非营利性公益机构，其社会效益是科技馆价值的重要体现。科技馆具有资源优势、平台优势、人力优势，能够为中小学校提供专业化、特色化、多样化的课后服务，同时科技馆的免费教学和高质量的教学内容能够有效地缓解家长的教育焦虑。

3 科技馆参与中小学校课后延时服务中存在的问题

2021 年“双减”政策实施以来，得到了广大学生和家长们的热烈欢迎，在社会上引起了很大反响。“双减”政策下，“5+2”模式在全国中小学推广，即学校每周 5 天都要开展课后服务，每天至少开展 2 小时或按需延长时间。教育部也明确指出，首先，课后延时服务在时间安排上，要与当地正常上下班时间衔接，切实解决家长接送孩子困难问题。其次，要丰富课后延时服务的内容，指导学生尽量在校内完成作业；指导学有余力的学生拓展学习空间，积极开展丰富多彩的文体、阅读、兴趣小组和社团活动，尽最大努力使学生愿意留在学校参加课后服务活动。课后服务坚持需求导向，在落实国家课程要求的基础上，分年级、分层次、系统性、个性化统筹开设课程，在两小时或更多时间的课后延时服务中，灵活安排体艺等方面活动，发展学生兴趣特长，开设科普、文体、艺术、劳动、阅读、国学等兴趣小组及社团活动，最大限度地满足学生的多样化需求。科技馆参与学校课后延时服务，在学校教学安排、课程安排及学校科学教育的基础上，发挥场馆特色，与学校紧密相连，开展科普教育才能有效支持学校开展课后服务。目前科技馆课后延时服务存在以下问题。

3.1 科技馆参与课后延时服务质量不高，活动内容单一

部分教师和家长将课后服务的内容窄化为看护学生和完成作业，甚至是近期学习和重点内容的复习，家长更愿意学生在学校完成家庭作业，以便回家后再通过网络等其他手段参加学校课程辅导。在这种传统教育理念下科技馆很难提供

丰富多元的科技类活动。同时科技馆对馆校结合课后延时服务的认识浅显，教育活动流于形式，出现模式化、程序化问题。以科技馆现有的资源随意编排，缺少活动前期的调研、教学方案设计、后期活动评估等。不少科普教育活动不具备连续性，活动推广往往也是短期的集中激进形式，后续持久性并不强。

3.2 科技馆与学校教育资源的衔接缺乏有效机制和途径，优质科普教育资源和产品供给不足

在课后延时服务中学校占据主导地位，科技馆教育人员了解学校的需求、家长的需求和学生的需求，才能提供更有针对性的服务。科技馆教育人员与学校老师互动性不强，缺乏对场馆教育资源的了解和与教育资源的有效衔接，科技馆课后服务内容不能起到对学校教学内容的延伸和拓展作用。在科技馆课后两个小时服务中，一般以全班或集体参加的形式开展活动，很少有分年级、分层次、有区别、有针对性的活动。科技馆课程与学校教学内容、课程目标的紧密对接性差，没有形成符合学校教学的精品课程体系。

3.3 专业师资不足、设施受限等，科技馆难以提供多种类的课程

中小学的课后延时服务在很大程度上依托学校场地条件及师资力量。学校的场地设施和师资力量主要适用于学校正规课程，而课后延时服务作为课外活动而非学校课程的延伸，要求教师具有其他特长及专业能力。科技馆专业教师综合素质有待提高，很多科技馆教育人员缺乏专业特长的培训，难以胜任学生需要的特长类课程的教学。在开展科普教育活动时，出现教师本位现象，“填鸭式”教学，难以迅速吸引青少年的注意力，调动青少年的好奇心，同时难以应对各类创新活动研发工作，从而造成科普教育活动缺乏有效性。有些活动的开展需要一定的空间和条件，面对众多学生要求发展个人爱好，学校场地设施受限，科技馆难以开展种类多样的课后服务。

4 科技馆参与中小学课后延时服务对策探讨

4.1 建立“课后服务”长效机制

教育部门、科协组织指导学校与科技馆对接工作，建立常态、实效、持续

发展的合作机制，在科技馆内部设立与学校专门对接的部门，由专职的教育人员负责针对学校策划、组织教育项目和指导学校教师如何更好地利用科技馆资源，以解决科技馆进校园后服务内容具有随意性和服务质量不高的问题。建立科普活动定期评估制度，以保证活动有效实施。定期组织专家学者评选课后服务典型案例和科普课程资源，并对突出贡献人员给予表扬宣传。

4.2 加强科学类课程教师培训

课后延时服务是教育服务的延伸，是一项专业化工作。实施课后延时服务人员应当具有相应的专业水平和技能。首先，将有关科学家、两院院士及科技人才、科技工作者纳入教师培训专家资源库，开展针对中小学校科学类教师的系列化、专题化培训。科技馆面对课后服务的巨大社会需求，协同社会各方发挥专业特长和优势，增强师资队伍力量，以便满足课后服务中学生个性化发展需求。其次，重视针对学校教师开展培训，才能够保障课后服务质量。统筹制订科学类课程教师培训计划，依托科技馆资源精心设计培训课程。最后，提高科技馆专职人员、兼职人员和科技志愿者的策划、组织、协调、科普讲解、表演、活动开发等各方面的综合素质和积极主动的服务意识，这是做好学校课后延时服务工作的有力保障。将科技馆人才队伍培训工作作为每年的常规项目，定期举办学习班、研讨会、优秀案例分享会或文化沙龙，定期组织队伍“走出去”开阔视野、积累经验等。邀请教育领域、科技馆行业专家和学者现场授课，培训内容包括国内外先进教育理念、如何设计教育活动、教育活动如何与课标结合、如何开展科技制作和科学表演、如何讲解与辅导、如何策划活动与组织协调等，同时招募青少年科普志愿者，鼓励他们参与活动开发、设计、实施。成立科学家精神宣讲团，走进各学校宣传科学家精神，从而全面提高科技馆人才队伍素质和科普服务能力。

4.3 面向中小学校开设线上线下校本课程

科技馆组织与学校老师开展课后延时服务讨论会，学校制订课后服务实施方案。立足学校、教师、学生和家长需求，推出定制辅导、课程选修等全方位科普教育服务。为增强课后服务的吸引力，提高与学校课程的关联度，在学校科学教育基础上，深入融合科技馆教育理念和教学方法。科技馆组织专家与学校教师共同开发与学校课程相适应的体系化配套课程资源。在课程开发中以“项目化学习”为主的跨学科综合性教学[8]，通过将学习内容和科学教育活动有机整合，规划适合不同学段的螺旋上升的课程目标和课程内容，形成有序递进的纵向结构。同时通过网络平台向学生提供科学实验短视频，在数字技术下使传统实验无法看到或想象的现象变得可视、可听，为教师教学提供专业支持。如以内蒙古科技馆网课“会呼吸的种子”为例，探究种子萌发的奥秘。科学教学视频中，学生难以主动发挥想象力总结黄豆和绿豆在萌发过程中的细微变化，使课程变得枯燥乏味。这时，教师可以采用多媒体技术动态模拟豆芽形成的各阶段，配合生动的讲解，让学生通过观看视频思考豆芽萌发的动力、条件所在。在展示教学细节的过程中，教师可在各阶段提出问题，给予学生充分的自主思考时间，营造轻松、愉快的课堂氛围，从而改善教学效果。

4.4　指导学生科技社团和兴趣小组活动

实施拔尖学生培养计划，在学校开展连续性、系统性的课后服务，包括为学校科技社团和科技兴趣小组提供科学探究、模型制作、创客编程等教学指导。

4.5　科技馆资源出借给中小学校

4.5.1　出借便携式微型科普展览箱

根据科技馆资源和学校教学需要开发研制弘扬科学家精神、体验前沿科学和公共安全健康教育等内容的展览箱和体验箱。[9]展览箱以图文展示、互动实物、多媒体视频组成，展示内容在开发设计上以满足不同学龄段的学生兴趣点为主。体验箱有复制品、使用指南和介绍。鼓励学生在互动体验中获取直接经验和最直接的科学原理。通过多媒体更全面地了解与展品有关的科学知识以及最新前沿成果。展览箱和体验箱非常直观、生动又方便移动，学校和老师可根据需求免费借用于学校教学，平时也可以放在教室或学校走廊展示。

4.5.2　教育活动资源包进校园

科技馆教育人员组织学校教师及社会相关专业力量，围绕科技馆展览展品，面向不同学龄段学生设计研发各种教育活动资源包。资源包包括活动方案、活动教具、活动视频、活动套材包（活动中受众使用的实体资源包）等，用于学校教学或课后服务。学生在实验过程中，通过观察、提出假设、实验探究等方式，引发认知冲突，发现、理解、掌握蕴含其中的科学知识，从而培养学生的探索兴趣和科学实践能力。以内蒙古科技馆“谁动了我的鱼”项目化学习课程为例，以制作一条仿生鱼为主题，以产品制作任务为导向完成学习。通过情境创设，学生接受任务。学生经过观察交流，制订项目计划和评估标准。再探究“转动转化为摆动”问题，完成“机械设计”方案并制作，再经过测试，发现问题，通过实验探究进行重新设计，解决问题，完成工业设计方案，制作成品并运行。最后交流成果并评估项目。学生面对复杂的任务和问题，参与设计、解决问题、决策、调查和动手创造，并合作和自主开展学习。要完成这些活动，就需培养学生合作能力、创新能力、沟通能力和批判性思维等素养。课程以资源包形式进校园，学生可以利用课后服务时间，在教师的引导下分阶段自主完成。

4.5.3 科普大篷车、流动科技馆进校园

根据车载展品及流动科技馆展品开发课程或研发拓展性实验。根据各学校生源特点，打造不同主题的校园科技馆，让科普内容更加接地气、更符合师生需要，营造良好的科学教育氛围。

4.6 利用课后延时的时间将科学实验及优质科普剧表演带进校园

通过新奇有趣的实验现象和引人入胜的故事剧情，将科学知识巧妙融入其中，运用真实的视听效果营造特定的情境，让学生身临其境地接受科学知识的普及，灌输科学理念及科学思想，并引发知识的延伸和拓展，达到科普教育目的。

4.7 引入优秀科普资源，参与学校课后服务

科技馆为科普工作者与青少年“搭建桥梁”，邀请相关科学家、两院院士及科技人才、科普工作者以及非遗文化传承人共同开发和实施精品课程。同时根据学校学生需求开展不同主题的科普讲座。经过精心设计科普课程，指导有兴趣的学生长期、深入、系统地开展科学探究与实验，使之成为常态化、特色化的科普活动。引导有志于科学、学有余力的青少年“走进科学”，体验科

研，激发青少年的好奇心，培养科学思维，增强科学兴趣，提高创新意识和创新能力，传承科学家精神，培育一大批具备科学家潜质的青少年群体。

4.8 “线上+线下”双重联动

依托科普信息化手段和场馆资源，通过科普云课堂、青少年科普报告（线上）、科技体验（线下）、科技研学（线下），推动校外科技教育与学校文化教育有机融合，进一步提高青少年科技教育的科学化、专业化水平，确保课后延时服务的学习效果。推动数字科技馆发展，设置学校教育专栏，为学生提供信息与资料服务，包括课程教案、各种展品的演示互动视频、各项教学资源介绍及教学视频等，还可以开设线上师生互动服务，教师可以及时答疑解惑。

4.9 整合社会资源，共建共享科普资源，提升科普服务能力，做好课后服务

随着“双减”政策的推进，科技馆肩负着针对各中小学生开展课后服务的重任，仅依靠科技馆自身的力量远远不够，需要整合利用社会科普资源来弥补科技馆相关资源的不足。科技馆作为科普工作的主阵地，在整合社会科普资源方面具有显著优势，越来越多的科技馆不断在实践中摸索科普共建共享新模式，以科技馆为源头，形成多元主体参与的科普共同体，共同开发高质量的科普资源，提供优质的科普服务，推动建设社会化科普生态[10]，简单概括为“一个馆、多方参与、全面覆盖”。首先，与全国科技馆纵向联动、横向协同，构建普惠共享科普新格局。不仅与全国各科技馆联动，还要加强区域科技馆间的深度融合，打造科普精品活动，如科普课程、科普影视、主题巡展、科普研学等科普活动。其次，科技馆实地了解考察地区各社会科普资源点，摸清各科普教育点的具体数量以及活动情况。根据实际科普教育建设和分布情况制订具体实施规划，并定期召开馆内外科普教育工作座谈会，共同研究和探讨学校课后服务内容、形式和发展方向。在教育部门的政策支持下，整合区域学校资源，通过科协组织发动各社区、学会、科研院所、企业等科普基地，广泛动员社会各界科学家、科技专家、科普工作者、科普志愿者参与课后服务工作。科技馆与有关文化单位和机构协作，整合利用资源，开发高品质的研学课程和研

学旅游活动，丰富学校课后服务内容，推动科技与文化深度融合。整合社会资源，共建共享科普资源，不仅优化科普资源，为青少年学生提供优质、高效的课后科普教育活动，而且有效扩大科普辐射面，坚持青少年科普教育均等化和普惠性原则，让青少年在科普资源共享平台上获取知识，享受快乐，提升科学素质。

4.10 优化评价体系

学生在学校学习会有统一的评价标准，但科技馆教育有所不同。科技馆学习评价是多元化的。采用多元化的评价可以有效提升小学生的学习兴趣和学习能力。这对教师专业组织学习能力和合理的评价能力也提出了要求。馆校合作科学教育活动评估主题不仅包括活动设计实施者的自我评估，还应包括权威性的上级政府或者教育行政部门的评价，以检验教育成果和社会效益。[11]除此之外，还应将高校教师、各专业各学科的科协所属学会纳入评估主体。评价结果的反哺有效提高教育活动的效果，促进活动结束后的总结、反思和提升。

5 结论

随着国家“双减”教育改革政策落地实施，中小学生有更多时间走出课堂、走进科普基地，科普事业迎来了良好的发展机遇。教育是科技馆的主要功能，中小学生是科技馆教育对象的重点人群。科技馆教育对提升青少年科学素质有着重要的作用。在当前“双减”政策下，科技馆深化与学校的合作，剖析学校与学生需求，在学校科学教育的基础上，发挥场馆特色，与学校紧密相连，有效支持学校开展课后服务。充分利用场馆科普设施，加强数字化技术的运用，开展形式多样、内容丰富的科学教育活动，提高科技馆科普服务能力，进一步推动学校与科技馆的深度融合，促进青少年素质教育和全面健康发展。

参考文献

[1] 柯进、王家园:《“肩负”艰难中前进》,《中国教育报》2018 年 3 月 19 日。

[2] 吴开俊、孟卫青:《治理视角下小学生课后托管的制度设计》,《教育研究》2015 年第 6 期。

[3] 赵莹:《开展中小学课后延时服务工作的思考》,《河南教育》(教师教育版)2021 年第 7 期。

[4] 李秀菊、林利琴:《青少年科学素质的现状、问题与提升路径》,《科普研究》2021 年第 4 期。

[5] 马开剑:《“双减”政策对于学生成长成才和学校教育教学改革的意义》,《天津大学学报》(社会科学版)2021 年第 6 期。

[6] 郭庆:《“馆校结合”模式的深入探索》,《教育教学论坛》2016 年第 21 期。

[7] 朱幼文:《“馆校结合”中的两个“三位一体”——科技博物馆“馆校结合”基本策略与项目设计思路分析》,《中国博物馆》2018 年第 4 期。

[8] 韦钰:《以大概念的理念进行科学教育》,《人民教育》2016 年第 1 期。

[9] 吴镝:《美国博物馆教育与学校教育的对接融合》,《当代教育论坛》2011 年第 13 期。

[10] 苏昕、音袁:《科学文化视角下的大概念科学教育——论科技馆场域中的展教活动》,《科学教育与博物馆》2019 年第 6 期。

[11] 王雪颖:《推进馆校合作的有效性探讨——以重庆科技馆为例》,载《科技场馆科学教育活动设计——第十一届馆校结合科学教育论坛论文集》,2019。

“双减” 助力传统文化活动发展

闫晓白*

（中国铁道博物馆，北京，100005）

摘　要　博物馆作为传统文化教育与科技创新知识普及的重要阵地，如何将科普教育活动的设计方案立足于弘扬和传承中国传统文化，成为当下活动设计的重要方向。传统文化的弘扬与学习对于学生形成正确的人生观、世界观、价值观具有重要意义。一个民族要实现复兴，既需要强大的物质力量，也需要强大的精神力量。博物馆立足自身馆藏资源优势结合自身特色设计科普活动方案，从而更好地推动馆校合作，助力传统文化活动发展。本文以“探寻铁博足迹，感受铁路文化”活动为例，针对“双减”大背景下助推传统文化活动方案设计的实践进行研究和分析。

关键词　传统文化　科学素养　馆校结合

在日益激烈的国际经济与科技竞争中，提高国民的科学文化素养及创新能力显得尤为重要。博物馆应肩负起校外教育的重要职责，校外教育最大的意义在于通过实践让学生们获取知识，寓教于乐，极大地弥补了课堂教学中的不足。馆校合作推动了社会教育的不断发展，对于学生巩固所学知识，扩大知识面，在活动中提升团结协作、服务社会的能力以及形成良好的思想品德具有重要影响。在“双减”政策下，学生有更多机会拓展课外知识，更好地推动传统文化活动的发展，这些对于青少年具有重要意义。青少年阶段是人生的“拔节孕穗期”，最需要精心引导和栽培。使青少年在各种思想文化的相互激

* 闫晓白，中国铁道博物馆馆员，研究方向为博物馆社会教育。

荡中明辨文化方向，坚守文化立场，其最为重要的环节就是博物馆社会教育活动的开展。在馆校结合的大背景下，博物馆拥有巨大的实物教育资源，馆校合作可助力“双减”背景下传统文化活动发展。

1 博物馆是传播传统文化弘扬科学知识的重要阵地

中华传统文化是指具有一定历史性，在社会进程中逐步形成的文化。从中华民族诞生之日起，我国的文化就开始生根、发芽，在历史的推进下融合了儒、道、法、墨等众多思想学派，最终形成了中华传统文化。[1]博物馆作为社会教育的重要机构，它承载着衔接、传承和弘扬“过去的”“现在的”“将来的”文化教育内涵的责任，它具备综合性的教育功能和作用，包括政治、经济、军事、农业、艺术等，所以中国传统文化的传播需要博物馆发挥收藏、研究、展示等各种功能，全方位实现其博物馆文化对传统文化的海纳百川。[2]无论博物馆以文物为依托举办展览还是作为重要的教育阵地，都担负着弘扬和传承中国优秀传统文化的重要使命。

博物馆是科普活动的研发和实施的重要场所，具有进一步提高产业化发展水平及观众科技素养的作用，尤其是对于青少年科技素质的提升发挥着重要作用。“科学教育是一种通过现代科学技术知识及其社会价值的教学，让学生掌握科学概念，学会科学方法，培养科学态度，且懂得如何面对现实中的科学与社会有关问题做出明智抉择，以培养科学技术专业人才，提高全面科学素养为目的的教育活动。”[3]如何做到将传统文化与现代科学理念相结合，让学生在活动的过程中不仅感受到传统文化的魅力而且获得科学方法、科学精神，成为指引他们学习的重要理论。解放学生于课堂，还科技以趣味，才能不断地激发孩子的求知欲望，得到学生的认可。

“双减”的根本目的是强化学校教育主阵地作用的同时，更要减轻学生学科类培训教育的负担。发展素质教育，坚持德智体美劳全面培养，促进学生健康成长尤为重要。开展社会教育活动成为观众理解展览展示内容的关键环节，弥补了展览的学术性高、缺乏趣味性和体验性的不足。博物馆作为传播传统文化弘扬科学知识的重要阵地，对于传统文化相关活动的开发将是不断延续和值得探究的主题。传统文化活动的开展可以进一步发挥博物馆在社会教育中育人、沟通、传播、解惑和提升趣味度的职能作用。

为进一步加强中华优秀传统文化教育，以共识、共建、共享为核心理念，着力探索区域、学校、社会资源单位、专家团队的育人新模式，力求通过多方联动形成教育合力，为师生学习、感悟、传承中华优秀传统文化提供支持和服务。“探寻铁博足迹，感受铁路文化”科普活动为学生宣传铁路传统文化、铁路历史、高铁科技等，激发学生学习兴趣，寓教于乐，促进学生全面发展。真正使学生由课内学科教育，转化成为走进现实生活中的实践教育，使课中所学、所得、所感、所悟，真正转变为课后所用、所做、所行、所为，使学校教学中的学习成果，能够在课外生活世界中得以践履和彰显。针对“双减”的课后时间，博物馆通过不断更新活动方案从而更加契合学生的要求，更好地发挥博物馆中的文物资源优势，同时结合课程标准要求，将博物馆活动带入校园，进一步做到馆校合作的紧密衔接。

2 传统文化类科普方案设计的重要因素

科技场馆是为学习者提供在学校正式教育之外的最佳个性化学习场所。科技场馆的教育活动更倾向于探究式学习，以及创意主题结合的主题式学习。[4]对于传统文化类科普方案的制定，首先要根据馆藏资源确定活动主题。可适用于 STS 教育模式而设立。STS 是指科学、技术和社会（Science，Technology and Society），它主张教育应协助个人有效理解、适应科技社会的生活，并能获得充分的发展；在学习内容上强调以学生为中心的完整学习，要除去学科本位的教育形式，这种教育理念和方法针对传统文化类科普方案是十分有效的。[5]这里以“探寻铁博足迹，感受铁路文化”科普活动为例进行解读。在此项活动的设计因素中不仅要有适合 1~3 年级学生的趣味性互动参与内容，更要有适合 4~6 年级学生的探究式思考性内容，例如角色扮演与互换、动手制作等。同时还要重视跨学科之间的联系，重视传统文化与现代科技的内容相结合。重点是要让学生在参与活动过程中开发思路、开阔视野，产生更多的共鸣。活动设计的根本目的是让学生学习铁路传统文化及其背后蕴含的科学方法、科学思想和科学精神，进一步加强学生的探究能力，推动学生热爱科学，并将其融入学生的思维及生活中。火车对于推动人类社会发展以及我们日常生活的影响都是巨大的，通过感悟中国铁路文化、探寻铁路传统印记、亲身探索高铁科学魅力，真正成为学生实际生活中的出行指南，让科普活动做到趣味十足且富有意义。

2.1 “探寻铁博足迹，感受铁路文化”活动特色

活动内容多元化是该科普活动的重要特点之一。采用以“学生为主导”的原则，在活动中不仅能为学生普及中国铁路发展史，还能弘扬传统文化和科学精神。让学生担任动车组司机进行沉浸式教学，亲身体验驾驶时速350公里动车组的乐趣，了解铁路创新科技。学生在活动中不仅能听、能看，还能让他们动起来、玩起来。“火车拼装比赛”通过动手操作拼装，引导他们了解蒸汽机车、内燃机车、电力机车以及动车组的基本构造和动力原理。在这个多元化、多角度的体验过程中，通过引导孩子们去看、去听、去摸、去体验，在动手实践中培养和加强科学意识，在游戏中获得趣味盎然的铁路科普知识，体会到铁路科技的乐趣和魅力。完成“探寻铁博足迹博物馆护照”，激发学生学习的兴趣，改变学生对于学习历史感觉枯燥的认知，博物馆通过此环节将通关、打卡、小问题、学习知识的内容融合为一体，减轻学生参观压力，不仅让学生收获了知识，同时也充满了乐趣。此项活动共设有四个环节，第一环节：“寻・铁博历史足迹”，通过“铁博地图”来完成铁路历史知识站点的学习。了解京张铁路等线路、桥梁、隧道等修建的科学方法，蒸汽、内燃、电力机车的科学原理，高速铁路动车组的科学技术，以及铁路科学家带给我们的科学精神与科学思想等知识。

第二环节：“印・传统木雕拓片”，学生亲自体验中国传统文化艺术——木板拓印，将独特的火车科学元素融入中国传统的印刷术，孩子们动手去完成自己的作品，感受传统文化与创造科学的过程。

第三环节：“感・高铁司机驾驶”，学生可分别扮演动车组“司机”和“乘客”的角色，“司机”将亲手操纵动车组启动、鸣笛、刹车、进出站等基本操作步骤，成为“动车组小司机”。“乘客”也可身临其境地感受时速350公里高速列车的视觉效果。其间，科普老师还会介绍什么是高速铁路动车组？

为什么它速度快、安全系数高？如何认识火车票？乘坐动车组时还有哪些注意事项？为什么动车组的玻璃在高速运行下不会让人产生眩晕感？以及乘坐动车组期间严禁吸烟和大声喧哗等。

第四环节："拼·复兴高铁模型"，学生在老师的讲解下，独立拼插复兴号高铁纸模，并且告诉学生每一步拼插的零件名称，例如：这一步拼插的是受电弓，没有它就等于人没有了"心脏"，没有动力火车就无法前行；这一步拼插的是转向架，它就好像我们的"腿"，没有它就不能跑、不能转弯，等等，让学生真正体会玩中学、学中玩的乐趣，体会到现代化铁路科学知识的乐趣和魅力，以及真正蕴含的科学方法及科学思想。

课标内容举例："詹天佑与京张铁路"站点的设计以课标为基础，融入了铁路科学技术方法。京张铁路作为中国人自己勘察、设计、施工、运营的第一条国有干线铁路，其展现的科学方法不胜枚举，其蕴含的科学思想寓意深厚、科学精神催人奋进，能够更加深刻地激发学生的爱国情怀。詹天佑的科学方法主要体现在哪些方面呢？活动中以"人字形"线路为例，人字形线路是詹天佑针对京张铁路南口到八达岭 33‰坡度的路段，相当于每开行 1000 米就要上升 10 层楼高坡度的实际情况，詹天佑创新性地将曾用于国外矿山铁路中的折返线爬坡原理，巧妙地运用在京张铁路上，以长度换取高度，既省力又安全，这正是詹天佑创新性的科学方法的集中体现，在 20 世纪初期的中国，如此大胆而实用的设计，在中国铁路建设史上是一个伟大的创举。詹天佑创新性的科学方法，不仅仅体现在人字形线路上，还有利用"竖井开凿法"打通八达岭隧道的多个工作面同时工作，大大缩短了工期等，展现了老一辈铁路人攻坚克难藐视困难的奋斗精神，勇于创新、埋头苦干的科学精神。大部分时间里，教师需要将参观博物馆与学生正在上的课程联系起来。没有这种联系，很难证明一次博物馆参观的合理性。作为结果，许多博物馆为学校发展而设的工作坊或项目显然涉及了相关课程。[6]这体现出馆校合作的必然联系，同时活动的设计目的也是更好地应用于指导学生对于学科的思考和应用。

2.2 探寻铁博足迹博物馆护照的设立

在馆校结合的大背景下，根据老师的要求，按照课程标准及相关文物、知

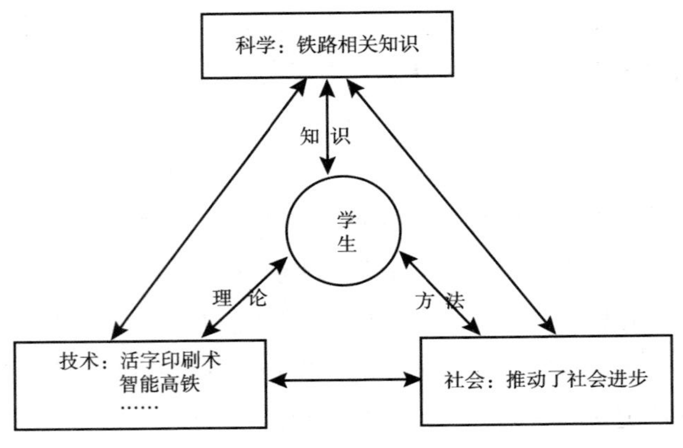

图 1　科学原理

识体系的确立，让学生通过“铁博地图”，跟随科普老师探寻铁博足迹，感受铁路传统文化。科普护照的设立秉承寓教于乐的原则，激发学生自身的兴趣和探索欲望来完成知识体系的学习。其中所涉猎的铁博科学体验站点有“印·传统木雕拓片”“感·高铁司机驾驶”“拼·复兴号高铁模型”等。每一项体验内容既相互衔接，又可独立应用。

2.3　具有明确的教学方法和活动目标

讲述法，即博物馆科普老师通过“铁博地图”，引领学生到达每一个打卡点，讲述铁路红色传统文化故事，传播铁路科学精神和科学方法，弘扬爱国主义教育文化。探究学习法，即学生通过“铁博通关护照”的形式来完成学习内容，内容丰富有趣味性，包含学习知识点、学习问答、通关贴纸等环节，让学生听过、学过后留有痕迹，把自己的记忆“储存”进脑海和笔尖，不会轻易忘记。体验法，即在乘坐高铁驾驶舱时，学生既可以体验当一名高铁司机，又可以当一名乘务员或旅客，感受工作人员当时的工作状态，以及动车组行驶过程中的视觉冲击效果。

活动目标要明确，通过“讲解—体验—动手—思考—总结”的研究途径，将历史文化融入学生教育课程当中，促进科技及历史知识在生活中的运用，激发学生探索科学及对历史文献研究的兴趣，并将课程所学内容更好地理解消化和吸收。通过展厅内的火车站、站台、桥梁、候车厅、进站口、驾驶舱、沙盘等铁路特色陈列和布置，在科普老师的引导下，为学生营造身临其境的学习氛围，进行探究式学习。此次课程形式虽然多样化，但内容明确，有基础理论学习、互动体验环节以及自己动手探究环节。这样多元化的科普活动，更容易提升学生对科学探索的积极性，更好地掌握铁路历史文化精神，体会到铁路科学的乐趣和魅力。

表 1　活动目标

科学知识目标	知道铁路发展历史和基本概况； 了解通过铁路科学技术推动人类铁路探索的进程		
科学探究目标	在博物馆老师的引导下，能够利用展厅文物及展品观察、体验、参与，运用分析、比较、分类、概括等思维方法进行信息处理，得出结论，从而系统了解铁路相关传统知识和科学精神		
科学态度目标	通过博物馆老师的讲授以及实体应用与体验可以激发学生的探究兴趣，培养实事求是、追求创新、合作分享的科学态度		
科学、技术与社会环境目标	了解铁路发展对于人类生活的便利	了解人类的需求是铁路科技发展的关键因素	了解人类和社会日益增长的需求是推动铁路发展的动力，铁路技术的发展和应用推动社会发展和进步

2.4　学生评价及活动改进

此项活动结束后采取问卷调查的形式对于活动内容形式的接受程度进行调研，学生反馈的意见是很喜欢这种探究式学习，通过动手的自主学习方式更能激发学习兴趣，同时希望有更多相应的系列活动。增加活动中科学原理对应的科学实验探究是此次活动结束后学生希望改进的部分，学生可以通过科学实验探究火车工作原理，强化对于学习内容的理解，更好地将科学知识、科学方法融入日常的学习生活中。

3　“双减”政策下如何进一步发挥博物馆“第二课堂”的作用

按照学校的需求定制博物馆合作方案成为馆校合作最为直接有效的合作模式。博物馆内科普课程或活动的研发大多具有时间短、环节简单的特点，但这样的活动最大的弊端在于留给观众的印象不够深刻。针对传统节假日、寒暑假等具有特定传统文化的活动，往往因主题意义而不能延续，从而造成博物馆的科普活动虽然丰富多彩，但缺少一些厚重感。“探寻铁博足迹，感受铁路文化”科普活动，立足科普方案设计，实现从“有意思”到“有意义”的转变，依托博物馆的馆藏特色文化，以及其中蕴含的丰富铁路科学思想，让学生有所共鸣。通过此次活动提高青少年学生观察能力、独立思考能力和动手操作能力，增强孩子们对学科学、爱科学以及探索科学的好奇心，激发青少年学生探索铁路科学奥秘的兴趣，培养儿童学习科学、探索科学、热爱科学的科学情感态度价值观。从而激发青少年学生的爱国热情和民族自豪感，增强他们实现民族伟大复兴的信心。让青少年学生掌握一些与课本或生活相关的知识，特别是詹天佑与京张铁路、茅以升与钱塘江大桥等建设难点蕴含的科学方法及科学精神。

4 结论

博物馆发挥传统文化资源优势将自身特色与社会教育相结合，立足科技场馆探究式的教学方法，做到寓教于乐，这是一个活动满足观众需求的重要评判标准。针对传统文化活动，结合博物馆自身特色，以博物馆常设展览为依托，为学生普及历史知识、厚植爱国主义情怀、培养高尚的道德修养、增长知识和见识、培养奋斗精神，从而实现学生综合素质全面发展。通过馆校合作新模式来开辟博物馆社教活动教育理论和创新发展的方向，从以“博物馆内资源”为主导，变成以“学生”为中心，从而更好地满足学生及学校日益增长的文化及课程标准要求。针对社教方案的提出如何体现探究式学习，探索科学教育的根本方法，开启了博物馆主动出击走进校园的新模式，以全新的视角打造学校所需要的学习方式，无论是灵活掌握学生课余时间所开展的“云课堂”，还是走进博物馆所开展的社会教育活动，都能让学生真正做到有所收获，激发学生探索的乐趣，成为馆校合作促进博物馆教育职能创新性发展的新模式。

参考文献

［1］鲁鲜亮：《新时代中华优秀传统文化传承与发展路径探析》，《汉字文化》2022年第8期。

［2］王志贤、穆丹：《博物馆文化是串接传统文化与现代文化的时空隧道》，载中国博物馆协会社会教育专业委员会、秦始皇帝陵博物院编《带路——博物馆教育的行动与思考》，三秦出版社，2017。

［3］王晓辉：《学术伦理，学者内在的品质》，《比较教育研究》2012年第9期。

［4］任秀华：《科普场馆教育活动开发设计》，中国科学技术出版社，2020。

［5］董艳：《科学教育研究方法》，中国科学技术出版社，2020。

［6］〔英〕艾琳·胡珀—格林希尔：《博物馆与教育目的、方法及成效》，蒋臻颖译，上海科技教育出版社，2017。

从学生全面发展看馆校合作共建青少年志愿服务

卢懿健*

（东莞科学馆，东莞，523000）

摘　要　志愿者是科普场馆的重要组成部分，馆校合作共建青少年科普志愿服务平台，可以成为“双减”背景下馆校合作的一个新样态。本文通过对东莞科学馆馆校合作案例的分析，从培养青少年服务社会意识、训练青少年运用科学语言、影响青少年职业生涯规划三个方面，呈现馆校合作共建青少年科普志愿服务活动对学生全面发展起到的多样作用。科普场馆可以把学生科普志愿服务作为一个教育项目来策划与实施，通过馆校合作共建形式，助力学生全面发展。

关键词　馆校合作　志愿服务　学生全面发展

博物馆志愿者始于20世纪初，首先出现于美国波士顿艺术博物馆。志愿者普遍为各馆所用则是近几十年的事情。世界博物馆之友联盟主席丹尼尔曾说：“志愿者和专家对于博物馆的作用并不相同，但同样不可缺少。”[1]东莞科学馆从2009年开始在场馆使用大学生志愿者，当时的出发点是为了解决节假日观众多而场馆维持秩序人员少的问题。对于学生在场馆里开展科普志愿服务可以承担什么工作，青少年科普志愿活动对于学生起到什么作用等问题并没有答案。东莞科学馆在2014年开始在馆内开展馆校合作活动后，在馆校合作共建青少年科普志愿服务实践中不断加深了场馆教育人员对相关问题的认识。

---

* 卢懿健，东莞科学馆文博馆员，研究方向为科技馆青少年科学教育。

东莞科学馆在2014年建设了一个生命科学展厅，为了开发好配套的科学教育活动，特别邀请了时任东莞中学初中部教导处主任、省生物名师工作室主持人肖小亮老师来咨询指导。肖老师在与笔者交流时，提到了一个设想。很多教师在教学中开发了生物题材的教育项目，但受限于学校的条件，无法开展活动，能否与馆方合作，以生命科学展厅为背景题材，在馆里开展馆校合作生命科学教育活动。以此为契机，我们走上馆校共建科学教育的道路。作为省生物名师工作室主持人，肖老师在教育上非常注重学生的全面发展，一开始就建议在馆校合作上不但要开发开展科学教育活动，还要同时组织开展志愿服务，促进师生全面发展。笔者作为时任东莞科学馆展教部门负责人，当时受到了很大的启发。作为科普场馆，不能只关注科学教育层面，东莞科学馆作为一个社会公共品，还需要关注人的全面发展，尤其是青少年的全面发展。科普场馆的馆校合作，不只是馆校之间科学教育内容与形式的互补与创新，更是相互之间教育理念与情怀的交融。

经过多年的馆校合作，笔者从把青少年科普志愿服务融入馆校合作科学教育活动的思路，转变为把馆校合作共建青少年科普志愿服务作为一个教育项目来策划与实施的思路，并在实践中不断挖掘其作用。

1　培养青少年服务社会意识

志愿服务倡导“奉献、友爱、互助、进步”，它既是志愿精神的高度概括，也充分凝练了中华民族传统、时代精神和人类共同文明的价值追求。引导当代中小学生参与志愿服务活动，并逐渐内化为他们的自觉行为和生活方式，有助于他们形成正确的价值观。[2]东莞科学馆与肖小亮名师工作室馆校合作过程中，每一个项目开发设计时都嵌入适合学生志愿者参与的实践内容。一开始我们就定位研究的目标与途径：馆校合作“做中学”助推STEM教育，志愿服务“正能量”传递科学本质。[3]

刚开展馆校合作时，我们就向全市中小学教师等群体招集一批生物教师志愿者，并通过“大手拉小手”“公益课”等逐步培养和发展学生志愿者。教师对学生的影响很大，所以我们首先要让教师从事志愿服务，从而影响带动学生。

早期馆校合作项目如“小小科学家之探秘微观生物世界公益课活动”“新技术支持下的生命科学实践活动区”等，中小学生志愿者充当课堂助理、实验室助理、活动助理等，辅导同龄同学开展科学探究活动。后期随着合作的深入，更多的项目如临时展览教育活动开发实施、学生实验技能比赛等，大量的大学生、中小学生科普志愿者参与其中。为适时肯定激励学生志愿者，我们定期发放志愿服务证书，肯定学生的努力付出，让服务社会意识逐渐内化为他们的自觉行为。通过鼓励支持志愿者内部开展交流活动，让学生志愿者交流体验志愿服务心得，感悟志愿服务精神。

科普场馆应该是个有人文情怀的场馆、一个良好的实践平台，加上与学校的合作，优势互补，共建志愿服务培养青少年服务社会意识大有可为。

2 训练青少年运用科学语言

一个合格的公民应该参与社会公众议题的讨论，科技类议题中很多是社会性议题，提高公众科学素养的目的之一就是让公众具备参与社会性科技议题讨论的能力。训练青少年运用科学语言的能力，是为了让青少年作为高素质公民参与社会性科技事务。

在科学课堂上，科学语言的运用，使得学生对自己观点与思想的表达、与其他同学进行交流与辩论等成为可能。[4]科普场馆是青少年学生校外的课堂，以馆校合作共建青少年科普志愿服务为平台，具有馆与校优势互补的特点。设计的青少年科普志愿服务活动让学生从事社会机构的真实工作内容，在实践中训练他们的科学语言运用能力，营造一个学生表达自己观点思想、与他人交流实践的成长环境。表1是东莞科学馆馆校共建的青少年科普志愿服务活动跟运用科学语言有关的部分项目内容。

表1 训练科学语言运用的部分东莞科学馆青少年志愿服务项目

项目名称	需使用科学语言的工作内容	适用学生志愿者类别
小小科学家之探秘微观生物世界公益课活动	助教，辅导学员做实验	中学生志愿者 大学生志愿者
	教学	大学生志愿者

续表

项目名称	需使用科学语言的工作内容	适用学生志愿者类别
新技术支持下的生命科学实践活动区	讲解科学仪器 讲解实验过程 辅导观众体验	小学生志愿者 中学生志愿者 大学生志愿者
科学展览全程讲解	讲解、演示	大学生志愿者
科学展览局部讲解	讲解、演示	小学生志愿者 中学生志愿者 大学生志愿者
科学教育活动开展	实验演示讲解	小学生志愿者 中学生志愿者 大学生志愿者
	学生团队自主开发实施	大学生志愿者
常设展览展品讲解辅导	展品讲解辅导	中学生志愿者 大学生志愿者

学生志愿者上岗前学校教师与场馆辅导员对学生志愿者进行培训、试讲，对志愿者上岗后的工作情况进行及时研究与评估，反馈给志愿者，促使其成长。我们鼓励他们以小组形式开展工作，同学间互相帮助与促进，初始阶段还起到“壮胆”作用。

2016 年“走进侏罗纪——大型恐龙主题科普展”在暑假结束后，参与志愿服务的一个大学生志愿者找到笔者。他说，同学们在讲解展览后，对恐龙灭绝话题争论不休，希望科学馆能让他们办一场科学辩论会。笔者同意他们的提议，但这个辩论会科学馆不参与组织，只提供教室和纪念品，志愿者自主完成策划和组织这个活动。辩论会结束后，这位同学给笔者报告了辩论会情况，相当成功，他们还邀请了自己高校的教授到场给他们做评委，教授们很高兴参加这个活动，也对东莞科学馆馆校合作给予学生实践机会深表感谢。

科学展览讲解是大学生志愿者抢手认领的工作内容。同学们从面对陌生人群讲话的紧张感开始，在馆校专业人员的指导鼓励及同学的成功感染下，科学展览讲解给予他们运用语言交流的自信心及服务社会的自豪感。

2017 年暑假“多彩的昆虫世界”在东莞科学馆展出，展览中一部分展示内容是昆虫活体养殖展示。我们设计一个工作内容让小学生志愿者参与，让他们一个小组负责一个昆虫养殖箱并在展览现场给观众讲述他们如何养殖昆虫及探索到某种昆虫的哪些性状。整个过程，不断由辅导员与教师给予学生科学语言使用上的技巧指导。在志愿工作接近尾声时，他们学校的科学教师组织学生开展一个分享活动，还邀请学生家长旁听。在科学馆的展厅里，同学们一起分享交流他们的工作心得，家长们对孩子运用语言的能力水平感到由衷高兴。

科普场馆是个开放式的社会机构，天然具备训练学生运用科学语言的环境与气氛。科普场馆与学校合作，以真实社会机构的工作任务来训练学生志愿者科学语言运用能力，成效比较明显。

3　影响青少年职业生涯规划

志愿服务周期长，注重学生志愿者技能与专业成长、勇于挑战自我、体验工作成就感是我们设计学生科普志愿者项目时的重要考虑因素。

大学生科普志愿者计划，是我们馆校合作共建青少年科普志愿服务平台的一个重要部分。东莞科学馆定期招募大学生做科普志愿者，本地高校大学生参与所有节假日的科普志愿服务，本地在外高校就读的大学生主要参加寒暑假期间的科普志愿服务。每次招募完成，笔者都会给他们上第一节课，主要介绍东莞科学馆的情况，并简单介绍场馆教育理念。对于大学生志愿者，笔者的理念是把他们作为场馆的辅导员看待，同时也把这个理念传达给他们。他们可以参加馆里的辅导员培训，同时安排学校科学类教师给他们培训，并根据他们的特长与兴趣，安排他们从事馆里科教项目策划人员和辅导员的各项工作。根据统计，我们的大学生志愿者 70%以上在馆里从事超过两年的志愿服务。

在馆校合作“小小科学家之探秘微观生物世界公益课活动”中，我们选拔有兴趣的大学生志愿者参与辅导工作，由学校生物教师培训他们，协助上课的学校教师与馆辅导员辅导学生。令人惊喜的是，有天两位大学生志愿者找笔者交流，希望由他们志愿者团队来上课与辅导。笔者很快和肖小亮名师工作室团队商量志愿者的这个设想，志愿者的设想得到肖老师的欣赏与大力支持，选派骨干教师担当志愿者的导师。大学生志愿者的实践表现经过馆校评估令人满意，我们也放心地把这个活动部分班级的课程交给大学生志愿者来实施。根据后期我们掌握的信息，先后有四名大学生志愿者虽然非师范专业，但在大学期间考取了教师资格证，毕业后通过教育部门招聘考试，走上了人民教师岗位。

在馆校合作共建青少年科普志愿服务中，有这么一个例子。有个家庭姐弟三人，先后成为科学馆的大学生科普志愿者，都在馆里从事志愿服务达三年。大姐成了一名教师；弟弟成了一名工程技术人员；二姐在东莞科学馆招聘辅导员时，通过了笔试与面试，成了科学馆的展教辅导员。

馆校合作策划到校巡展的流动展时，安排两位大学生志愿者设计展板画面。我们知道，学生设计的展板画面可能比不上专业公司，但这是包含学生志愿者在内的科学教育共同体的原创成果，是最好的展教内容。看到自己的作品在学校里巡展，参与设计的学生由原来对自己专业选择与日后的就业忐忑心情变得充满自信，如今成了科普行业的创业者。

一位在馆从事志愿服务两年的大学生志愿者曾找笔者聊天。她说道，从事两年科普志愿服务，发现自己对环境保护方面很感兴趣。虽然现在读的是工商管理专业，但计划考环境科学专业的研究生，想听听部长的意见。笔者说，只能提供些参考意见，从文科专业转向考理工类研究生，难度非常大。环境科学专业的就业前景并不十分好。她听了说，我会认真考虑。这事后来笔者差不多忘记了，两年后的一天突然这位学生通过 QQ 给笔者发来信息，她成功考取了环境科学专业的研究生。

麦鲁小城是华侨城集团旗下的新型儿童职业体验乐园，麦鲁小城是一座迷你版的儿童城市，城里有数十座不同风格的房屋，也有热闹的街区和繁忙的交通。在这里，小朋友有自己的身份证和银行卡，还可以体验不同的角色扮演，警察、消防员、空姐、医生、记者、点心师、摄影师……50 多种职业应有尽有。完成工作之后，还可以赚取到“麦元”，在园区里面享用美食、购买纪念品、报名参加职业培训。

通过馆校合作设计，我们让中小学生在场馆的科普志愿服务中，体验各种真实的工作实践。中小学科普志愿者一般采用项目周期形式。让他们经历上岗前培训、参与工作、体验工作满足感、获取科普志愿积分、赚取科普书和实验小器材。中小学生可能距离职业生涯还有很长时间，但职业生涯规划是从小就会慢慢被影响的。

荷兰科技中心馆长朱斯特·杜马曾说，我们正从一个生产者和消费者的社会进入一个职业掌控者和职业选择者的社会。[5] 作为科普场馆，通过针对性设计开展科普志愿服务活动，可以影响青少年的职业生涯规划，让更多青少年喜欢科学与工程、科学教育等相关职业。

4 结语

东莞科学馆馆校合作多年坚持走下来，除了科学教育内容得到了公众的认可和喜爱外，馆校合作“育人”的理念也得到了公众与专业机构的肯定。每年暑假中小学科普志愿者招募还未开始，市民已纷纷致电咨询。教育机构与文化场馆的专业人员，送孩子参加学生志愿服务队的愿望更为强烈。大学生科普志愿者的招募，后期由于报名人数太多，馆方采用由高校学生组织推荐加面试的招募形式，同时增强学生组织与社会机构交流与合作的能力。由于科学馆的志愿者计划在高校有很好的口碑，很多本地高校各类学生组织慕名主动联系，成为科学馆的合作伙伴。东莞科学馆与名师工作室的馆校合作项目“基于馆校合作平台的生命科学人才培养模式研究”成为广东省教育科学“十三五”规划项目，并顺利结题。“馆校结合推科普 创新共储人才——基于馆校合作平台的生命科学后备人才培养模式研究”获得 2020 年广东省中小学教育创新成果奖一等奖。“馆校合作推科普 创新共建储人才——非正规教育协同育人实践研究”入选第六届中国教育创新成果公益博览会最终评比，由于疫情关系，评比结果暂未推出。

科普场馆作为非正规科学教育场所，通过科学教育提高公民科学素质是它的价值所在。科普场馆同时还应怀有人文情怀，关注学生的全面发展，应该把学生科普志愿服务作为一个教育项目来策划与实施，助力学生全面发展。馆校合作共建青少年科普志愿服务，馆与校优势互补、资源互补，通过研究与实践可以不断挖掘助力学生全面发展的多种功能。

参考文献

［1］郑奕：《博物馆教育活动研究》，复旦大学出版社，2015。
［2］姜朝晖：《志愿服务：当代中小学生价值养成的重要路径》，《中国德育》2014年第14期。
［3］肖小亮、卢懿健：《馆校合作在路上》，新世纪出版社，2019。
［4］马明辉：《美国科学教育发展的新阶段——作为实践的科学》，《外国教育研究》2012年第7期。
［5］〔加〕伯纳德·希尔、〔英〕埃姆林·科斯特：《当代科学中心》，徐善衍等译，中国科学技术出版社，2007。

“双减” 背景下馆校合作科学教育的价值探讨与实践模式

马沁雪　杜 萍*

（华中师范大学，武汉，10511）

摘　要　为建成世界科技强国，以全面提高科学素养为主要目的的科学教育成为焦点。“双减”政策的实施为馆校合作科学教育创造了良好契机。本文基于“双减”政策背景，从理论与实践、科学与人文、课后服务、协同育人体系四个方面分析馆校合作科学教育的价值意蕴，并从建立交流机制、开发合作课程、建立培训机制、构建评价体系四个方面探讨了馆校合作科学教育的实践模式，为馆校合作科学教育良好发展提供参考与启示。

关键词　馆校合作　科学教育　“双减”　课后服务

科学技术是第一生产力。为建成世界科技强国，以全面提高科学素养为主要目的的科学教育成为焦点。2021 年 7 月，中共中央办公厅、国务院办公厅印发《关于进一步减轻义务教育阶段学生作业负担和校外培训负担的意见》（以下简称“双减”），要求学校充分利用社会资源，发挥好校外活动场所的作用以提高课后服务质量。[1]“双减”政策的实施为科学教育的发展提供了新的视角。场馆作为学生非正式科学学习的重要场所，能为学校课后服务提供优质的学习资源，为学生科学学习提供开放的学习空间及探究式的学习体验。[2]

---

* 马沁雪，华中师范大学研究生，研究方向为科学教育；杜萍，华中师范大学研究生，研究方向为科学教育。

为充分发挥学校教育与场馆教育优势，助力“双减”政策落地落实，构建馆校合作视域下的科学教育成为必然趋势。

1 “双减”背景下馆校合作科学教育的价值探讨

馆校合作科学教育是进行学校科学教育改革、提升课后服务质量的必然趋势。在此结合“双减”政策背景，探讨馆校合作科学教育的价值意蕴。

1.1 注重理论与实践对话，促进科学教育根本目的的达成

传统学校科学教育呈现系统化、理论化的特点。虽然目前科学教育对学生的科学知识、科学方法、科学思想等方面做出了具体要求，但在教学实践过程中仍存在重知识轻能力、重概念轻方法、重书本轻实践、重灌输轻探究的问题。[3]《义务教育科学课程标准（2022 年版）》明确指出科学教育需立足于培养学生的核心素养，要求将科学概念、科学思维、探究实践、态度责任等核心素养的培养融入科学学习全过程。传统的以科学知识为核心导向的教学模式不利于学习者核心素养的培养。然而，场馆教育主要呈现互动性、探究性、趣味性等特点[4]，通过互动、实验、展示等形式发挥它的教育职能。它允许学习者在场馆内开展自主探究与互动交流活动，强调学习者在体验和操作的过程中建构科学知识，掌握科学方法，培养科学思维。同时，文化作为场馆的固有属性之一要求场馆在设计展品或开展科普活动时不仅应考虑科学知识的普及、科技成果的展示，更应注重科学精神和思想的传播、文化的弘扬，从而为青少年树立正确的价值观和社会责任感。

因此，馆校合作科学教育能够有效弥补学校科学教育“重理论轻实践”的缺憾，将课堂知识与科学实践相联系的基础上培养青少年的核心素养，最终促进科学教育根本目的的达成。

1.2 整合科学教育与人文教育，促进个人与社会良好发展

“科学求真”认为科学是实证的，以客观事实为依据，在价值上保持中立。“人文求善”认为人文是满足人和社会需求的终极关怀，强调了解人的价值并肩负社会责任感。[5]精于科学而荒于人文，忽视社会、伦理、环境等问题，

可能不利于甚至有害于人和社会的发展。精于人文而荒于科学，不顺应客观规律与事实同样会对人和社会的发展造成威胁。因此，加强科学教育与人文教育的融合成为当前教育发展的重要趋势。在这样的教育理念下，科学、技术、社会（STS），科学史、科学哲学与科学社会学（HPS）等教学模式融入科学教育成为科学教育人文化的重要路径。然而，由于实践条件限制，上述教学模式很难直接在学校科学教育课程中应用，因此以展教为主要形式的场馆教育被赋予众望。[6]它能够在学习者参观、体验、互动中向其讲述科学故事，传递其背后承载的科学家精神和科学思想；也能组织学习者在各类科普教育基地开展体验式、探究式的科学实践活动，让学习者在参与科学的过程中真正意识到科学责任，了解科学、技术、社会三者之间的关系。

因此，馆校合作科学教育能够突破学校科学教育在实践上的局限，凸显科学教育实践层面的人文特点，加强科学史教育、情感教育，最终促进个人与社会的良好发展。

1.3　提升学校课后服务供给力，满足学生多样化学习需求

以“效益”为核心评价域的现代社会，引发了家长对“名校”“高分”“升学率”等的片面追求。[7]急剧扩大的教育需求与当前学校教育供给之间出现落差，使得许多家长将目光投向校外教育培训机构。[8]然而，由于缺乏监管与系统评价，校外培训机构乱象频发。为治理校外培训乱象，回归良好教育生态，国家出台“双减”政策，明确规定要“坚持从严治理，全面规范校外培训行为”“提升课后服务水平，满足学生多样化学习需求”。学生多样化的学习需求源于学生的个性特点和能力差异，主要体现在对知识、能力及学习方式等方面的不同需求。馆校合作科学教育能够根据学生多样化、个性化的学习需求，为其提供合适的资源和学习方式，支持学习者开展自主探究式学习、小组合作学习等。因此，为助推“双减”工作，2021 年 12 月，教育部办公厅、中国科协办公厅发布《关于利用科普资源助推“双减”工作的通知》，以期通过“走出去”“引进来”的方式，充分发挥科协系统资源优势，整合校内外优质教育资源，开展馆校合作科学教育课程，进而提升学校课后服务质量与吸引力，满足学生多样化学习需求，最终使学生的科学素养得到发展。[9]

1.4 构建协同育人教育体系，实现学生全面个性化发展

青少年的科学教育工作是复杂的系统工程，不仅有赖于学校教育，还需要社会教育的辅助支持。场馆作为社会教育的重要场所，存在巨大的社会教育潜力，对青少年科学素养的培养负有不可推卸的责任。“双减”背景下，为充分发挥场馆的教育价值、落实其社会教育责任，场馆教育理应与学校教育携手开展科学教育活动。因此，馆校合作科学教育成为学校教育和社会教育在科学教育中的合力，二者有机结合，构建“1+1>2”的协同育人教育体系。它通过开发和汇聚更多教育资源，支持多样化的学习方式，为青少年提供全方位、个性化的优质教育服务，全面覆盖不同发展时期青少年的科学学习需求，最终实现青少年的全面个性化发展。[10]

2 “双减”背景下馆校合作科学教育的实践模式

为充分发挥馆校合作科学教育的价值，协同促进青少年全面个性化发展，在此结合“双减”政策背景，探讨馆校合作科学教育的实践模式。

2.1 建立常态化馆校双方交流机制

馆校合作科学教育有赖于学校和场馆二者的共同努力，馆校双方充分交流、积极合作是良好推进馆校合作科学教育工作的前提与基础。然而，从往年开展的馆校合作工作中可以看出，馆校双方对交流的重要性认识不够充分，工作开展也不够积极。实践上主要呈现对政策的被动响应，即实施形式上的“引进来”和“走出去”模式。合作也以短期合作为主，未建立起长期稳定的合作关系，总体上缺乏主动推进深度合作的意识。[11]在《关于进一步减轻义务教育阶段学生作业负担和校外培训负担的意见》和《关于利用科普资源助推“双减”工作的通知》文件精神指引下，馆校双方逐渐意识到合作的重要性，深度合作交流意愿也在不断增强。自“双减”政策实施以来，全国各省多所学校与当地科技馆签订了长期合作协议共建馆校合作教育基地。同时，为打破传统“引进来”“走出去”模式，馆校双方在合作内容与形式上不断创新，通过开展科普大篷车、科学实验、科技选修课等活动深度推进馆校合作，以期为

学生打造学习和成长的第二课堂。然而就目前来看，馆校双方虽达成了合作交流共识，但就“如何交流”“谁来参与”“何种模式”等问题未形成统一认识，这不利于馆校合作科学教育工作的深入开展。因此，为实现真正的“馆中有校、校中有馆”，建立常态化馆校双方交流机制尤为重要。

第一，馆校双方应设置专门的联络员定期与对方沟通工作。校方应定期向场馆提供学生学习情况、课程进度等资料，明确提出自身需求以便场馆更好地支持学校开展课后服务工作；馆方也应积极配合学校工作，向校方提供可使用的场馆资源、合理安排时间场地、定期反馈学生参与活动情况等。第二，馆校双方应明确自身任务共同参与馆校合作工作。学校教师应充分发挥自身专业知识、教学技能等方面的优势，积极参与到教学设计、教学实施、教学评价等过程中；场馆教育人员应结合自身对展品及场馆资源的了解对教学进行拓展与深入。例如“双师授课”模式结合二者优势、相互补充，成效显著。

2.2 开发特色化馆校合作系列课程

“双减”政策实施后，馆校合作科学教育成为提升学校课后服务质量、丰富学生课后服务活动的重要力量。课程作为落实其教育功能的主要途径理应受到重视。目前各地学校与场馆已合作研发了多门科普教育课程，课程以学习者为中心，基于场馆优质的教育资源，向学习者提供自主探究式的学习体验。但是由于课程研发标准不一，已开发课程在目标设置、内容选取、教学模式等方面存在较大差异，实施的效果也不尽如人意。同时多数课程主要呈现时间较短、内容零散、知识点独立等特点，这不利于学习者对知识体系的构建。因此，为向学习者提供更好的学习体验，开发具有特色的馆校合作系统性课程势在必行。

第一，基于国家课程标准设置馆校合作课程目标。课程标准是对课程的基本规范和质量要求，是对课程本身实现目标的具体要求。[12] 2017 年《义务教育小学科学课程标准》提出“科学知识”“科学态度”“科学探究”“科学、技术、社会与环境”四维目标；2022 年《义务教育科学课程标准（2022 年版）》提出“科学观念”“科学思维”“探究实践”“态度责任”四大目标。以馆校合作开发的“科技馆里的科学课”科普课程为例，该课程结合《义务教育小学科学课程标准》，在国家课程标准的基础上进行融合创新，成为学校科学课程的有效补充，能够帮助学生开阔视野，增强科学意识。因此，以发展青少年科学素养为目的的馆校合作科学教育课程应在以上目标基础上加以拓展和深入，结合场馆特色设置相应的课程目标。

第二，馆校双方应共同敲定课程内容。在当前馆校合作中，场馆课程内容与学校教学内容间存在脱节现象，导致学生无法与校内所学知识建立联系，无形中增加了学生的学习负担，教学效果也得不到保障。因此，馆校合作科学教育课程应对接学校课程教学内容，基于课程标准、学生学情、场馆资源、课时安排等因素双方共同商议、最终确定课程内容。

第三，创新教师教学模式与学生学习方式。为改进传统馆校合作形式单一的不足，我们可以采用“双师教学”或“多师教学”等新型教学模式，充分发挥学校教师与场馆教育人员自身专业优势。在校内，学校教师可以根据课程目标及内容提前安排学习任务，让学生能够带着问题去场馆学习。在场馆内，场馆教育人员要对展区内容进行深入讲解，帮助学生发现问题，开展探究活动。最后学校教师应组织学生进行交流、总结与评价。

2.3 建立专业化教师双向培训机制

自开展馆校合作科学教育以来，教师如何进行课程选题、教师如何利用场馆资源开展教学、学生怎样在场馆内开展课程学习等问题一直困扰着我们。为改变此现状，馆方和校方进行了多种尝试，其中场馆针对学校教师开展培训活动是重点方向之一。例如，上海自然博物馆（上海科技馆分馆）每年都会举办教师培训项目以提高教师利用场馆资源开展教学的能力。江西省科技馆每年也会不定期地组织多场针对中小学科学教师的培训活动。这一举措确实有效地帮助学校教师了解场馆教育的理念，熟悉场馆的展教资源，提高了教师利用场馆资源开展教学的能力，也加深了教师与场馆之间的交流。然而，除学校教师外，场馆教育人员作为馆校合作科学教育的实施者，在课程目标的设定、内容的选取、教学的实施等方面也发挥着主导作用。因此，仅将关注点放在对学校教师的单向培训上而忽视了对场馆教育人员教育理念与教学技能方面的培养，不利于馆校合作的深度推进。为了落实馆校合作科学教育“走出去”“引进来”的模式，增进学校教师与场馆教育人员的交流与对话，更好地培养学生的科学素养，建立教师双向培训机制实现二者专业上的相互补充、共同提高是未来馆校合作科学教育的必然趋势。

第一，为场馆教育人员提供教师教育培训。场馆应联合学校定期组织面向场馆教育人员的名师专家讲座，有针对性地向其讲解科学教育理念与实践方法，结合相关优秀教学案例讲授教学技能知识等，帮助场馆教育人员在把握学生学情、明确教学目标的基础上开展整合科学知识、科学实践、科学态度与价值的教学。

第二，为学校教师提供教师教育培训。学校也应联合场馆定期开展面向学校教师的培训，通过对各类场馆历史、展区分布、展品信息等的介绍强化教师对场馆资源的了解，帮助教师在馆校合作科学教育中充分利用场馆特色资源进行课程设计，引导学生在开放式场馆环境中学习，并在深入的探究式学习体验中提升科学素养等。

教师双向培训机制一方面能够增加学校教师对场馆资源的了解，提升其利用场馆资源开展教学的能力；另一方面能够培养场馆教育人员在课程研发、教学设计、组织教学等方面的能力。因此，建立教师双向培训机制势在必行。

2.4 构建科学化合作教学评价体系

教学评价作为教学过程中的重要环节，在激励学生学习热情、促进学生全面发展、帮助教师教学反思等方面起着重要作用。学校科学教育早已建立了一整套系统的教学评价体系，包括诊断性评价、形成性评价、总结性评价等，能全面、多角度地对学生学习效果进行评价，从而发现问题、改善教学，最终提高青少年的科学素养。但馆校合作科学教育目前还没有建立起完备的教学评价与反馈体系，这不利于教师掌握学生的学习效果并对教学做出改进。因此，馆校合作科学教育应参考学校科学教育评价体系，结合场馆教育自身特色，构建科学化的合作教学评价体系，从而提升馆校合作科学教育的教学效果，促进科学教育根本目的的达成。

参考文献

［1］中共中央办公厅、国务院办公厅：《关于进一步减轻义务教育阶段学生作业负

担和校外培训负担的意见》，http：//www. moe. gov. cn/jyb_ xxgk/moe_ 1777/moe_ 1778/202107/t20210724_ 546576. html。
[2] 赵慧勤、张天云：《基于学生核心素养发展的馆校合作策略研究》，《中国电化教育》2019 年第 3 期。
[3] 孙宇、张园：《科学传播、科学教育与全民科学素质培养》，《学术界》2012 年第 5 期。
[4] 谢娟、伍新春、季娇：《科技场馆“第二课堂”育人价值实现路径——基于我国城市中小学生的实证调查》，《中国教育学刊》2018 年第 9 期。
[5] 杨叔子：《绿色教育：科学教育与人文教育的交融》，《教育研究》2002 年第 11 期。
[6] 张娜：《情动理论下的“动情”科学教育及其科普展示化》，《科普研究》2021 年第 5 期。
[7] 都晓：《“双减”背景下的课后服务研究述论》，《新疆师范大学学报》（哲学社会科学版）2022 年第 4 期。
[8] 梁凯丽、辛涛、张琼元等：《落实“双减”与校外培训机构治理》，《中国远程教育》（综合版）2022 年第 4 期。
[9] 教育部办公厅、中国科协办公厅：《关于利用科普资源助推“双减”工作的通知》，http：//www. moe. gov. cn/srcsite/A06/s7053/202112/t20211214 _ 587188. html。
[10] 齐欣：《从馆校结合到家校社科学教育共同体——“双减”背景下科技馆科学教育发展的思考》，《中国科技教育》2021 年第 10 期。
[11] 刘亚楠：《博物馆文化教育功能发挥与学校互动机制构建——以渭南市博物馆为例》，《延安大学学报》（社会科学版）2022 年第 2 期。
[12] 吴玉平、张伟平：《国外中小学课程目标平衡性研究》，《现代教育论丛》2014 年第 3 期。

“双减” 政策落实中馆校结合的策略与作用发挥

贾惠霞*

（石嘴山市科技馆，石嘴山，753000）

摘　要　随着教育“双减”政策落地，科技馆作为城市中以科技宣传教育为主的科普单位，在中小学教育当中发挥出重要作用，扮演校外教育的新角色。基于此，文章首先针对“双减”政策的内涵、意义及其给科技馆带来的影响做出分析，再立足“双减”政策，针对科技馆的功能职责、教育作用等展开论述，最后从多方面提出科技馆在“双减”政策落实中发挥作用的有效策略，指出要完善支撑设计、实现资源融合、加强馆校结合、完善制度保障、加强科普队伍建设等，要多管齐下，让科技馆在“双减”政策落实中有效参与到中小学科学教育之中，发挥出自身的积极作用。

关键词　“双减”　中小学　科技馆　馆校结合　资源融合

2021年7月，中共中央办公厅和国务院办公厅联合印发了《关于进一步减轻义务教育阶段学生作业负担和校外培训负担的意见》（以下简称“双减”），明确提出要全面改革义务教育，减轻学生的校内作业负担与校外培训负担。“双减”政策出台后，学生课余时间多了，如何有效利用时间，则成为值得关注的问题。对此，科技馆可以立足自身的功能角色，通过举办各种科技展览、科学教育、科技竞赛等活动，为学生课余时间提供空间。

---

* 贾惠霞，石嘴山市科技馆副馆长，中级经济师，研究方向为科技馆展览、教育活动设计。

作为科技馆的工作人员，应认识到“双减”政策内涵及其带来的影响，以此为契机推动科技馆工作的不断创新改善，有针对性地围绕“双减”，面向广大中小学生开发各种各样的活动，充分发挥科技馆的科学普及教育职能。

1 “双减”政策的内涵、意义及对科技馆的影响

“双减”政策是近年来义务教育阶段出台的最为重要的一个政策，它是从宏观整体角度针对全国教育活动所制定的政策方案。作为科技馆，应深入理解“双减”政策，结合“双减”政策革新馆内工作，把握“双减”对科技馆工作带来的影响。[1]

1.1 内涵

对于中小学教育来讲，作业是一直以来就长期存在的一个教育因子，在课堂上有课堂作业，在课堂外有课外作业，很多教师都希望通过大量作业练习，让学生牢固掌握相关知识。然而从实际来说，这样的做法事与愿违。学习好的学生，不需要大量作业，就能掌握知识。学习一般的学生，由于本身对作业存在抗拒心理，没有用心做作业，也无法取得理想效果。这样一来，大量作业反而成为学生的负担，挤压了学生课内与课外的时间。而对于学习一般的学生，家长为了提高他们的学习成绩，选择报各种培训班，利用晚上或周末的时间，让学生到培训班学习。[2]随着报培训班的学生越来越多，很多学习好的学生，也被家长逼迫参加培训班，如此一来就形成全民报培训班的现象，产生了严重的内卷。中共中央和国务院联合出台“双减”政策，明确要求减轻学生作业负担，减轻学生校外培训负担。“双减”政策的出台，为不良的教育风气及时踩下了刹车，并引导义务教育重回正轨。[3]

1.2 意义

“双减”政策的出台，具有多方面的重大意义，需要深入理解。首先，“双减”政策能够推动义务教育进一步强化素质教育。“双减”政策出台，具

有足够的导向性，可以从根本上实现义务教育模式的转型，将素质教育全面融入进来。其次，“双减”政策的出台，可以缓解社会中广大家长的焦虑和压力。通过“双减”政策的落实，让全国范围的培训机构大量关停或是转行，一夜之间学科类培训大面积消失，家长不必再为培训而焦虑，不仅可以减轻家长的心理压力，也可以减轻家长的经济压力，省去了培训方面的开支。[4]最后，可以还给学生一个快乐的童年。通过“双减”，减轻作业和培训负担，将课外时间还给学生，让学生做自己想做的事情，欢度快乐的童年，从而保证中小学生的身心健康。

1.3 影响

“双减”政策的出台，带来的影响是多方面的，不论是对家长还是学生，抑或是学校、培训机构等，都产生了重大影响。而对于科技馆来说，“双减”政策的出台及其影响，需要科技馆工作人员切实把握。

第一，“双减”政策增加了中小学生的课外时间，这让科技馆能够吸引更多学生。以往，中小学生课外时间普遍受到学习和培训的限制，很少有机会到科技馆参观。而“双减”实施后，学生有了大量课外时间，这样就有了前往科技馆的机会。对于科技馆而言，学生时间多了，科技馆也可以通过一定的方法手段，吸引学生来科技馆，或者吸引家长带着孩子来科技馆。如此可以让科技馆活跃起来，更好地发挥科技馆的职能。[5]

第二，“双减”政策出台，可以让科技馆的教育功能进一步强化。科技馆本身就有科学宣传教育的功能，长期以来也一直围绕这个方面开展工作。“双减”实施后，不仅仅是更多家长关注到科技馆，更多中小学校也开始关注科技馆，希望和科技馆建立长期科普教育合作关系，定期在科技馆为学生举办科学教育活动。在这样的背景下，科技馆就可以迎来更多的教育合作机会，和中小学校建立起多样化的教育合作关系，从而增强科技馆在中小学中的科普教育功能。

第三，“双减”政策促进科技馆工作的创新变革，推动工作水平提升。在“双减”政策下，科技馆迎来了更好的发展机会，尤其是在中小学科学教育层面，科技馆能够发挥更加显著的教育功能。而与之相应的，也就需要科技馆不断推进创新变革，开发特色化、新颖化的科普活动，要构建起多种不同形式的合作体系，要打造一支高水平的工作队伍，从而实现科技馆整体工作水平的不断提升。[6]

2 “双减”政策下科技馆对中小学科学教育的作用

“双减”政策的出台，给科技馆工作带来了多方面的积极影响。对于科技馆而言，需要在“双减”政策下，重新审视自身的科学教育作用，尤其是对中小学教育的作用。在“双减”政策下，科技馆自身的职能作用并未改变，而是有所新增。下面就针对科技馆的主要职能及其对中小学教育的作用做出分析。

2.1 “双减”后科技馆的职能优化

科技馆一般是对科学技术馆的简称，这是一类以展览教育为主要功能的公益性科普教育机构。对于科技馆而言，其职能较为多样。尤其是“双减”政策实施后，科技馆的职能产生了一定的优化。

第一，对“双进”活动（科技馆活动进校园及学校走进科技馆活动）进行升级，增加了科普助力“双减”课后延时服务、科普助力“双减”研学活动。多系列、全方位、多角度为青少年开发科普活动、创造科普环境，促进青少年科学素质提升。

第二，组织举办常设性与临时性科普活动和展览。对于科技馆而言，举办各种科普活动与展览是最为基本的职能。在科普活动和展览中，有些是常设性活动，也就是一年四季都有设置。而一些是临时性活动，只在某些时间段设置。“双减”实施后，更是面向本地区广大学生，开设了很多科普活动。

第三，组织科普专题讲座、报告会或影视活动。科技馆还会围绕某些科普主题，举办专门的讲座或是报告会，抑或是设置观影会，通过影视的方式开展科普教育。

第四，面向青少年组织科学实验和科技竞赛活动。“双减”实施后，科技馆职能转变，面向广大青少年组织各类科学实验竞赛活动，或者举办各种科技竞赛活动。[7]

第五，面向公众开展各类科技培训。科技馆面向全体人群，除了学生，也会面向社会大众，开办各种科技培训活动。

第六，组织青少年开展科技教育研究和宣传活动。科技馆还会定期组织一些青少年开展科技研究和宣传活动，以此增强青少年的科技意识和素养。

第七，负责上级或其他单位委托的各种工作任务。科技馆的工作开展，并不是完全独立进行的，有的时候会收到上级的工作安排，也有一些其他单位寻求和科技馆的工作合作。

第八，制作、收集、储存各类科普资料、道具、设备等。在科技馆的科普宣传教育工作中，离不开各种道具、设备和资料，这些都需要制作或收集，在活动结束后需要做好储存。

2.2 科技馆在“双减”政策下对中小学科学教育的作用

科技馆本身具有多样化的职责功能，能够面向社会提供科普宣传教育服务。而针对中小学教育来说，在“双减”背景下，科技馆可以对中小学教育发挥多方面的积极作用。

2.2.1 拓展教育空间

对于中小学教育而言，学校是主要的教育空间，并且在很长一段时间内都是如此。“双减”实施之后，取缔了校外培训，这让学生的教育空间进一步收缩到学校之内，学生难以从学校之外的渠道获取知识。而科技馆，在这样的情况下，通过面向中小学生提供科普教育服务，实现教育空间的拓展。[8]

2.2.2 提供科学活动

对于中小学教育而言，科学教育相当重要，同时也会涉及一些具体的科学教育课程。比如在小学阶段，就有小学科学课程；在初中阶段，则有生物、物理、化学等科学类课程。不过在学校教育中，多是以理论教育为主，缺乏相应的实践活动。而科技馆，可以为学生提供科学实践活动，依托科技馆的各类资源，开发各种各样的科学实践活动，指导中小学生进行科学实践。

2.2.3 加强科学教育

除了可以给中小学生提供科普教育之外，科技馆还可以在“双减”政策背景下，为中小学提供更好的科学教育资源。因为中小学本身的科普教育资源有限，并不足以开展多样化、深入化的科学教育。依托“双减”，加强学校和科技馆的合作，能够让科技馆在中小学教育中发挥更好的科学教育功能。

2.2.4 增强中小学生科学兴趣和素养

科技馆通过发挥自身职责功能，参与到中小学教育当中，能够促进中小学生的科学兴趣和素养得到有效增强，让中小学生达到更高的科学素养水平。[9]

2.2.5 为中小学教育提供服务

在“双减”背景下，科技馆还可以为中小学提供教育方面的服务，如科技进校园、延时服务、研学活动等，这些都是科技馆在“双减”时代可以为中小学提供的创新服务，能够帮助中小学更好地开展教育活动。

3 “双减”政策落实中科技馆发挥作用的方法策略

在“双减”政策落实的过程中，科技馆能够对中小学教育发挥积极的作用。为了推动“双减”政策的落实，需要采取多元化的策略，将自身的作用发挥出来，助力中小学教育的发展。本馆围绕“双减”政策落地，采取了一系列措施，取得了良好效果。

3.1 科教结合完善顶层设计

科技馆助力“双减”工作的落实开展，保持科教结合，完善顶层设计，做好宏观规划。首先，以“双减”文件为导向，本馆与教体局、各中小学校在推进“双减”方面达成共识，保持一致。其次，本馆在全自治区率先启动科普助力“双减”双项活动，按照“双向选择”原则和“定制菜单”方式，开展科学教育活动、展示科普展品、举办科学秀表演、组织科普研学丰富“第二课堂”。最后，本馆与其他相关单位勠力同心，获得相关支持。与石嘴山市科协、教体局以及中小学联合起来，成立推进“双减”的工作小组，联合下发《关于开展科普助力“双减”专项活动的通知》，落实全民科学素质规划纲要，引领“双减”工作的开展，指导科技馆工作创新，切实发挥石嘴山市科技馆科普教育主阵地作用。[10]

3.2 资源融合助力“双减”落地

科技馆在“双减”中发挥作用，资源融合必不可少，这为“双减”落地提供助力。在资源融合这个方面，本馆也做了很多具体工作。

第一，整合人力资源。从本馆的实际情况来看，科普人员的数量不足，这是一个长期以来的客观问题。科普人员不足，会阻碍相关工作的开展。因此，本馆加强人力资源的整合，和学校及其他单位合作，共同建立了一支科普人员队伍，设置全职科普员+兼职科普员的模式，弥补本馆人力的不足。[11]

第二，共享科教资源。对于本馆而言，虽然有很多科普方面的设备和教育资源，但也并不是涵盖了全部类型，在某些方面的科普资源还是存在数量不足的问题。因此，本馆和学校、图书馆及其他单位构建起合作关系，对一些基础性的科普资源实现共享，让这些资源流通起来，投入中小学生的科普教育活动中。

第三，共享工作经验。“双减”政策是一个全新的教育政策，为了让“双减”更快、更好地落地实行，本馆非常注重保持经验共享，与相关单位一起，定期分享各自在“双减”工作中积累的经验，相互提高“双减”工作的水平。[12]

3.3 馆校结合构建多样服务

为了推进“双减”政策的落实，科技馆和中小学校加强合作，建立馆校结合机制，开展多样化服务。

第一，开展科普助力“双减”进科技馆专项活动，根据“学校走进科技馆”工作需求，与中小学对接，组织中小学师生走进科技馆参加科学活动。本馆2021年共完成34所学校走进科技馆的接待工作，通过开展“无‘锁’不在”“‘盐’从哪来?”“乘火箭逃离行星”“多米诺骨牌体验”等涉及历史文化、自然科学、高新技术、天文探秘等的科普活动，累计受益人数达5288人。

第二，开展科普助力“双减”进校园专项活动。根据“科技馆进校园”工作需求，本馆组织进校园活动，安排科普人员走进中小学校园，开办各种活动。比如本馆组织了科普大篷车——流动科技馆展品展示、科学表演、天文科学课、科学教育活动、科普讲座、创客无极限体验等进校园活动，累计受益人数达19806人。

第三，开展“双减”专项活动课后延时服务。对于科技馆而言，在“双减”政策下，要充分用好课后服务时间，为学生拓展学习空间，开展形式多样的科普活动，丰富学生课外生活，激发学生学习科学的积极性，帮助学生树立尊重科学的价值观，培养学生严谨的科学精神。通过“逆风小车”“五颜六色的光”“深空珠宝盒”等课程，既对接了中小学科学课程标准，培养了青少年的科学兴趣，同时对学校科学课老师教学方式方法的丰富多样性也产生了深远影响。

第四，开展“双减”专项“科普研学”活动。设定具体的科普主题，面向中小学举办各类科普研学活动。涉及现代科技类、天文科普类、军事体验类、历史文化类、传统文化类、生态文明类等特色研学活动，让学生以“参观、体验、分享、交流”的形式，推动校内课后服务走深走实。比如本馆以“发现宇宙的广阔，探秘科学的奥秘”“舰上少年军事科技研学”“传承红色基因，研读最美家乡”等主题开展科普研学活动，通过参与科普研学活动，让学生参观、体验科普研学形式，引导青少年学习科学知识，感受科学魅力，体会科技成果，激发学生爱科学、学科学的兴趣，在集体户外活动中增强团队精神和创新意识。

3.4 制度保障“双减”落实

首先，市科协与教体局联合下发《关于开展科普助力“双减”专项活动的通知》，指出要落实全民科学素质规划纲要，切实发挥科技馆科普教育主阵地作用，以“馆校结合”的模式开展，并提供“菜单式”科学教育服务，针对不同学龄段学生提供相应的服务项目。其次，制度构建提供助力。本馆基于在中小学教育服务中的现实需求和工作开展情况，制定了相关的保障制度。[13]比如经费制度建设，确保科技馆各项工作开展的经费来源。再如责任制度构建，明确划分责任，负责相应的工作。此外在学校方面，指导各学校填写《科普助力“双减”专项活动进校园申请表》《科普助力“双减”专项活动进科技馆活动申请表》《科普助力“双减”专项活动课后延时服务申请表》，构建“双向选择”制度，签订服务协议，主动“走出去”“请进来”，针对不同学龄段学生提供相应的服务项目。

3.5 构建高质量的科普团队

首先，聘请科普专家，加入科技馆的工作队伍之中。本馆的专职科普人员数量相对较少，限制了工作的开展。因此，本馆加强对科普专家的聘请，通过社会招聘、机构合作等方式，引入外部的科普专家，到科技馆担任讲师。比如本馆在市科协的带领下，会同教育、卫健、农业、科技、人社等部门，从石嘴山英才、青年托举人才等高层次人才和道德模范、科技专家、党校教授、科技教师、科普辅导员中遴选聘请了157名思想品质优秀、热爱科教事业、科普经验丰富的各领域专家教授、科技教师、科普辅导员作为开展青少年科普教育活动的头雁力量。

其次，加强科技馆人员培训，提升工作队伍的整体素质。第一，加强业务能力培训。为进一步提升科普工作者设计研发高质量科教活动的业务能力，引导科普辅导员不断加强业务学习，强化科普讲解质量，提升科普服务水平。本馆在“双减”政策落地后，第一时间在全馆举办了“‘双减’政策下精品化科教活动资源包的创建研究”“用有声语言的艺术表达技巧提升科普讲解质量”等专题培训，从有声语言表达的基本要求、普通话的痛点简析、科普讲解实战、拓展研究、精品化科教活动资源包的创建等方面，提升科普辅导员的知识水平、基础技能和研发高质量科教活动的能力，增强“双减”政策下科普工作者的综合业务能力。与此同时，本馆针对馆内各部室加强业务培训，开展实验操作与规范、活动方案的撰写与设计、讲解技能及礼仪等20余次培训，进一步提升科普服务质量，强化科普辅导员的综合能力，为各个学校开展校外科技活动提供保障。诠释了科普辅导员助力“双减”的责任感和使命感，助力“双减”政策与科普工作的有效融合。第二，加强安全培训。对全馆工作人员针对消防安全及疫情相关的安全培训，结合“安全用电”“消防安全”“急救知识”等进行示范性教学培训，通过此类培训，及时、安全、高效、精准地将安全知识普及给每一位员工，有效提高突发火灾防控施救能力，有效落实“双减”政策及疫情防控等工作要求，为公众安全保驾护航。

3.6 开发特色课程推进“双减”

在“双减”政策背景下，科技馆服务中小学教育，还需开发特色化的课程活动。开发特色课程的原因，主要在于当前中小学对科学教育格外关注，科技馆围绕科学主题，为中小学生设计丰富、有趣的特色课程与科普学习活动，不仅可以让中小学生从中感受到学习的快乐，弱化自身对学习的负担压力，激发他们的好奇心，而且还可以提升中小学生科学素养。在实践中，本馆安排专人深入学校与各课程教师座谈交流、听取意见，根据中小学科学课程标准，针对学前教育、义务教育、高中教育不同阶段不同年龄段青少年的兴趣爱好、需求特点，研发个性、多元的科普活动及课程。

一是多样化的特色课程。通过创新科普形式，开展“无‘锁’不在”“‘盐’从哪来?”“齿轮上的木马”“乘火箭逃离行星”“漫游太阳系”“轮与轴”“齿轮与方向”“多米诺骨牌体验”等涉及历史文化、自然科学、高新技术、天文探秘等的科普活动，仅在 2021 年就研发了九大系列 98 节活动及课程，2022 年正在实施完成十二大系列 100 余节活动及课程。

二是适宜的受众对象。根据小学科学课程标准和中学科学课程标准，针对不同年龄段青少年的兴趣爱好、需求特点，研发个性、多元的科普活动及课程，确保科普内容适用于学龄段学生。2021 年研发的针对幼儿园学生的课程有“我做你说”“完美复制”等；小学 1~3 年级的课程有“起起伏伏的汤圆”“消失的图案”“弹力”等；小学 4~6 年级的课程有“重现旧时光——自制幻灯机”“齿轮上的木马”“热胀冷缩”等；初中的课程有“阻对电音趴”“星空华尔兹”等；高中的课程有“膨胀的宇宙”“太阳圆舞曲”等。

三是丰富的活动形式。为了让学生在活动中体验科学的乐趣，本馆研发了适合不同群体、多种类型的活动及课程，以亲子、团队、个人的方式开展，做到精准科普。2021 年开展“我最懂你系列活动”“卧虎藏龙大闯关”“‘剧本杀’探科学”“小小科学家少年团”“旦 · 蛋大挑战”等活动。

本馆仅 2021 年开展各项科普活动 430 余期，发放科普期刊 2 万余份，受益人数 3 万余人，仅在“双减”政策落地当月，就服务 18 所学校，受益人数 7000 余人。同时对开展的科普活动进行全方位宣传，进一步提升科技馆服务质量及工作水平，让青少年们及时、全面地掌握科技馆的活动内容和科技动向。

3.7 举办线上特色科普活动

从当前实际来说，疫情防控常态化形势下，本馆开发了线上特色科普活动，依托线上平台，组织开展科普活动。具体来说，本馆组织科普辅导员拍摄

“简易发动机”“不可思议的非牛顿流体”“隔空控物”“冷热水的秘密”等200余个科学视频，在微信、抖音等平台获得超过355万次点击，取得很好的效果。除此之外，依托“互联网+”与VR技术，构建起“云游科技”“科普云课堂”等模式，让农村师生可以通过互联网实现线上参观科技馆、线上听科普讲座等，这样可以进一步将科技馆的教育服务功能延伸到乡村，最大限度地发挥科技馆的“双减”作用。

4 结论

在“双减”政策不断推进的新时代，科技馆作为一类科学教育普及机构，应当清楚认识到自身承担的“双减”责任，要率先行动起来，积极开发特色科普课程，打造高素质的科普队伍，面向中小学提供科普进校园、科普研学、课后延时服务等，让科技馆与中小学教育充分对接，切实推动“双减”政策的落地实行。

下一步，本馆将积极探索“双减”政策下学校教育与科普场馆教育相结合的育才模式，努力为广大学生提供全方位、深层次、高质量的科普服务。一是科学设置“精品科普”路线，依托市县区科技馆等市域科普教育基地，通过馆校合作方式，不断丰富研学内容，形成特色鲜明的研学品牌。二是积极搭建“创客实践”平台，继续探索个性化课后教育服务，填补学校寒暑假期课余教学空白，根据学校所需、学生兴趣增设创新课程，丰富学生假期生活。三是拓展创新“展项教学”形式，招募“小小讲解员”，将学校所需的“探究式学习”理念与科技馆“展项教学”方式有效结合，锻炼学生逻辑性思维和口语表达能力。四是主动开通“云上科普”端口，借助互联网传媒开设“云游科技”和“科普云课堂”，让农村学校师生网上参观科技馆，网上聆听科普讲座。五是精心制作“科普资源”视频，录制科普表演、科学实验、科普讲解、科普讲堂等微视频，建立科普资源包，免费推送给各中小学校课后延时观看。

参考文献

[1] 邹建明：《市科技馆：打造科教新模式给“双减”加点料》，《济南日报》2022年2月11日。

[2] 田程晨：《用活博物馆科技馆资源丰富孩子们的课后生活》，《成都日报》2022年1月26日。

[3]《教育部和中国科协联合部署利用科普资源助推“双减”工作》，《贵州广播电视大学学报》2021年第4期。

[4] 袁海斌：《夯“双减”工作之基 取“五育”并举之果》，《江西教育》2021年第35期。

[5]《福建省科技馆举办“当科普遇上爱国主义”活动》，《新媒体研究》2021年第20期。

[6] 姜军：《在“双减”背景下开展中小学航天科技教育的思考》，《中国科技教育》2021年第10期。

[7] 王莹：《试论如何发挥科技馆科普教育功能创新开展群众文化活动》，《科技风》2021年第18期。

[8] 陈飞：《浅论馆校结合科学教育的与时俱进——基于浙江省科技馆的实践与探索》，《科技通报》2021年第5期。

[9] 张然：《科技馆线上教育活动实践与思考——以中国科技馆为例》，《学会》2021年第1期。

[10] 彭健玲、郑清艳：《“馆校结合”促中小学创客教育课程发展》，《广东教育》（综合版）2020年第4期。

[11] 杨秀梅：《发挥科技馆科普教育功能创新开展群众文化活动》，《科技创新导报》2020年第8期。

[12] 张海悦：《基于科技馆常展品的科学教育活动研究——体验偏好与项目评估理论的视角》，华中师范大学硕士学位论文，2019。

[13] 梁潇：《小学科学教育科技场馆学习现状及对策研究——以重庆城区几所小学为例》，重庆大学硕士学位论文，2018。

科技馆构建稳固馆校合作关系的策略与建议

郭子若*

（广西科技馆，南宁，530022）

摘　要　本文从科技馆的视域着眼，阐述了馆校合作的定义与双方教育特点的差异，明确了科技馆在“双减”背景下的自身定位，查摆出科技馆在推进馆校合作时仍然面临供需平衡困难、资源创设困难、自身影响力待加强等问题。通过文献研究法、跨学科研究法，结合笔者实际工作经验与事例，以及馆校合作的相关论著，提出在优化合作体系的顶层设计、明确目标，加强软硬件建设、利用特色品牌扩大主体影响力等多个方面探索创新，从而有效提升科技馆构建稳固馆校合作关系的能力。

关键词　科技馆　馆校合作　科学教育

2021 年中国科协印发的《现代科技馆体系发展“十四五”规划（2021—2025 年）》中，明确提到“加快构建多元主体参与的开放体系，推进科技馆体系开放共享和资源融通……配合国家‘双减’政策，加强与教育主管部门、中小学校合作，探索建立‘馆校结合’长效机制……”，可以看出国家非常重视馆校合作开展青少年科学教育的探索进程与实际成果。

馆校合作中“馆”所涵盖的面十分宽广，包括科技馆、天文馆、博物馆、美术馆、企业主题展馆，甚至包含部分植物园、动物园等服务机构。由于各场馆所属行政管辖单位不同、自身研究和涉猎的专业方向与内容不同，同时笔者

* 郭子若，广西科技馆展品技术部部长，副研究馆员，研究方向为场馆发展运营、展览策划、文创开发、科普创作。

也未曾在其他机构开展相关研究工作，为了文章的严谨性，本文仅从科技馆的角度（下文均以科技馆探索馆校合作的视角展开论述）分析目前馆与校之间开展科学教育的差异、科技馆在“双减”背景下的自身定位、科技馆推进馆校合作时面临的困难，并结合科技馆自身优势与特点，提出构建稳固馆校合作关系的粗浅建议，供科技馆业内同人探讨、研究。

1　馆校合作的定义

有学者研究：“从 1895 年，英国修正教育法，将学生参观博物馆纳入教育制度轨道，并将参观时间计入学时”开始，馆校合作模式就已问世并开始不断完善。[1]馆校合作是为实现共同的教育目的，相互配合而开展的一系列教学活动，“合作”将博物馆、科技馆、天文馆、美术馆、动物园、植物园等文化公益机构主体与学校共同纳入一个以协作、互补为前提的教育生态系统，利用软、硬件的不断完善，并与最新的科学技术成果持续有机融合，逐步充实教育的内涵，最终实现人才培养的目的。

2　馆校教育特点的差异

馆校合作的形成是基于双方的基本职能、社会属性与自身存在价值的自然契合，其本质是构建以“共赢”为目的的稳定关系。但双方的教育出发点不同，在长期实践中所受的社会环境影响也相差甚远，导致馆、校的教育特点存在差异，进而影响合作的落实。

2.1　学校教育特点

从学校的立场分析，学校教育目前仍是以知识的传授为主，注重教师的权威性，虽然现阶段提出“双减”政策，但教育的目标仍然是以追求较高的升学率为主，学习质量的评价仍以分数级别为主要考核指标。课堂上的学习方式比较单一，受每节课的时间、学生个人认知能力所限，在短短 40 分钟内，老师需要按课程大纲阐述知识内容，尽可能地使用教学手段（如引导、提问、讨论等）激活学生的求知欲望，还要确保有足够的时间留给学生消化吸收所学知识、布置下阶段学习任务等。这种传统的教育模式对学生的创造力、合作能力、实际运用能力等方面的培养已饱受诟病。[2]学校在教育制度的不断变革中也开始寻求新的出路，期望能够突破上述瓶颈。

2.2 场馆教育特点

对于场馆教育，社会普遍认为是“非专业”“非正式”的，对它的教育形式也持有怀疑的态度。究其原因，一方面场馆和学校始终是在不同的职能系统中开展各自的工作，向社会公众传达了固有印象；另一方面双方的供需矛盾仍然突出，比如场馆持有的有限资源与学校不断增长的无限需求之间一直处于“无法满足”的矛盾状态；多学科内容的诉求与场馆主题设置的矛盾；学校教育风格与场馆教育特点的矛盾等。[2]

场馆是开放式、鼓励参与式的学习空间，重点强调的是“动手操作”“发现问题”“引发思考”的“探究”过程，追求的是认知、情感、态度、价值观等多方面的内化提升。场馆中的知识都蕴含于展品展项、环境设置、教育活动中。需要观众主动探索表象，思考内在本质，揭示现象与原理之间的内在规律与逻辑关系，体验科学家精神与科学发展的历史。上述内容正是场馆教育最富有特点的内容，与学校教育在方法、手段上有明显差别。

3 科技馆在“双减”背景下的自身定位

这些年虽然政府不断提出“减负”口号，但出现在义务教育阶段的突出问题仍持续加剧，如家庭教育的功利性、短视化问题；中小学生课业负担重；校外学科类培训机构制造教育恐慌等，导致家长经济和精力负担过重，严重对冲了教育改革发展成果。近年来，各地深入开展“双减”工作（减轻义务教育阶段学生作业负担和校外培训负担），政府从体制机制入手，促进学生全面发展和健康成长。一方面规范了学生作业量与作业管理，另一方面解决了校外学科类培训机构资本涌入、超前超标教育等行为。

“时势造英雄”，面对这种发展趋势，科技馆应该主动认清自身在馆校合作中的定位与特点，并努力打造具有自身特色的优势资源，逐步扩大自身影响力，进而提升科技馆在馆校合作中的地位。

科技馆作为开展基层科普的公益机构，以提高公民科学素质为根本目的，以面向公众开展科普展览、科技培训、科学教育活动等为主要手段。其自身不仅是一个城市的标志性建筑，而且是城市公民科学素质提升的平台之一。它作为社会教育的重要组成部分，其自身特点决定了在科学教育中起到的独特作用。[3]尤其是利用展品或由展品衍生出的科学教育课程资源，相比学校资源内容，是独一无二的存在，它具有趣味性、形象性、直观性、社会性等特点，并且能够在上述基础上，通过设定独立或相关联的主题，有效地将这些资源融合在学校教育的内容中。

目前，国内的馆校合作多将场馆教育视为学校教育的延伸和补充，将场馆资源作为学校实现教育功能的课程资源补充，“第二课堂”也是科普场馆对自身定位认知的反馈。正是这种默许，宣布了它对自身特色的丢弃，场馆自身教学逻辑和文化价值的忽略与遮蔽，间接影响了“馆校合作”的渠道与效果。[4]

4　科技馆推进馆校合作时面临的困难

尽管学校和场馆在学生培养，尤其是科学素质培养方面具有共同的愿望，但实际推动两者合作开展科学教育并不容易，尤其是场馆在合作供需平衡、资源创设、扩大影响力等方面面临的困难和挑战更大一些。

4.1　供需平衡困难

从学校角度分析，目前场馆被视作一种学校的教育“资源”，而不是学校的“合作伙伴”，在实际合作的落实过程中，多以“科技馆单方面规划设计——学校选用馆方提供的活动和项目”的方式为主，学校更多扮演“消费者”角色，而非合作者角色。[5]另外，对学校而言，在现行教育政策下，教学大纲内容传授与应试工作仍然是评价学校、老师工作的重中之重，在这样的背景下，馆校合作很容易出现浮于表面，走走过场、做做样子，应付了事的情况。

从场馆角度分析，一方面资源优势明显，丰富的展品、设施、展区是场馆开展馆校合作的重要依托，也是场馆开展探究式学习的基础。但受传统教育方式的影响，参与学生步入场馆创设的陌生环境，面对迎面而来的海量信息，缺少了传统教育模式的格式引导，他们极易产生无所适从和迷茫感，有时甚至会产生无知与挫败感，最终选择放弃，需求方消失。

另一方面在实际的合作过程中，多所学校同时与一所场馆开展合作的时间安排、资源配置、安全责任划分、经费配比等，甚至是场馆对占有资源的不公开处理与学校的教学诉求之间的矛盾都会导致供需平衡失调，最终影响合作效果。

4.2 资源创设困难

馆校合作又是一种资源的合作，教师的学科知识与场馆的专业内容通过“展品”实现默契融合。从提供者的角度分析，对于场馆来说，它依赖于场馆拥有什么样的展品、展区，以及能够提供何种程度的资源与服务；对于学校来说，它依赖于学校能组织何种规模的团体，以及场馆资源向课程转换的程度。[2]

场馆方为了促进“合作”的可能，需要在内容本质上了解学校教育的“语言”，了解学校科学教育的标准，并在参考的基础上融入科技馆的教育理念，同时还要多方创设条件，为学生在具体实践中“动手”做足文章，从这个方面讲，场馆在资源建设上面临更大的资金支持压力、内容创设压力与场馆教育资源的创新转化压力。

4.3 自身影响力待加强

目前国内场馆的实际影响力并不大（个别新馆或国家级场馆除外），“馆校合作”活动的开展多受行政指令的驱动或受场馆方的邀约，旨在履行某种特定的政治任务，虽然活动本身无可厚非，然而行动的目的却并非出自观众的自身愿望，而是自然约定成了外部任务的完成。从这个结果看，一方面，大部分公众仍然认为场馆是以休闲、娱乐、游玩为主的地方，表现为在展品数量较多或展区面积较大的区域时，不顾展览内容的设置，出现无序游览现象，可见观众本身没有带着学习的心理进行参观；另一方面，学校教师的积极性也对馆校合作的成效产生了至关重要的作用，学校教师认可、重视场馆的软硬件内容，在由学校或教师主导的合作中，更能展现出积极的行动，也能形成更好的效果。

由此可见，场馆利用各方面资源，直接或间接提升自身的影响力，对馆校合作的开展都有着重要的影响，但影响力的提升不是一蹴而就的事，需要长期不断的努力和创新。

5 构建稳固馆校合作关系的建议

馆校合作关系构建的关键点，笔者认为是双方需求得到相互重视与满足，一方面是场馆教育功能地位的认可，另一方面场馆也需要采取一系列具体的行动将能够展现自身教育价值的资源（包含软、硬件资源）放置于公众服务的中心，让馆校合作体系上下贯通，让教育活动开展目标明确、措施到位，让特色品牌扩大主体影响力。

5.1 优化合作体系的顶层设计

馆校合作的本质是学校和场馆资源的互补、整合，优化之后再次配置的过程。合作涉及层面的广度和深度不言而喻。从实际情况出发，如果场馆不利用社会团体力量、学术专家团队、行业协会等资源推动优化体系的顶层设计，必然很难构建稳固的馆校合作关系。

假如能够将场馆的科学教育内容纳入较高层级的国民教育体系之中，将场馆科普资源等同于学校资源，视场馆如学校一样为“第一课堂”，想必只有这样才能够解除束缚在学校教育身上的枷锁，使教学的中心由大纲知识的传授回到关注学生全方位的成长上；只有这样才能保证双方在合作活动目标上的高度一致，才能发挥出“1+1>2”的效果。[6]

5.2 明确目标，软硬兼施

5.2.1 以《义务教育课程方案和课程标准（2022年版）》为指引，以实现教育目标为动力

知识与理解是教育最直接的产出结果，馆校合作所补偿的正是上述产生结果的过程。当我们决定开展“合作”时不要急于埋头苦干，应首先明确前行的目标，在具体目标的指引下才能够走得更远。笔者认为馆校合作的目标正是国家层面发布的《义务教育课程方案和课程标准（2022 年版）》（以下简称《标准》），一方面教师和场馆专家有了统一的目标内容和脉络框架，教师在学校课程开展的同时，可以直接对应找到场馆中相应的展品，安排学生考察与验证，提高教学灵活度；另一方面场馆可以按照《标准》的要求更好地发挥

场馆中软硬件资源的功能，针对学校教育无法实现的现场教学内容，开展基于展品的直观学习，将间接经验转变为直接经验。

馆校合作的开展应是以实现科学教育目标为动力。所谓“科学教育”是让受众掌握科学概念、学会科学方法、培养科学态度，懂得如何面对现实中的科学与社会有关的问题并做出明智抉择，提高全民科学素养的教育活动。[7]科学教育是一个主动的过程，是引导受众发现问题、进行思考、主动探究的过程，是一种以受众为中心的教育。它的逻辑起点是立足受众的心理特点，将“惊奇”“有趣”的现象，形塑为受众自发学习的内在动机，因此如何引导、如何创造惊奇将是未来业内同人不断探索的问题。

5.2.2 筑牢“硬”基础

提到场馆硬件，首先想到的就是科技馆中的展品，因为它们是科技馆最独特的教学素材，因此科技馆的策展人在展品选择和展区设置时都会注意展出的单个展品或多件展品之间遵循的知识结构内部逻辑，这种逻辑结构是策展人与受众对展区主题消化、吸收的交互反馈。同时也有利于营造一个自我导向的学习环境、由浅及深的逻辑思路、开阔自由的学习空间，给予受众更多操作、质疑、探索、验证等实践活动的参与机会。[8]

作为场馆的建设者，不仅要在对应《标准》的基础上寻找“好看”“好玩”“好奇”“好用”的展品，还要努力找到“镇馆之宝”，彻底激发受众的内源性动机，提升场馆自身的价值和影响力。

5.2.3 盘活“软”实力

科技馆的教育实践活动是把展品作为资源开发的第一手资料，结合《标准》与教材内容进行匹配式开发与设计，使科技馆的科学教育活动与普通学科教育内容遥相呼应，产生共鸣。下文重点从创新科学教育方式、科学史的研究与呈现两个方面展开论述。

（1）创新科学教育方式

随着科技馆展品的更迭、展区所蕴含知识量的提升、公众获取科学知识的需求增加，单纯的参观已不能发挥知识传播的功能，因此展览教育活动作为科技馆科学教育方式的主要创新手段应运而生。展览教育活动虽然形式多样，但本质还是一种教育活动，因此也需要从有效教学的角度进行策划设计，“基于实物的体验式学习”“基于实践的探究式学习”是科技馆展览教育活动的重要教学方式。在此基础之上，场馆与学校携手开发适合学生学习的教育资源，积极融合科技馆展品展项、小实验、趣味讲堂、科普秀、专题讲解、科普话剧等多元化的手段，实现科技馆教育方式的多样化，激发受众的学习兴趣，满足全年龄段多样化与个性化的需求。

（2）科学史的研究与呈现

科学史不仅可以向受众生动地展示科学发展的过程，帮助受众把握科学的本质特征，理解科学的发展与人类的关系，还有助于受众了解科学探究的不同侧面、科学的人性以及科学在各种文化发展中的作用。

从场馆的角度分析，展品科学史的诠释尤为重要，“以物见人，透物见史”能够引导受众展开深层次的思考和联想。观众在各个主题分类的互动展品中浏览体验科技的震撼与时代的变迁。与此同时，结合展区的环境氛围布置，开展符合展区主题的情景剧也是探究式学习的重要方式，情境教育是科学史呈现的重要手段之一，它不仅是现实的、短期的，还是心理的、直击灵魂的。[9]受众在对应的情境设定中，较容易从科学史的视角铭记科学家的传记与故事，体会到科学探究的态度，理解科学的本质。

5.3 特色品牌扩大主体影响力

当前，场馆的科学教育尚未获得社会大众的足够重视。一方面，教育是一项长期的系统工程，短时间内很难看出成效，同时场馆的教育成果又具有间歇性和非标准的特点，公众难以对其进行全面、客观的评价。另一方面，在市场化的浪潮中，社会的功利氛围已使大众不再关注场馆的科技教育成果，导致其教育行为退缩至场馆的某个角落。因此要想重新恢复场馆教育的初始地位，必须在行动中证明场馆对于科学教育的重要意义。

比如 2021 年 12 月 9 日，“天宫课堂”第一课广西地面分课堂连线活动在广西科技馆举办，此活动就是一个很好的例证。“天宫课堂”是中国首个太空科普教育品牌，本次太空授课活动由神舟十三号乘组航天员翟志刚、王亚平、叶光富在中国空间站为青少年进行太空授课。活动结合载人飞行任务，贯穿中国空间站建造和在轨运营系列化推出，采取天地互动方式，在中国科技馆设置地面主课堂，在广西南宁、四川汶川、香港、澳门设置地面分课堂，由中央广播电视总台进行独家全程现场直播，广西地面分课堂就设在广西科技馆。

结合本次“天宫课堂”，广西科技馆还开展了系列主题科普教育活动，如讲述真空相关知识的科学实验课、揭示航天服秘密的科学教育活动，表演了航天主题的科普剧目，同期还上映了航天主题的球幕电影，并打造了一个以中国载人航天为主题的科普展厅。

系列活动吸引了市区范围内的多所小学和众多观众，自发前来参观、学习，场馆主体的社会影响力有了巨大提升，后续的“天空课堂”广西分课堂延伸系列活动为构建稳固的馆校合作关系打下了坚实的基础。

6 结语

我国的科技馆想要与学校建立起长期稳定的合作关系，就要看清馆与校之间开展科学教育的本质差异，并结合当地的实际情况、认清自身定位，同时充分发挥自身科学教育资源的优势。积极利用社会群团、行业协会、政府智囊组织的力量，优化顶层设计，明确开展目标，持续锻炼自身本领，利用品牌活动扩大影响力等。进而促成馆校双方需求得到相互重视与满足，最终达到构建稳固的馆校合作关系的目的。

参考文献

[1] 黄丹萍：《素质教育理念下博物馆教育与学校教育的有机结合》，哈尔滨师范大学硕士学位论文，2016。

[2] 王乐：《协同论视角下的馆校合作研究》，《基础教育》2017 年第 2 期。

[3] 沈炯靓：《“场馆学习”——探索新的教学方式》，《基础教育课程》2014 年第 3 期。

[4] 王乐：《馆校合作机制的中英比较及其启示》，《现代教育论丛》2017 年第 2 期。

[5] 廖红：《中国科学技术馆馆校合作的实践与思考》，《科普研究》2019 年第 2 期。

[6] 赵菁：《馆校合作视域下博物馆课程资源开发的实现路径》，《博物院》2020 年第 4 期。

[7] 马冬娟、周爱芬、赖爱娥主编《小学科学教育的理论与实践》，中国环境科学出版社，2005。

[8] 汤雪平：《场馆学习：一种非正式的学习方式》，《江苏教育研究》2016 年第 2 期。
[9] 王瑞昌：《馆校合作构建小学综合实践活动课程的探索》，《教育与管理》（理论版）2021 年第 9 期。

“双减” 背景下馆校合作主题项目式学习初探

——以吉林省科技馆“制作我的校园杯”项目为例

范向花*

（吉林省科技馆，长春，130117）

摘　要　“制作我的校园杯”项目是吉林省科技馆基于“双减”政策，针对“馆校合作”四年级学生开展的主题项目式课程。课程对接小学科学课程标准中“技术与工程”领域，以生活中常见的材料为切入点，以“STEM”为教学理念，以情境学习、做中学、体验式学习为主要教学方法，采用展品参观、动手制作、分组实验相结合的活动形式，运用多媒体作为辅助教学技术手段，通过设计和制作校园杯，使学生了解设计作品、完成项目的基本过程，体会到科技产品给生活带来的便利，认同创意设计能够改善生活质量。

关键词　“双减”　馆校合作　项目式学习

1　项目背景

近年来，科技馆作为非正式教育与学校教育的紧密合作培养了青少年的科学学习能力，提高了青少年的科学素养，得到了社会多方的认可。科技馆丰富的展项资源、科学探究的教育理念、情景化的环境，有利于搭建不同于学校的科学教育平台，激发学生的学习兴趣。[1]场馆课程本身是对课程资源范围的扩展，我们有必要把课堂延伸到场馆和社会当中，使整个场馆和社会都成为教学的素材。[2]基于此，吉林省科技馆在馆校合作的创新模式上做了多方面的探索

* 范向花，吉林省科技馆助理研究员。

和尝试，积累了一定的实践经验和教学资源，如吉林省科技馆利用自身资源及师资优势，与馆校合作共建签约校定期开展科学讲堂、科技竞赛等活动，为学生科技爱好者在休息日时间提供科创社团辅导，这些内容有效地发挥了科技馆的科学知识传播作用，更好地向学生传递科学思想，激发他们科技学习的热情。

2021 年 12 月，教育部办公厅、中国科协办公厅联合发布《关于利用科普资源助推“双减”工作的通知》，提出要利用科普资源助推“双减”工作，要求各地学校和科技博物馆要以“请进来”“走出去”的方式，有效开展科普类课后服务活动项目。“双减”政策的出台，为馆校合作提供了一个新的契机，吉林省科技馆结合“双减”政策下教育发展新要求，有针对性地开发了“制作我的校园杯”等一系列主题项目式课程。该课程由学校教师与科技馆教师共同完成学期授课，以“馆+校”模式开展，即 3 节校课+2 节馆课。双方教师依托科技馆教育资源、学科课程标准和学校教育理念，相互支持、相互补充，开启“双师授课”教学模式。分工方面，学校老师主要负责完成课堂内教学大纲的授课任务，帮助学生梳理知识体系；科技馆老师作为学校课程的补充、拓展与提升，主要负责完成课后服务课程及场馆内的授课任务，教学方式以项目式学习、探究实验、动手实践、互动游戏、角色扮演、学习单等多样化形式为主。

2 项目概述

该项目以“制作我的校园杯”为主题，以“探究不同材料的特点”为主线，综合利用本馆“中国古代科技”展厅的教学资源，对接《义务教育小学科学课程标准》中“物质的结构与性质”“工程设计与物化”两个学科核心概念和“结构与功能”跨学科概念，采用 STEM 教学理念，基于项目的 PBL 学习、情境教学等方法，通过展厅参观、模型制作、发布展示会等多种活动形式，探索不同材料的性能，将科学知识与科学方法更好地融合，激发了学生的创新思维，培养了学生的创造能力。在评价阶段，该项目采用动态性评价、开放性评价、多元化评价相结合的方式。如在课堂中，教师多采用鼓励性评价来激发学生参与探究活动的热情；在学生设计、制作、展示等环节，从学生的创新性、作品的实用性和推广性、小组合作和分工等方面进行评价。另外，评价主体可以是教师、学生甚至家长，通过多元化的评价方式，使学生认识到自身的优点和不足，加深对技术工程的认识。

3 项目设计思路

“制作我的校园杯”是科技馆为馆校共建校“双减”课后服务开发的项目之一，项目时长为一个月，共分为五课时，其中三课时在学校开展，两课时在科技馆开展，项目主题选择了学生既熟悉又陌生的材料，意为通过杯文化学习和展厅参观，让学生系统地了解不同材料的发明发展过程和杯子的发展史，感受中国传统文化的光辉和古代科技的魅力；通过设计和制作校园杯，使学生从认识材料、选择材料到设计图纸，最后制作作品、展示作品，了解设计作品、完成项目的基本过程，体会到工程技术对解决实际问题的重要性；通过校园杯展示会，提高了学生团队合作能力和语言表达能力，并且意识到一个新产品的成功不仅在于制作精美、质量优异，还要注意展示和营销，才能让产品更快、更好地在市场上销售；最后，将项目学习的全部内容应用于对新任务的设计和制作——用3D打印材料设计制作一个校园杯，巩固了工程设计流程，激发学生对于新材料的兴趣，并通过畅想未来杯的方式，表达学生对未来科技的憧憬。

4 教学目标

科学观念：通过设计制作校园杯的活动，初步了解工程设计的基本步骤，包括明确问题、确定方案、设计制作、改进完善等；在设计杯子的过程中，知道简单的设计问题存在限制条件，能有理由地对自己或他人设计的想法、草图、模型等提出改进意见，并能对作品做出相应的改进。

科学思维：能运用分析、比较、分类等思维方法；根据指定的任务对材料进行比较、分析、选择，并进行设计；初步形成设计意识。

探究实践：能够根据自己所需选择恰当的工具，制订计划并完成作品，能运用分析、比较、推理、概括等科学方法得出结论，能发现作品的不足并进行改进，初步具有参与技术与工程实践的意识及使用常见工具的技能。

态度责任：尝试运用不同材料，领略设计的魅力，体验设计制作过程中的乐趣；养成自主、合作、探究的意识与习惯，感受生活美和艺术美；能够意识到人类会对产品不断改进，以适应不断增加的需求，人类改进产品是为了解决自己生活中的实际问题。

5 学情分析

活动对象：小学 4 年级学生，年龄在 9~11 岁。

受众分析：该年龄段学生处在具体运算阶段，他们观察、认知事物的能力逐渐增强，部分学生能够利用语言文字在头脑中重建模型，具有一定的抽象思维能力。对常见材料的性能有一定的认识，使用了多种人造产品，能够初步分析一些产品设计及如何通过设计实现其功能；大部分学生未完整经历过设计的基本过程，也很少有学生通过小组合作针对一个具体任务、按照设计的基本步骤来完成指定任务。好奇心强，表现欲强，需要有机会表现自我，并能够对自己或同学的作品进行客观评价。

6 教学准备

表 1 教学准备

课时	活动地点	活动用具	活动时长
第一课时	吉林省科技馆中国古代科技展厅	多媒体电视、参观学习单	60 分钟
第二课时	学校科学实验室	设计学习单、铅笔、直尺	60 分钟
第三课时	学校科学实验室	塑料薄板、硬卡纸、薄铁板、榫卯结构木板、陶泥、强力胶、细绳、剪刀、马克笔、直尺、胶带、笔	60 分钟
第四课时	学校科学实验室	多媒体电视	60 分钟
第五课时	吉林省科技馆智造创新实践园地	电脑、3D 打印机	90 分钟

7 教学过程

7.1 第一课：走进科技馆，明确制杯任务

7.1.1 第一阶段：创设情境，确定任务

教师活动：杯子是我们生活中一种必不可少的日用品，它们是由什么材料

做成的呢？

学生活动：玻璃、塑料、陶瓷、不锈钢……

教师活动：告诉大家个好消息，为了给同学们提供饮水方便，学校为大家提供了饮水机，需要同学自行携带饮水杯，你会选择什么材料的杯子呢？说说你的理由。

学生 1：我会选择纸杯，因为它比较方便。

学生 2：我会选择陶瓷杯，因为它很漂亮。

学生 3：我会选择不锈钢杯，因为它比较结实。

教师活动：对于你选择的杯子，你有什么不满意的地方吗？

学生 1：纸杯虽然方便，但是不那么环保。

学生 2：陶瓷杯虽然好看，但容易碎。

学生 3：不锈钢杯虽然结实，但是不那么美观。

教师活动：看来每一种杯子都有它的优势和不足，只要能够根据不同的用途选择正确类型的杯子，就可以发挥它最大的作用。

设计意图：通过学生的讨论，教师可以了解到学生关注杯子的哪个方面，是功能还是美观或者其他方面，为后面学生设计不同类型杯子的侧重点做了铺垫。教师设置特定的情境，引导学生回顾日常观察，感受杯子给生活带来的便利，认识到功能决定用途。

7.1.2　第二阶段：展厅参观，了解制杯材料的性能

教师活动：我们知道不同材料的杯子功能并不相同，因为每一种材料都有其不同的特点。接下来就让我们走进吉林省科技馆中国古代科技展厅，体验陶瓷、冶铁、榫卯的秘密这三件展品，了解三种材料的发明发展过程和性能特点，及对人类社会发展做出的卓越贡献。参观展厅的同时请认真填写学习单。

学生活动：参观体验展品，填写学习单。

设计意图：通过对陶瓷、冶铁、榫卯的秘密三件展品的操作体验，学生有了直接经验，大大提升了探索的兴趣，对中国古代科技的起源和发展有了初步的认识，对陶瓷、金属、木质材料的性能和特点有了深刻的了解，通过辅助学习单，使学生在参观过程中带着问题思考，提高了参观的有效性。同时，展馆的真实情境，加深了学生对中国古代科技的了解，体会到中国古代劳动人民对

科技发展的推动与贡献，达到人文教育与科技教育的统一，坚定学生的文化自信。

7.1.3 第三阶段：学习探究——杯子的文化、种类和功能

教师活动：想设计好杯子，我们需要了解杯子的历史文化。下面我们就一起来看一看，杯子的发展历程，猜一猜这是什么年代的杯子，为什么要做成这个样子，它们有什么优缺点？PPT 展示，如最早始见于新石器时代的陶制杯，战国至汉代出现的原始青瓷杯，隋代杯多是直口、饼底的青釉小杯，陶瓷在清明时期已经成为中国的代名词，英文中的“CHINA”既有中国的意思，又有陶瓷的意思，清楚地表明了中国就是“陶瓷的故乡”等相关知识。

学生活动：思考，猜测，回答。

教师活动：一个小小的杯子体现了不同时期的社会发展水平、历史文化、民族特色，甚至能体现用杯人的身份。杯子除了给我们的生活带来方便外，还能给我们美的享受。请同学们欣赏图片：现代各种各样的杯子（保温杯、运动杯、马克杯、吸管杯、酒杯、茶杯……）。

学生活动：讨论，说说这些杯子的功能，并猜测用杯人的职业或爱好。

教师活动：总结学生发言，强调杯子的功能决定其用途，提出课程主题，同学们可以根据自己认为校园杯最重要的特性设计一个属于自己的“校园杯”。

学生活动：倾听。

设计意图：通过展示、讲解不同历史年代留下的不同风格、样式的杯子，让学生了解古代人民的聪明智慧，感受中国传统文化的光辉，同时意识到人类会对产品不断改进，以适应不断增加的需求，人类改进产品是为了解决自己生活中的实际问题。

7.2 第二课：确定方案、设计改进

7.2.1 第一阶段：小组讨论，了解设计的重要性

教师活动：要设计制作一个杯子，你们觉得是设计重要还是制作重要？

学生活动：小组讨论、交流汇报。

观点一：设计很重要，如果不设计就制作，会在制作过程中遇到很多问题，可能最后制作出来的杯子并不是你想要的。

观点二：相比设计，制作更重要，设计再好，不能付诸实践，也不会有完

美的成品。

教师活动：请小组同学继续交流讨论，你想设计一个什么样的杯子？你想突出这个杯子的什么特点？你会考虑哪些因素？在设计过程中还有什么需要注意的？

学生 1：我会考虑材料的选择，我需要做一个结实的。

学生 2：我会注意杯子的设计，除了杯体，我还要设计一个杯盖。

学生 3：我会设计一个 Logo，属于我们班级的 Logo。

教师活动：在指导学生设计的过程中，教师注意体现技术的本质（目的性、综合性、创造性、两面性）。设计本身就是一个综合性的活动，不仅需要绘制能力，还需要一定的数学思想和科学技术的辅助。

设计意图：通过一系列问题的提出，教师可以检查学生对设计的理解，并对学生的回答给予必要的补充，让学生认识到技术的核心是设计，设计是非常重要的。设计时不仅要考虑材料的选择，还要考虑适用设计、外观设计、包装展示推广设计等。

7.2.2 第二阶段：按照设计要求，完成并改进设计图

教师活动：教师出示制杯需要的材料和价格区间，为学生设计杯子提供辅助参考。教师发布设计要求：

· 对材料进行比较，分析其优点和缺点。

· 各小组讨论最终想要设计的杯子的作用，明确杯子的突出特点，然后选择合适的材料进行设计。

· 根据选择的材料，画出设计草图，标出使用的材料名称，突出设计中最有特色的地方。

· 考虑可行性和可推广性，如“是否可以批量生产”“是否会被全校同学喜欢”。

· 设计 Logo，并能解释其中的蕴意。

学生活动：各小组自行分工，明确每个同学的任务职责，共同完成设计。

教师活动：在观察学生设计的过程中，要了解学生的想法，指导学生分析材料的优缺点，然后选择设计的侧重点，在设计中着重突出自己想要表现的杯子的特点，不用面面俱到，但一定要突出自己的特色，以表达最想展示的为重点，以其他辅助为侧重点。

学生活动：完成自己小组的设计图后，去其他小组参观、交流，得到启发

后修改完善自己的设计。

设计意图：通过对“校园杯”设计的体验，让学生认识到，设计一个杯子除了关注杯子美丽的外观，选择制造杯子的材料、杯子的尺寸、如何处理和搭配材料才能突出杯子的优势作用也显得尤为重要。这节课的编排也充分体现了 STEM 教育理念：科学（杯子材料的选择，如轻便、易折、隔温隔热等）、数学（对杯子尺寸的测量）、技术（解决实际问题的方法）、艺术（杯子的外观设计）的整合。

7.3 第三课：“校园杯”的制作、完善

教师活动：上节课同学们已经分组设计了“校园杯”，这节课就请同学们根据自己的设计，选择合适的材料，制作自己的“校园杯”。

制作要求：

· 根据自己选用的材料，选择合适的工具。

· 根据自己的草图，先在材料上进行设计，然后动手制作。

· 使用特殊工具时，采用正确的使用方法，注意安全。

学生活动：根据设计图，制作校园杯。

制作杯身：多数小组用工具准确测量，然后在材料上设计。由于每组同学考虑的角度不同，学生选用的材料也不同。

学生制作情况：

情况一：有的小组定位“校园杯”的特点是轻便，故他们选择塑料作为原材料，而且用马克笔设计了漂亮的外观。

情况二：有的小组定位“校园杯”的特点是坚固，故他们选择薄木板，而且利用榫卯结构的特点将几块木板拼合在一起，他们的杯子形状也很特殊，由于木板不容易弯折，故他们的杯子为方形结构。

情况三：有的小组定位“校园杯”的特点是传承，故他们选择陶泥作为原材料，他们认为陶瓷是中国的传统文化，应该传承并且发扬。

制作杯盖和把手：

学生制作情况：因为学生的理念不同，想要做出的杯子功能不同，体现的特点不同，故根据所需，有的小组选择制作杯盖和把手，有的小组没有。

教师活动：巡视，关注学生是否根据自己的设计图进行制作，如有偏差，教师要及时了解学生的想法，使之重新认识设计的重要性。

学生活动：学生制作完成后，进行小组内评价。

教师活动：教师评价，教师并不把是否制作杯盖和把手作为评价学生作品好坏的指定标准，而是关注杯盖和把手的功能，并在作品中呈现（如杯盖的尺寸与杯口的尺寸，杯盖与杯口是否咬合等）。

学生活动：小组讨论改进措施，然后修改尽量做到完美。

设计意图：通过观察、思考、设计和不断尝试，让学生获得直接经验，同时培养学生的逻辑思维能力、小组合作意识和动手实践能力，有效发挥学习共同体的作用。

7.4 第四课：召开“校园杯”发布会

设计意图：本课的设计是为了培养学生的思维能力、概括能力、语言表达能力，增强学生的团队合作意识，使学生认识到一个产品的成功不仅在于制作精美、质量优异，还要注意展示和营销，才能让产品更快、更好地在市场上销售。

教师活动：出示评选规则。

· 每组选出 1~2 人进行作品展示宣传，从创意性、制作工艺、推荐能力、评价表现等方面进行评分（见表 2）。

表 2 “校园杯”发布会评分标准

评选项目	评选标准	评选分值
创意性（5 分）	设计新颖，可操作性、复制性强	5 分
	设计一般，可操作性、复制性强	3~4 分
	设计一般，可操作性、复制性不强	1~2 分
制作工艺（5 分）	制作美观，设计巧妙，使用方便	5 分
	制作美观，设计没有新意，使用不便利	3~4 分
	制作一般、比较粗糙	1~2 分
推荐能力（5 分）	自信大方、语言组织能力强，表达流利	5 分
	自信大方、语言组织能力一般，表达有瑕疵	3~4 分
	紧张怯场、语言不连贯、表达不清楚	1~2 分

续表

评选项目	评选标准	评选分值
评价表现（5分）	小组成员全程倾听认真，能够针对他人作品提出问题，提出建设性建议	5分
	小组成员全程倾听认真，能够有针对性地发表自己的见解	3~4分
	小组成员能够参与全程，倾听认真，发表意见不积极	1~2分

学生活动：小组成员内部商讨如何推销自己的设计（3分钟）。

教师活动：出示班级"校园杯"发布会规则。

·介绍小组设计的理念和特色。

·介绍小组选取的材料和工艺优点。

·为自己小组设计的杯子制定一个合理的价格。

·全班学生担任评委，针对每组同学作品的创意性和制作工艺进行观察、点评，提出相应意见和改进建议，然后针对全组的参与表现和推销展示时的表现进行评价。

学生活动：展示，倾听。

教师活动：评价，奖励，总结。

表3 "校园杯"发布会评价标准

评价标准	评选标准
优秀	能够准确说出自己设计的杯子的功能 能够准确描述自己设计中的两个以上的创意点 语言表达准确、清晰、有感染力
良好	能够准确说出自己设计的杯子的功能 能够准确描述自己设计中的一个创意点 语言表达准确、清晰
合格	能够准确说出自己设计的杯子的功能 语言表达清晰

设计意图：通过多元化的评价方式，学生在各个方面得到锻炼和提升，并且会认识到自身的不足，加深对工程与技术的认识，为以后更好地完成技术与设计方面的任务打下基础。

7.5 第五课：“校园杯”畅享

设计意图：通过运用3D打印材料制作校园杯，开阔学生的视野，让学生了解到3D打印材料的特点，并将之前的建模思路运用到电脑软件设计中，树立先主后次，先对主要的形状进行绘制，再对细节进行修改和补充的思想。

教师活动：上节课同学们展示了用不同材料制作的杯子，大家从不同的角度介绍了杯子的特点，也展示了不同制杯材料的性能，这节课我们来到科技馆认识一种新型材料——3D打印材料（介绍3D打印材料，展示用3D打印材料制成的作品及应用，让学生感受高科技给人们生活带来的便利），我们可以利用这种材料设计制作一个校园杯。

学生活动：倾听。

教师活动：对比3D打印材料与之前做杯材料的异同。

学生活动：小组讨论，发言。

教师活动：用3D打印软件设计校园杯。

学生活动：头脑风暴，充分发挥想象力和创造力进行建模设计。

教师活动：肯定同学们在设计制作中的表现，提出新话题，新材料随着社会的发展和科技的发明层出不穷，如果让你展望未来，你想设计出什么样的杯子？

学生活动：学生对未来杯做各种各样的畅想（如，可以储蓄太阳能并转化为电能，随时自动烧水的杯子；可以根据温度传感器自动调节温度的杯子；带有过滤功能，净化水的杯子等）。

教师活动：总结整个项目，鼓励学生开动智慧的大脑，用灵巧的双手把生活变得更加丰富多彩。

8 项目特色

课程形式的创新性。以往的馆校合作课程，通常以参观展区或开展教育活动为主，场地一般会选择科技馆，时长为半天或一天。而此项目为主题连续课程，且转换不同的教学场地，既传承学校教育的规范性、系统性和专业性，又有效发挥场馆的展品资源和动手实践优势，体现了场馆的开放性、场所的开放性和课时的开放性。

课程内容的丰富性。以主题项目开展一个月课程，而且每节课都以不同的活动内容呈现，既有效衔接又有新的挑战，充分激发了学生的兴趣，培养学生跨学科意识，促进学生核心素养的发展。

课程易复制性。针对“双减”课后服务的课程，我们做了系统的规划和准备，注重项目的可复制性，每个主题项目式学习都有完整的教案、教师手册、学生学习单及项目用具实验包，便于其他馆校合作的师生复制开展。

课程评价的多元性。在项目课程中，教师采用动态性、开放性的评价方式。例如，在展厅参观中，教师鼓励学生集中精神，积极地投入体验学习中；在学生设计、制作、展示的环节，从学生的创意性、小组合作、产品外观和实用性等方面进行评价。针对学生设计制作的作品，采用学生互评、自评和老师评价等方式。通过多元化的评价方式，使学生认识到自身的不足，加深对工程与技术的认识。

9　项目效果评估与反馈

在科技馆授课环节，以学生熟悉的杯子为切入点，通过展品参观了解不同材料的性能，通过学习杯文化了解杯子的发展史，引发学生对课程的关注、激发了学生学习热情，在与科技馆老师的互动环节，开阔了学生的视野，锻炼了语言表达能力，大多数同学能积极思考回答老师的问题，通过老师的引导进行分析和推理。科技馆动手实践课——设计制作 3D 打印校园杯的课程，尤其受到学生们的欢迎，虽然很多同学之前并没有接触过软件设计，因为有了前几节课设计、制作的基础，也能很快地掌握要领，呈现了很多有创意的作品。

在学校授课环节，设计中，小组同学对于想要制作不同功能的杯子有很多不同的意见，容易引发过度讨论，需要教师控制课堂秩序并引导学生不用面面俱到，但一定要突出自己的特色；学生在制杯过程中结合了所学的知识，并运用观察、分析、推理等科学方法，学生对材料的选择基本合理，设计理念阐释也符合科学思维过程，但在营销推广中显得略有不足，对材料的价格和市场并没有做好调查和分析，且活动内容偏于工程类，男生的参与性更强；小组合作中没能调动所有人的积极性，让大家各尽其能。

总体而言，通过此项目学生学习了科学知识，掌握了科学方法，形成了科学思维，制作了作品，获得了成就感，也提高了对科技馆的兴趣和对科学学习的兴趣。根据活动效果和反馈，此项目会深入进阶，结合小学科学课程标准，充分利用科技馆的展教资源，以同一主题针对不同年级开发不同的课程。同时，对项目进行存档评价，通过学生的表现、收集活动成果，来评价学生的学习和进步过程。

参考文献

［1］叶兆宁、杨冠楠、周建中：《基于“大概念”的馆校结合 STEM 主题活动的设计剖析》，《自然科学博物馆研究》2019 年第 5 期。

［2］王乐：《论馆校合作教学的时代适应逻辑与教育补偿功能》，《开放学习研究》2018 年第 6 期。

助力学校“双减”工作，探索科普展教活动新模式

——串联式辅导的实践研究

陈允靓　蔡　慧*

（郑州科学技术馆，郑州，450000）

摘　要　科技馆作为科普教育的主要阵地，作为我国实施“科教兴国”战略的重要基础设施，对提高公众特别是青少年的科学文化素养发挥着重要的作用。展品是科技馆科学教育信息的最主要载体。如何通过辅导展品将科技知识传递给青少年，并且实现更高层次的科学教育效果，助力“双减”工作落地是目前我国科技馆工作的重要命题之一。结合郑州科技馆实践经验，现从“科技馆教育与学校教育的区别与联系”“科技馆如何有效补充延伸校内教育”“创新科普教育新模式，探索串联式辅导活动”三个方面详细阐述“双减”背景下开展特色科普活动“串联式辅导”的实践研究。

关键词　“双减”　科普教育活动　串联式辅导

2021年12月，教育部办公厅、中国科协办公厅发布《关于利用科普资源助推“双减”工作的通知》（以下简称《通知》），这对于加强青少年科学教育以及落实“双减”工作意义重大。《通知》的出台意味着科普资源助推“双减”正当时。其中“引进科普资源到校开展课后服务”和“组织学生到科普教育基地开展实践活动”为科普教育场馆今后的工作指明了方向。科技馆作

* 陈允靓，郑州科学技术馆辅导员；蔡慧，郑州科学技术馆辅导员。

为开展科普教育活动的重要场所，也在不断探究如何精准提供高质量科普服务，持续助力“双减”有效落地，真正发挥科普在助力人才培养、推动国家科技进步中的重要作用。

1 科技馆教育与学校教育的区别与联系

1.1 科技馆教育与学校教育的区别

学校教育几乎是每一个人成长的必经之路。在学校的传统教育模式中，更偏重于书本知识的积累和解题技巧的训练，形式上基本上还是“坐在教室里，老师讲、学生听”的模式。从而导致学生在校学习内容的单一和思维方式的固化，缺乏探索未知的兴趣和自主探究的能力。与学校教育相比，科技馆的环境色彩鲜艳明快，学习氛围轻松活泼；科技馆的展品丰富多样、生动形象，参与性、互动性、体验性强。因此，科技馆更加注重在科技实践的情境中体验和探究，展览环境适合开展沉浸式教育、体验式教育。科技馆里的科普辅导员可以科学高效地将展品中所蕴含的科学内容准确、有效、有趣地传递给学生。学生在参观学习的过程中，可以被充分地调动视觉、听觉、触觉等多种感官的体验，而且在互动参与的过程中，可以让学生更好地记忆和掌握实验过程和现象，更加深刻地理解课本上的相关知识，更有利于激发学生的科学兴趣，获得科学探索的直接经验。

1.2 科技馆教育与学校教育的联系

目前我国学校教育的基本形式还是“班级授课制”，在课堂上大多采用“讲授法”“谈论法”“演示法”“练习法”来授课。但是教育最忌讳的就是直接讲授知识，孩子们需要像科学家一样探究、像科学家一样学习。只有经历探究的过程，才会有更多更好的收获。所以课外让学生到科技馆开展主题式科普活动，不仅能让他们更加深刻地理解课本上的知识，还能让他们获得更多课本以外的知识，能有效激发他们的好奇心，培养他们的科学探究精神。当然，科技馆变身为科学探究课堂、助力“双减”工作时，也需要遵循几个原则，即基于展馆的展品资源等，借鉴学校课程标准来设计教学目标，并借鉴一定的教学模式，如 5E 教学模式（Engage、Explore、Explain、Extend、Evaluate，是强调参与、探究、解释、拓展、评价的一套教学模式）、PBL 教学模式（以实际问题探究为导向的教学方法）等。可基于科技馆的场所、展品、科普辅导员等提供沉浸式学习环境，并借鉴学校科学课程标准来设计教学目标，同时借鉴探究式教学法等开展实践教育，让科普教育活动成为学校教育的有效补充与延伸。

2 面对“双减”背景下学校和家长的困境，科技馆如何有效补充延伸校内教育

“双减”政策的出台可谓是一场及时雨，解决了多年学生负担过重的问题，为促进学生全面发展和健康成长做出了重要保障。在全社会普遍叫好的同时，很多学校、老师、家长也为多出的空闲时间而困惑，该如何利用这些宝贵的时间正确引导孩子们呢？正当大家不知所措时，科技馆教育就像盏明灯指明了方向。

2.1 “双减”背景下学校面临的困境

“双减”是教育界的重头戏，随着国家各项政策的出台及对校外培训机构的整治，各地的“双减”拉开了序幕。在“双减”政策背景下学校教育面临很多挑战。比如，校内学科类学习时间缩短之后，大量的课后延时如何安排；科学课作为一个比较新的课程被纳入考试范围，但是学校硬件资源不过关，如学校的活动场地窄小，教学经费有限，科普实验器材缺乏，学生在课堂上难有实践操作机会等；与此同时，学校的软件资源也有限，缺乏专业的科学教师，很多老师的专业性及知识储备有限，教学平庸，让课堂枯燥无味，课程内容单一，评价方式落后等。

2.2 “双减”背景下家长面临的困境

随着各地“双减”政策的落地，校内和校外的减负同时进行，按照目前情况，校外机构给家长带来的经济压力大大减轻，学生的学习压力也相对减轻，但是家长对教育的焦虑依然存在。其中最重要的是家长担心如此减负，孩

子的学习质量没办法保证。校内外“双减”，使学生多出大量的课余时间，加上学科类培训的停摆，孩子学习质量如何保证？就科学课来讲，它作为地理、生物、物理、化学四科的基础是非常重要的，家长也逐步认识到科学课的重要性，但是自己辅导孩子小学科学课，很多家长显得心有余而力不足，而面对现在社会上参差不齐的科学课外班又不知如何选择。

2.3 “双减”后，科技馆如何有效补充延伸校内教育

自主性、灵活性较强的科技馆教育方式截然不同于学校强制、机械、束缚的教育方式，学生在科技馆可以自主学习，学习内容和学习方式都取决于学生本人意愿，有利于培养学生的学习兴趣和思维能力，开阔学生视野，拓宽学生的知识面。科技馆展示的内容涵盖数学、物理、天文、地理、生物等众多领域，并且在各个领域相应设计了很多相关的展品，科技馆中的学习就是帮助学生理解展品并进一步补充延伸校内知识的教育活动。这些展品之间有一些内在联系，如果只针对单件展品开展辅导活动，学生就很难在短时间内发现这些联系，对展品的了解仅仅停留在某一学科的某一原理或知识点，很难展示出展品背后的科学故事和科技内涵。而基于多件展品开展的串联式辅导活动，不仅可以让学生学习到更多的知识点，还可以揭示科技的发展过程及其背后的科学思想、科学精神、科技与社会、人与自然等深层次科技内涵，从而起到对校内教育的补充和延伸作用。丰富多彩、别出新意、深入浅出并且和校内教育密切结合的教育活动及其先进理念，正是目前科普教育工作者的工作目标和努力方向。科技馆的展教形式和内容，对于充分发挥其功能起着至关重要的作用。因此，要充分发挥科技馆的科普教育功能，助力“双减”工作落地，就应该充分利用科技馆丰富的展教资源，对展品进行串联式辅导，并围绕展品开展相关的教育活动，以实现更高层次的教育目标。比如，通过串联辅导“热气球”“机翼与小球”“氢氧火箭”等多件展品揭示科技发展中“人类飞天梦”的发展过程，并使辅导具有科学思想、科学精神的内涵。再如，通过串联辅导展品“惯性观察”“转动惯量”“认识碳纤维”并与当时正在召开的北京冬奥会相联系，让学生了解到相关原理在冬奥项目中的体现及高科技材料在冬奥中的应用，让学生在学习相关知识的同时激发了民族自豪感，更好地发挥了展品的教育功能。

3　创新科普教育模式，探索串联式辅导活动

在开展展品串联式辅导时，应当努力寻找并建立展品间的内在联系。辅导员可以利用展品之间原理的联系、人物的联系、展示形式的联系等，将展品串联在一起进行辅导。这就要求科普辅导员一要吃透展品原理，二要知识面广博，三要熟悉科学史。这样在串联辅导的过程中才能更加灵活、透彻。结合科技馆工作实际，对如何开展展品串联式辅导活动做出以下总结。

3.1　同一学科同一系列的展品

此类展品可以采用从基本原理出发，由浅入深，再分别介绍的方式来串联展品开展辅导。比如辅导“光的反射与折射”时，就可以先引导学生观察透镜的光路，再进一步结合展品“狭缝通道”和“浮起来的贝壳”分别探究光的反射和折射，并通过一些道具、实验等帮助学生了解相关原理在生活中的应用。

3.2　同一学科相同原理的展品

此类展品可以通过一件典型展品来介绍原理，其他展品辅助配合引导观众自主探究。比如展品“画五星”“隐身术”“狭缝通道”介绍的都是物理学中光学方面的知识，而且都与平面镜的反射有关。那么辅导的时候就可以从光的反射方面入手，通过“画五星”这件展品来介绍平面镜的成像原理，然后带领观众通过展品“隐身术”来感受这一现象，并且可以通过“狭缝通道”这件展品来探究平面镜不同的位置摆放所营造的不同视觉效果。再如“小孔成像”“观星台”“三球仪”这三件展品，可以先从介绍展品“小孔成像”入手，再结合小孔成像原理在观星台上的使用联系介绍展品“观星台”，并进一步结合展品“三球仪”了解地球的运动及四季的形成，激发学生对天文学知识的兴趣。

3.3　同一学科不同原理的展品

基于同一学科不同科学原理的展品，可以尝试在它们之间建立多种形式的联系。

3.3.1　利用原理在科学发展史中的发展过程建立联系

在串联辅导同一学科不同原理的展品时，可以尝试从科学发展史的角度入手。任何一门学科的发展史都是一个从现象到本质的探究并将成果转化的过程。而这一过程也可以作为串联式辅导的线索。比如电磁学原来是互相独立的两门科学（电学、磁学），后来发展成为物理学中一个完整的分支学科，主要是基于两个重要的实验发现，即电流的磁效应和变化的磁场的电效应。这两个实验现象，加上麦克斯韦关于变化电场产生磁场的假设，奠定了电磁学整个理论体系的基础，发展了对现代文明有重大影响的电工和电子技术。在串联辅导磁电展区的相关展品时，就可以由此入手。比如“磁铁与磁场”“法拉第圆盘发电机”“磁悬浮灯泡”这几件展品介绍的分别是磁场的产生、磁生电以及电磁转化的相关应用三方面知识。那么辅导的时候就可以先通过“磁铁与磁场”来介绍磁场的产生；通过“法拉第圆盘发电机”来介绍闭合电路的一部分导体在磁场中做切割磁感线运动时，导体内部就会有电流产生；通过“磁悬浮灯泡”来介绍电磁相互转化在日常生活中的应用等。

3.3.2　寻找某一共同点建立联系

将展品构筑在同一学科的背景环境下寻找共同点来开展串联式辅导。比如“双曲狭缝”“最速降线”两件展品彼此之间的内在原理并无明显联系，但展示的都是数学方面的知识，这时就可通过寻找它们的一个共同点——“线”进行辅导。介绍时先辅导展品“双曲狭缝”，引导学生了解双曲线在自然界中的表现及应用，并引出“线”这个共同点。再联系“最速降线”中的旋轮线及其在古建筑中的应用，引出人生哲理“选择比起点重要”，从而引导学生树立正确的“情感、态度、价值观”。再如“离心现象”“听话的小球”两件展品展示的都是力学方面的知识，我们可以通过寻找它们的共同点——“在日常生活中使用的家电中的应用”进行辅导。先辅导展品“离心现象”，引导学生探究离心现象并寻找生活中的离心现象，发现洗衣机就是利用离心现象给衣服脱水的。接着探究其他家电如吸尘器中应用的科学原理——“伯努利原理”，再结合展品“听话的小球”进一步探究。通过对两件展品的探究式辅导，帮助学生了解基础学科相关科学原理在日常生活中的广泛应用。

3.3.3　利用某一主题建立联系

在同一学科众多展品所展示的科学原理或者科普常识中，可以尝试利用某一主题建立联系，将展品串联在一起辅导。比如“生命科学实验”和“基因之门”两件展品展示的主题分别是鸡胚胎的发育诞生过程和人生命的发育诞生过程。辅导时就可以利用“生命”这一主题来建立联系，将两件展品串联在一起辅导，并进行情感的升华。让学生认识到生命的伟大和来之不易，从而更加珍惜生命，热爱生活。再如“钉床”“马德堡半球”“虹吸”这三件展品分别展示的是固体压强、大气压强、液体压强以及气压差。我们可以利用“压强”这一主题将它们联系起来辅导，引导学生探究它们之间的区别与联系。

3.3.4　利用人物建立联系

在自然科学发展的历史进程中，有许多著名的科学家及其家族在众多领域有所建树。可以尝试利用这种人物关系将展品串联起来进行辅导。比如科学家牛顿不仅是物理学家、数学家，还是天文学家。可以尝试将与之相关的同一学科不同原理的展品，甚至涉及不同学科的展品串联起来辅导，从而帮助学生构建起对科学家更为全面的认识。比如，“方轮与圆轮”“最速降线”“听话的小球”三件展品所涉及的原理之间并无直接联系，但是悬链线、最速降线和伯努利原理的发现与提出都与荷兰伯努利家族的科学家有关系，那么就可以通过人物关系来串联展品进行辅导。再如法拉第是英国的物理学家、化学家，也是著名的自学成才的科学家。通过把和科学家的发现与发明相关的展品串联起来辅导，如展品“法拉第电磁感应”“法拉第圆盘发电机”“法拉第笼”等，引导学生了解相关科学原理和科学家的励志故事，从而树立正确的“情感、态度、价值观”。

3.3.5　利用展示形式建立联系

一些展品在展示形式上十分相似，这时可通过这一点来创造联系，将展品串联在一起。比如“法拉第圆盘发电机”和“安培力电动机”这两件展品，都是通过一个能转动的金属圆盘来展示的，十分相似。但是其展示的原理却是相反的，一个是发电机，另一个是电动机。辅导时可以将“金属圆盘”作为切入点展开辅导，并引导学生了解这两项重大发明与现代生活的密切联系。再如“五代同堂嵩山石”和“玻璃陨石”这两件展品展示的内容也不相同，但是都和“石头”有关，一个是地球上的石头，另一个是天外来石。辅导时可以将“石头”作为切入点将展品串联在一起，引导学生了解相关地质和天文学知识。

在进行展品串联式辅导时，除了积极构建展品之间的内在联系之外，还需要开发一些辅助的教学手段，在进行串联式辅导的过程中，辅导员可以开发一些小实验，通过一些辅助的小道具，借用一些轻便的标本、图片、视频甚至录音，互动的奖励道具和学习单等，引导学生进行探究式学习，让学生在探究的过程中获得知识和体验感、成就感，激发学生学习科学知识的兴趣。此外，还可以通过讲故事的方式来吸引学生的注意力，故事不是单纯做引子，也不是仅为激发兴趣、增加趣味性。要让故事成为知识和科技内涵的载体，要通过故事将学生带入特定的情境，在故事中将展品串联起来。英国产业教育协作中心主任 Joy Parvin 女士认为：在教学中使用情境，一方面可以提高课程的相关性，让学习更加有目的性；另一方面可以提高学生学习的积极性。这样的教学方法完全可以应用在科技馆的展教活动中。辅导员不仅可以讲述一个故事，也可以将故事表演出来，让观众在特定的情境下了解和掌握科学原理，发现展品的科学内涵以及这些科学知识与日常生活的关联。以辅导串联展品“热气球”“气泡沉船”为例，第一步，为学生营造沉浸式学习的情境，从而使学生获得直接经验。辅导员穿上古装，装扮成诸葛亮，在另一位辅导员的配合下，诸葛亮手拿孔明灯从古代穿越而来，给孩子们讲自己被司马懿围困，发明孔明灯自救的故事，从而把他们带入特定的情境中，提高学生学习兴趣。第二步，通过问题串的形式把相关展品串联起来。“古有孔明灯，今有热气球，两者之间有什么联系?”“热气球的上升和水里沉船有什么特点?”“你能列举出生活中还有哪些类似现象吗?”提出问题，让学生带着问题寻找展品，并动手操作，观察现象，找到相关联系。这样可以激发孩子们的兴趣，不仅让孩子们亲自体验展品，还可以带领他们去思考，通过观察获得结果，并完成学习单任务。第三步，孩子们汇报自己的结果，辅导员组织讨论，进一步开展探究式学习。在这个过程中辅导员可以借助实验材料带领孩子们一起动手实验，通过相关的小实验探究关于密度和浮力的原理，让孩子们再次思考和梳理自己的结果。第四步，让孩子们扮装诸葛亮，再次完成“孔明灯”制作，让孩子在活动中感受到成就，提升自信。

3.4　为了更好地开展串联式讲解活动，在活动中提供“菜单式”服务、“全面式”服务、“追踪式”服务，让学生尽享科普盛宴

“菜单式”服务，满足青少年多样化科普需求，科技馆对标学校、家长、学生的学习需求，根据郑州市现行科学课程标准，指定教育项目清单，创新“菜单式”科普服务。根据不同受众的“口味”，精准“配菜”，高效“送菜”。“全面式”服务，为保证课程的科学性和针对性，我们狠抓教学质量，把控活动环节，全程督导活动前、活动中、活动后，保障活动实施效果。“追踪式”服务，活动前，我们主动与学校老师沟通对接，确保按时活动；活动中，辅导员有效调控活动内容，调动学生探究热情，讲解深入浅出、通俗易懂，做好全程的活动内容记录，查漏补缺，确保活动质量；活动后，及时收集学校和学生反馈的意见，有效掌握活动情况，针对性完善科普内容，优化科普方式，保证活动质量“不落空”、活动效果“不掉线”。

4 结论

科技馆承担着向公众普及科学知识、传播科学精神、提高全民科学文化素养的重要功能。作为科普教育的主要阵地，这里的教育活动不同于学校科学教育，但又和学校科学教育有着密切的联系。想要更大限度地发挥科技馆的展览教育功能，使科普场馆资源最大限度地发挥作用，有效地助力“双减”工作，就需要科普工作者探索出更多形式的科普教育活动。就展品辅导来说不应仅仅停留于单件展品的辅导，还需要寻找展品的内在联系，并提炼出有意义的主题针对展品开展串联式辅导活动，让青少年乐于参与其中，动手动脑，在活动中体验现象、发现问题、提出问题、厘清线索、实现认知并在此过程中收获科学知识、科学方法、科学精神、科学思想等直接经验，帮助青少年开阔科学知识视野，夯实科学知识技能基础，加深对书本知识的理解，并能在玩中学、学中玩的科普教育活动中更好地培养创新精神与实践能力，逐步建立起科学的世界观、人生观和价值观。

参考文献

［1］程婉舒：《如何进行科技馆展品串联辅导》，《自然科学博物馆研究》2016 年第 3 期。

知识整合理论下的教育活动对儿童场馆学习的影响研究

——以上海自然博物馆为例

崔乐怡　曹　晶*

（华东师范大学，上海，200062）

摘　要　“双减”政策的实施表现出对优质教育资源的重大需求，科技场馆作为非正式学习的主要环境之一，是拓宽教育途径以提高全民素养的重要渠道，如何有效发挥其教育功能以助力“双减”成为教育研究者思考的一大问题。本文以知识整合为理论基础，依托上海自然博物馆蝴蝶房这一教育资源，设计并实施了面向小学高年级的教育活动，以期探寻知识整合理论下的教育活动对儿童场馆学习的影响。结果表明：①儿童在知识整合理念教育活动中加深并拓展了对知识的理解；②儿童在对场馆活动的兴趣度、愉悦度和重要性方面均表现出积极态度。知识整合模式帮助儿童与场馆知识建立有效的联系，在深化理解的基础上引发认知兴趣，丰富了场馆活动设计的理论模型。

关键词　知识整合　自然博物馆　场馆学习　教育活动

1　研究背景

“双减”政策的出台是为了坚决落实立德树人这一根本任务，发展素质教

---

* 崔乐怡，华东师范大学教师教育学院硕士研究生，研究方向为学习科学、科学教育与科学传播；曹晶，华东师范大学教师教育学院硕士研究生，研究方向为学习科学、科学教育与科学传播。

育，保障每个儿童的健康成长。[1]这一政策给中小学生的科学学习带来深远影响，也为科学传播提供一个良好的契机：科学学习应与科普活动、场馆活动更紧密地结合。现今，我们的社会是一个科学技术全面渗透、信息化不断推进的学习型社会，这使得学校教育不再是获取知识的唯一方式，以家庭、科技场馆、图书馆为代表的非正式学习环境逐渐成为青少年进行学习活动的重要场所。场馆学习（museum learning）作为非正式学习（informal learning）的重要组成部分，已经成为青少年开展课外学习的主要方式，其能为学生提供丰富的学习资源，转变学生科学学习的固有模式，促进学生对科学知识的深入理解，从而有效地提高学生的科学素养。早在1996年，霍夫斯坦（Hofstein）和罗森菲尔德（Rosenfeld）就提出建议，未来科学教育的研究应该集中在如何有效融合非正式学习和正式学习经验，以显著促进学习者的科学学习。[2]英国谢菲尔德大学教育学院的杰瑞·惠林顿（Jerry Wellington）调查发现，场馆学习能够有效促进参与者在认知（知识和理解）、情感（兴趣、热情、动机、对学习的渴望）和动作技能这三个方面的发展。[3]场馆因其资源的丰富性、学习情境的真实性等特点受到广泛重视，我国教育部、国家文物局于2020年联合印发了《关于利用博物馆资源开展中小学教育教学的意见》，其对健全博物馆与中小学校合作机制作出强调，要求促进博物馆资源融入教育体系[4]，倡导科普场馆承担科学传播的责任。

综上，本研究面向小学中高年级学生，将知识整合理论应用到场馆教育活动设计中，探索基于知识整合模式的场馆活动设计的可行性，并通过实践检验其对儿童场馆学习的影响，以期拓宽场馆教育活动设计的理论基础，并为知识整合指导下的教学活动设计和实验研究提供参考方案。

2 理论基础

知识整合由加州大学伯克利分校的马西娅·C. 林（Marcia C. Linn）教授提出，为指导教学设计，林教授提出能够使其有机结合的四个一般性过程：析出观念、添加观念、辨分观念、反思观念[5]，现将知识整合的教学过程和要求归纳为表1。知识整合理论强调学习者拥有对某一科学主题的丰富观念库，观念库中的观点来源于与文化相关的活动、个人主观能动性、场馆学习以及观察生活等。[6~7]有效的教学能够充分利用学习者的潜力来产生观念库，让学生比较和重新思考与之相关的主题想法并作出决策，帮助学生意识到自己的想法并监控自己的探究过程，培养对不同想法进行评估的习惯。

表1　知识整合的教学过程与要求

教学过程	教学要求
析出观念	尊重学生带入课堂的各种观念并以此为基础开展教学活动； 鼓励学生清晰表达在多种境脉中产生的对于某个现象的想法
添加观念	添加规范的且能与已有观念整合的新观念； 新观念应与学生的日常生活相联系或基于已有观念，并采用不同形式进行表征；新观念的特征：①鲜明的比较，②将探究置于可行且关联的境脉，③提供反馈和支持，并进行自我监控，④使科学原理可以表述[8]
辨分观念	为学生提供收集证据和利用科学证据辨分观念的机会
反思观念	激发学生开展对自己学习进程的监控以及对自己观念的整理

知识整合理论包括四个主要的设计目标，分别是使科学可触及，让思维可看见，帮助学生向他人学习，促进自治。[9~10]

使科学可触及：鼓励学生构建自己的观点，发展有力的科学原则；鼓励学生参与学习活动，使科学与学生相关联，研究与个人相关的问题；为科学活动搭建脚手架，以便学生理解探究过程。本研究通过“蝴蝶房”亲身体验接触蝴蝶的活动，让学生与所要学习的科学知识建立直接联系，使科学学习不再停留于课本知识，而是能够观察、触摸的真实环境。

让思维可看见：将考虑到的各种情况的发展过程建模；为学生搭建脚手架以帮助他们清楚地表达自己的想法；用各种各样的媒体进行多种视觉表征。研究利用学生进行场馆学习前、后的知识水平测试，以及小组进行的交流互动活动，将学生的思考过程和结果充分可视化，以便研究者能够清晰地了解学生的思维发展。

帮助学生向他人学习：鼓励学生互相倾听和学习；设计社会交互以促进富有成效和相互尊敬的讨论的开展；为小组搭建脚手架以设计共享的准则与标准；使用多元的社会活动结构。本研究通过学生以小组为单位进行交流互动这一组织活动，为学生学习他人正确的观点提供脚手架平台。在参观认识并学习蝴蝶相关知识后形成一定的认知冲突，学生采用组内讨论和组间交流的方式表达自己的理解与看法，最后通过场馆学习知识后测得以体现。

促进自治：使学生对过程和想法进行反思；使学生成为批判者；使学生参与各种科学项目；建立一个探究过程。研究通过学生参与亲身学习、交流讨论等学习任务，使其在每一次交流互动中不断对自己的已有观念作出修正，促进自主学习，从而促进知识整合。

3 研究设计

3.1 场馆背景介绍

蝴蝶房位于上海自然博物馆一层，每日开放三个场次，每场针对 12 人开展 20 分钟的场馆教育活动。通过蝴蝶季节性特点习性的科普讲解、欣赏各种类蝴蝶标本以及体验放飞蝴蝶的活动，使参观者能够在真实情境中观察认识蝴蝶，体验蝴蝶之美。

3.2 研究对象

研究对象为报名参与上海自然博物馆“蝴蝶房”教育活动的 10~13 岁儿童，研究者在蝴蝶房入口进行观察，选择愿意参与并完成研究内容的适龄儿童作为研究对象，共招募 26 人。

3.3 研究内容与方法

依据知识整合理论的四大教学环节——析出观念、添加观念、辨分观念和反思观念，设计“蝴蝶房”场馆教育活动，活动设计内容如表 2 所示。在活动前、后分别对相关理论知识进行测试，活动中参与式观察儿童的活跃度和专注度，从而深入了解儿童在知识整合指导下的“蝴蝶房”场馆教育活动过程中的知识收获和情感变化。

表 2　知识整合指导下的“蝴蝶房”场馆教育活动设计

KI 模式	活动环节	儿童活动	研究者活动
析出观念	活动一	儿童完成“蝴蝶房”知识水平前测	设置情境
添加观念	活动二	儿童深入“蝴蝶房”展区通过观察标本、近距离接触蝴蝶、倾听知识讲解以及和科普工作人员沟通交流进行知识学习	参与式观察
辨分观念	活动三	儿童以小组为单位进行交流互动,完成观念辨分	参与式观察
反思观念	活动四	在完成知识交流与梳理后,儿童完成“蝴蝶房”知识水平后测和情感态度量表,从而对蝴蝶的相关知识有一定的认识与了解	测量评价

（1）活动一：析出观念

研究人员将儿童集合起来并清楚地说明活动内容，然后给每个儿童发放知识水平前测试题。测试题共四道，题型为客观选择题和选填的主观题，以图文并茂的形式呈现，降低儿童阅读理解的难度。测试内容包括蝴蝶的生命周期、蝴蝶与蛾的区别以及蝴蝶的自我保护和种类名称四部分。这一活动对应于 KI 模式的第一环节“析出观念”，尊重儿童基于日常生活和学校境脉所产生的各种想法，并以此为基础开展场馆教育活动，鼓励他们清晰地表达在多种境脉中产生的对于某个科学现象的想法，对儿童的场馆学习更具积极意义。

（2）活动二：添加观念

活动二是让儿童参与“蝴蝶房”场馆教育活动，通过倾听科普工作人员的知识讲解和近距离观察标本，让儿童对蝴蝶的特点和生活习性有系统的了解。同时，儿童亲自触摸活蛹以及放飞蝴蝶，以此体验蝴蝶的魅力并对其有整体性的认识。儿童在这样可触及、可看见的教育活动过程中，试着总结蝴蝶的特征，并与科普人员交流互动来解答疑惑，从而对蝴蝶有更深入的认识与了解。这一活动对应于 KI 模式的第二环节“添加观念”，儿童利用场馆中的大量标本和实物来丰富自己的观念并对已有观念进行调整，采用不同的形式表征科学观念。

（3）活动三：辨分观念

场馆教育活动结束后，研究人员将儿童集合起来并将他们以小组划分进行交流讨论，讨论内容围绕对蝴蝶的认识展开，鼓励儿童表达自己的所见所学，同时通过小组交流令儿童辨别自己对蝴蝶的学习认识是否真实准确，以达到知识辨分的学习目的。这一活动对应于 KI 模式的第三环节“辨分观念”，为儿童提供检验和精制观念的机会，儿童利用亲身观察到的科学证据和同伴交流得到的有效信息，对各种观念想法进行辨分确认。

（4）活动四：反思观念

这一环节是让儿童完成知识水平后测试题和情感测评。知识水平测试内容与前测试题一致，情感测评量表参考英国学者斯塔格（Bethan C. Stagg）通过教育戏剧探究儿童对植物的情感态度变化的相关条目修改制成。[11]测评内容包含兴趣度、愉悦度和重要性三方面，共 9 个条目，采用李克特量表形式分成 5 个态度等级。这一部分旨在让儿童运用自己在参观和讨论过程中获得的科学知识检验自己对蝴蝶的认识和态度，帮助他们判断自己整合的观念是否正确，并对自己的观念进行反思和整理，从而形成对新观念的一致性理解。这一活动对应于 KI 模式的第四环节“反思观念”，激发儿童开展对自己学习进程的监控以及对自己观念的整理，这对发展科学的一致性理解有重要意义。

3.4 数据处理与信度分析

本研究使用 Excel 进行数据整理，利用 SPSS 22.0 软件进行数据分析，采用描述性统计、配对样本 t 检验比较知识水平前、后测是否具有显著性差异，以及情感测评结果是否具有统计学意义。对知识水平测试题和情感态度量表的内部一致性进行检验，结果表明知识水平测试的 Cronbach's $\alpha=0.869$，情感态度量表的 Cronbach's $\alpha=0.912$，说明两份试题均具有较高的信度。

4 结果与分析

4.1 知识测试的结果

对知识水平前、后测获得的 52 份测试结果进行评分，评分标准为每题 5 分，满分 20 分。其中，第 1~2 题每勾选一个正确答案得 1 分，勾选错误答案扣 1 分；第 3 题为每勾选一个正确答案得 2 分，补充其他答案得 1 分；第 4 题为每勾选两个正确答案得 1 分。利用上述评分规则打分后，采用 SPSS 22.0 对

26 位儿童在活动前、后的平均分以及每道题目在活动前、后的平均分作出分析，如表 3 所示，以此比较知识整合理念场馆教育活动的学习效果。

表 3　儿童在活动前后的平均分及增值（M±SD）

试题内容	活动前	活动后	增值
生命周期	4. 12±1. 03	4. 65±0. 68	0. 53±0. 81 **
与蛾区别	2. 88±1. 11	3. 77±0. 76	0. 89±0. 95 **
自我保护	3. 15±1. 29	4. 00±0. 00	0. 85±1. 29 **
种类名称	1. 88±1. 07	3. 31±1. 16	1. 43±0. 90 **
平均分	12. 04±3. 04	15. 77±1. 82	3. 73±2. 32 **

注：* $p<0.05$，** $p<0.01$。

由表 3 可以看出，儿童在经历知识整合理念设计下的场馆教育活动后对蝴蝶的相关知识显著拓展，总体平均分由活动前的 12. 04 提高为活动后的 15. 77，增加 3. 73（$p=0.000<0.01$）。儿童对于蝴蝶的各项试题内容在活动前、后的均分均有所提高，说明利用知识整合模式设计场馆教育活动有利于儿童添加新观念，并通过新、旧观念的整合关联完成辨分和反思观念的过程。第 1 题“蝴蝶的生命周期”测试结果可以发现，儿童在场馆学习前、后得分增加 0. 53（$p=0.001<0.01$），80. 77%的儿童在后测中得到 5 分的满分，说明经过活动二添加观念后，儿童对“蛹”和“茧”两个概念的辨析有一定程度的改善。第 2 题“蝴蝶与蛾的区别”前测结果仅为 2. 88，显示出比其他两项较低的得分，可见儿童对这两类昆虫的已有生活经验较少。在经过场馆学习活动后，儿童在该题的得分增加到 3. 77（$p=0.000<0.01$），总体呈现 0. 89 的增值。第 3 题“蝴蝶自我保护”试题中存在“拟态”“保护色”这样的生物专业名词，儿童依靠图像和文字解释能够较好地完成测试，从前测的 3. 15 增至后测的 4. 00（$p=0.003<0.01$），有明显提高。但很少有儿童填写“其他看法”一栏，可见对这类知识存在一定的欠缺和局限性。第 4 题“蝴蝶种类名称”显示出显著的儿童认知提高，由活动前的 1. 88 升高为 3. 31，增加 1. 43（$p=0.000<0.01$）。根据儿童活动前、后对蝴蝶种类名称了解的个数，制作表 4。

表 4　儿童活动前后蝴蝶种类名称的了解程度（M±SD）

蝴蝶种类名称	活动前	活动后	增值
个数	4. 23±3. 34	7. 19±6. 27	2. 96±1. 64 **

注：* $p<0.05$，** $p<0.01$。

儿童通过场馆教育活动对蝴蝶的种类名称由活动前的 4. 23 个提高到活动后的 7. 19 个，共增加 2. 96 个（$p=0.000<0.01$）个。其中，有 3 位儿童在活动后达到 11 个蝴蝶种类名称的认知，差值最大的儿童在活动前、后达到 7 个种类名称的认知提高。由此可以看出，场馆教育其实是儿童拓宽知识面的有效途径，而知识整合理论的教育活动能够更有效地帮助他们进行新观念的添加和辨分，从而进一步深化现有认知，提升场馆学习的效果。

4. 2　情感测评的结果

针对收集到的 26 份样本数据，每项条目依据李克特量表的 5 个态度等级设置 1 到 5 的评分，较高的分数表示对蝴蝶持有更积极的情感态度，利用每个情感维度中的各项条目获得平均分如表 5 所示。

表 5　知识整合理论下“蝴蝶房”教育活动情感测评（M±SD）

类目		平均分	
兴趣度	1	4. 65±0. 56	4. 70±0. 54
	2	4. 69±0. 62	
	3	4. 77±0. 43	
	4	4. 69±0. 55	
愉悦度	5	4. 69±0. 62	4. 68±0. 57
	6	4. 65±0. 56	
	7	4. 69±0. 55	
重要性	8	4. 42±0. 76	4. 67±0. 65
	9	4. 92±0. 39	

结果显示，儿童在参与知识整合理论指导下的“蝴蝶房”场馆教育活动后，兴趣度、愉悦度和重要性三个方面的均分为 4. 70、4. 68 和 4. 67。由此表

明，儿童在参与该场馆教育活动后表现出较为积极的态度。其中，重要性方面的条目 9“生活中需要蝴蝶的存在”均分高达 4.92，对蝴蝶的生命存在意义给予高度肯定。而条目 8“我需要学习蝴蝶的相关知识”得分为 4.42，相对较低，可见儿童虽然享受场馆教育带来的新奇体验，但活动过程未能让儿童更为深刻地体会到学习知识与实际生活的关联，对知识获取的需求产生一定的疑惑。

4.3 访谈内容的结果

活动结束后，对参与场馆学习的 26 位儿童进行访谈，内容涉及对参观场馆的学习感受以及对诸如此类的场馆教育活动的评价。其中，有 23 位参与者对场馆参观学习表达较为强烈的喜爱。例如以下表达：

> 喜欢场馆学习，因为有更多的真实展品供我们参观，供我们学习。
>
> 学校学习都是从书本的图片上看到一些东西，在博物馆能够亲眼看到。相比而言，更喜欢博物馆，更自由一点。

但也有两位参与者表达出中立的态度，其一是考虑所参观的场馆是否为自己感兴趣的，表达如下：“要看什么类型的场馆，像科技类、生物类的我比较感兴趣，但我不太喜欢历史类的。”该名儿童更喜欢科技类的场馆设计，当参观人文历史类博物馆时便没那么陶醉和享受。其二是认为现有的场馆参观仅停留在知识的获取层面，没有知识的深化，因此能否结合自己的已有观念扩充知识仍有待商榷。对于知识整合理念下的场馆教育活动，参与者均表达出较为满意的态度。例如，有儿童表示“知识得到补充，感觉自己学到很多知识”。也有儿童认为，此类场馆教育活动能够在场馆参观体验的基础之上，通过翔实的教学活动设计，帮助他们认识到自己的先有经验是否正确，更好地纠正错误认识，从而完成新知识的获取。

5 结论与展望

5.1 研究结论

研究结果显示，在基于知识整合理论的场馆教育活动中，儿童能够利用可触及、可看见的场馆内容，更有效地完成新观念的添加以及与已有观念的辨分过程，从而实现观念整合达成对知识的一致性理解。依据知识测试结果和情感量表分析，我们发现知识整合理念的活动设计对儿童知识面的拓展和知识内容的保留有较好的效果，儿童的学习不再只停留于眼睛的观察，而是通过参与交流、实践体验、讨论合作的方式深化对概念的理解，避免场馆参观走马观花的弊端。同时，儿童对此类教育活动表现出极为积极的情感态度，他们能够由此引发认知兴趣，并享受与知识交互的过程，且在一定程度上对事物的存在意义产生深刻认识。知识整合指导下的场馆活动能够杜绝浅层次的表象参观，进一步带来深化的知识理解，受到儿童的喜爱与认可。

5.2 反思展望

在基础教育领域，科技场馆与学校的合作被视为促进教育综合改革的重要实践，“双减”政策的落地尤其释放出对优质教育资源的迫切需求。[12]因此，馆校结合项目应突破基础教育和场馆学习之间的壁垒，以切实可行的教育理论搭配满足学生需求的教育活动，真正为促进科学普及工作而改变。本研究探讨了知识整合理念应用于博物馆教育活动设计与实施的学习效果，研究结果表明：场馆活动不仅拓宽了学习内容的深度、广度，而且提升了儿童对场馆学习的积极情感。但受限于研究对象的样本量较小且活动场景局限于蝴蝶房，所以，知识整合理论指导下的场馆教育活动设计和实施仍需要更多的检验和完善。结合“双减”背景和本研究的结果，就博物馆教育活动的开展提出以下建议。

第一，类似“蝴蝶房”的互动体验类场馆教育活动对儿童有独特的吸引力，借助知识单、交流讨论、情感表达等途径能够强化现有讲解活动的教育功能，帮助儿童在观察、倾听的基础上真正理解新知识。

第二，推动场馆教育活动的设计理念革新。知识整合理念强调在现有观念的基础上添加可与旧观念建立联系的新观念过程，更重视观念的辨分认识，关注一致性理解的生成。该理念与博物馆教育活动的初衷较为一致，在教育领域具有很大的发展潜力。

第三，开展互动式场馆教育活动。只有当儿童积极主动地参与其中，并关注知识观念的辨分过程，才能有效避免学习不深入的现象，同时培养儿童对博物馆科普的喜爱之情，促进其后续的学习。

参考文献

[1]《“双减”背后教育观念的大变革》，http：//www. moe. gov. cn/jyb_ xwfb/moe_ 2082/2021/2021 _ zl53/zjwz/202108/t20210823 _ 553455. html，2021 年 8 月 7 日。

[2] Hofstein A. , Rosenfeld S. , “Bridging the Gap between Formal and Informal Science Learning,” *Studies in Science Education*, 1996, (28) .

[3] Wellington, Jerry, “Formal and Informal Learning in Science: the Role of the Interactive Science Centres,” *Physics Education*, 1990, 25 (5) .

[4]《关于利用博物馆资源开展中小学教育教学的意见》，http：//www. moe. gov. cn/srcsite/A06/s7053/202010/t20201020_ 495781. html. 2020 年 10 月 20 日。

[5] Linn, M. C. , Eylon, B. -S. , “Science Education: Integrating Views of Learning and Instruction,” In P. A. Alexander & P. H. Winne (Eds.), *Handbook of Educational Psychology* (*2nd ed.*) . Mahwah, NJ: Lawrence Erlbaum Associates, 2006.

[6] Bell, P. , Lewenstein, B. , Shouse, A. W. , Feder, M. A. , & National Research Council (NRC) (Eds.), *Learning Science in Informal Environments: People, Places, and Pursuits*. Washington, DC: The National Academies Press, 2009.

[7] Howe C. , Tolmie A. , Duchak-Tanner V. , et al. , “Hypothesis Testing in Science: Group Consensus and the Acquisition of Conceptual and Procedural Knowledge,” *Learning & Instruction*, 2000, 10 (4) .

[8]〔美〕马西娅·C. 林、〔以〕巴特—舍瓦·艾伦：《学科学和教科学：利用技术促进知识整合》，裴新宁、刘新阳等译，华东师范大学出版社，2016。

[9] Linn M. C. , His S. , *Computers, Teachers, Peers: Science Learning Partners*. Mahwah, NJ: Lawrence Erlbaum Associates, 2000.

[10] Linn, M. C. , Bell, P. , Davis, E. A. , “Specific Design Principles: Elaborating the Scaffolded Knowledge Integration Framework,” In M. C. Linn, E. A. Davis & P. Bell (Eds.), *Internet Environments for Science Education*. Mahwah, NJ: Lawrence Erlbaum Associates, 2004.

[11] Bethan C. Stagg, “Meeting Linnaeus: Improving Comprehension of Biological Classification and Attitudes to Plants Using Drama in Primary Science Education,”

Research in Science & Technological Education, 2020, 38 (3) .
[12] 宋娴:《“双减”背景下科学类博物馆教育生态体系搭建：现状、困境与机制设计》,《中国博物馆》2022 年第 1 期。

“双减” 背景下馆校合作的育人模式初探

崔云鹤*

（北京市东城区青少年科技馆，北京，100011）

摘　要　在“双减”的背景下，减轻学生课业负担，提升学生的核心素养成为教育者的新的研究议题。“实践创新”是学生核心素养的重要组成部分，如何通过馆校合作，为学生创设良好的科技教育氛围，激发学生的好奇心和探索欲，培养他们的创新思维能力，提升学生乐于钻研、勇于实践的学习主动性。本文以科技馆策划的项目“小小科学探索家”与学校科技教育的有机结合为例，通过行动研究法，从项目主题的确立、活动形式的设计、资源的有效利用、成果的完善几方面进行教育实践，探索以项目为引领，馆校合作，培养学生创新思维能力的策略和模式。

关键词　“双减”　项目引领　馆校合作　学生创新思维能力

2021 年 7 月，中共中央办公厅、国务院办公厅印发《关于进一步减轻义务教育阶段学生作业负担和校外培训负担的意见》，在国家如此关注教育的大环境下，作为校外教育工作者，我们更要深刻思考：当前的校外科技教育工作“培养什么人，怎么培养人，为谁培养人”的问题。科技馆作为基础教育的重要组成部分，负责全区中小学生的科技教育工作及全区科技教师的培训工作，根据科技馆的教育属性，在国家“立德树人”教育方针的指引下，我们通过在实践中的摸索，尝试以项目为引领，从社会关注的教育热点切入，发挥好科

* 崔云鹤，北京市东城区青少年科技馆业务副馆长，主要从事学生科技教育活动的组织和策划。

技馆的策划和引领作用，实现学校的组织与督促功能，推进馆校的有效合作，促进学生核心素养的全面提升。

1 不断提升学生核心素养，实现合理减负，科技馆积极策划"馆校合作"的项目内容，提升学生的创新思维意识

遵循"为了学生全面发展"的育人理念，科技馆要从高站位做好项目的设计。首先，项目的内容要以学校切实关心的教育问题和教育难题为切入点，并适应当前"双减"背景下的教育形式。其次，项目的设计要能建构和谐的育人生态，创造条件营造和谐的育人氛围，并带动学生积极参与。

2018 年 5 月 28 日，习近平总书记在中国科学院第十九次院士大会的讲话中提道："中国要强盛、要复兴，就一定要大力发展科学技术，努力成为世界主要科学中心和创新高地。"长久以来，学生创新思维能力的培养是一个备受关注的教育问题。随着教育改革的深入推进，全面开展对学生的素质教育，培养学生创新思维能力在理论和实践方面都进入教育研究者的视线。科技馆以项目为引领，以培养学生的创新思维能力为主要内容，设计了"小小科学探索家"系列活动，通过不同子活动的内容推进，将科技馆教育与学校进行有效的衔接、有益的组合、有质的融合，开展馆校合作育人模式的初探。

科技馆设计了"小小科学探索家"馆校合作项目，以"主题性思维导图"子活动，引导学生发散思考某一给定主题，这样的"发散"思维过程拓展了学生思考问题的广度；以"创新项目的策划与实施"子活动引导学生把用绘制思维导图的形式呈现的所有感知到的对象，依据一定标准"聚合"起来，探究其共性和本质，这样的"聚合"思维过程增强了学生的探究能力；以"我为社会献份力——创新成果展示"子活动引导学生较好地梳理思维脉络并挖掘智慧闪光点，把学习成果分享给别人，进行成果固化，并服务于社会。

发散思维、聚合思维、创新成果表达三个阶段的训练对于学生创新思维能力的培养尤为重要。在教育实践中，科技馆以"小小科学探索家"项目为引领，利用翻转课堂的模式，和学校紧密联系，以从训练学生发散思维到培

养学生聚合思考，再到培养学生创新思维表达这样一个研究过程，通过行动研究法，对馆校合作培养学生创新思维能力的方式和途径进行探索（见图1）。

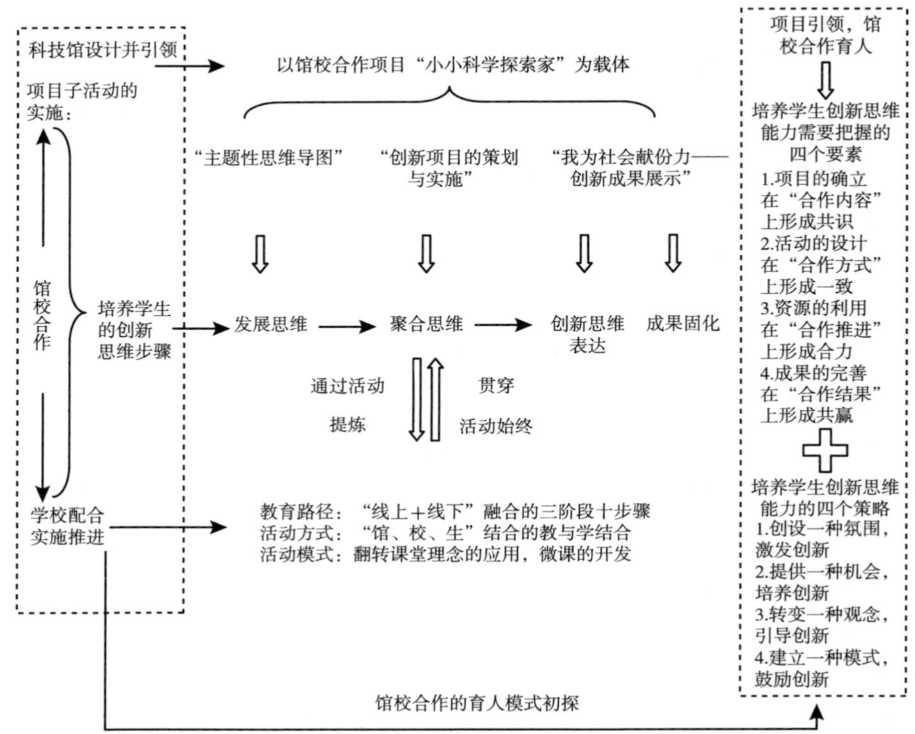

图1　以项目为引领的馆校合作工作思路

2 “双减”背景下，科技馆运用教育改革的新模式，全方位引发学生的学习兴趣，培养学生的创新思维能力

学生创新思维能力的培养，是社会共同关注的话题，也是学生核心素养的重要组成部分。科技馆以此教育热点为切入点，策划了“小小科学探索家”项目。项目首先以“主题性思维导图”子活动为载体，从馆校合作的角度进行整体设计：科技馆进行主题的设计和解读，学校进行活动的发布和组织，并

引导学生通过“翻转课堂”的形式推动“线上+线下”的共同参与，通过这样的活动设计，以多人发散、头脑风暴等形式逐步培养学生对问题进行发散思考的习惯。

2.1 培养学生发散思维的行动研究

通过“主题性思维导图”子活动来实施。

美国的心理学家吉尔福特在研究智力的三维结构模型时提出了发散思维和聚合思维。吉尔福特认为，发散思维能力就是人的创造性思维。发散思维属于一种高层次的思维形式，同时它也是创造性思维的核心，对学生创新思维能力的提升起到了关键性的作用。

思维导图是培养学生发散思维的很好的工具，以翻转课堂模式引导学生通过主题性思维导图绘制培养学生的发散思维能力。并通过 5W1H 的思维方式，即 5W——who 谁用、when 什么时候用、where 在哪里用、what 做什么用和 why 为什么用、1H——how 引导学生进行发散思考、绘制主题性思维导图。

“主题性思维导图”子活动利用翻转课堂模式，培养学生创新思维能力，形成流程如图 2 所示。

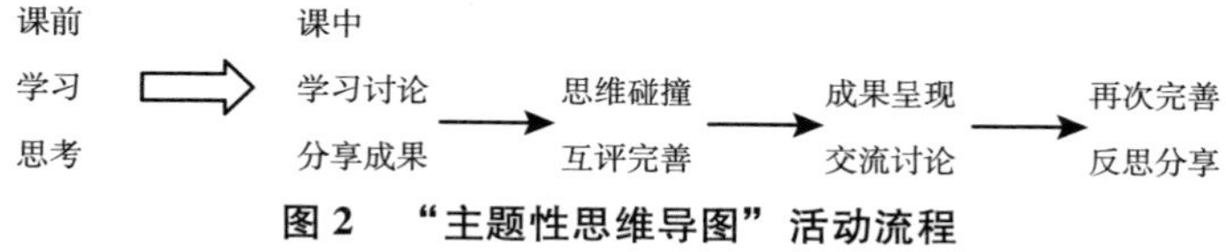

图 2 “主题性思维导图”活动流程

2.2 “线上+线下”融合的三阶段十步骤教学路径

在疫情防控常态化的背景下，基于活动实践经验，在利用翻转课堂模式培养学生的创新思维能力过程中，我们提炼形成了“线上+线下”融合的十步骤教学路径，稳步推进科技教育的发展，是实施素质教育的重要途径，也是开展创新教育、培养创新型人才的重要平台。

活动分为课前、课中、课后三个阶段，尤其强调活动前的教学活动，通过科技内容的“微课”实现。三个阶段对应三个教学目标，分别是知识传递、内化拓展、成果固化。其中知识传递即知识点转化为学生学习的问题，教师创设问题情境，并让学生带着问题去预习；内化拓展即将问题转化为学生的任务单，引导学生进行实践体验；成果固化即让学生通过解决问题形成学习成果。通过这样的活动过程探讨培养学生创新思维的方式（见表1）。

表1　基于翻转课堂培养学生创新思维能力的教学路径

阶段	形式	教学目标与教学活动步骤
课前	线上+线下	教学目标:知识传递(知识点转化为问题)
	线下	第一步,教师了解学情
	线下	第二步,教师创建教学视频
	线上	第三步,学生自主预习
	线上	第四步,学生反馈问题
	线下	第五步,教师根据学生问题调整课堂讲授内容
课中	线下	教学目标:内化拓展(问题转化为任务单)
		第六步,设计学生体验活动
		第七步,引导学生实践练习
		第八步,学生学习总结,再提出新的问题,师生评价
课后	线上+线下	教学目标:成果固化(问题解决,补充微课)
	线下	第九步,学生的问题最终解决
	线上	第十步,学生的难点用于补充微课的内容

2.3　“馆、校、生”结合的教与学活动方式

馆校合作旨在有效调动学生的学习积极性、主动性，“小小科学探索家”项目的子活动“主题性思维导图”，以翻转课堂的模式向学生发布明确的学习任务，设计清晰的学习流程，促进学生创新思维的培养，最终形成可喜的学习成果（见图3）。

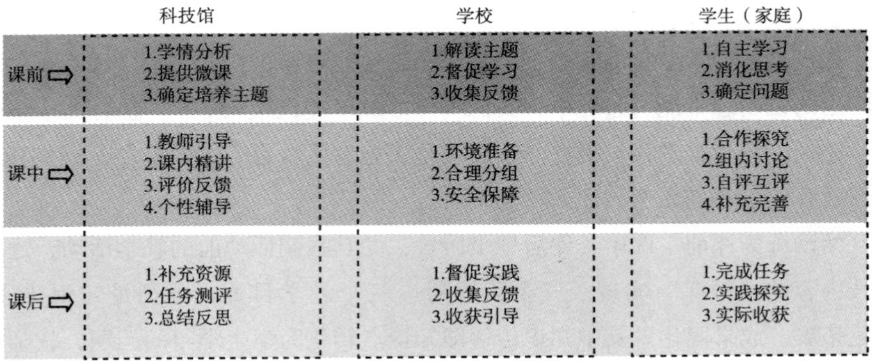

	科技馆	学校	学生（家庭）
课前⇨	1.学情分析 2.提供微课 3.确定培养主题	1.解读主题 2.督促学习 3.收集反馈	1.自主学习 2.消化思考 3.确定问题
课中⇨	1.教师引导 2.课内精讲 3.评价反馈 4.个性辅导	1.环境准备 2.合理分组 3.安全保障	1.合作探究 2.组内讨论 3.自评互评 4.补充完善
课后⇨	1.补充资源 2.任务测评 3.总结反思	1.督促实践 2.收集反馈 3.收获引导	1.完成任务 2.实践探究 3.实际收获

图3　“馆、校、生”结合的活动方式

3 项目引领，科技馆以独特的视角设计丰富多彩的活动形式，引导学生进行创新思维的成果固化

在“小小科学探索家”项目中，以“创新项目的策划与实施”子活动为载体，科技馆进行科学探究“六步法”的路径构建，学校选拔在科学探究方面有兴趣、有潜能的学生进行科学探究专题培训，科技馆的老师对此方面辅导薄弱的学校进行协助。并输送有潜能的学生进入高一级的专业机构学习，为学生的科学探究铺设广阔的平台。为学生创设形成创新思维，开展科学探究的环境。

3.1 培养学生聚合思考的行动研究

通过“创新项目的策划与实施”子活动来实施。

美国的心理学家吉尔福特提出发散思维与聚合思维相对应。在学生创新思维和实践探究能力的培养中，发散思维和聚合思维是并列的两个要素。往往需要经历从发散思维到聚合思维，再由聚合思维回到发散思维的多次循环的过程。聚合思维是把广阔的思路聚集成一个焦点的思维方法，是一种更科学地认识事物本质的思维方式。

学生通过绘制思维导图的发散性思考，找到和实际生活紧密相连的创意点和切入点，教师引导学生通过动手实践和科研探究等方式进行深入的研究，解决生活中的困难和问题。在项目实施中，我们梳理了科学探究“六步法”，带领学生具体实施（见图 4）。

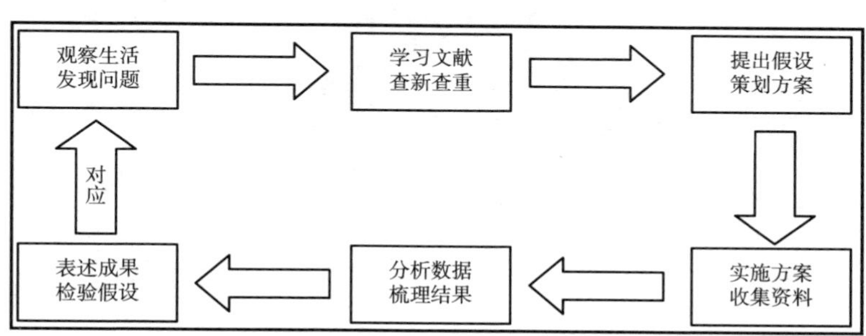

图 4 科学探究“六步法”具体步骤

3.2 培养学生创新思维表达的行动研究

通过“我为社会献份力——创新成果展示”子活动来实施。

“主题性思维导图”项目成果如图5至图8所示。

图5 “同心战疫情”主题性思维导图作品

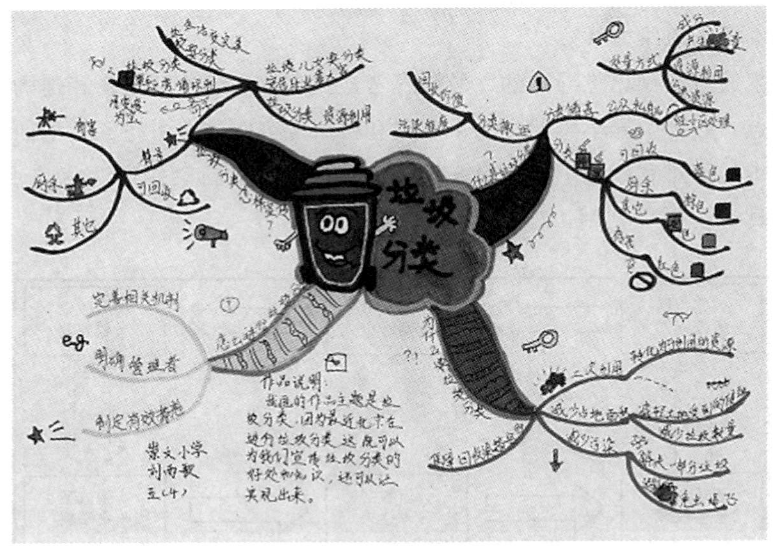

图6 “垃圾分类”主题性思维导图作品

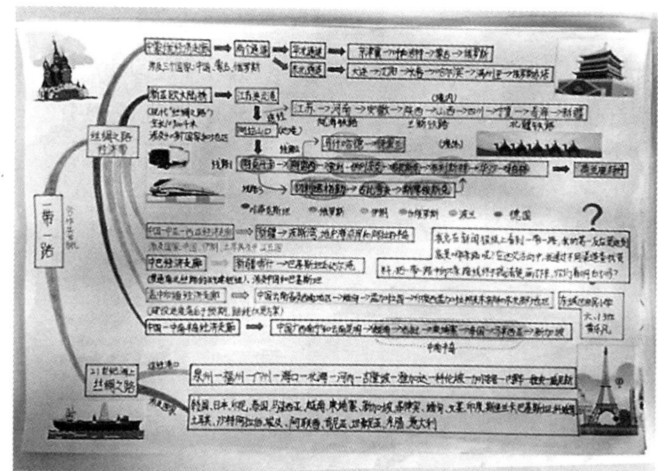

图 7　“一带一路”主题性思维导图作品（1）

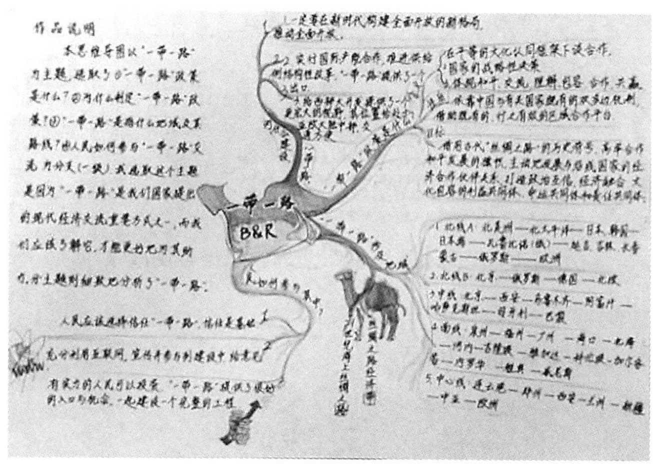

图 8　“一带一路”主题性思维导图作品（2）

4　馆校合作助力学生学习成果的固化，搭建育人的活动阶梯，培养学生用创新成果服务社会的情怀

在“小小科学探索家”项目中，以“我为社会献份力——创新成果展示”子活动为载体，科技馆进行科学探究课题的全程指导，学生通过科技课题立

项、查阅资料、设计实验方案等环节进行探究活动体验。教师助力学生创新项目的确立和创新成果的固化，并在学习过程中引导学生认识到创新成果的形成源于社会方方面面的支持，同时鼓励学生将自己的研究成果分享给身边的人，回馈社会，为社会服务。

4.1 学生“关注生活，智慧解决”的创新项目（小论文）立项活动

通过“主题性思维导图”绘制活动挖掘的创新项目（小论文、小发明）的研究来实施。

疫情防控方面成果如图9所示。

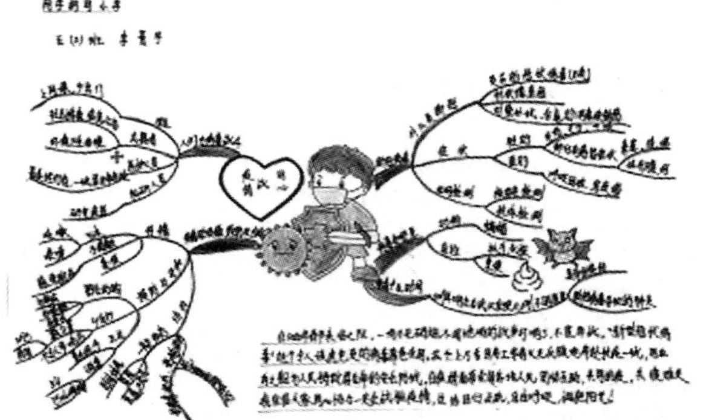

论文立项：

1 应该如何科学佩戴口罩

2 校园口罩佩戴方案

3 安全科学使用消毒剂

图9 “同心战疫情”主题性思维导图成果

垃圾分类方面成果如图10所示。

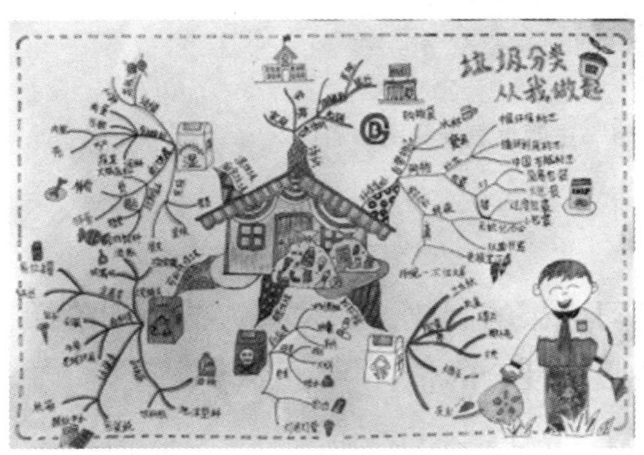

论文立项：

1 厨余垃圾袋物分离方式探究

2 垃圾分类指引宣传方式探究

图10 “垃圾分类”主题性思维导图作品成果

4.2 培养学生用创新思维成果服务社会的活动

如果说发散思维、聚合思维是学生学习创新性思考问题的方法，那么创新思维表达则是学生研究成果的固化和与人分享的载体。

学生通过思维导图的绘制发现了身边存在的困难和问题，就能通过深入思考和实践，进行创新作品的设计与制作，并能应用于日常生活中，解决实际问题。

“创新项目的策划与实施”项目成果：发明作品“管道气动疏通机器人”（见图 11、图 12）。

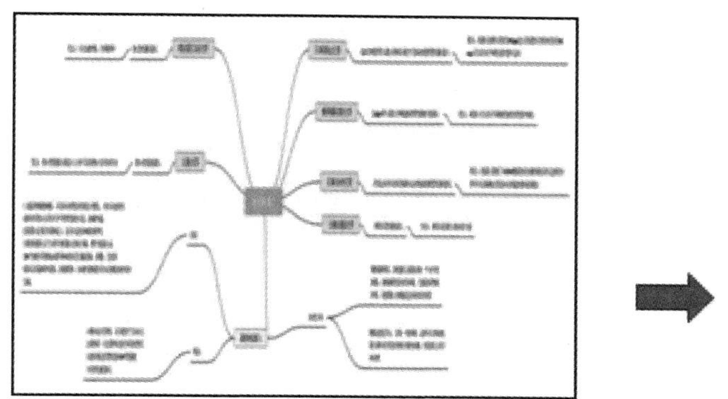

图 11 “管道气动疏通机器人”项目思维导图

图 12 创新发明——管道气动疏通机器人

5 以项目为引领，馆校合作，培养学生创新思维能力的实施要素和策略

科技馆以项目为引领，以学校教育为主阵地，通过馆校合作逐步完善项目思路，助力馆校合作育人模式的形成。在文献学习和实践摸索的基础上，总结以项目为引领，馆校合作协同育人，培养学生创新思维能力的基本要素和基本策略。

5.1 项目引领，馆校合作育人，培养学生创新思维能力需要把握的四个要素

（1）项目的确立

馆校合作首先要做好项目策划，找准活动的切入点，即在“合作内容”上形成共识。

（2）活动的设计

在项目引领下，做好具体活动形式和方式的设计，使馆校双方充分发挥各自的角色优势，互相借力，做到有效衔接，最终达到极佳的教育效果，即在“合作方式”上形成一致。

（3）资源的利用

在项目引领下，做好整体构架，发挥馆校各方人员的积极性和资源优势，合作解决共同关心的问题，即在“合作推进”上形成合力。

（4）成果的完善

成果是项目的一种表现形式，也是学生参与过程的努力目标，馆校从各自的角度协助学生完善成果的展示，使学生收获多维度的思考，最终获得全面的提升，即在“合作结果”上形成共赢。

5.2 项目引领，馆校合作育人，培养学生创新思维能力的策略

（1）创设一种氛围，激发创新

借助馆校的多种途径和媒介组织活动，创造良好的氛围，激发学生的求知欲和浓厚的兴趣，使学生精神饱满、全神贯注、兴趣盎然，有利于学生创新思

维的开发。

（2）提供一种机会，培养创新

以项目为引领，在活动策划中将馆校各方资源进行全面整合，尽可能多地为学生创设实践的机会，让学生能够把理论与实践相结合，在实践中获得收获和乐趣，有利于培养学生的创新思维意识。

（3）转变一种观念，引导创新

馆校合作育人是社会发展的必然趋势，双方在育人上都有着不可替代的作用和意义。建立健全馆校合作的育人机制，形成“理念共识，职责共担，协同联动”的良好教育生态，在活动中积极运用“深度学习”“项目化学习”“STEAM 教育”“翻转课堂”等教育改革的先进理念和方式，以项目为引领，有利于培养青少年的创新思维能力。

（4）建立一种模式，鼓励创新

科技馆以项目为切入点，确立明确的项目目标，把学生的成长融合于馆校的优势发挥中，通过训练学生的发散思维培养创造力，通过训练学生的聚合思考培养学生的探究能力，最终合作完成项目任务——创新思维成果表达，在实践过程中引导学生学习灵感源于社会，将学习成果回馈给社会，形成馆校合作的育人模式，有利于培养青少年创新思维能力。

教育从来都是多方协同合作的结果。馆校合作的模式吸引了越来越多的学校参与其中，活动最大限度地为学生创设了良好的学习环境，提供了实践机会，形成了良好的教育生态，逐步建立了解决教育难题、合作共育的教育模式。为“双减”背景下的教育改革探索出一条有利于学生全面发展的成长之路。

参考文献

[1] 熊艳萍：《微课教学技术在中学科技创新教学中有效应用研究》，《读写算》2019 年第 23 期。

[2] 辛自强、林崇德：《创新素质培养的建构主义视角》，《中国教育学刊》2016 年第 5 期。

[3] 王树生：《微课在初中信息科技教学中的应用》，《新课程》（中学版）2018 年第 8 期。

基于科技馆展品的小学科学课程资源的开发研究*

贺玉婷　李红哲**

（郑州师范学院，郑州，450044）

摘　要　科技馆展品是场馆内传播知识的重要方式之一。目前大多数科技馆对来访学生集体采用全馆参观的浏览模式，此模式使学生在科技馆内学习效果不佳，学生没有深入探究展品所涉及的科学现象、科学原理等，致使科学素养的培养效果不太显著。因此，本文将对科技馆展品与科学课进行有效深度融合，充分利用展品资源，通过教师或科技馆人员一系列引导、提问、互动等模式，让学生体验一节真正的科学课。

关键词　科技馆　小学科学课　课程融合

2006 年“科技馆活动进校园”工作实施以来，在各方的共同努力下，特别是“十二五”期间，始终坚持“大联合、大协作”的工作思路，各类科普场馆和社会科普机构逐步与学校内外的科学教育建立了相结合的运行机制。随着科技馆资源不断开放，学生有更多机会参与到集体参观科技馆、科普表演等校外科技活动中，这种馆校结合教育模式促进培养学生观察发现、动手操作等能力，有利于中小学生对科学探究产生浓厚兴趣。2017 年

* 本文系河南省教育科学“十四五”规划 2021 年度一般课题“馆校合作背景下小学科学教育项目开发与应用研究”（2021YB0263）、郑州师范学院 2022 年校级教改项目“科学教育师范生 TPACK 发展路径与策略研究”（JSJY-001211592）的阶段性成果。

** 贺玉婷，郑州师范学院讲师，研究方向为教育技术、科学教育；李红哲，郑州师范学院本科生。

初教育部出台印发最新版的《义务教育小学科学课程标准》（以下简称新课标），对突出强化教学实践环节、加强课程实施等提出了新的要求。结合新课标对科普活动的新要求，联系我国目前馆校结合活动的优势和发展趋势，本文对科技馆内展品资源与科学课程进行深入思考，使两者之间紧密融合。

2021年国务院印发《全民科学素质行动规划纲要（2021—2035年）》，在关于青少年科学素质提升行动中提出，建立校内外科学教育资源有效衔接机制，充分发挥非正规教育的促进作用，大力组织校内外结合的科学教育活动，鼓励中小学利用科技馆开展科技学习和实践活动，科技馆内丰富全面的展品内容、创新新颖的展示方法，以及具有互动性的科普表演等，都展示出其教育形式的独特魅力。科技馆资源可以弥补小学科学课程资源形式单一等方面的不足，能够让学生更易接受、理解并掌握所涉及的科学知识，进一步提升科学素养。在我国素质教育改革的大背景下，推动科技馆与小学科学课程教育的互补与合作是一种必然趋势。

经走访调查发现，目前科技馆与科学课程的结合仍存在一定问题，教师和科技馆人员都只是熟悉两个场所的其中之一。教师对科技馆展品一无所知，无法将科学课程巧妙融入科技馆展品中，学生作为受教育者在参观科技馆时没有明确学习目标，将科技馆的课程当作游玩之旅，在每个展品面前都只是简单浏览、操作，停留时间较短，仅仅是在大脑中留下展品操作的印象，学习科学课程的目的性不强。同时，科技馆人员对校内科学课程所教授的内容没有系统了解，无法针对性地讲解与该年级学生相适应的科学知识，所以，科技馆与科学课程之间没有有效连接，导致科技馆服务和学校课程标准以及科学课程内容部分不符合，影响学生对科学知识的学习效果。科技馆内坐拥丰富的展厅展品资源，其中包括很多互动式、体验式的展品，学生在体验展品的过程中独立思考、动手操作能力都能得到一定锻炼，如果运用得当有效引导可让学生学会观察、多角度解决问题，激发他们深度探索问题的好奇心，发展他们的创造性思维。校内课堂缺少对具体实物的互动这一问题可以在科技馆有效解决，将科技馆内的展品与科学课程深度融合，让科技馆展品成为课堂中的环节，有效推动学生在科学课堂中对知识的理解与吸收，极大地拓展了学生在科技馆内获得科学知识的深度与广度。

1　科技馆展品与小学科学课程融合的优势

1.1　学生在科技馆内学习知识目标性增强

科技馆内的课程学习，由于将校内的知识概念融入展品之中，一方面促使学生对科技馆学习的重视程度大大提升，另一方面知识的应用贴合科技馆展品，学生对科学知识的学习更深刻，可提高学习的目的性。全国各地科技馆在接待到馆参观人员时，大部分采用的参观模式是全馆浏览。学生在科技馆人员的带领下浏览展品、动手操作。这种仅浏览展品的参观模式让大部分学生学习目标性不强，也让科技馆人员忽视了引导学生探究展品蕴含的科学态度、科学方法、科学思想，学生对于展品原理的理解与记忆仅停留在表面，所以推动展品与科学课程的资源融合是解决科技馆内学习目标不清晰问题的有效办法之一。加强科技馆展品与科学课程之间的联系，有利于科技馆人员在学校师生到科技馆参观时，在课程标准的指引下，根据其对应的年级学生，带领他们精准参观展品，在科技馆内为其展现一堂不一样的科学课，运用多元化教育方式培养科学素养，引导学生对展品提出问题，深入挖掘其科学原理。这个过程中科技馆服务人员针对性地讲解，突出展品背后科学课程内容的重点，学生不再是盲目浏览、浅薄理解展品所涉及的科学原理和短时间的知识记忆，促使学生有明确的学习内容、清晰的学习目标。教与学内容有效对接使科技馆教育与科学课程紧密衔接，真正做到讲解人员眼中有课标，学生心中有目标。

1.2　学生在科技馆内科学课程参与度提高

针对校内传统科学课堂上一些抽象的科学概念、知识，即使老师讲解多遍，学生仍会感到难以理解，将抽象的科学理论通过展品展示在学生面前，让学生体验到知识在具体情景中是如何应用的，有效激发学生求知欲望，课堂之上互动环节参与度大大提高。我们将教材内容与科技馆展品相融合，穿越教材的界线，打通课内外壁垒，利用场馆资源拓宽科学知识学习方式，将科学课堂带到科技馆内，通过展品实现知识迁移，解决一些较难的科学原理问题，使科学课堂的知识通俗易懂。校内的传统课堂知识大多数通过教师口述讲解和大屏幕演示的方式，而科技馆开放式的教学环境能够让学生之间对问题的互动探讨更主动、热烈，面对展品的好奇心使学生对老师讲解科学知识的专注度明显提高，为深入探讨知识奠定理论基础。科技馆人员通过探究、提问等学习方式，充分调动学生对科技馆内科学课堂的互动热情，让学生在体验展品的过程中开拓思维，形成新的学习模式。学生与老师之间的频繁互动，长期下来有效促进科学课堂中交流学习、深入探索的积极性。

1.3 学校与科技馆之间互动不断增多

全国各地少有学校或教师组织带领学生到科技馆内进行系统性、与学校正式教育相关的学习。将科技馆展品深入融入科学课堂，促进学校与科技馆交流学习，实现“玩”中学的教育目标，这种多元化学习方式更有益于学生加强对课程内科学知识的理解，提高学习能力和学习成绩，使学生提高科学素养的同时也有益于课堂教学。科技馆与学校的合作不断深化、次数不断增多，展教资源与学科课程标准的对接不断加强，使科技馆的展教活动成为学校课程的完善和补充，能够吸引和鼓励更多的学校师生在学期中走进科技馆，在科技馆内通过对展品资源的充分利用为学生上一堂真正的科学课。

1.4 科技馆资源得到充分开发

随着社会对科学素质教育认识的提高，近些年人们对科技馆的重视程度不断加深，科技馆也在不断创新，但资源的开发程度仍然有限，接待或吸引的参观者数量较少，例如郑州科技馆在馆内开设魅力科学课堂、创客训练营等丰富的馆内活动，但每次活动举行时服务人数较少，脱离科技馆内展品的教学。本文旨在利用科技馆展品将“课堂引入科技馆”实现科技馆内教授科学课的常态化，将传统课堂与科技馆展品巧妙融合，使课堂的授课效果得到提升、科技馆内展品得到充分利用，让科技馆不再仅仅停留于参观，而是深入每件展品背后的价值，充分发挥科技馆向公众普及科学知识，弘扬科学精神，培养科学素养的科普阵地作用。

2 科技馆展品与科学课程资源融合

以郑州科技馆为例，通过实地考察该馆具有 9 个展品展区，其中 6 个展区的展品可与《义务教育小学科学课程标准》内容对应，笔者将具体的展品与之相应的课本内容一一照应，见表1。

表1　郑州科技馆展品与小学科学课程资源融合一览

展馆一层:磁电展区			
展品名称	年级	课本内容	课本内容与展品融合
磁力小碗	二年级下册第一单元	磁铁怎样吸引物体	展品未操作时,三个磁力小碗分离,当学生控制磁铁缓慢靠近时,小碗向磁铁靠拢,使学生更加直观地感受到磁力的作用
磁铁摆	二年级下册第一单元	磁极间的相互作用	随意移动带有磁性的铁盘能引起悬挂磁铁摆吸引或排斥磁盘摆动,促进学生理解磁极相互作用的概念
电路游戏	四年级下册第二单元	简单的电路	学生独立思考并将展品元件连接成完整电路使小灯泡发亮,学生认识电路所需基本元件,同时提高动手操作能力
导体半导体绝缘体	四年级下册第二单元	导体与绝缘体	展品通过学生亲手实验连接不同材质的导线观察小灯泡是否发亮,意识到导体与绝缘体的区别,帮助对抽象名词概念的理解
人体导电	四年级下册第二单元	不一样的电路	当双手分别握住两个金属球的时候,会通过人体接通了电路,产生光和声,亲身体验感受人体也是一个导体,加强对学生安全用电的教育
奥斯特实验	六年级上册第三单元	电和磁	按下展品按钮导体通电,磁针发生偏转,相反按钮没有被按下时导体不带电,磁针无偏转,让学生直观发现电导体周围存在磁场
电磁铁	六年级上册第三单元	电磁铁	按下按钮直流电通过导体时产生磁场,铁钉会被吸引,学生观察总结电磁铁产生的现象
水力发电	六年级上册第三单元	能量从哪里来	展品通过手动旋转按钮,快速改变水的高度,同时发光盘被点亮,帮助学生理解水力发电的过程及原理
展馆一层:天地自然展区			
防风林	三年级上册第三单元	观测风	风无法看见,但展品中被风吹动的小球滚动的速度和方向能看到,学生操作旋转出树木模型,引导观察此时风对小球的影响,帮助学生理解植树造林的意义
三球仪	三年级下册第三单元	月相变化的规律	展品为形象化教具,中间为发光太阳,地球绕太阳转动,月亮绕地球转动,帮助学生深层次理解月相产生的规律,并拓展至日食、月食的产生

续表

展品名称	年级	课本内容	课本内容与展品融合
登封观星台	六年级上册第二单元	影长的四季变化	展品有春分、夏至、秋分、冬至不同季节的按钮，按钮对应的影子长短不同，引导学生思考影子长短与什么因素有关
五代同堂嵩山石	四年级下册第四单元	岩石的组成	展品中展示嵩山五个不同时代的岩石，通过实物近距离观察岩石的组成特点，比较五代岩石的不同
展馆二层：力学展区			
比较摩擦力	四年级上册第三单元	运动与摩擦力	学生亲身体验不同材料且有一定倾斜角度的脚踏板，学生感受站在顶端滑下来的流畅度，比较摩擦力，参与后学生总结现象得出结论，提高学生的参与度
热气球	五年级下册第一单元	空气的热胀冷缩	展品中气球松弛状态，观察加热热气球时气球的形状变化，使学生观察总结加热空气时产生的变化
了解杠杆	六年级上册第三单元	灵活巧妙的剪子	通过展示扳手、天平、剪刀等物品，使学生深入了解杠杆原理在日常生活中的广泛应用，加强知识与生活之间的联系应用
寻找力量	六年级上册第三单元	不简单的杠杆	展品中通过改变杠杆支点位置，学生拉动杠杆体验杠杆力大小的差别，引发学生思考影响杠杆力的因素
自己拉自己	六年级上册第三单元	定滑轮与动滑轮	引导学生观察展品中定滑轮与动滑轮的应用，且各自承担的功能，学生坐在凳子上通过应用定滑轮和动滑轮可将自己拉起，充分增加学习的趣味性
拱桥	六年级上册第三单元	拱形的力量	学生自己搭建拱形桥，亲自上桥行走，感受拱形桥的承受力量，激发对拱形力量探究的好奇心
展馆二层：光学展区			
小孔成像	五年级上册第二单元	光是怎样传播的	通过小孔成像的现象帮助学生理解光是由直线传播的，提高学生对实验现象的总结能力
光的反射	五年级上册第二单元	光的反射	观察光反射过程中线路的途径，对比反射光与折射光的不同，增强学生对比观察的能力
哈哈镜	六年级下册第一单元	放大镜	展品哈哈镜由于镜面凹凸不平，故所成的像都为畸形，有的被放大有的被缩小，增强学生体验操作的兴奋性，活跃课堂气氛
展馆二层：声学展区			
排箫	四年级上册	声音的变化	学生将耳朵贴近管子底部聆听，不同长短的管子，声音的高低会有不同，便于学生发现声音的高低与管子长短的关系

续表

展品名称	年级	课本内容	课本内容与展品融合
展馆三层:生命科学展区			
眼睛的秘密、耳朵的构造	二年级下册第二单元	通过感官来发现	眼睛、耳朵的展品内部解剖模型,辅助学生认识器官构造,知道器官内部各部分的功能
反应时间	二年级下册第二单元	测试反应快慢	展品会随机掉下手柄,能立即反应抓住手柄可获得积分,学生可以进行测试比赛,活动后引导思考灵敏的反应需要哪几种器官配合完成,培养学生挖掘深层问题的能力
小鸡孵化历程	三年级下册第三单元	动物的繁殖	展品为活物标本,小鸡为胚胎时的模样及通过放大镜观察到血管、心脏的跳动,让学生感受到生命的神奇
我们是怎样听到声音的	四年级上册第四单元	耳朵是怎样听到声音的	耳朵横面解剖模型,帮助学生深入了解耳朵是如何听到声音的,加强对知识的深度学习理解
人体拼装	四年级上册第四单元	身体的结构	展品身体各器官模型,通过将器官逐一放到身体中正确的位置,让学生了解身体内部各个器官的结构、位置,促进加深学生对器官位置的记忆
关节知多少	四年级上册第四单元	骨骼关节和肌肉	旋转按钮展品关节模型便可扭动,学习了解我们身体哪些部位有关节的存在,认识关节在身体中所起的作用
心跳击鼓	四年级上册第四单元	跳动起来会怎样	心率是一个抽象的名词,通过展品将学生的心跳频率用鼓槌敲鼓同步表现出来
消化道之旅	四年级上册第四单元	食物在体内的旅行	展品模拟消化道场所,场景化学习提高学生学习效果
显微镜下的生命	六年级下册第一单元	用显微镜观察我们身边的生命世界	展品为显微镜让学生调节观察组织切片,感受显微镜镜头下的细胞形态,体会不同角度下的生命世界

通过表1可知科技馆展品能够以引出问题、理解原理知识、了解生活应用等多种角色出现在科学课堂之上，让科学课堂充满科学色彩。例如，在力学展区“自己拉自己”的体验式展品，科技馆结合教学利用此展品资源创设情境，引入科学新课。“自己拉自己”装置对于学生来说是新奇的，亲自在场馆内体验能够引起学生的好奇心，为新课教学做好充足准备。以生命科学展区小鸡孵化历程为例，展品中真实展示出小鸡胚胎一周、两周等壳内孵化状态，让学生深刻体会生命发育成长的神奇，这是课堂之上通过语言描述和图片展示无法达

到的效果，带领学生在此展区进行深入探索，通过引导让学生知道小鸡的孵化条件、破壳而出其中蕴含的科学原理。以声学展区为例，学生通过场馆学习了解到排箫的发声原理，课堂上老师可以布置手工制作让学生模拟展品模型制作原理相同的科技制品，使学生融会贯通。充分利用科技馆展品资源对学生进行科学教育，潜移默化地提高科学素养，不同于以往的参观教育模式，使科技馆的玩学过程更具有教育意义，与传统课堂之间优势互补。

3 教师如何利用科技馆资源开展教学

3.1 利用展品资源创建情境，展开新课教学

小学生思维处在具体形象的阶段，对概念的理解、判断、推理在很大程度上仍然离不开直观形象的支撑。有效地开发和利用科技馆展品资源，是提升教学质量的有效方法、使小学生喜爱科学从而学好科学的重要手段。以郑州科技馆为例，此馆展品的呈现方式分为演示型、互动型、陈列型、版面型。演示型展品可以形象地将现象完整地展示出来，更加直观。将演示型展品加入课堂前期的情境中，增加科学课堂趣味性，使之更加贴近生活，便于老师开展新课教学。例如，在“动滑轮和定滑轮”一课中，对于学生来说动滑轮和定滑轮这两个机械装置比较陌生，对于它们是怎样工作的没有直观认识，依托科技馆“自己拉自己”的体验式展品，通过动滑轮和定滑轮的组合可以轻而易举地将自己拉起来，此展品不仅帮助学生对动滑轮和定滑轮有初步的认识，而且这种体验对于学生来说是新奇的，能够引起学生的好奇心，为新课教学做好充足准备。

3.2 利用科技馆资源验证猜想，深入新课教学

科学课堂是通过探究以及验证，让学生学会尊重事实，勇于探索，敢于质疑。面对同一个科学问题，不同生活背景的学生会有不同的看法，在传统课堂之上，老师虽然会通过引导，让学生表达出自己的观点，但老师对其观点的简单解释远远不能解答问题的本质，通过科技馆展品实际操作演示，直观呈现，巩固学生接收的新科学概念，促进对科学知识的吸收，

面对学生不同的看法，教师首先通过一系列引导指出学生看法所存在的问题，再利用科技馆展品资源展示正确答案，这一过程不仅鼓励学生勇于提出问题，更是让学生学会尊重事实，让科学课堂变得意义非凡。例如：在“运动与摩擦力”一课中，根据不同的生活经验学生们会提出摩擦力大小可能与物体的质量、接触面的光滑程度等有关，在学校课堂中大多数教师会借助小车进行一系列摩擦力的实验，学生观察小车运动现象得出结论，但依托科技馆展品“比较摩擦力”让不同体重学生组队体验从同一材料斜面滑下和从不同材料斜面滑下的过程，亲身体验不同摩擦力带来的不同感觉，直接对猜想进行验证。

3.3 利用展品资源拓展原理，完善新课教学

每件科学展品的背后都蕴含一个或数个原理概念，传统课堂上的讲述仅仅让学生知道概念，没有经过实践操作，无法深入了解原理的意义。将科技馆展品融入课堂的动手操作环节，亲身感受、体验，用眼睛去观察原理在展品中的应用，教师便可融会贯通，让学生去思考生活中还有哪些物品应用了其中的原理，理论的学习最终要回归到日常生活中。所以，在科技馆课堂教学中，教师能够针对学生实践活动加以培养，并经过亲身体验，展品中的科学原理便更易于学生接受，课堂之上讲授方式和内容更加贴合新课标提倡的素质教育要求。例如在“不简单的杠杆”一课中，教学的难点是让学生知道改变支点位置，会影响杠杆的作用，将科技馆展品“寻找力量”引入本节课中，选一位同学坐在杠杆一端，一位同学负责移动支点，一位同学负责在杠杆另一端按压，这一过程中不仅直观地展示出支点位置改变，杠杆的作用受到影响，帮助教师突破教学重点，而且让学生知道支点离物体越近越省力，帮助学生深入解析原理。

3.4 利用展品资源制作教具，丰富新课教学

科技馆与科学课程的融合，仅仅依靠进入科技馆是远远不够的，将展品资源“引出来”是必不可少的重要一步。科技馆的展品模型通过教具带入课堂内部，教学时可以用来解释说明某个物体，也可以引导学生一起亲手制作，例如一些岩石、化石展品可以通过 3D 打印技术制作模型带入科学课堂，学生观

察模型，将知识具体化、形象化，为学生认知和记忆知识创造了条件，而且把教具真正融入新课教学，能激发学生学习兴趣，突出教学重点，丰富课堂结构，从而有效提高新课教学的质量和效率。

4 结语

科学馆展品是传播科学内容、科学态度、科学情感等重要教育知识的重要途径，学生参观科技馆并收获这些科学知识，仅靠参观是远远无法达到的，通过将科学课堂引入科技馆，把科技馆展品融入科学课堂，每位学生对科技馆展品进行深入探究使科技馆课堂学习效果更加明显，从所看到的现象中提出问题、探索问题、解决问题，真正的像一名科学家那样对展品进行科学的理解、思考和学习。馆校结合需要学校以更开放的形式面对科学课程的教学，同时也需要各地科技馆积极配合，辅助学校开展校外活动，双方只有同步协调起来，才能携手前进，使全国各地的科学课程走向成熟、完善，让每一位受教育者都成为素质教育下合格的优秀人才。

参考文献

［1］范向花、史晓：《基于展教资源，对接课程标准——吉林省科技馆馆校结合教育活动的开发与实践》，载《科技场馆科学教育活动设计——第十一届馆校结合科学教育论坛论文集》，2019。

［2］龙金晶、陈婵君、朱幼文：《科技博物馆基于展品的教育活动现状、定位与发展方向》，《自然科学博物馆研究》2017 年第 2 期。

［3］张琪、梁军：《巧用科技馆资源创设情境引入物理新课》，《中学物理》（初中版）2019 年第 12 期。

［4］陈彦宏：《基于展品的馆校课程设计与实施——以重庆科技馆“探秘电磁”为例》，载《面向新时代的馆校结合 · 科学教育——第十届馆校结合科学教育论坛论文集》，2018。

新背景下全年化馆校合作活动案例设计

——以海门科技馆为例

李 霞 樊 博*

（海门科技馆，南通，226100）

摘 要 2021 年《全民科学素质行动规划纲要（2021—2035 年）》明确提出了馆校合作行动，鼓励提倡各学校走进科技馆、博物馆等校外科普基地。科技馆不再仅以进学校为合作的重点，应从科普内容上实现与学校资源互补，从组织难度上降低学校压力，让学校更容易、更愿意“走出来”，走进科技馆，真正实现有效利用科技场馆科普资源，共同完成培养一批具备科学家潜质的青少年目标。本文以社会化运营的海门科技馆经验为基础，以整年为设计规划，分享以科学实践为核心的三阶段科普教育活动设计案例，为馆校合作初期构建合作方式。

关键词 馆校合作 科学素质 科普研学 共建课堂 社会化运营

2021 年《全民科学素质行动规划纲要（2021—2035 年）》颁布，明确提出了建立校内外科学教育资源有效衔接机制，实施馆校合作行动，正式把馆校合作这一词写入政策文件中。在共同目标指引下，馆校合作逐渐被越来越多的学校和科技馆认同。作为校外科普基地的科技馆，在馆校合作中不再是仅仅以进校园为核心，让更多学校学生愿意“走出去”，走进科技馆是接下来需要努力的方向。

---

* 李霞，海门科技馆副馆长，研究方向为科技馆科普教育；樊博，海门科技馆馆长，研究方向为科技馆场馆运营。

1　馆校合作主体的变化

2006年，国务院颁布《全民科学素质行动计划纲要（2006—2010—2020年）》（以下简称2006年《科学素质纲要》）提出整合校外科学教育资源，建立校外科技活动场所与学校科学课程相衔接的有效机制。利用科技类博物馆、科研院所等科普教育基地和青少年科技教育基地的教育资源为提高未成年人科学素质服务。[1]在此基础上，中国科协等发布了《关于开展“科技馆活动进校园”工作的通知》，鼓励科技馆资源走进学校。2017年为提升科技馆进校园活动的质量，《科技馆活动进校园工作“十三五”工作方案》发布。所有这些文件都是以科技馆进校园为核心开展的，将科技馆已有资源——移动展项、科普专家、科普活动等引进学校。从行动内容和名字描述可以看出，在这一阶段，馆校合作是以科技馆为主体的。

然而，2021年国务院颁布《全民科学素质行动规划纲要（2021—2035年）》（以下简称2021年《科学素质纲要》），纲要中正式提出了馆校合作行动，提倡中小学充分利用科技馆、博物馆、科普教育基地等科普场所广泛开展各类学习实践活动。[2]从描述中不难发现，此刻的馆校合作是科技馆和学校处于同等重要的地位，而不再仅仅以科技馆为主导。同年，教育部办公厅联合中国科协办公厅发布《关于利用科普资源助推“双减”工作的通知》，在通知中明确提出各校要以“走出去”的方式，有计划地组织学生就近分期分批到科技馆和各类科普教育基地，加强场景式、体验式、互动式、探究式科普教育实践活动。有条件的科技馆和科普教育基地可开发研究性学习课程，组织有关专家指导有兴趣的学生长期、深入、系统地开展科学探究与实验。[3]尽管“请进来”的活动内容同期开展，但从单独对“走出去”内容的详细描述和支持政策中我们能明显看到馆校合作的主体在变化，不再是科技馆的“一厢情愿”，而是逐步走向“两情相悦”。

这一内在本质的变化来源于新时代对育人的新要求。2021年《科学素质纲要》明确提出了青少年科学素质提升行动的目标：激发青少年好奇心和想象力，增强科学兴趣、创新意识和创新能力，培养一大批具备科学家潜质的青少年群体，为加快建设科技强国夯实人才基础。[2]相较于2006年《科学素质纲要》要求的使中小学生掌握必要和基本的科学知识与技能，体验科学探究活动的过程和方法，培养良好的科学态度、情感与价值观，发展初步的科学探究能力，增强创新意识和实践能力，2021 年《科学素质纲要》中对青少年的培养不再仅仅是掌握科学知识和方法，而是能够运用科学知识、方法解决实际问题。

2 科学素质培养需馆校合作

2021 年《科学素质纲要》提出了馆校合作行动和科学素质培养的目标，强调了学校和科技馆相互合作的形式。学校科学教育以体系化、常规化、标准化的方式开展，每周固定的课时安排、每学年固定的教学内容能够快速实现青少年体系化科学知识的教学。但由于在教学任务、教学目标、教学场地的限制下，学校常规科学教育在科学实践性和探究性上存在很多限制。

科技馆是组织实施科普展览及其他社会化科普教育活动的机构，以提高公众科学文化素质为目的，它的本质是公益性科学教育机构，通过体验性展品和基于展览展品的教学活动，模拟再现科技实践的过程，为观众营造从实践中探究科学进而获得“直接经验”的情境，并促进“直接经验”与“间接经验”相结合，增强了展示教育的效果。[4] 丰富的趣味化互动性展品、最新的探究实验设备、专业的科技辅导员等优势使得科技馆能够设计并实施以科学实践为核心，围绕科学探究过程而开展的各类教育活动。因展品展项设计的问题以及在展陈布置和成本因素的影响下，科技馆在科普知识内容的体系化展示上有较大的问题，很多展厅都是科普知识的零散组合，没法做到有效的体系化教学。

因而馆校合作能加强学校与科技馆科普教育资源的衔接，取长补短，充分发挥两类场所的优势实现青少年科学素质的提升。

3 馆校合作内容设计需求分析

如何真正实现馆校合作的“两情相悦”，让学校在众多的教学任务背景下愿意开展“走出去”行动，这一点需要馆方多方面的努力尝试。而在科普活动内容设计和形式设计上，要多考虑学校的难处，从学校的操作难度出发提高学校参与的兴趣：做到馆内活动与学校课程内容的差异化；降低学校在组织上的难度；突出科技馆优势，真正做到取长补短。

海门科技馆为江苏省南通市海门区的一座区级科技馆，科技馆于 2020 年 7 月对外试运营，采用社会化运营模式，同时兼顾公益性和市场性。自开馆至今，科技馆积极与区教体局、区科协建立紧密联系，逐步开展丰富的馆合合作活动。表 1 为海门科技馆从学期周中、学期周末以及寒暑假三个时间段分析学校情况而开展设计的馆校合作活动，广而精，可同时满足普适性和个性化的需求。

表 1　学校实施需求分析

时间	学校	内容设计点	形式
学期周中 （周一至周五）	内容:常规教学任务安排 教师:教师工作任务重 组织:学生不能随意离校	符合教学任务内容 学校/班级统一组织 大批量实施	科普研学
学期周末 （周六、周日）	内容:无教学任务安排 教师:教师无课时安排 组织:学生可自行安排	符合教学任务内容 非学校组织 少数人参与	共建课堂
寒暑假	内容:无教学任务安排 教师:教师无课时安排 组织:学生可自行安排	教学内容多样化 非学校组织/学校组织 多数人参与	冬夏令营 “对话科学家”活动

3.1　科普研学

面向中小学生的科普研学是一种实践性很强的科学教育活动，属于非正式的科学学习，具有探究性活动课程、科学传播过程和科技主题旅行的三重属性，是纳入中小学教学计划的一种学习方式。[5] 其通常以学校年级为单位由学校组织班级学生到馆参与科普探究活动，时间安排一般在学校教学时间，短期研学时长为半天或是一整天。考虑到学校和科技馆的操作难度，一般频率为 1

个学期每个年级至多1次。针对此类活动需求海门科技馆为不同年级学生提供不同的研学内容设计。主要内容选择考虑科学课标内容、学生认知水平等因素。通常采用多内容组合方式开展：展厅参观、科学探究活动、科学表演/科普剧、科普观影等。

科普研学的主要协作部门为学校和科技馆。学校负责组织学生到馆，科技馆负责提供馆内所有科普活动。研学活动设计遵循趣味性、探究性原则，核心目标是通过科技馆趣味性的科普探究活动激发学生好奇心，提高学生对科学学习的兴趣。

表2　科普研学活动清单

年级	研学主题	研学主展厅	研学探究活动
1年级	科学识水之旅	科学启蒙厅	如何让水变干净:探究水中物质过滤
2年级	魔力之旅	科学探秘厅	魔力小车:探究磁铁磁性特征
3年级	潜望镜的光之探秘	科学探秘厅	潜望镜:探究光的反射现象
4年级	点亮生活之电	科学探秘厅	小黄人检测器:探究导体与非导体
5年级	荒野求生记	人防展厅	摩尔斯密码:探究摩尔斯密码的创意
6年级	牛顿之力	科学探秘厅	水火箭:探究作用力和反作用力
7年级	智能制造之旅	科技生活厅	机械臂:探究机器人机械结构

展厅展品的互动、科学探究活动的趣味性、动手实践性都是激发学生好奇心和提高科学学习兴趣的重要元素。从实施条件看，没法奢求一次大面积研学能达到多明显的科普效果，这是所有学校集体研学必然要接受的结果，也是科技馆工作人员和学校老师们也应该清楚的问题。趣味性和探究性体验一定是这类研学内容设计的基础，目标则是好奇心的激发、兴趣的提升。

3.2　共建课堂

科普研学由学校组织大面积开展，主要时间为学期周中。而共建课堂则安排在学期周末时间，主要针对学校科学教育内容，选择学习兴趣浓厚的学生开展项目式科普活动体验。基于项目的学习是以学科的概念和原理为中心，以制作作品并将作品推销给客户为目的，在真实世界中借助多种资源开展探究活动并在一定时间内解决一系列相互关联的问题的一种新型探究性学习模式。整个环节包含：选定项目—制订计划—活动探究—作品制作—成果交流—活动评价等 6 个环节。[6] 这是一种以学生为中心，通过获得直接经验建构学科知识和方法的过程，对于馆校合作内容设计而言是非常适用的一种理念。

共建课堂主要协作对象为学校科学老师和科技馆老师，共同梳理本学期教学内容，选择恰当的主题进行补充和丰富。通过展品加强学生对学校教学内容的理解，设计项目式体验活动培养学生运用科学知识解决问题的能力，在探究过程中体会科学精神，内化并吸收它们。每个项目开展次数为 2~3 次，学生在周末的时间抽出 2~3 个半天参与活动。此类活动的设计需要先梳理当地科学教材中的科学知识点，结合科技馆自身展厅资源完成内容匹配，再根据主题设计实践项目。表 3 为参考案例。

表 3　课程实施方案参考案例

XX 小学—海门科技馆

馆校结合共建课堂项目课程实施方案

1. 对标教材

以小学 3 年级声音主题为基础开展馆校结合项目实施方案。其中 3 年级教材知识点有声音的产生、声音的传播、不同的声音(噪声)，结合科技馆展厅展品情况可结合的知识点有声音的传播和不同的声音两个内容。

2. 展品内容

真空一组——演示声音的传播——日常课堂教学中采用线上科普方式开展

电磁大舞台——不同的声音(噪声)——单元主题项目课程开展

3. 教育内容方案

活动方案遵循教学环节的补充原则，以科技馆展品和内容为基础，进行声音主题内容的社会实践操作，加强学生对声音科学内容的掌握，同时以实践项目的方式培养学生运用科学知识解决实际生活问题的能力。

3.1　活动主题

“对抗噪声，愉悦观展”项目主题活动

3.2　活动对象

3 年级学生，已在学校学习有关声音的基础知识，了解噪声(对科学感兴趣的同学)

3.3　活动时间

下午 13:30~16:00

3.4　活动目标

寻找科技馆里的噪声，通过分析找到消减噪声的方法，并完成方案制作，让观众实际使用，颁发项目实践证书。通过观众使用对比，选出最佳的使用方案。

续表

3.5 活动流程

“对抗噪声，愉悦观展”项目内容安排	
次数	内容
1	1. 科技馆调研（分组） 调查全馆噪声源，并记录真实数据，分析噪声产生的原因； 2. 解决方案分析 通过人、噪声源（传播途径）、环境等三要素寻找可解决的方案； 3. 解决方案设计 运用学校所学知识，结合实际使用因素限制设计解决方案
2	1. 方案制作 利用材料，完成解决方案制作； 2. 成果检验 将制作作品与实际展品相结合，调研现场游客使用情况，收集反馈意见； 3. 项目修改 根据反馈意见进行项目内容调整、优化
3	成果实操 实际收集游客的使用情况，并进行作品讲解

共建课堂项目由学校老师和科技馆老师一同协商确定问题，以实际问题为基础，在解决问题、主动探究活动中提升科学素质，目标是科学探究能力、问题解决能力的培养。

3.3 “对话科学家”

“对话科学家”项目主要针对寒暑假学生放假阶段，依托当地科协资源，构建学校、科技馆与高新科技企业、科研单位协力提升青少年科学素质的合作机制。此类活动的设计结合了学生学情、科技馆展厅特色以及高新技术企业和科研单位的研究方向，融合三者内容共同打造主题活动。考虑到企业、科研单位的性质和接待能力，此类活动初期以研学为主要形式，内容涵盖展厅探索、科普活动、企业参观、实践、讲座等。后期随着与企业或科研单位合作的深入可逐步开展项目式探究活动。

“对话科学家”项目通过学校召集感兴趣的学生，由科技馆联合企业或科研单位设计科普活动内容，由科技馆负责主体实施，形成学生对科学知识从书本到展项体验到生活实际创造经济价值，提升国家综合实力的直观感受，再与企业或科研单位的科学家们直接对话，从他们的工作内容和工作经验中感受科学家精神、感受科学的价值感和荣誉感，为将来从事相关职业埋下科学的种子（见表4）。

表4　冬夏令营“对话科学家”系列活动

<table>
<tr><td>对象</td><td colspan="2">任务</td></tr>
<tr><td>科协</td><td colspan="2">对接企业、科技馆、科研院所;发布项目信息</td></tr>
<tr><td>学校</td><td colspan="2">发布信息;组织学生报名</td></tr>
<tr><td>科技馆</td><td colspan="2">调研、设计整体主题、馆内内容;实施活动</td></tr>
<tr><td>企业</td><td colspan="2">设计企业内容;实施企业环节内容</td></tr>
<tr><td colspan="3">活动流程</td></tr>
<tr><td colspan="2">生物探秘营</td><td>船舶探秘营</td></tr>
<tr><td colspan="2">活动流程:
①初识生命科学:生命展厅探秘
②生命科学纪录片观看
③科普实践活动:微观世界课程
④企业实验室观摩与对话科学家
背景介绍:
益诺思生物技术海门有限公司为海门特色生物制药企业,该企业为海门科普教育基地</td><td>活动流程:
①船舶初识:深海厅—海工装备区
②科普实践活动:如何造一艘船
③企业制造观摩、对话船舶科学家
背景介绍:
招商局重工(江苏)有限公司为海门特色造船企业;海门科技馆深海厅多项展品原型为企业制造产品</td></tr>
</table>

此类活动的设计适合年龄稍大一些的学生，尤其是初中生，对于形成科学价值观和职业规划有非常大的意义。因为中学阶段是学生价值观初步形成的重要时期，教育在青少年价值观形成中有着举足轻重的作用，在这一过程中避免使用灌输的手段，而应让青少年在体验、探索、比较和检验中主动建构自己的价值观。[7]而“对话科学家”系列活动坚持“走出去”原则，从学校到科技馆再到企业和科研院所，坚持科学实践性、体验性原则，学生通过参与探究活动、学习科学家科学研究经验，以直接和间接经验掌握科学真谛，构建科学价值观。

全年化馆校合作的内容在对象和目标上有非常明显的差异（见表5），依据不同时期学校的教学内容、组织方式，联合多方资源，寻求一种多方都认可的合作模式，从而建立初期馆校合作的模式和信心，为接下来更为深入的合作奠定模式基础和沟通基础、人才基础，最终完成共同的目标。

表 5　全年化馆校合作活动设计要素

时间	内容	关联部门	形式	对象	目标
学期周中	科普研学	学校+科技馆	研学/1 次每学期	全体学生	好奇心、科学学习兴趣提升
学期周末	共建课堂	学校科学老师+科技馆	项目式学习/多次每期	个性化需求	科学探究能力、问题解决能力
寒暑假	冬夏令营对话科学家	科协+学校+科技馆+企业/科研单位	研学、项目式学习/多种形式	个性化需求	科学价值感、科学探究能力、问题解决能力

4　馆校合作经验与建议

4.1　从需求出发减轻学校入馆压力

全年化馆校合作方案应针对不同时期学校的需求来确定活动形式和目标。如学期中采用科普研学的组织形式，寒暑假采用冬夏令营等形式降低学校操作难度。同时，可根据组织形式、组织对象、活动时长等要素确定活动教育目标，单次体验活动以科学兴趣、好奇心的培养为主，多次体验则采用项目式教学理论进行设计，注重探究能力、问题解决能力等高阶思维的培养。

4.2　坚持科学实践性内容设计原则

梁成祥等人提出学生的科学精神就是在科学教育实践中积淀的，人的科学精神就是在这种解决问题、主动探究的活动中生成的，不敢怀疑、不敢探究或不会探究和验证的学生是不会领悟科学的真谛的。[8]因而不管是科普研学、周末项目式课程内容还是馆企联合活动，所有内容都围绕同一主题开展，主题内的活动设计都以科学实验、科学探究活动、实际问题解决为基础，通过获得实践性直接经验的方式提升学生科学素养，培养科学精神。

4.3 整合多方资源奠定内容基础

场馆活动设计应积极整合当地各类科普资源，发动科协建立校外科普联盟，将当地高新技术企业、科研院所、事业单位等满足条件的资源纳入整个科普活动设计的规划中。寻找科技馆、企事业单位、科研院所的共同课题，联合开展科普活动，打造全区域科普氛围，同时提供更多丰富的科普资源为馆校合作奠定内容基础。

4.4 注重馆内科技辅导员科普教育能力提升

馆校合作多样化的内容考验各馆科技辅导员科普活动研发和执行能力。为实现科普活动的丰富性和创新性，应注重科技辅导员科普教育理论、科学教育观念、教育活动策划等方面内容的培训，在实践中不断提升活动研发能力、教学能力。这是馆校合作活动开展的前提，也是各馆面临的重大挑战，可向有经验的场馆组织学习参观活动，或组织体系化的培训。

5 结论

馆校合作模式随着 2021 年《科学素质纲要》的发布逐渐被越来越多的学校和科技馆认可，作为校外科普基地的科技馆在馆校合作中不再是仅仅以进校园为核心，而是更加依托科技馆场馆资源，分析学校教学内容和组织需求，取长补短，设计更多以科学探究实践为核心的科普活动，让学生在怀疑、探究、实验中领悟科学的真谛，培养问题解决能力。在组织形式和内容上，要选择那些让学校更愿意、更容易走进科技馆的科普活动，逐步实现馆校合作的深度联系，共同实现培养一大批具有科学家潜质的青少年目标。

参考文献

[1]《全民科学素质行动计划纲要（2006—2010—2020 年）》，http：//www. gov. cn/jrzg/2006-03/20/content_ 231610. htm，2006 年 3 月 20 日。

［2］《国务院关于印发全民科学素质行动规划纲要（2021—2035 年）的通知》，http：//www. gov. cn/zhengce/content/2021 - 06/25/content_ 5620813. htm，2021 年 6 月 25 日。

［3］《教育部办公厅　中国科协办公厅关于利用科普资源助推“双减”工作的通知》，http：//www. moe. gov. cn/srcsite/A06/s7053/202112/t20211214_ 587188. html，2021 年 11 月 25 日。

［4］束为编《现代科技馆体系实践与创新》，中国科学技术出版社，2020。

［5］付雷、包明明：《试论科普研学导师的三大核心素养》，《科普研究》2020 年第 4 期。

［6］钟志贤、刘景福：《基于项目的学习（PBL）模式研究》，《外国教育研究》2002 年第 11 期。

［7］林崇德：《中学生心理学》，中国轻工业出版社，2013。

［8］梁成祥、李春明、葛瑛山：《论基础教育阶段学生科学精神的培养》，《教育探索》2005 年第 4 期。

“双减” 背景下如何发挥科技馆教育功能的思考与实践

——以黑龙江省科技馆“平衡世界里的秘密”资源包为例

梁志超*

（黑龙江省科技馆，哈尔滨，150028）

摘　要　2021年7月，中共中央办公厅、国务院办公厅印发《关于进一步减轻义务教育阶段学生作业负担和校外培训负担的意见》，要求各地区各部门结合实际认真贯彻落实。但如果学生没有在学校享受到高质量的教育，没有改变现有的教育资源不均衡状况，教育领域内的“剧场效应”就不会消解，对培训的需求很可能会通过其他手段满足。国内科技类场馆应当在新形势下，夯实理论基础，寻求馆校合作新方式。本文围绕科技馆教育活动资源包的设计思路展开探讨，针对各种形式教育活动的开展现状及问题，分析“双减”形势下开发活动的新要素，对教育活动中可以提升教育效果的设计策略进行总结梳理，并以黑龙江省科技馆资源包“平衡世界里的秘密”为例，对PBL教学模式、教学目标、教学策略、设计意图及创新点等设计环节在实际开展过程中的思考予以阐释。

关键词　馆校结合　“双减”　教育活动

1　“双减”背景下科技馆教育活动的现状及问题

“双减”政策实施以来，科技场馆不断丰富理论知识基础，大力发挥自身

* 梁志超，黑龙江省科技馆辅导员，研究方向为展览教育活动策划与科学互动剧研发。

优势，从馆校合作的模式入手，积极探究在中小学课内或课后教育的参与模式，建立长效机制，全面服务，精准角色定位。科技馆的教育活动充分依托科技馆的展品展项资源，根据青少年的身心特点、认知规律和校内学习程度等进行课程的开发与实施。课程主题涉及广泛，科技馆教育活动实施中采用“两点一线，双向互动”的方法将科学课程作为连接受众和知识的主线，形成“两点一线”，在形式上包括科技馆活动进校园，也包括组织学生到科技馆学习实践，延伸学校科学课程，现按照种类逐一划分并分析。

1.1 按开展形式划分

1.1.1 关于讲授类活动的主要问题

讲授类活动是指教师通过讲述、讲解、讲座来完成教学目标的活动种类。从教学设计的角度看，讲授具有如下特点：以教师为主，主要由教师决定讲什么、怎样讲，在科技馆教育活动中讲解的方式最为常见，可以最低的准备成本达成教学条件，并在较短的时间内传递大量的信息。如“中科馆大讲堂”系列活动，虽可以满足公众不同层次需求，但信息传递具有单向性，过短的时间呈现过多的内容，讲授时容易忽略学生的知识基础、学生反馈，缺乏与学生的互动交流，长时间处于较为枯燥的教学频率无法吸引学生的注意力。

1.1.2 关于体验类活动的主要问题

体验类活动主要是通过观摩、参与或者直接使教学活动再现，使学生进入教学内容所描述的环境中学习、体验、感悟来得到知识经验的一种学习方法。在科技馆环境中职业体验、研学最为常见，过程中告别教师领着走的方式，让学生主动提出问题、主动探究、主动学习，并拥有沉浸式教学环境的学习过程。但研学并不是一个人的学习，而是集中起来的学习，不同于常规的课堂教学形式，更多的是互动交流探讨。通常由学校或机构组织，学校组织的研学活动仍停留在走马观花的阶段，无法做到知识的深入。校外机构的研学活动，费用较高，安全性不能得到保障，教师水平参差不齐，尚未形成良好的评估体系，多数家长选择体验而非长期坚持。

1.1.3 关于实验类活动的主要问题

实验类活动是科技馆的特色活动类别，通常以“趣味、互动、体验、实践"为宗旨，依托馆内专门的场地和设备资源，通过科学实验、动手制作、创意构建、信息技术、机器人等多元化的教育活动，为青少年提供近距离接触科学现象的机会。通过寓教于乐的趣味实验、奇幻多彩的科学秀、互动参与的科普剧和科学小实验，以直观、生动、有趣的方式向公众展现科学中的奇妙现象及其背后蕴含的知识。但实际过程中由于场地的局限性，与观众的交流不够深入，无法得到学生对于知识点接收和学习情况的具体反馈。以表演为依托的科学实验形式大于内容，容易使观众忽略其背后的科学意义。由于时长和教师资源有限，无法对单一知识点进行深入的剖析，缺少后续巩固夯实。

1.2 按教学内容划分

各科技馆在力学、数学、声光学、电磁学等展区拥有大量经典展品，也有多年开发教育活动经验，形成了一批符合"传递直接经验、再现科学过程"理念的成熟教案。而在高新技术、生物遗传、航空航天等领域，科技馆需要面对一系列不同于基础学科的难题。

1.2.1 基础学科类教育活动存在的问题

科技馆教育活动中基础学科主题占据多数，通常通俗易懂，且表现形式直观，但因为基础性通常在相当长时间不会更新表现形式，如短视频平台经常出现的伯努利悬浮球实验、马德堡半球实验等，容易出现内容雷同现象，这就需要设计者在前期设计时进行大量的观众调研，调研的群体要覆盖各阶层、科学素质水平不同的公众，做到设计者自己明白，观众也明白的双重统一，同时在明白内涵的基础之上，还要伴以新颖有趣的环节安排，才能吸引学生、内化知识。

1.2.2 高新技术类教育活动存在的问题

高精尖技术类主题在科技馆教育活动中占有非常小的比例，且多以讲授类为主要表现载体。究其原因，其一，原理抽象性，不便理解。如生物遗传类主题，涉及过于微观的尺度；而天文类主题活动，涉及内容太过宏观，无法在课程现场直观表现。其二，原理复杂性，难以阐释。基础学科类教育活动只需要表现单一原理或现象。而高新技术主题活动，如航空航天领域，多数涉及跨学科和领域的合作，是大量技术方案和细节的综合结果，只能通过单一角度的模拟来实现，如根据火箭的动力系统而进行的“水火箭”实验活动。面对此类活动的开展，有三种优化方案：其一，可以引用行业领域专家进行授课，但成本较高；其二，通过降维类比的方式，让复杂的科学问题兼容学生的知识水平，通过科技馆特有的方式表现出来；其三，多关注高新技术产生的应用和影响，拉近与学生的距离，引发知识迁移。

1.3 按参与载体划分

1.3.1 依托展品或展厅开展的活动

主要依托常设展厅的展项开展，通过讲解、演示、实验等手段，实现对展项所蕴含的科学内涵的扩展和延伸。目前开展的展厅教育活动主要有展览主题式辅导、操作演示、基于展品的教育活动等，是目前科技馆开展次数最多的教育活动类型。其优势在于科技馆中学生以展品为纽带，体验及观察现象，从实践的探究及多样化学习中获得知识，是科技馆为观众提供的一种独一无二的认知感和体验感，且经典展品的教育活动设计在业界已经达到共识，开发出的教育活动成体系且经验成熟。但因为特殊的参与载体限制了参与人群的普遍性，仅限实体科技馆或流动科技馆才能拥有相关开展条件。

1.3.2 非基于展品或展厅开展的活动

主要分为两部分，其一，参考研学主题活动的相关情况；其二，不拘泥于参与载体，可以在科技馆展厅、实验室、户外、学校教室及科普大篷车开展全过程的主题式教育活动，通常依托资源包或套材包实现。但资源包涉及实体道具，需要前期科技辅导教师投入多于其他形式的研发成本，因耗材限制，受益学生数量受限。

1.4 几种形式的联系与共性

以上几种教育活动的开展形式虽然是多种方向共存，但内在并不是全无联系的，依托展厅开展的教育活动中开展基础学科相关课程时，也要利用由原理延伸出的科学小实验或生活小制作而搭建桥梁，与学生在生活层面建立联系，如压力压强相关内容，可以观察户外拱形桥梁，或进行鸡蛋压力测试；而非依托展厅开展的研学活动在进行高新技术相关课程时，也需要科技馆展品作为辅助表现手段，如中国科技馆近期开展的“天宫课堂地面课堂”和“英雄返航，梦想起航”主题教育活动，通过展览陈列、科学实验、科学表演等多种形式，为公众提供全方位、多感官的航天科普体验。而主题教育活动资源包就是几种形式共性优化后的产物，参与载体仅需要相关活动的资源包，打破了参与的界限，不受空间和时间的限制，具备科学性、趣味性以及可推广性，还做到了把科技馆带回家。除此之外，由全国科技馆辅导员大赛的项目设置可以看出，教育活动资源包正在成为科技馆未来教育形态的发展方向。

2 设计教育活动的思考要素

以上现状和问题，固然与科技馆教育活动的多种形态特性有关，但也与活动设计者对新形势下科技馆的教学观、馆校合作下的学生观认识不全面，以及对活动教育内涵的思考不清晰有关。科技辅导教师和活动设计者要以学习者为中心，从原有的教会学生知识转向教会学生学习，重结论的同时更要注重过程，从关注学科转变为更关注学生这个“人”的发展。坚持以人为本的学生观，认识到学生是学习的主体，学生之间存在巨大的差异。在此基础上善用适合科技馆的探究式学习法，捕捉他们的发展性与独特性。

2.1 从教学观的角度出发

2.1.1 明确教学目标

新课标提出科学是一门综合性课程和实践性课程，倡导以探究式学习为主的多样化学习方式，并将科学探究作为第二层教育目标，与科学知识、科学态度、科学技术、社会环境等共同组成了四维教学目标，而在思维教学目标中，将 STEM 作为重要的教学方法。同时，由场馆主导的互动模式通过科技馆与学校的密切配合，保证了场馆教育资源的优化使用，并真正融入学校教育，在教学过程中馆校双方都收益良多。

2.1.2 挖掘教学方法

中国小学新课标不仅将探究式学习作为教育理念、教学目标、教学方法的主线之一，而且一定程度上体现了美国新一代教学标准中的三个维度。在此基础上利用 PBL 教学法“以学生为中心，以问题为基础”，通过采用小组讨论的形式，学生围绕问题独立收集资料，发现问题、解决问题，培养学生自主学习能力和创新能力。如此一来，作为教育活动的设计者应当深挖主流教学方法的核心意义，使科学课程体系更完善、更高效。

2.1.3 引导建立科学观

科技馆教育活动的设计要具备三个要素（pasion 热情、patience 耐心、performance 表演），通过互动促使学生成为问题的主动参与者、主角，诱发更深入的分析。兼顾学生的参与意识和合作精神，使活动易于升华到情感、态度、价值观的层次。学生在参与中可以与实验道具互动、与其他学生互动、与老师互动，在互动中合作，在互动中共享，在互动中学习。通过评估发现，有互动的课程更容易让学生学习深刻、效果突出，有助于树立正确的科学观。

2.2 从学生观的角度出发

2.2.1 通过兴趣建立联系

兴趣比知识更重要，培养科学兴趣比获得知识量的多少更重要。坚持玩中学、做中学的理念，培养对科学的兴趣，在兴趣的引导下深入学习，不断探究。区别于课堂教育，纯粹的知识往往会丢掉兴趣和动力，过分地强调知识教育会影响学生的兴趣。老师过多的讲解、过多的要求也影响兴趣和动力。事实证明，只要产生了兴趣，他们就会更积极主动地学习知识。

2.2.2 通过经验拉近距离

教育活动要通过创设情境、过程参与，将知识指向生活，体现其应用性。基于自身已知经验，产生新的认识、新的经验。只有科学教育来源于生活中的直接经验，呈现他们熟悉、与生活联系紧密的内容，使他们的新、旧经验发生联系，促进其获得深刻的体验。这是其他艺术、文学、体育等课程无法达到的效果。

2.2.3 巩固学科内容

科技馆教育活动将教学内容与学校科学课知识内容相结合，实验道具引发的现象、原理均具有科学性。在设计和开展活动时全程体现知识性，注重知识点的严密性、准确性，又不枯燥乏味，诱发学生的好奇心，激发其求知欲望，产生学习的动力，容易引发知识的迁移，从而保证知识性贯穿全过程，设计者在设计之初就应对接课程标准，起到对课内知识的巩固作用。

3 提升教育活动效果的设计策略

3.1 强化表现形式

科技馆中的科普剧是最受欢迎的展示形式，教育活动的设计也可以借鉴甚至引入科普剧的表现形式。学生可以通过体验角色与剧情，潜移默化中了解科学知识，接受科学思想，从而达到受教育的目的。科普剧场在表达科学理念或较为复杂的科学概念时具有独特优势，让公众通过情感认知的相互作用，认识科学原理和知识。一是营造情境化场景，激发学习兴趣；二是方便公众对于科学内容的理解；三是容易引发知识拓展和牵引。[1]

3.2 提升内容设计

科技馆的教育活动要区别于课堂的灌输式教育，通过知识和经验的连接，在实施的各个阶段有所侧重，学生不再是被动的知识保存者，而应该是知识的构建者，鼓励学生主动观察、思考，甚至推演，发现问题并着实解决相关问题。

3.2.1 引入阶段

活动引入阶段要通过丰富的感官刺激将观众快速带入科学教师创设的问题情境，运用 PBL 教学法直面活动的核心问题，有效地引导公众随着逻辑的推进同步演绎思考，从而有效提升教学和传播效果。如通过故事剧情，创造学习情境，通过环境中人物面对的难题，让学生通过沉浸式的体验产生共情并思考，在引发参与热情和兴趣的同时，学生也能快速地抓取活动核心目标，吸收核心概念。

3.2.2 过程阶段

过程阶段即探究和实验的关键阶段，设计思路遵循观察→体验→实验→拓展→分享的探究过程，重点环节安排在带着问题观察与实验分析猜想两个环节，有助于学生理解核心概念和科学原理。如主线课程教授中，可以将探究顺序倒置，引入黑箱理论，配合趣味化渲染，做到有悬念、有声像、有情感。在充分调动各种感官的基础上，要让教育内容更具直观性、趣味性，增加科学内容的可达性。[2]

3.2.3　延展阶段

延展阶段落点放在整个活动的最终目的或实验结果上，拓展相关知识点内容，既要关注所涉及物理学原理的展示及经典实验案例的诠释，还要注重当下的社会热点现象与科学原理的结合，让大家找到生活当中科学无处不在的用途，引发观众的共鸣。

4　基于要素和策略的实践与分析——以“平衡世界里的秘密”资源包为例

4.1　案例简述

案例的展示与分析将对标前文所提到的要素与策略，针对教学阶段教学策略等各个环节展开解读。本案例依托“骑车走钢丝”展项，对应科学课标“重心与平衡”相关知识，以项目式学习+问题式学习双模教学为主体思路，将“分解—探究—认知”的探究思路渗透到每个环节。将大展品咀嚼成小道具、小实验、小制作，由展品引入，选定项目，通过黑箱理论引发思考，盲猜自行车下方的系统结构，并通过实验逐一验证、深入探究，采用情境式教学法，将科学表演和展品辅导优势结合，通过竞赛、角色扮演、创意学习单、制作系统模型（迷你高空自行车）等手段，实现“力作用于物体，可以改变物体的形状和运动状态”，以及“重心位置与稳定性的关系”等教学目标。

4.1.1　明确教学目的，强化表现形式

“骑车走钢丝”是极受欢迎、体验效果极好的展品，它能给观众极强的感官刺激，这种体验让观众对重心与平衡有了更直观的认识，让体验所产生的感官刺激得以延续和深入，激发体验者的好奇心和探究欲望，甚至将制作好的模型带回家，提升展品教育效果，进一步掌握科学探究与科学制作的技能与方法，感悟科学精神、科学思想。

科学性：本活动对应课标“力作用于物体，可以改变物体的形状和运动状态”，以及“重心的意义”“重心位置与稳定性的关系”。

趣味性：本活动保留了科学表演的人物属性，鲜明的角色可以把观众快速带入教学情境，做到了有声音、有形象、有动作、有情感。表演+体验+制作，各种感官充分调动，设计的小实验直观、有趣，增加科学内容的可达性，做到了把科技馆带回家。

可推广性：“骑车走钢丝”为经典展项，主流科技馆均有相应设置，即便无此展项也可结合重心相关展品开展，本活动实施过程不受空间限制，教具易得、成本低且方便携带，同样适合进校园或流动科技馆，另外，从科学实验中寻找思路也解决了资源过剩问题。

4.1.2 挖掘案例创新性

基于展品的问题+项目双引擎教学模式，更符合科技馆的教学。

黑箱理论的应用，逆向思维，培养科学精神。

创意学习单，将学习单本身也变成一个实验道具。

分解—探究—认知的探究过程，获得直接经验。

多感官调动，角色演绎，展品模拟，听、看、说、做相结合。

4.1.3 基于学生观的教学对象确立

平衡车、不倒翁是学生们生活中比较熟悉的，同时就物体保持平衡的理解也能说出一二，但难以解释重心的意义、平衡状态、平衡位置，也难以用所学知识解释某些生活现象。在小学低年级科学课中已经对重力、摩擦力等概念进行了学习，并围绕“力作用于物体，可以改变物体的形状和运动状态”这一物理概念开展学习，但尚未掌握找重心的方法，以及重心位置与稳定性的关系。

4.2 基于教学观设计教学目标

4.2.1 明确知识目标

理解“力作用于物体，可以改变物体的形状和运动状态”概念，了解物体重心的意义，掌握找到物体重心的方法，了解物体的平衡状态、平衡位置，知道物体保持平衡的因素（重力、接触面、对称结构等），了解重心位置与稳定性的关系，及在生活中的实际应用。

4.2.2 挖掘教学方法

“分解—探究—认知”贯穿每一个探究环节，黑箱理论的运用引发头脑风暴，逆向思考高空自行车下方的系统结构和重心分配，经过猜想、推理，得出结论；相互交流总结，将物体保持平衡状态的几种因素通过“实验—验证”的方法逐一探究并验证；利用创意学习单寻找不规则物体的重心位置；通过模拟制作小型展品，探究重心位置与平衡状态的关系，基于动手操作实物化抽象概念；利用控制变量法调整绳长和配重回归解决实际问题。大致遵循提出问题—做出假设—实验求证，最后得出结论的科学探究过程。

4.2.3　引导建立正确科学观

（1）依托兴趣强化与学生的联通

以培养核心素养为指导，依托以人为核心的探究式学习过程，通过观察、收集、实验、制作等过程，形成理性思维和信息意识，培养批判质疑、勇于探究的科学精神，以及乐学善学、勤于反思的学习方法。通过交流、协作、讨论等人际发展，形成健全人格和自我管理意识及科学的价值观。

（2）联系生活缩短知识与学生的距离

了解重心及平衡在生活中的应用及对人类生产生活的影响，如交通、工程设计等技术的运用，了解科学技术是解决社会问题的有力保障，了解科学技术已经成为社会和经济发展的重要推动力量。

4.3　案例中的教学重难点

4.3.1　教学重点

基于“力作用于物体，可以改变物体的形状和运动状态”的核心科学概念，在物体受重力作用的基础上，解释重心与平衡之间的关系。通过找重心实验、体验展品，从形状简单到结构复杂，总结出物体保持平衡的因素（无外力影响、水平表面、支持面大小、是否对称结构），并逐一实验验证，并总结出核心概念重心的意义。

4.3.2　教学难点

让学生理解重心这一抽象概念的存在，寻找或想象其位置，并与形状不规则物体的重心位置相关联，以及重心和支持面（点）的关系，重心位置对物体平衡状态的影响。运用降低重心保持平衡的核心知识解释身边类似的科学现象。

4.4 案例具体实践过程与阶段分析

第一阶段：创设情境，引人入胜，犹抱琵琶半遮面。

阶段目标：本阶段要让学生快速融入表演搭建的教学情境，对道具、展品产生强烈的好奇心，激发对于制作迷你高空自行车的欲望。思考自行车下方存在什么秘密，认识物体的平衡状态。

设计思路	设计思路
设计意图 1. 情境式教学法下，通过辅导教师的表演和剧情冲突创设教学情境，让学生顺利融入。 2. 通过道具展示，男老师脚下的平衡车、女老师体验的骑车走钢丝展品引发自觉参与活动的积极性。 3. 通过黑箱理论的应用，遮挡展品关键部分来激发学习探究欲望，对下方结构产生疑问。 （教师体验展品，学生观察）	学情分析 平衡车实验、走钢丝体验导致学生参与度很高，甚至很期待下一环节，但对“自行车为什么能保持平衡”不了解，甚至还会有学生掀起遮光布窥视，也有少数学生能说出重心，但对其认知还停留在书本的间接经验上。 教学策略 本阶段以表演形式开展，提高了学生的学习兴趣和好奇心，遮盖住的展品也与学生此前认知的展品形成了鲜明对比。创设情境+实验展示+认知冲突，让学生在丰富、有趣的氛围中展开学习。

第二阶段：提出问题，选定项目，初步探究。

阶段目标：本阶段要让学生在已经搭建好的教学环境中，以问题为导向引发思考，在学习单上呈现。发布任务，根据资源包材料制作迷你自行车，通过问题与动手实践相结合，思考物体能够保持平衡与哪些因素有关。

设计思路	设计思路
设计意图 1. 通过问题“自行车为什么能在钢丝上行走?”引发学生对已经观察到和收集到的信息进行思考和分析，并在学习单上呈现。 2. 问题引导下，提出任务“根据提供的各种宽度的车轮，合理安排车轴位置，制作车身，使自行车在桌面做直线运动，并保持平衡”，引导学生自主探究物体保持平衡所需因素。	学情分析 学生在第一阶段反映强烈，动手制作环节依然能保持十足的热情，愿意动手并主动思考探究提出的问题，但无法一次性说出物体平衡的全部因素，教师要耐心引导，制作过程可能注意力偏移，忽略对问题的思考。 教学策略 问题+项目双擎驱动，对展品形成初步印象后配合动手制作，连续性的趣味过程，既保证了活动的生命力，又让学生感受科学探究的一般过程，为后续学习过程打下基础。

第三阶段：结合项目，深入分析，分解探究。

阶段目标：学生在上一阶段对物体平衡因素进行了假设和猜想，分别归纳、分析、汇总为四个条件，即只受重力作用、水平表面、支持面大小以及是否对称结构，通过小组实验进行逐一验证，类比生活中的科学现象，最终引导理解物体平衡的根本原因是重心。

设计思路	设计思路
设计意图 1. 通过项目制作过程自主探究，提出物体平衡条件的猜想，讨论并分组，根据材料分组实验，充分发挥学生的主观能动性，通力合作、动手实验得出结论。 2. 通过斜坡、风吹、硬币纸币、牙签胡萝卜等多个实验，分别对物体保持平衡的四种条件进行论证，实现判断、设计、发表、交流的探究过程。	学情分析 经过前两个阶段的观察、体验、假设，学生们对平衡的要素有了初步的了解，需要再通过几个小实验，在自己动手的过程中加深理解。 教学策略 通过“分解—探究—认知”的方法将平衡与重心的概念进行拆分，引导受众高效地理解原理内涵，构建知识体系。并在探究基础上提供多种车轮材料，提高了探究的灵活度，让学生主动发挥。

第四阶段：深度探究，加强验证，解决问题。

阶段目标：本阶段要让学生视线回归展品，体验展品，满足前三阶段产生的好奇心和解决提出的问题，延续探究过程和探究欲望。认识什么是重心，思考并掌握重心对物体平衡状态的影响。

设计思路	设计思路
设计意图 1. 通过“瓶板支撑”实验重新验证此前的四种猜想，辩证地思考，有选择地推翻，完成探究过程，也是体验实证的科学方法和过程。 2. 回归展品撤掉黑布，通过“玩中学”的形式加深理解，解决了第二阶段提出的“自行车为什么能在钢丝上行走”这一问题，把间接经验转化成直接经验，学生们通过亲身实践体验和感受，再次加强了对重心与平衡的认识。 3. 通过悬挂法，利用棉线和砝码的悬挂，寻找学习单的重心位置，了解寻找和确定重心的方法。让学习单本身也变成了一项实验、一次探究。	学情分析 学生通过“瓶板支撑”实验和展品体验，了解了什么是重心，知道了重心才是物体保持平衡的关键因素，并且已经关联和解释生活中的现象，但对重心位置与平衡状态的关系产生了新的疑问。 教学策略 收集信息、归纳分组、讨论猜想物体平衡的影响因素，对物体能否保持平衡状态有了大致认识。分析实验现象，结合展品体验，理解重心对物体平衡的重要作用，同时强化科学探究的实践过程。

第五阶段：挑战竞赛，学以致用，拓展延伸。

阶段目标:学生经过上一阶段的知识和体验双重强化,本阶段分组合作完成对自行车的升级与改造,竞赛的开展形式更能激发受众的参与情绪,拓展延伸,将所学的重心知识学以致用。	
设计思路	设计思路
设计意图 利用"为什么展品有体重的限制?"的问题开展探究,通过对迷你自行车配种重量、悬挂绳长的反复尝试,并在竞赛中对比、讨论,加深了学生对知识的理解,从解决实际问题出发,体验学以致用的过程。 教学策略 项目制作+竞赛开展,更有利于直接经验的获取,注重解决实际问题,也是整个探究过程和知识结构的闭合衔接,团队合作,通力配合,听得进去,才能说得出来。	学情分析 经过前几阶段的观察、探究、分析等环节,学生对重心与平衡产生了进一步的认识,可自主思考,完成探究任务。从解决实际问题出发,并与生活有所关联的问题让学生兴趣高涨,在掌握相关知识的基础上,应多进行趣味化、拓展性、关联性的内容设置。

第六阶段：交流评价，巩固成果。

阶段目标:本阶段是对全部教学过程的总结与梳理,借助交流讨论、学习单、相互点评等方式,达到巩固和深化的效果。	
设计思路	设计思路
设计意图 通过回顾、归纳、拓展等一系列知识唤醒过程,配合趣味学习单、讨论、记录等多形式的反馈手段,来形成理性思维和信息意识,培养批判质疑、勇于探究的科学精神,养成辩证的学习方法。 教学策略 回顾—唤醒记忆,归纳—强化知识,拓展—升华新知,鼓励分享,将每一座知识的孤岛连接成一片大陆,并通过讨论分享,将每一个人的感受创建成新的连接,趣味学习单的设计更是用实验在活动的尾声进行一次激活,同时做到了将科技馆带回家。	学情分析 经历整个教学过程中的看、听、说、做、赛,学生逐步建立起重心相关的知识体系,但由于体验、实验等环节的趣味化属性,相关知识和科学思维容易在结束后淡忘。

4.5 实施情况与效果评估

4.5.1 实施情况

本方案是黑龙江省科技馆系列课程“平衡世界里的秘密”中的第二节、第三节，本活动自2019年暑假面向全体公众开展，每周开展1次，单次活动可服务12人；全年受益青少年1000人以上。其中，86%以上的学生能够通过课程学习，自主完成模型的探究与制作，并顺利解决提出的问题。8%左右的学生在制作过程中仅停留在造型的设计上，尚未深入探究结构与重心的相关问题。6%左右的学生只停留在对模型外观和结构的模仿阶段。

4.5.2 效果评估

活动结束后，采用问卷调查与访谈相结合的形式进行效果评估。受众反馈，本活动能较好地调动学生参与的积极性，学生能围绕共同学习目标与小组成员展开充分交流，并分工协作完成实验和制作，活动后工作人员对学生进行交流随访发现，观众及学生在对展品充满兴趣的基础上，更愿意探究展品背后的科学原理，制作的迷你自行车都主动要求带回家进行二次实验。

5 总结与思考

本文列举了目前科技馆不同开展形式、不同教学内容及不同参与模式的各类馆校结合教育活动所面临的局限和问题，探讨了科技馆在设计此类教育活动时的设计策略和设计要素，并以参与模式和开展形式更加灵活的资源包形式，引用实例进行说明，对创新点、趣味性、可推广性等系统地展开分析，通过科技馆教育活动设计案例的分析，希望对未来科技馆的展教活动设计思路提供参考。教育活动的设计，要体现中小学生的兴趣和喜好，同时也不能局限于依托展品的体验，要着重经验的链接、实践的探究，加之区别于课内教育的表现方式，为学生提供获得直接经验的平台。既发挥展品资源的硬优势，又展示活动设计的软实力，在“双减”背景下形成一种难以取代的课程体系。

参考文献

[1] 熊世琛、吴晓雷:《情境教学法在科普剧场剧目设计中的应用——上海科技馆“相对论剧场”更新改造的实践与思考》,《自然科学博物馆研究》2019 年第 1 期。

[2] 周文婷:《基于展品资源,引进 STEM 教育理念,对接课标——科技馆“馆校结合”项目开发的思考与实践》,《自然科学博物馆研究》2019 年第 1 期。

基于问题的学习（PBL）模式在馆校结合科学教育活动课程中的应用

刘丽梅*

（重庆科技馆，重庆，400024）

摘　要　基于问题的学习（PBL）模式既为学生自主学习指明了方向，也为学生合作探究提供了广阔空间，这种学习模式是落实和提升学生科学素养的重要形式和有力抓手。本文通过分析PBL教学模式的理论基础与特征，依托科技馆展品，将PBL教学模式与人教版初中物理教材、新课标相结合，以重庆科技馆“能量转化‘战’”课程为例，详细阐明科技馆运用PBL教学模式设计馆校结合课程的过程思路与实践意义。

关键词　馆校结合　基于问题的学习

2021年7月，中共中央办公厅、国务院办公厅印发了《关于进一步减轻义务教育阶段学生作业负担和校外培训负担的意见》（以下简称“双减”政策）。“双减”政策提出的“提升学校课后服务水平”“提升教育教学质量”等要求，为科技馆和学校合作开展馆校结合带来了全新的挑战。新形势下科技馆教育如何助力“双减”政策落地，是每个科普教育工作者必须面对的难题。

馆校结合的核心内容是课程，直接受众是学生，最具特色的教育资源是展品。近年来，馆校结合进入全面提质升级阶段。笔者经过教学实践发现，在馆校结合课程设计中采取将展品、教材和新课标紧密结合的方式是一项有益的尝试，有利于运用PBL教学模式培养学生的科学素养、信息素养，并具有一定的应用科学处理实际问题、参与公共事务的能力。

---

* 刘丽梅，重庆科技馆馆员。

1 基于问题的学习（PBL）模式

1.1 PBL 模式的定义

基于问题的学习（Project-based Learning，PBL），又译为“问题式学习”是一种以问题为基础开展教学过程的教学模式。PBL 教学模式主要有 5 个环节：设置情境、分析问题、研究问题、讨论评价、总结问题。该教学模式是动态的自主学习方法，以“问题发现”和“问题解决”为核心，让学生在解决一个实际问题的过程中，运用科学思维方式，建立和任务问题相关的知识结构，学生通过自主或合作探究解答问题。在此过程中，培养学生创新精神与实践能力。由此可见，问题式教学模式既为学生自主学习指明了方向，也为学生合作探究提供了广阔空间，这种学习模式是落实和提升学生科学素养的重要形式和有力抓手。

1.2 问题式教学模式的特征

基于问题的学习模式强调从真实生活化的问题出发，结合问题情况，通过组建小组并让小组成员巧妙利用各种资源分析问题、研究问题，在小组交流讨论中不断调整并实施既定方案，在既定时间内形成方案汇报并相互评价。

第一，以问题为基础。PBL 教学模式属于探究模式，以问题为导向实施教学，注重物化形态资源与教材内容关联性以及与生活实际相关性，利用学生好奇心和探究欲，充分融合应用“任务驱动法”等教学方法，促进学生主动学习和探究。

第二，以学生为中心。PBL 教学模式是一种动态的自主学习方法，以学生为中心，让学生自主探究并积极探讨，承担知识获取的责任，分析解决问题需求指向，建构综合性的知识体系，发挥学生在学习过程中的能动作用，这都有助于促进学生信息和学科核心素养的发展，为学生提供真实应用学科知识与技能的机会。

第三，以教师为向导。PBL 教学模式区别于传统课堂，教师不再直接讲授知识，而是作为学习的促进者以及整个探究过程的向导，鼓励学生积极提问并引导学生保持好奇心和小组成员进行深度合作探究，在探究过程中应用学科教学原理，完成信息收集与评估、知识创造和反思，为学习过程搭建多种类型的脚手架。

2　科技馆馆校结合课程运用 PBL 教学模式开发课程的意义

心理学家皮亚杰认为：所有智力方面的工作都依赖于乐趣，学习的最好刺激乃是对所学材料的兴趣。赞可夫也说：“教学法一旦触及学生的精神需要，这就是最好不过的学习动力。”采用基于问题的学习模式，将教材和新课标中的教学目标与展品紧密结合，作为设计课程内容的基础。与此同时，设置真实生活化的问题，指向展品的主题关联性，用问题作为学生探究和获取知识的载体，在寻找答案的同时逐步将抽象、难理解的学科知识生活化、具象化，从而充分调动学生的积极性和提高学生的自主学习能力。

3　PBL 教学模式在馆校结合课程中应用的设计思路

下面以重庆科技馆“能量转化‘战’”课程来具体说明。

3.1　对接课本

“能量转化‘战’”课程对接人教版初中物理课本九年级（全一册）第十三章第 3 节“能量的转化和守恒”。

3.2　依托展品

依托重庆科技馆能源区“太阳能、地热能、风能、水能”展品。

3.3　对接课程目标

知识与技能：了解能量及其存在的不同形式；描述各种各样的能量和生产、生活的联系；通过实验，认识不同形式的能量可以互相转化。

过程与方法：通过参与科学探究活动，学习拟定简单的科学探究计划和实验方案，有控制实验条件的意识，能通过实验收集数据，有初步的信息收集能力；能书面或口头表述自己的观点，能与他人交流；提高分析问题与解决问题的能力。

情感·态度·价值观：有将科学技术应用于日常生活、社会实践的意识，乐于探究日常用品或新产品中的物理学原理；关注科学技术对社会发展、自然环境及人类生活的影响，有保护环境及可持续发展的意识。在学习本节内容之前学生已经能够区分不可再生能源和可再生能源，知道能量以各种形式存在，电能与其他形式的能量可以相互转化，但对于能量转换过程中存在损耗以及造成损耗的原因并不了解。

3.4 适应年级

适应年级：7~9 年级。

3.5 学情分析

7~9 年级学生通过小学科学课程的学习，能够区分不可再生能源和可再生能源，知道能量以各种形式存在，电能与其他形式的能量可以相互转化，但对于能量转换过程中存在损耗以及造成损耗的原因并不了解。本堂课程结合真实案例引导，可以经历体验展品的过程，能归纳清洁能源的类型并总结其在日常生活中发电的主要方式，提高信息收集的能力；通过分小组设计并完成太阳能供电实验的探究过程，简单了解串、并联电路，能分析出影响太阳能供电效果的因素，学会拟定简单的控制变量实验探究方案，增强对实验现象的观察与分析能力。

3.6 教学模式

基于问题的教学模式。

3.7 教学过程

环节	内容
设置情境	教师设置问题情境，即“现有一套太阳能发电系统，用于给家用电器供电，可在使用的过程中，发现电流时强时弱，用电器有时全能正常工作，有时却只有部分能工作，供电效果并不佳，检查后发现太阳能发电系统及所有的家用电器都无故障，到底是哪些因素影响了太阳能的供电效果呢？需要大家帮忙解决”。教师参与：两名教师引导学生体验观察展品，并在体验过程中答疑解惑，让学生了解清洁能源的能量主要被转化为电能供人们日常所需，以及能量转化的过程

续表

<table>
<tr><th>环节</th><th colspan="2">内容</th></tr>
<tr><td rowspan="4">学生活动</td><td>组建小组</td><td>全班同学每相邻 4 人一组,每组一支笔一张学习单,一套实验器材。教师参与:教师介绍实验器材的功能与使用方法,提醒学生电路连接需区分正负极等注意事项</td></tr>
<tr><td>分析问题</td><td>小组成员梳理信息资源,建构解决问题的体系。
第一,已经知道了什么:需要解决的问题“哪些因素影响了太阳能的供电效果”;清洁能源的能量主要被转化为电能供人们日常所需;实验器材的使用方法及注意事项(用电器的正极连接电源“光伏板”的正极,用电器的负极连接电源的负极)。
第二,还需知道什么:太阳能供电的具体流程(发电、电流传输);用电器的连接方式(串联、并联、串并联结合)。教师参与:教师结合展品“太阳能”介绍新知识,太阳光发电和太阳热发电两种形式的发电原理及特点;教师展示串、并联电路图(见图 1)及特点。 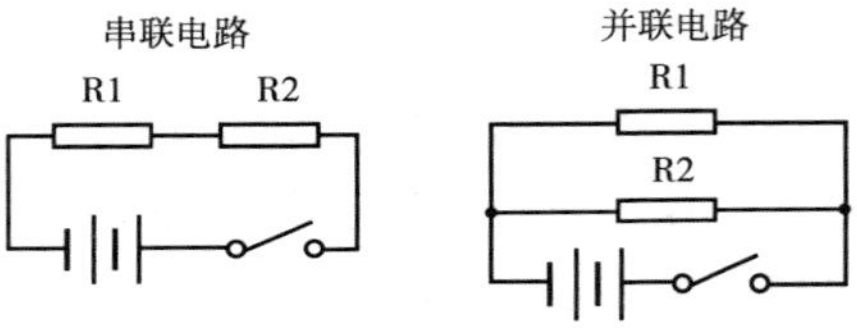
串联电路 R1 R2
并联电路 R1 R2
图 1
第三,接下来需要做什么:设计电路图纸;连接实验器材;分析影响因素。教师参与:教师与学生一起明确任务“利用光伏发电板、太阳灯、蜂鸣器等道具模拟太阳能供电的过程,让二极管、蜂鸣器、小风扇 3 个用电器同时正常工作,通过用电器的工作情况分析影响供电效果的因素”</td></tr>
<tr><td>研究问题</td><td>小组成员根据前面环节制定的方案,在学习单的引导下,自主设计电路图纸、连接实验器材和动手实验,交流讨论并优化方案,找到影响太阳能供电效果的因素。教师参与:学习单即教师把信息通过特定的设计,采用控制变量法实验法,辅助学生开展学习;但学习单上步骤为参考实验探究步骤,学生进行自主探究时,并不一定会按照以上步骤进行操作,教师要尊重差异化和多样性,关注每组学生对电路及实验步骤的设计情况,给予适当的引导,让学生自主探究并积极探讨;提醒学生在实验过程中注意控制变量,以培养学生解决问题的能力</td></tr>
<tr><td>讨论评价</td><td>各小组就本小组设计的实验探究步骤、对于实验现象的分析、确定的供电效果最佳的光照及电路连接方式、明确影响太阳能供电效果的因素,以学生互评与老师评价结合的方式进行交流分享,最终总结出最优的解决方案</td></tr>
</table>

续表

环节	内容
教师总结	本环节教师对同学们通过运用控制变量法实验探究的结果分析和总结得出：影响太阳能供电的因素，主要存在于发电和电流传输两个环节，光照的多少（光照越强供电效果越佳）、用电器连接方式（并联方式供电效果更佳）等，并对这些知识与方法进行总结和补充；针对学生的合作能力、观察能力、总结能力等进行评价；针对讨论评价环节，对学生的表达能力、倾听能力等进行评价

4 总结与反思

第一，PBL 教学模式为该课程提供了教学策略和内容实践框架。“能量转化‘战’”课程在 PBL 教学模式下，将教材上的实验“电能与其他形式的能量可以相互转化”与现实生活中太阳能发电关联在一起，以“哪些因素影响了太阳能的供电效果”为问题，模拟专业实践情境，不仅激发学生的探究动机，还为学生提供真实应用知识解决问题的机会；教师积极辅助与引导，让学生巧妙利用科技馆展厅展品、实验器材与多学科知识相结合进行协作探索，为构建新知识和解决问题搭建脚手架；利用基于实践的评价方式，为学生进行反思、自我评价和相互评价提供有效的反馈。

第二，PBL 教学模式对教师提高素养提出了新要求。首先，优化问题驱动，为学生提供真实且具有探究性的问题情境，联系实际生活，发挥团队协作意识更能帮助学生学习与实际应用关联的新知识与新技能，拥有处理实际问题的能力；其次，教师作为学习的引导者，在学习过程中，积极关注和倾听学生探究动态，通过各种认知工具把学生引导进入事先设计好的教学思路中，让学生在特定轨迹发挥想象并自主探索，以培养学生的动手操作能力、创新能力，同时也培养了发现问题并解决问题的能力。

综上所述，基于问题的学习模式在馆校结合科学课程中的应用为学校和科技馆教育开拓了教学新思路，革新传统科学课堂教学，不仅能够创新学生对知识的学习方式，培养学生解决实际问题的能力，还能使科普教育工作者将注意力集中于科技馆展品资源的开发利用，使更多馆校结合课程在开发过程中形成以学生为中心、以科学实验生活化教学回归科学本真。

参考文献

[1] 曾凡金:《中学物理“情境—问题”的教学模式》,《安顺学院学报》2015 年第 1 期。

[2] 边淑敏:《问题式教学模式探究——以“海洋权益与我国海洋发展战略”为例》,《中学地理教学参考》2020 年第 20 期。

“双减” 背景下的馆校结合科学教育活动设计与实施研究

——以内蒙古科学技术馆为例

刘文静*

（内蒙古科学技术馆，呼和浩特，010010）

摘　要　近年来，为减轻中小学生校内外学习负担，提倡以“请进来”和“走出去”的方式，引导中小学充分利用科技馆、博物馆、科普教育基地等科普场所广泛开展各类学习实践活动。本文在分析国内外科普场馆开展馆校结合科学教育活动情况的基础上，以内蒙古科学技术馆的实践为例，探讨“双减”背景下馆校结合科学教育活动的四种基本形式：以科技馆为主导，基于展品视角开展馆校结合科学教育活动；以学校为主导，基于教学课标视角开展馆校结合科学教育活动；以社会第三方机构为主导，基于市场需求视角开展馆校结合科学教育活动；以专业为主导，综合多方优势开展馆校结合科学教育活动。在此基础上，从评价主体、评价阶段、评价目标、评价依据、评价方式五个维度，提出馆校结合科学教育活动的评价模型。

关键词　“双减”　馆校结合　科技馆　科学教育活动

1　“双减”政策下馆校结合科学教育活动的研究背景

近年来，为有效减轻义务教育阶段学生过重作业负担和校外培训负担，促

---

* 刘文静，内蒙古科学技术馆馆员，研究方向为科学教育。

进学生全面发展，党和国家出台了一系列政策，其中与“双减”关系最大的政策就是2021年中共中央办公厅、国务院办公厅印发的《关于进一步减轻义务教育阶段学生作业负担和校外培训负担的意见》，明确提出要减轻义务教育阶段学生的校内作业负担和校外培训负担。在此情况下，科普场馆与学校合作成为促进学生全面发展的重要方式。同年，国务院印发《全民科学素质行动规划纲要（2021—2035年）》，提出“建立校内外科学教育资源有效衔接机制，实施馆校合作行动，引导中小学充分利用科技馆、博物馆、科普教育基地等科普场所广泛开展各类学习实践活动”；教育部办公厅和中国科协办公厅联合发布《关于利用科普资源助推“双减”工作的通知》，鼓励各地各校一方面“以‘请进来’的方式，引进一批优秀科普人才和相关科普机构，有效开展科普类课后服务活动项目”，另一方面“以‘走出去’的方式，有计划地组织学生就近分期分批到科技馆和各类科普教育基地（天文馆、科技园、动植物园、农业示范园、高校、科研院所等），加强场景式、体验式、互动式、探究式科普教育实践活动”。

2 国内外馆校结合科学教育活动的开展情况

2.1 国外馆校结合科学教育活动的开展情况

科技馆与学校开展馆校合作的思路诞生于西方发达国家。最初的博物馆建设是以藏品展示、参观等功能性为主的，之后随着经济和技术的快速发展，其具有的教育性质才逐渐凸显出来，并成立了专门的期刊和机构，进行博物馆性能的宣传。随着国家和第三方组织的介入，博物馆教育职能变得愈加凸显，馆校结合模式也日趋成熟。

20世纪90年代，馆校合作主要以教师专业发展、博物馆学校、校外访问、学校拓展以及区域合作五种形式存在。其中以美国最具代表性，其在开展馆校合作的教育活动时，已经制定了完善的教育方案，实现了科技馆与学校的教育协作：以美国“创新技术博物馆”为例，该博物馆面向3~8年级学生开发了阶段性的“技术挑战”项目，该项目考虑到不同年级的课程标准，在开展项目时的侧重点有所差异，能够适应不同学龄段的学生开展相应的教育活动，并获得该年龄段的学习成长。英国的馆校合作方式是将科技资源转化为科普资源，借助科技工作者等专业人士的支持，将科技资源引入学校教育中：以英国化工博物馆为例，该博物馆由当地多家化学工业公司共同出资兴建，将科技资源转化为科普资源，由多位化工专家参与展品征集、鉴定、分类和科普教育工作，借助博物馆资源，由化学家等专业人士指导学生开展研究活动，将科技知识转化到教育活动中。日本的科技馆则是更突出与中小学校的合作，特意为中小学生开放了相关项目，学生可以预约科技馆的教育活动并自行组织活动内容：以日本的科学未来馆为例，其与当地的中小学校签订合作协议，学校可以提前选定科技馆的课程和活动，更深入地参与到场馆的教育活动中。

从国外科技馆馆校合作的经验来看，科普场馆可在较为开放的学习环境中，为教师和学生提供实践性更强的教育体验，且在资源、活动设计以及组织保障上均有一定的技术支持，但是科技馆与学校的合作更多的是科技馆主导，课程设计主要基于科技馆展品资源，与学校的课程设置在一定程度上存在脱节现象。

2.2 国内馆校结合科学教育活动的开展情况

在我国，随着教育体制改革的不断深入，科普场馆馆校结合项目逐渐被落实到实际工作中，且制定了一系列推动该项目建设的法规政策和方案。在科普场馆馆校结合项目落实过程中，各地方政府坚持大联合、大协作的基本思路，并结合区域内科普场馆的建设效果以及自身条件特征，制定了较为完善的馆校结合运行机制，以推动馆校结合项目的顺利开展，实现科普场馆与学校之间的有效衔接，为培养学生德智体美劳综合素质奠定了坚实基础。国内一些科普场馆也在馆校结合方面做了积极的探索，据相关研究统计，目前我国累计有 48 家科普场馆和青少年科技中心参加了“馆校结合”试点工作，并将科普场馆馆校结合项目推广到 16 个省区市，成立了 39 个示范推广区，平均每个地区约有 2 个试点场馆在运行，为区域内教育工作的开展带来极大便利。

目前，国内开展馆校结合的尝试主要有两种类型，一种是基于科技馆资源设计活动，另一种是基于学校课程设计活动。国内多数场馆馆校合作的主要形式是组织学生和教师到科普场馆进行观摩，科技馆与学校的结合方式停留于表面，不能深入挖掘资源优势，课程设计缺乏连贯性和系统性。但也有一些场馆做出比较积极的尝试：广东博物馆与当地中学合作，将博物馆课程纳入中学阶段的选修课，使博物馆针对学校开设的课程更具有系统性，激发了学生对于博物馆课程的学习动机；上海科技馆借鉴 COSEE 海洋科普课程和 STEAM 课程经验，围绕海洋知识开发馆校合作校本课程，在提高学生学习兴趣和学习能力方面也有比较积极的作用；重庆科技馆 2018 年成立了教案改革项目小组，深入学习课程标准、国内外先进的教育理念，结合重庆科技馆馆校结合工作情况，确定了“在教学模式的指导下开发场馆科学课程”的改革方向，与重庆中学联合打造“校本课程”项目，在科技馆内形成一套场馆与学校间“定制课程”的馆校合作新模式。

2.3　内蒙古科技馆馆校结合科学教育活动的开展情况

内蒙古科技馆在馆校合作中也有过一些积极的尝试和探索。2018 年，内蒙古科技馆设立了“馆校结合基地校”项目，目前签约 29 所基地校，在基地校项目中，科技馆负责提供常设展览、临时展览、科学实验室、科普影院、科普大讲堂、科普大篷车等科普资源，签约基地校则负责与科技馆工作人员一起，共同发掘科技馆科普资源与学校课程资源的内容和联系，通过挖掘科技馆与学校的各项资源潜力，设计和开发优质课程，推进馆校合作教育理念的实施与落地。在基地校项目之外，内蒙古科技馆还与区内部分中小学合作，签订馆校合作协议，开展了科普夏令营、参观科技馆、科学课进校园、科普大篷车等一系列馆校合作活动。2021 年，科技馆开展科普大篷车进校园 50 次，科学课进校园 70 节，各学校团体到科技馆开展科普活动 37 次。通过馆校合作，实现了科技馆与学校资源共享、平台共建、特色共创，为内蒙古科学教育事业发展做出积极贡献。

3　馆校结合科学教育活动的基本形式

3.1　以科技馆为主导，基于展品视角开展馆校结合科学教育活动

内蒙古科技馆现有展项展品 457 件套，以“探索·创新·未来”为理念，设置了“探索与发现”“创造与体验”“地球与家园”“魅力海洋”“生命与健

康”“科技与未来”“宇宙与航天”“智能空间”“儿童科技园”9个主题展厅，展品以互动、体验为主要的展示方式，体现了科学性、知识性和趣味性。科技馆目前针对馆内展品设计开发科学课程80个，以展厅教育活动和科学课的形式开展。其中，展厅教育活动通常围绕现有展品设计开发，以互动体验、科学讲解和动手实验相结合的形式，每次参与人数8~10人，以临时招募展厅观众现场组织活动的形式开展，活动时长20分钟左右；科学课以科学原理和科学实验的展示为主，不局限于展厅的展品，有固定的授课教室，采用学生自主报名和学校提前预约的形式，每次授课人数20人左右，活动时长40分钟左右。

3.2 以学校为主导，基于教学课标视角开展馆校结合科学教育活动

以学校为主导开发的馆校结合科学教育活动，通常是围绕中小学科学课标开展的，有固定的课程目标和学习任务。在“双减”政策背景下，也有部分学校和教育机构主动开始与科技馆合作，以教学课标为基点，结合科技馆的资源开发馆校合作课程。2021年，由呼和浩特市教育局发起，内蒙古科技馆与呼和浩特市教育研究中心以及全市部分中小学校的科学教师开展“五育并举、五育融合”的特色化校本课程建设培训活动，以当前“双减”政策为主要背景，探讨“科技馆馆校项目课程”编制工作。2022年，呼和浩特实验中学主动与内蒙古科技馆签订该校的校本科学课合作协议，由实验中学提出各年级学生每学期开展校外科学课和科技馆进校园的教学需求，由内蒙古科技馆根据学生的学习目标，开发了6期“科技馆里的科学课（网课）”系列科普视频，视频由该校相关专业老师对课程的科学性进行指导，并向校园推广。课程具体包括“非牛顿流体”“七彩科学秀”“会呼吸的种子”“越转越快”“最速降线”“体验大气压强”等6个主题，紧密围绕中学物理、生物、化学课程内容，与学校的传统课程相比增添了趣味性，受到在校学生的广泛欢迎。

3.3 以社会第三方机构为主导，基于市场需求视角开展馆校结合科学教育活动

在“双减”政策背景下，社会上许多科学教育培训机构，作为独立于学校和科技馆的第三方，根据学生兴趣和市场导向，借助科技馆的展品资源和场

地优势，开发了乐高、机器人、数理实验、编程等课程，与学校、科技馆签订合作协议，作为乙方为学校和科技馆开发课程和教育活动，同时提供开发设计、培训教学、评价等服务。为了准确把握学生对校外科学课的需求，提高科学教育活动的质量，内蒙古科技馆与本地多家科学教育机构合作，为其提供科普活动场地，学习和利用其优秀的师资力量和教育资源，开展校外科学教育活动。例如，内蒙古科技馆每年举办青少年科技创新大赛，邀请科学教育机构组织学生参赛，同时也邀请相关专业机构的科学老师为参赛的学生做培训和指导。社会第三方机构对市场发展趋势比较敏感，能够满足学生校外多样化学习的需求，但是需要注意的是社会机构的逐利行为又与科普公益存在矛盾，因此在选择第三方科学教育机构时也要十分审慎，始终坚持以学生为本，以传播科学知识、弘扬科学精神为理念。

3.4 以专业为主导，综合多方优势开展馆校结合科学教育活动

考虑到场馆、学校、第三方机构主导下开展馆校结合科学教育活动的优势和存在的问题，内蒙古科技馆尝试综合场馆主导的展品资源优势、学校主导的课标规范优势、第三方市场的需求定位优势，聚集更多专业的机构和人员，开展馆校结合科学教育活动。2020 年，内蒙古科技馆联合全区的自然博物馆、博物院、图书馆、企业馆等 42 家单位发起成立内蒙古自然科学博物馆学会，调动各场馆的场地优势、地域优势、资源优势开展馆校结合联合行动。近年来，内蒙古科技馆利用学会资源开展的科技夏令营活动，就是以专业为主导，开展馆校结合科学教育活动的一个成功实践。活动中，由作为会员单位的各个盟市科技馆组织征文，将活动顺利深入不同盟市和旗县的中小学校，取得较好的宣传效果。在综合各级场馆资源优势的情况下，科技夏令营活动能够发挥专业优势，结合内蒙古地区的资源特色，对夏令营设置活动主题，例如，2020 年的夏令营活动以内蒙古的矿物资源为灵感，以“石破天惊”为主题，通过参观“博物院”“科技馆”“自然博物馆”“阳台博物馆”“乳文化博物馆”，系统地介绍了内蒙古的“石文化”；2021 年的夏令营活动以内蒙古的植物为灵感，以“探秘本土植物”为主题，通过参观“科技馆”“博物院”“蒙草·草博园”“恩格贝沙漠科学馆”“中国科学院草原研究所”，从历史文化到生态演化，从不同角度系统展示了内蒙古乡土植物，给参加科学教育活动的同学留下系统而

深刻的印象。内蒙古科技馆通过广泛联合科普场馆、企业、科研院所、中小学校开展教育活动，最大限度地整合社会、企业、校园的资源优势，形成优势互补，延长了科学教育过程，将学习科学知识从校园的概念学习拓展到科技馆的模型认知，到企业/园区的动手参与，再到科研院所的研发创新的全过程。

4 馆校结合科学教育活动的评价

不论是以科技馆、学校、社会还是行业协会为主导开展的馆校结合科学教育活动，要验证其效果，都应当建立科学的指标体系，对其进行评价。

馆校结合科学教育活动涉及活动设计开发者、参与者两个主体，两个主体之间由科学教育活动/课程所连接，科学教育活动/课程开展的种类和形式很多，涉及的学科知识领域很广，建立科学有效的评价体系有利于将不同的科学教育活动规范化、科学化、长效化，而不是流于形式。因此，在设计馆校结合科学教育活动的评价体系时，应当充分考虑活动设计者、参与者、活动内容三个因素，以及活动准备、活动实施和活动总结反思三个阶段，同时在活动内容上应当对接课标，满足学校需求；对接科普场馆资源特点，发挥科技馆资源优势并符合教育特征；对接国家人才培养目标和青少年成长发育特点，体现当代科学教育先进理念与发展趋势，同时，为了保证科学教育活动的实施效果，还要考虑活动整体的科学性、知识性、趣味性。

综合以上观点，提出馆校结合科学教育活动的评价模型（见图 1）。

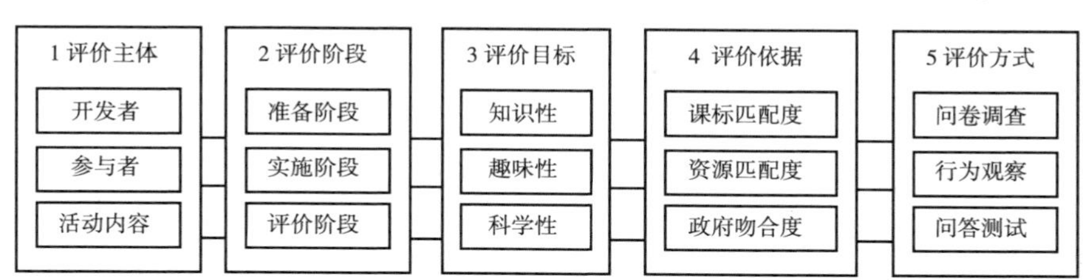

图 1 馆校结合科学教育活动的评价模型

在模型的具体评价过程中还要重点考虑以下几个方面。

一是在评价主体上，不论是科技馆、学校、社会还是行业协会，不同主体作为主要发起者开展的馆校结合教育活动，其目的和开展方式不同，因此评价指标也应当有所区别。另外，针对不同年龄段的学生应当设计符合学生学情特点和认知特点的科学教育活动，为不同年龄段的学生提供差异化的课程，做到因材施教，避免出现“一刀切”“大锅烩”的现象。

二是在活动阶段上，应当进行全过程的评价，即从活动前期准备到活动组织实施再到评价反馈，每个环节都应当严格把握活动的整体目标，活动组织应当具有系统性，活动设计环环相扣。

三是在评价目标的设置上，除了考虑教育活动本身的知识性和科学性外，还要注重加强对学生兴趣和爱好的培养，使校外教育活动真正成为学生的“轻松一刻”，而不是“校外负担”。

四是在评价依据方面，要严格落实相关政策，适时调整活动内容，同时对照学校课标、场馆资源，使三者有机地结合在教育活动的设计中。

五是在具体的评价方式上，可以结合特定的教育活动场景，调动学生参与活动评价的热情，丰富评价的方式。

5 结论

随着“双减”工作的持续推进和教育改革的不断深入，科技馆与中小学校之间协作开发的馆校结合科学教育活动会越来越趋于成熟，并且其他科普场馆、科研院所、中小学校、企业等多元主体也将逐渐形成合作关系，联合开展更多更广泛的馆校结合科学教育活动，从过去学校单一教学主体逐渐向馆校社多元主体相结合的馆校结合模式过渡，最终形成全社会共同参与、多学科共同交叉的科学教育活动体系。

参考文献

[1] 朱幼文：《“馆校结合”中的两个“三位一体”——科技博物馆“馆校结合”基本策略与设计思路分析》，《中国博物馆》2018 年第 4 期。

[2] 赖灿辉：《基于“使用与满足”理论和市场思维的“馆校结合”解决方案》，《自然科学博物馆研究》2016 年第 4 期。

[3] 李宏：《国外科技博物馆教育理论和方法在我国“馆校结合”中的启示与应

用》，《赤子》2019 年第 20 期。
[4] 刘俊娉：《从国外案例看科技场馆教育与学校教育的有效结合》，《时代教育》2018 年第 9 期。
[5] 苑晓：《科技资源科普化实践与思考——以英国化工博物馆为例》，《学会》2021 年第 9 期。
[6] 何丽：《馆校结合科学教育视角下的区域科技馆能力评价研究》，载《全球科学教育改革背景下的馆校结合——第七届馆校结合科学教育研讨会论文集》，2015。
[7] 钱言利：《关于对馆校结合综合实践活动的评价》，《科学与信息化》2021 年第 28 期。

“双减” 背景下馆校合作教育活动开发与实施

——以北京科学中心“月亮的形状为什么会变化?”为例

吕雁冰　何素兴　张永锋*

（北京科学中心，北京，100000）

摘　要　“双减”政策的落地落实，促进科技馆与学校教育的结合。作为学校科学教育的有益延伸，科技馆能针对青少年开展丰富多彩、形式多样的科学教育活动，从而激发青少年对科学的兴趣与热情，为学校的素质教育提供助力。教育活动“月亮形状为什么会变化?”以馆校结合为基础，秉承与学校“和而不同”的理念，结合北京科学中心“小球大世界”展项月球资源，打造一场系统的、完整的、有特色的月相探究活动。

关键词　馆校结合　科学教育　科普活动

1　活动背景

2021 年 7 月，中共中央办公厅、国务院办公厅印发《关于进一步减轻义务教育阶段学生作业负担和校外培训负担的意见》，明确要求加强“双减”督导，即全面压减作业总量和时长，减轻学生过重作业负担。“双减”督导也被列为 2021 年教育督导工作的一号工程，随后北京市教委、市科委、中关村管

---

* 吕雁冰，北京科学中心馆员，研究方向为科学传播；何素兴，北京科学中心研究馆员，研究方向为科学传播；张永锋，北京科学中心副研究馆员，研究方向为科学传播。北京科学中心吴倩雯对本论文亦有贡献，在此一并致谢。

委会和市科协制定了本市利用科普资源助推"双减"工作措施，充分发挥科技馆、博物馆、天文馆等科普基地和科普场所科学教育能力，开展场景式、体验式、互动式、探究式科学实践活动。

作为社会科学教育场所，科技馆的使命担当是向公众普及科学知识，传播科学思想，倡导科学方法和弘扬科学精神。科学教育是科技馆的核心功能之一，面向受众而言，青少年是主要的人群，而"双减"政策的落地落实，有利于促进科技馆与学校教育的结合，更好地实现科技馆教育功能。作为学校科学教育的有益延伸，科技馆能针对青少年开展丰富多彩、形式多样的科学教育活动，从而激发青少年对科学的兴趣与热情，提高其科技意识与创新能力，为学校的素质教育提供助力。"双减"政策落地后，学校也有更多灵活的时间，将学生带领至科技馆进行学习，科技馆里丰富的科普资源、宽敞开放的学习环境和多样化的学习方式，与学校教育形成优势互补，帮助学生获得学校教育中难以获得的亲身学习体验。

2021 年，习近平总书记在会见探月工程嫦娥五号任务参研参试代表时强调："人类探索太空的步伐永无止境。希望大力弘扬追逐梦想、勇于探索、协同攻坚、合作共赢的探月精神。"为了学习和贯彻习近平总书记的重要指示精神，让孩子们从小了解月球，探索月球，传承探月精神，以"双减"政策下的馆校合作为契机，北京科学中心联合太空探索科学家团队与科学教育专家团队，充分挖掘北京科学中心"小球大世界"展项月球资源，结合新发布的《义务教育科学课程标准（2022 年版）》，以"月球科学和探索月球"为内容，以"探究式学习"为方式，融合"四科"理念，开发了"月球主题系列探究活动"，带领青少年解锁一场奇妙的月球探秘之旅。

"月亮的形状为什么会变化?"是"月球主题系列探究活动"中经典的教育活动，笔者将着重分析此教育活动的开发与实施。

2 内容及实施过程

2.1 设计思路

"月球主题系列探究活动"中第一个开发的教育活动是"月亮的形状为

什么会变化?”，探究的主要内容是月相。

本活动以馆校合作为基础，开发时，项目团队走进学校调研，了解学校月相教学的相关情况。调研发现，月相课程的教学存在如下问题：教室环境的设定导致学生不能直观、清晰地观察月相的连续变化；“很难讲解”太阳、地球、月球的空间关系与相对运动；不同学校的同一年级，对月相课程的难易程度存在显著差异。

为了解决以上问题，我们秉承与学校“和而不同”的理念，密切联系新发布的义务教育课程标准，充分开发和利用北京科学中心“小球大世界”展项中最亮点的数据资源——月相，打造有科技馆特色的探究活动。

北京科学中心“小球大世界”主题展教区发挥其教育功能的优势，展示其技术的视觉冲击力以及大量可视化的数据资源，为我们认识地球及宇宙提供了一个引人入胜的全新视角。“小球大世界”展项能模拟真实观测月相的世界，为公众带来沉浸式体验，创设学习环境。此外，在主题展教区中，学生还可以进行地球、月球、太阳相对位置的模拟实验，为理解月相的成因提供直接经验。

在新发布的《义务教育科学课程标准（2022年版）》中，“9. 宇宙中的地球”中的“9.4 月球是地球的卫星”，针对不同学段有不同的学习内容要求（见表1）。根据北京科学中心实际招募的教学对象，8~12岁学生，将课标中与月相有关的学习内容融入活动设计中，对学校相关课程的学习内容进行拓展和延伸。

表1　内容要求

学段	内容要求
1~2年级	知道每天观察到的月亮形状是变化的
3~4年级	知道月球是地球的天然卫星;通过望远镜观察或利用图片资料,了解月球表面的概况
5~6年级	知道新月、上弦月、满月、下弦月四种月相,说明月相的变化情况
7~9年级	学会运用三球仪模拟地球、月球和太阳的相对运动,知道日食和月食的产生原因,了解日食和月食是可以预报的

教学过程中，引导学生以探究式学习为主，采用多样化学习方式，促进学生自主探究，理解月亮的形状变化、月相的变化规律、月相的形成原因、月相

的应用，呈现一场系统、完整的月相探究活动。

本场探究活动时长设定为一小时，为保证每位学生体验自主探究的过程，每次授课招募 10 名学生。

2.2 教育目标

基于活动的设计思路，教学目标将从“科学观念”“科学思维”“探究实践”“态度责任”四方面进行阐述。

科学观念：学生能够掌握并区分新月、上弦月、满月、下弦月四种基本月相名称，能够运用自己的语言描述一个月内的月相变化规律；掌握月球、地球、太阳三者之间的相对位置与相互运动关系，能够用清晰的语言描述出不同位置对应的月相；能够在了解月亮本身不发光，是反射太阳光的前提下，进一步探究太阳、地球与月球的相对位置变化导致视觉上产生的月相变化；最后能够了解月相在人类生产生活中的作用，即月相对于历法制定的影响。

科学思维：《义务教育科学课程标准（2022 年版）》中提到科学思维是从科学的角度对客观事物的本质属性、内在规律及相互关系的认识方式，本节课主要运用到模型构建的方式。学生在教师的引导下，观察月相变化的具体现象，分析地月系统的构成要素、结构、关系、过程以及循环，能够运用建构模型的思维方式解释有关月相的变化过程及其成因。

探究实践：学生通过探究活动，体会地球与月球位置关系的变化，知道月相的成因和月相变化规律，让学生通过实物模型和建模活动学习“提出假设”“建立模型”“根据模型进行推理论证”“获得结论”的问题解决过程，从而提高学生的科学探究能力。

态度责任：学生通过在北京科学中心“小球大世界”主题展教区中观察月相与模拟月相成因的实验，提高学生对天文学的兴趣，培养他们的好奇心和探究欲。同时，带领学生从猜想讨论，到建立模型、推理论证，再到得出结论，强化学生对科学本质的理解，培养学生大胆猜想、乐于探究的科学精神。通过月相对人类生产和生活的影响，让学生体验到天文学与人类社会的关系，体会人类如何了解自然，观察自然，顺应自然，运用自然规律，科学指导生产生活，培养学生尊重自然，崇尚科学，利用科学知识造福人类的意识与态度。

2.3 理论依据

本活动采用给予实物的体验式学习，遵循“情境—探究—认知”的教学模式进行教学。

本活动的设计遵循情境教学与具身认知两个理论。情境教学理论是指教学要创设激发儿童情绪的情境，让情感活动和认知活动相结合，从而促进教学，强调在哪里用就在哪里学，北京科学中心“小球大世界”主题展教区为学生认识地球及宇宙提供了引人入胜的全新视角，能充分调动学生学习天文知识的兴趣与情绪。具身认知理论认为认知具有涉身性，认知依赖于身体，鼓励身体感知系统和运动系统参与到教学中，重视身体与环境之间的交互过程，重视学生在学习过程中的多通道感知。[1]在本节课程中，对于月相成因的探究，我们充分调动多通道感知，让学生自己建模，通过亲身体验观察所看到的现象，了解月相的成因。

2.4 主要内容

2.4.1 学情分析

学生的先前经验、知识、信念、动机、技能等会影响教学目标的达成。

在认知发展方面，该阶段的学生主要处于具体运算阶段，思维中形成了守恒概念，并具有一定的可逆性，能够进行具体逻辑推理。[2]学生的抽象思维能力与逻辑推理能力和空间想象能力的发展尚不充分，缺少对空间相对位置的认识。因此，课程的设计应该具有一定的直观性与探究性。

在科学思维方面，在学校科学课上，学生更多的是通过资料和间接经验，了解其背后的科学原理，但是对解决问题的一般流程缺少了解，缺乏模型建构的能力。

在关于月球的前概念方面，学生可能已经知道月亮的形状是变化的，可以说出满月、月牙等形状，但是难以准确、清晰地将所有月相表达出来，并加以分辨；关于月相形成的原因，学生已经知道的科学常识是月亮本身不会发光，是反射太阳光而发亮的，而对于为什么会有不同的形状难以进行清晰的解释。

2.4.2 教学重难点

教学重点：掌握月相变化的规律，理解月相形成的原因，理解月相变化对人类生活的影响，并进一步了解具有周期的事物可以用来计时。

教学难点：太阳、地球、月球三者之间的空间关系与相对运动，建立空间思维。

2.4.3 教学过程及策略

（1）第一阶段：创设情境，提出问题

问题情境要尽可能来源于学生的生活。问题情境离学生生活越近，越容易激发他们探究的兴趣。[3]本活动开始前，从“学生生日那天对应月亮的形状”这个话题入手，激发学生学习的兴趣。在梳理学生生日对应月亮形状的过程中，学生不易透过表象思考问题，需要教师层层引导，培养学生发现问题、提出问题的能力。

表 2 第一阶段相关活动

阶段目标:提出问题	
教育活动脚本	设计思路
◆教师活动一:创设情境,提出问题。同学们,你们知道自己生日那天月亮的形状是怎么样的?(如有学生没有观察过或不记得,教师提供查询设备,带领学生查找生日当天对应的月亮形状。) ◆学生活动一:有部分学生能回答教师提出的问题,说观察到月亮形状是弯弯的,整圆的,半圆的。有部分学生回答不上,通过查询,找到生日当天对应的月亮形状。 ◆教师、学生共同活动二:发现问题,提出问题。教师和学生一起梳理学生生日那天对应的月亮形状,梳理中,教师需要引导学生发现问题,提出问题:生日月份不同,但月亮形状相同,不同日期,月亮形状不一样,这是为什么? 月亮的形状为什么会变化? ◆教师活动三:带领学生从一位学生的生日月份出发,认识月相。	设计意图:“小球大世界”主题展教区创设了月相观测的场景,学生能身临其境进行学习、探究。此外,从“学生生日对应月亮的形状”话题导入,激发学生参与活动的兴趣。 学情分析:“小球大世界”主题展教区环境以及话题引入,能最大限度调动学生想要参加本次活动的热情。 教学策略:创设情境,引导学生提出问题。

（2）第二阶段：观察“小球”，认识月相

通过操作“小球大世界”展项，带领学生们认识月相，进而发现月相变化规律，从中寻找问题的答案。

表3　第二阶段相关活动

阶段目标:认识月相	
教育活动脚本	设计思路
◆教师活动一:教师带领学生操作“小球大世界”展项,向学生展示月亮各种各样的形状,这些形状统称为月相,对应的名字分别是新月、上弦月、满月、下弦月(凸月、蛾眉月作为拓展)。月亮形状的变化称之为月相变化。 ◆学生活动一:观察并记录。 ◆教师活动二:认识了月相,知道了名字,为什么它们要起这样的名字?并引导学生继续观察“小球大世界”展项,再进一步启发,请仔细观察不同月相中,它们的阴影面积和亮面面积有什么关系?引导学生发现不同月相之间的特点,并能进行区分。 ◆学生活动二:在教师引导下,学生能够总结出蛾眉月的阴影面积大于明亮面积,因为形似古代女子的眉毛而得名;弦月的阴影面积和明亮面积相同,像一个半圆;凸月是阴影面积大于明亮面积,仿佛凸出来一块而得名。 ◆教师活动三:带领学生做趣味竞猜活动——月亮的形状变化激发了不同时代的诗人和作家的创作热情,给它们起了很多有趣的名字,同学们能发现这些诗句在描写哪个月相吗?	设计意图:让学生观察“小球大世界”展项,学生能够区分新月、上弦月、满月、下弦月(凸月、蛾眉月作为拓展),进而能发现月相变化规律。同时,将文化与科学融合在一起,激发了学生学习热情。 学情分析:学生了解新月、满月等典型月相,但对所有月相以及月相变化规律没有一个清晰完整的认识。 教学策略:通过观察现象、提出问题、归纳总结,引导学生认识月相,进而能发现月相变化的规律。
◆学生活动三:竞猜活动中,学生充分发挥想象,为不同的月相创造比喻进行描绘,加深学生对月相的认识。 ◆教师活动四:再次带领学生观察“小球大世界”展项中月相的变化,引导学生发现月相变化的规律。 ◆学生活动四:学生能够总结出月相重复变化、周而复始等。	

(3)第三阶段:建模活动,探究月相成因

带领学生到“小球大世界”主题展教试验区进行建模活动,引导学生从猜想,到建立实验模型,再到推理论证,得出月相成因的结论,揭秘问题的答案。

表 4　第三阶段相关活动

阶段目标:探究月相形成的原因	
教育活动脚本	设计思路
◆教师活动一:教师提出问题,这些不同的月相是怎样形成的?为什么月相总是在重复变化?教师给出三个猜测假设①地球的影子落在了月亮上;②由于地球和月球的相对位置不同,我们看到的月亮被照亮的一半是不同的;③天空中有云遮挡了月亮。 ◆学生活动一:学生知道月球不发光,而是反射太阳光的前提下进行猜想,猜想结果是地球和月球的相对位置不同,造成月相形成的原因。学生带着问题与猜想进行探究。 ◆教师活动二:教师带领学生走进试验区,操作三球仪,演示太阳、地球、月球之间的相对位置与相互运动关系,引导学生思考三球仪中各个模拟要素与实验装置的对应关系,建立实验模型。 ◆学生活动二:在教师引导下,学生观察三球仪。学生观察到月球绕着地球转,地球绕着太阳转,月球可能会运行在地球和太阳之间,或太阳与地球连线的延长线上,或位于连线两侧等特殊位置。完成观察后,学生思考实验装置与三球仪各个部分的对应关系,在教师引导下,完成建立模型的任务。灯扮演太阳,坐在凳子上的学生扮演地球视角观察者,拿着泡沫塑料球的学生扮演月球。研究地月系统因此忽略地球绕太阳的公转,关注月球绕地球的转动。地面贴上的 8 个号码牌表示月球转动到的不同位置。	设计意图:通过建模活动,引导学生得出月相成因的结论。 学情分析:学生了解月亮本身不发光,是反射太阳光,了解月亮绕着地球转,地球绕着太阳转等科学事实,但是难以将这些科学事实与月相的形成建立关联。 教学策略:通过建模方法,学生自主进行探究,了解月相形成的原因。
◆教师活动三:完成实验模型建立后,教师引导学生自由组队,每两人一组依次进行模拟实验,没轮到模拟实验的学生,在旁观察、思考。 ◆学生活动三:学生自由组队,每两人为一组。每组一位学生扮演月球,举着泡沫塑料球,依次经过 8 个位置;另一位学生扮演地球视角的观察者,观察泡沫球呈现的现象,并在学习单上记录下来。 ◆教师活动四:让每组学生分享观察、记录的情况。 ◆学生活动四:每组学生分享观察、记录的情况;教师引导学生总结月相形成的原因:月球本身不发光,反射太阳光而发亮;在月球绕着地球转动过程中,日、地、月三者位置关系不断变化,造成月相的变化。太阳、地球、月球位置形成一条直线时,且月球居中,我们看到的是新月;太阳、地球、月球位置形成一条直线时,且地球居中,我们看到的是满月;太阳、地球、月球位置形成直角时,我们看到的是上弦月、下弦月。此外,依次经过 8 个位置后,再回到位置 1,新一轮月相变化重新开始,月相总是在重复变化。	

(4) 第四阶段:联系生活,发现科学之美

月相变化是生活中常见的现象,引导学生把所学知识与生活联系起来,让

学生了解周期变化的事物可以用来计时，了解月相变化与历法的关系以及在生活中的应用。

表 5　第四阶段相关活动

阶段目标:联系生活,应用知识	
教育活动脚本	设计思路
◆教师活动一:月相总是在重复变化,一次满月和下一次满月出现的间隔时间是相同的,都是 29.5 天。我们把同一现象按照一定规律重复出现的现象叫作周期。其中,出现一次叫作一个周期。那周期变化在生活中有哪些应用? 周期变化的事物总是可以用来计时,比如沙漏、一炷香。古人把月相变化的一个周期,定义为一个阴历月,那么,阴历计时法就产生了。阴历与阳历的结合,形成了中国特有的农历,指导古人从事农业生产。至今,对人类生产和生活有着巨大的影响。 ◆学生活动一:了解周期变化可以用来计时,了解月相变化产生阴历计时法以及在生活中的应用。	设计意图:让学生了解具有周期的事物可以用来计时,了解月相与历法的关系。 学情分析:学生能够在前面学习中发现月相重复变化的规律,但是难以自己总结出“周期”这个概念,难以将周期与计时这一应用建立关联,难以将月相变化与历法建立关系。 教学策略:引导学生知识应用。

3　实施情况与效果评估

3.1　实施情况

本活动于 2022 年 3 月在北京科学中心“小球大世界”主题展教区正式展开，共开展活动 5 场，每场活动 10 人，共有 50 名学生参与到探究活动中。“小球大世界”主题展教区为学生观察、学习月相创设了引人入胜的情境，围绕“学生的生日当天对应的月相”这一问题展开，从认识月相、发现月相变化的规律，到探究月相的成因，进而解开问题的答案，再到了解月相与历法的关系以及在生活中的应用，成为一个连贯的、有逻辑的探究活动。活动开始，大部分学生积极参与其中，发现问题并提出问题；在观察“小球大世界”展项月相环节，大部分学生在教师引导下能总结出不同月相的特点，发现月相变化的规律；在探究月相成因环节，大部分学生在教师引导下能够进行建模活动，理解月相成因；在知识应用环节，大部分学生了解了月相变化产生阴历计时法以及在生活中的应用。现场学生积极参与，活动气氛浓厚。

3.2 受众反馈

教师通过观察学生行为以及学生完成学习单的情况，以“学生生日那天对应的月亮形状”为切入点，能较好地调动学生的积极性。

话题引入环节：学生围绕“生日时对应的月亮形状”展开热烈讨论，在教师引导下发现问题、提出问题。

观察“小球”环节：通过“小球大世界”展项，学生能非常直观地观察到月相的变化；在教师引导下，能总结出不同月相的特点。在观察的过程中，学生把观察到的现象记录在学习单上，进一步发现月相重复变化的规律。

建模活动环节：学生参与度高，无论活动前彼此是否熟悉，活动过程中都能围绕共同学习目标与小组成员展开充分交流，并通过分工协作的形式完成建模任务。

分享交流环节：学生能全面展示本组建模活动成果，总结月相形成的原因，并认真聆听、记录其他小组的成果，提出疑问。

总体来说，首先，学生认为“小球大世界”主题展教区为观察月相提供了引人入胜的环境，学生较容易投入学习环境中；其次，活动环节设计有趣，探究活动新颖，活动材料真实、可触摸，可在玩中学；最后，知识联系生活，学以用。

3.3 活动评估

项目组成员通过活动现场观察、学习单完成情况、采访方式对活动效果进行评估，具体如下。

科学观念：活动开始前，大部分学生了解月相，知道部分月相的名称，但65%的学生不能说出所有月相的名称，不能区分各种月相的特点。活动过程中，没有教师和学习单的引导，只有13.5%的学生能够说出月相重复变化的规律。通过观察“小球”环节，97%的学生能够掌握新月、满月、上弦月、下弦月四种基本月相，并能总结各个月相的特点，同时也了解了凸月、蛾眉月；95%的学生在教师和学习单的引导下，发现月相周而复始的变化规律。在建模活动之前，教师提出“月相是怎样形成的?”这一问题，只有10%的学生能较清晰地解释地、月、日相对位置的变化。通过建模活动环节，93%的学生能总结月相形成的原因。最后，大部分学生能了解月相变化产生了阴历计时法以及在生活中的应用。

科学思维：每组学生在教师引导下，能根据“三球仪”模型中太阳、地球、月亮三个天体的相对位置与相互运动关系，分析模型要素、结构、关系等，并构建实验模型，探究月相形成的原因以及月相变化规律。

探究实践：针对教师提出“月相是怎样形成的?”这一问题，学生经历了猜想、建立模型、根据模型推理论证、获得结论的问题解决过程，学习并掌握科学探究的方法，同时提高了学生的科学探究能力。

态度责任：在解决问题过程中，学生认识到人类对月球的探索需要大胆的猜想和严谨求实的态度，学习“建模”科学方法，对问题进行推理论证，获得结论，并产生对地球、月球乃至宇宙的好奇心及探究热情。同时，学生认识到科学能应用到生活中，指导人类生产生活。

4 创新点

本活动开发与实施充分响应“双减”政策，鼓励科技馆开展场景式、体验式、互动式、探究式的科学实践活动。首先，本活动突出学生的主体地位，活动设计建立在适应学生认知水平、能力、满足学生发展需要的基础之上，创设学生熟悉的情境、能直接参与科学探究活动的“脚手架”，引导学生体验“提出假设—建立模型—推理论证—获得论证”的过程，培养学生大胆猜想、乐于探究的精神。

其次，本活动充分发挥科技馆丰富的科普资源优势。科技馆中蕴含着丰富的教学资源，可谓“放大的教具”，而且科技馆的教学资源具有直观性、情境性、互动性、趣味性等诸多优点，能够满足教学多方需要，这是校内普通教具无法实现的。经课程改革要求，鼓励科技馆开发各种教学资源应用到教学中去。本次活动的开发与实施基于科技馆展品，结合课标，无论是资源到校还是学生到馆，科技馆的展品都发挥巨大作用，增加教学的趣味性，激发学生学习兴趣，使学生更好地体验、理解科学的意义。

5 结语

“双减”政策落地，对场馆和学校合作而言是机遇也是挑战，青少年作为场馆和学校的主要受众，双方有责任营造良好的氛围培养青少年的科学精神和人文精神，培养具有创新理念和创新能力的各类人才。所以，馆校合作不是将场馆教育与学校教育概念简单相加，而是双方教育力量的相互补充，凝结成一种教育合力，为场馆与学校共同实现教育目的、协同开展教学活动提供助力。[4]

参考文献

［1］徐东、程轻霞、彭晶：《具身认知理论下幼儿园劳动教育课程的建构》，《教师教育论坛》2021 年第 12 期。
［2］张嘉琦：《从皮亚杰认知理论视域看儿童钢琴教学研究》，《艺术评鉴》2022 年第 2 期。
［3］何燕玲：《科学论证在探究式教学中的应用——以“小水珠从哪里来”教学为例》，《湖北教育》2020 年第 5 期。
［4］魏艳春、倪胜利：《“双减”背景下馆校合作教育的价值意蕴与实践路径》，《教学与管理》2022 年第 11 期。

发挥校外科技教育优势
助力中小学落实“双减” 政策

——西城区青少年科技馆“馆校社”科技教育联合体项目的探索与实践

马 娟 张雅楠*

（北京市西城区青少年科技馆，北京，100037）

摘 要 作为北京市西城区教委所属的一所校外教育单位，在助力中小学落实“双减”政策方面，西城区青少年科技馆积极思考，率先行动，成立了“馆校社”科技教育联合体。在项目实施中，发挥自身优势，架起了高校、社会教育资源单位与中小学的桥梁，进一步推进“馆校社”协同育人，提升青少年科学素质。本文主要阐述了西城科技馆“馆校社”科技教育联合体项目的背景、主要目标以及实践措施。

关键词 “双减”政策 课后服务 协同育人

中共中央办公厅、国务院办公厅印发《关于进一步减轻义务教育阶段学生作业负担和校外培训负担的意见》（以下简称“双减”）以来，各地各校迅速组织行动、积极贯彻落实。作为北京市西城区教委所属的一所校外教育单位，如何发挥科技教育供给侧优势，助力中小学落实“双减”政策，同时进一步加强与学校的协同育人，提升青少年科学素养，为此西城区青少年科技馆（以下简称“西城科技馆”）积极思考，率先行动，2021 年启动了西城科技

---

* 马娟，北京市西城区青少年科技馆；张雅楠，北京市西城区青少年科技馆。

馆“馆校社”科技教育联合体项目，边实践边探索，努力开拓新时期校外科技教育的新模式。

1 校外教育单位助力中小学课后服务的背景及面临的问题

1.1 落实“双减”政策势在必行，西城区教委统筹区属校外教育单位资源，为中小学提供课后服务菜单

“双减”意见出台后，北京市教委提出全覆盖开展课后服务、保证课后服务时间、丰富课后服务内容形式，特别是在充分调研的基础上根据学生学习和成长需求整体规划、系统设计课后服务内容，结合办学特色，统筹开展课业辅导、体育锻炼、综合素质拓展等丰富多彩的课后育人活动。教育部组织遴选了10个典型案例，北京市西城区推行的课后服务课程点“餐”到校的“菜单”模式就位列其中。2022年春季开学之际，西城区继续推进五大工程落实“双减”，在区域层面进一步整合12家校外教育资源持续为区域学校提供课后服务课程菜单，满足学生个性化、多元化成长需求。西城科技馆在首批提供16门送课入校的科技类课程的同时，与一所中学开展合作，将初中科技社团引入馆内，探索利用科技馆的场地开展课后服务试点工作。

可见，在落实“双减”的过程中，西城区在区域层面做出了校内、校外一盘棋的战略部署，西城区属校外单位并不是旁观者，而是助力中小学落实“双减”，特别是丰富课后服务课程的重要供给单位。

1.2 面临的问题

1.2.1 现有的西城区公办校外教育单位支持中小学课后服务自身资源有限

目前西城区教委所属少年宫、科技馆、美术馆12家校外教育单位仅有265名教师（包括行政人员），由于编制限制，近三年仅有6家单位新增教师14人。由于校外教育单位教师的工休时间、工作任务内容、工作量计算方式与学校的差别（如校外教师的课程活动安排在周末，休息日在平时；除了授课任务大部分教师要承担市区级各类活动的组织、教师培训、课程开发等工作内容），每位教师每周实际能够亲自参与课后服务任务的时间有限，虽然提供

了“菜单”，但由于资源有限，不能满足所有有需求学校的“点菜”，校外教育单位的功能发挥不够。

1.2.2 中小学对于课后服务中科技类课程仍有很大需求量，同时更倾向于区属科技馆提供课程

“双减”政策落地的难点包括学校教育能否质效双增，而吸引学生参与学校的课后服务，很大程度上取决于课后服务课程的吸引力。在西城区校外教育支持中小学课后服务“点餐到校”的过程中，西城科技馆提供的“菜单”深受中小学青睐。但在双方沟通中我们发现，除了时间及师资数量的局限性，学校对于科技类课程仍然有很大的需求量，同时，由于西城科技馆拥有一批高素质的科技教育专业教师，多年来在科技教育方面积累了丰富的经验，学校更希望科技馆的课程能够进入校园。

1.2.3 中小学课后服务科技课程师资力量薄弱

在教育部2021年12月21日举办的新闻发布会上，教育部基础教育司司长吕玉刚提供的数据表明：截至2021年秋季学期，自愿参加课后服务的学生比例由2021年春季学期的49.1%提高到2021年秋季学期的91.9%。随着课后服务参与率的提高，学校教师压力逐步提升，一些学校采取聘请社会专业人士、校外培训机构教师、高校实习生参与课后服务等方式弥补师资不足。但学校教师的工作时间仍然普遍增长，在提质增效的目标引领下，学校所需课后服务的专业师资力量薄弱，在科技类专业课程中尤其突出。

2 西城科技馆“馆校社”科技教育联合体项目的概述与目标

2.1 “馆校社”科技教育联合体项目的概述

作为社会教育的重要组成部分，校外教育承担着和学校教育协同育人的重要功能。伴随“双减”政策的出台，对于校外教育单位，对于青少年科技馆而言，既是一个机遇也是一种挑战。西城科技馆在区教委的大力支持下，启动了西城科技馆“馆校社”科技教育联合体项目（即科技馆、学校、社会资源单位联动合作一体化育人）。本项目以习近平新时代中国特色社会主义思想为指导，全面贯彻党的教育方针，贯彻落实习近平总书记关于科学普及、科技创

新和科学素质建设的重要论述，牢牢把握首都功能核心区战略定位，遵循教育规律和人才成长规律，深入贯彻落实“双减”政策，坚持改革创新、坚持高质量发展；坚持高品质育人的重要指示，以促进青少年科学素质持续提升为主要目标，充分发挥西城科技馆青少年科技教育供给侧和资源整合的优势，通过联动高校、科普资源单位、企业等资源力量，共同为青少年科普教育、青少年科技人才培养、科技教师队伍建设打造优质的活动项目、展示交流平台，助力中小学课后服务，推动协同育人。

在组织方式上，以青少年学生为服务对象，以学校为服务的主阵地，西城科技馆设立工作组负责项目的组织、协调与实施，通过深入了解各资源单位的工作任务、优势内容，与学校课后服务工作、人才培养工作、科技教师队伍建设工作相结合，实现馆、校、社各方的共赢，推动校内教学、校外资源、社会供给侧的协同育人。

2.2　西城科技馆成立“馆校社”科技教育联合体的目标

2.2.1　整合资源，助力中小学落实“双减”政策

西城科技馆“馆校社”科技教育联合体项目，除了将科技馆的资源推向学校外，还发挥了科技馆在整合资源方面的优势，携手高校、社会科普资源单位、企业，在重点支持中小学课后服务方面，整合课程、师资、场地等资源，打造适合中小学不同学段的科普教育资源。

2.2.2　协同育人，提升青少年科学素养

新时代校外教育作为基础教育的重要组成部分，其根本任务是立德树人，应当坚持活动性、实践性、公益性、社会性。校外教育未来一段时间内的发展趋势是：更加重视创新精神和实践能力，更加重视培养创新和拔尖人才，更加重视个性化和特长发展，更加重视与校内教育的协同发展。西城科技馆成立的“馆校社”科技教育联合体，正是以科技馆为桥梁，组织高校、社会资源单位携手与中小学校合作，助力中小学落实“双减”的同时，发挥协同育人功效，提升青少年科学素质。

2.2.3　培养师资，积蓄科技教育力量

西城科技馆“馆校社”科技教育联合体项目中，科技馆的教师不仅能够开发适合中小学课后服务的科普教育课程活动，在培养中小学授课教师方面也

将发挥积极作用，有效弥补校外教育师资、中小学科学教师师资力量薄弱的问题。同时，高校师范生在西城区中小学每年都会有实习点，利用好实习生助力课后服务也是此项目的一个目标，对高校师范生进行未来师资力量的培养，也是西城科技馆该项目的内容之一。

3 西城科技馆“馆校社”科技教育联合体项目实施情况

3.1 开发科普课程资源包，丰富课后服务科技课程

随着“双减”政策的落地，西城科技馆的教师团队一边亲身参与学校课后服务授课工作，一边了解学校开展课后服务的实际需求，研发适合中小学生各学段的课后服务科普教育课程。经过一学期的研究实践，2022 年 1 月 18 日，在北京市西城区青少年科技馆举行的“馆校社”科技教育联合体项目启动会上，首批“创智造”系列科技体验课程资源包与中小学校见面。该资源包是课后服务科普教育课程资源库为学校提供的首批课程，涵盖电子技术、模型制作、化学实验等多项内容，包含环保创意生活、创意电子制作、创意模型制作等五大模块 15 个体验项目（见表 1），主要面向小学中、高年级学生。资源包包含课程资源，如教学设计、教学课件、微课、科技体验材料等。该资源包贴近生活、贴近生产、贴近科技前沿，资源包的诞生为课后服务的师资培训打下了良好的基础。启动会上，西城科技馆与西城区 5 所试点学校、北京联合大学师范学院签订了战略合作协议书，为项目的推进提供了制度保障。新学期伊始，该资源包已进入 5 所小学课后服务课程，开展第一期试点教学工作。

表 1 西城科技馆首批“创智造”系列科技体验课程资源包

学科类型	课程名称
生态环保制作	自制净水器
	污水里的种子
	芽苗菜摇篮
创意电子制作	纸杯台灯
	七彩小屋
	创意纸电路

续表

学科类型	课程名称
创意模型制作	柠檬爆气火箭
	滑动气垫小船
	威力空气手炮
航空模型制作	滑行者纸飞机
	鸭翼纸飞机
	歼舰载机
环保创意生活	压花再生纸
	古老扎染术
	不插电灯瓶

3.2　发挥校外资源整合优势，提升校内科普活动内容的广度

2011 年，教育部印发《关于联合相关部委利用社会资源开展中小学社会实践的通知》，要求充分利用社会资源，搭建中小学生社会实践平台，共建立包括各类主题博物馆在内的 483 家中小学社会实践基地。教育部积极推广各地经验，鼓励各中小学开发有特色的地方课程和学校课程，在进一步修订课程方案时，要求中小学从学校课程设置、课时安排等方面，保障学生每周有一定的校外活动实践，实现校外活动的常态化和制度化。

然而鉴于两年多来的疫情现实情况，学校很难组织学生外出进入博物馆等社会资源单位开展课程及活动。在落实“双减”的课后服务中，由于时间、人员、安全等多种因素，更是无法组织学生走出校园、走进博物馆。西城科技馆作为区级青少年科技教育的主阵地，始终立足于服务学校和学生，提供优质的科普教育资源，通过优势互补、强强联手的方式，探索整合社会科普教育资源支持学校课后服务。早在 2021 年 9 月，西城科技馆召集举办了首批“馆校携手　科普有约”科普资源单位交流研讨会。北京天文馆、北京动物园、北京自然博物馆、中国古生物馆、北京郭守敬纪念馆、中国园林博物馆、富国海底世界 7 家北京市优质科普资源单位的科普团队参加了座谈会，共同商讨如何把各单位优质科普教育资源、学校的师生资源、科技馆的活动平台资源更加有效地组合成一个整体，发挥合力育人的作用。在随后的一个学期，“馆校携手

科普有约”活动以主题方式，由西城科技馆设计、组织课程的实施，各家科普资源单位提供资源及部分师资，活动进入科技馆、进入校园，受到学校、师生的欢迎。

本学期，在助力中小学课后服务过程中，西城科技馆再一次开拓资源，发挥科技教育资源整合的优势，联合北京动物园、中国园林博物馆、北京气象台等10余家科普资源单位，共同开发面向中小学校的系列科普教育活动——“探秘北京”本土特色系列科普活动。根据学校的实际需求和学生的现状，西城科技馆在资源单位提供的菜单中再次精心筛选和组织，设计开发了学生活动手册，现已将西城区京师附小作为第一家试点单位，参与每周一次的课后服务，开启了本学期的科普教育活动。让同学们在不用走出校园的情况下，就能够感知和学习科普知识，认识更多科普场馆。具体课程见表2。

表2　西城科技馆“馆校携手　科普有约”课后服务课程——“探秘北京”

授课单元名称	授课单位	授课内容
城市中的动物朋友们	北京动物园	介绍北京地区常见的哺乳动物知识，了解动物生活习性，保护策略
两栖、爬行怎么分得清？	北京动物园	介绍如何分辨两栖、爬行动物，它们有什么特征？生活习性和保护策略
认识水禽和水禽的家	北京动物园	介绍湿地的特征和作用，北京地区的湿地，生活在湿地的水禽有哪些
大熊猫和奥运文化	北京动物园	介绍国宝大熊猫相关知识，大熊猫与奥运文化的渊源和作用
北京燕子知多少	北京自然博物馆	介绍北京燕子的相关知识，了解它们的生活习性和背后的故事
北京的鸟类明星	北京自然博物馆	介绍北京鸟类的相关知识，了解它们的生活习性和背后的故事
北京昆虫总动员	北京自然博物馆	介绍北京昆虫的相关知识，了解它们的生活习性和背后的故事
北京乡土树种变迁	中国园林博物馆	带领同学们完成地形制作的部分，其次由同学们自己动手设计水系形态、石头位置摆放和植物配置形式，帮助完成模型制作
北京乡土花卉变迁	中国园林博物馆	介绍每种材料的用途，分步骤地讲解乡土花卉的制作方法，并且每个步骤都清晰地演示给同学们看
京彩——北京水之歌	北京气象台	水的各种形态，水能利用和防范（也可以结合北京气象台为冬奥会服务这个优势，讲解冬奥会的趣闻）

续表

授课单元名称	授课单位	授课内容
京彩——北京的风	北京气象台	风的形成及各种表现形式,风能利用(也可以结合北京气象台为冬奥会服务这个优势,讲解冬奥会的趣闻)
漕粮入京一粒米的旅行	北京郭守敬纪念馆	观看大运河的沿途景色,在简要了解中国水系和地理情况的过程中,形成对大运河的印象,同时了解大运河的主要功能是运送漕粮进京
北京星空总动员——天文小讲堂	北京天文馆	以主题讲解的形式,为观众讲解基础天文知识
北京星空总动员——天文互动体验	北京天文馆	天文互动体验等
北京,远古的记忆——化石	中国古生物馆	学习化石的定义、形成与分类,了解化石研究的意义,并通过动手实验掌握化石修复及模型制作的方法等
北京,遥远的明星——恐龙	中国古生物馆	研究学习恐龙蛋化石相关知识,了解恐龙蛋壳的研究意义;通过实验探究了解恐龙蛋的承重能力等
运河的水从哪来——大运河	北京郭守敬纪念馆	简要介绍中国水系的同时,让学生对“水”的特性有初步认识,从而得出结论——大运河绵延 2000 多公里,是由很多河流连缀而成的,泉眼、途经河流,由人工引水,都是大运河水的来源

西城科技馆通过社会教育资源的有效整合，拓展了科学教育的种类内容，弥补了学校教育资源的不足，实现了为学校教育服务、为中小学生服务的目的，有利于中小学生科学素质的提高，也为社会教育资源单位提供了定期、有针对性地开展青少年科技教育的平台，发挥科技馆、学校与其他社会资源之间的桥梁纽带作用。

3.3　培养科技教育师资，助力课后服务课程提质增效

“双减”意见在对“减”提出规范的同时，也对“加”做出要求，即提升课后服务水平和教育教学质量，这也就对课后服务的授课教师提出了更高的要求。首先从师资数量来讲，针对中小学全面铺开的课后服务工作，科技教育师资短缺的问题，也是西城科技馆“馆校社”科技教育联合体项目要解决的问题之

一。其一，西城科技馆作为西城区科技教师继续教育培训基地，多年来在全区校内、校外科技教师培训方面积累了一定的经验。因此，我们发挥这个继续教育培训基地的优势，同时结合已开发好的课程资源包，在培训校内课后服务教师方面有着得天独厚的条件。课程资源包在课后服务中的使用采取“双师”教学模式，无论是有科技教育背景的教师，还是其他专业担任科技教育课后服务的教师，都可以通过针对性的培训、指导，结合资源包中教师授课资源的使用，有效开展课后服务课程。目前，试点学校中有3所学校的老师经过培训后，已在本校课后服务中开展授课工作。其二，本学期西城科技馆携手北京联合大学师范学院在培养师资方面也开拓了一条新路径。该学院每年在西城多所中小学建立实习点，同时也有优秀毕业生被西城中小学聘用。基于这些条件，此次西城科技馆与高校、两所小学签订协议，在培训师范学院实习生、指导其实践担任课后服务授课教师等方面做出了探索。培训内容除资源包校外课程内容之外，还包括教学方法、课堂组织、学情分析等基本技能。虽然实习生在授课实践方面还有诸多待提高的地方，但从前期的培训过程、学习准备以及开学后几次实际授课来看，经过系列培训以及锻炼实践，再加上后期的跟踪指导，不仅能够解决学校师资短缺问题，也培养了高校师范生，同时为未来的科技教师培养贡献了一份力量。

4 实施效果与未来展望

第一阶段“馆校社”科技教育联合体各子项目实施后得到反馈，学校对于这种模式助力课后服务、科普教育工作的开展给予了肯定，并且有更多的学校联系沟通新学年工作的合作推进；从社会资源方的反馈来看，项目的实施切实建立起社会资源单位与学校的沟通渠道。通过第一阶段的项目，西城科技馆总结经验，组织学校一线教师开展调研，围绕需求和问题继续完善，在试点工作的基础上，不断丰富资源、积累经验，在课程设置、学习内容、组织安排、成果形式、评价标准等方面加强合作，逐步建立“馆校社”科普教育课程库，积极探索课后服务的新思路和新途径。同时，申报市级课题“‘馆校社’合育模式下课后服务科技课程的设计与实施研究”，围绕课程建设、科普育人、教师培养、效果评价等方面开展研究，以科研带动实践，为青少年科普教育打造优质资源，助力落实“双减”政策，推进协同育人。

参考文献

[1]《中共中央办公厅 国务院办公厅印发〈关于进一步减轻义务教育阶段学生作业负担和校外培训负担的意见〉》，http：//www. gov. cn/zhengce/2021－07/24/content_ 5627132. htm。

[2] 郑思晨：《“双减”政策下校外教育的使命与担当——以中国福利会少年宫为例》，《科学教育与博物馆》2021 年第 6 期。

[3] 康丽颖：《校外教育的概念和理念》，《河北师范大学学报》（教育科学版）2002 年第 3 期。

[3] 张欣、张赟芳：《教育部：参加课后服务的学生比例提高到 91. 9%》，《中国教育报》2021 年 12 月 21 日。

[4] 施志萍：《加强馆校结合开展科教活动》，《海峡科学》2015 年第 11 期。

[5] 孙涛、李正福：《论校内外科技教育的结合》，《教育理论与实践》2017 年第 23 期。

[6] 段海英、张鹏程：《推进义务教育学校课后服务高质量均衡发展》，《教育科学论坛》2022 年第 8 期。

“双减” 背景下新设展厅在馆校结合中的实践与研究

——以浙江省科技馆为例

孙小馨*

（浙江省科技馆，杭州，310000）

摘　要　馆校结合在全国已开展多年，均取得长足的进步并积累了丰富的合作教育经验。本文以浙江省科技馆新设展厅为例，运用实际案例剖析运营以来展厅实践特色和开发重点，总结新设展厅在馆校结合中的管理心得并提出个性化设计方案，切实为“双减”助力。

关键词　馆校结合　双减　科技馆

馆校结合的合作双方是学校及各类科技博物馆，自 2006 年 6 月正式推行以来，已走过 16 个年头。在这 16 年里，无论是学校还是科技类场馆，都经历了从幼稚到成熟、从效仿学习到个性发展的快速阶段，同时也将服务范围扩大到全国，从城市到农村，从定点场馆到科普教育基地，均取得了长足的进步并积累了丰富的合作教育经验。

《全民科学素质行动规划纲要（2021—2035 年）》提出青少年科学素质提升行动，教育工作者需要激发青少年好奇心和想象力，增强科技创新能力，呼吁建立校内外科学教育资源有效衔接机制，实施馆校合作，引导中小学充分利用各类科普场馆广泛开展各类学习实践活动，将弘扬科学家精神贯穿其中，推

* 孙小馨，浙江省科技馆展览教育部主管、馆员，研究方向为展览教育及科普传播。

行场景式、体验式、沉浸式学习。[1]

2021年教育部办公厅、中国科协办公厅发布的《关于利用科普资源助推"双减"工作的通知》中提出：要有计划地组织学生到科普教育基地开展实践活动，加强场景式、体验式、互动式、探究式科普教育实践活动，科普场馆要优先保障学校课后服务需要，开发研究性学习课程，鼓励招募中小学生志愿者参加科普讲解等服务工作。[2]

可见，无论是素质纲要还是"双减"通知，均不约而同地提到场景式、体验式科普教育模式，馆校合作不仅要满足学校和学生的客观需求，而且要发挥场馆优势和科普教育理念，引进当代先进教育模块及展项展品，结合课标进行课程设计及展厅规划布局。

1 浙江省科技馆探索新设展厅合作新模式

浙江省科技馆新馆于2009年7月28日正式对外开放，至今已走过13年，很多展厅展品不可能保持一成不变，需要根据时代更迭对展品展项进行更新换代。在对展厅的重新规划和展品引进方面，科技馆研究发展部充分考虑实用性和美观性兼容的改造方式，尝试与社会相关部门及单位协同推进科普新模式，实现资源的有效整合和优化配置。如2018年与浙江省公安厅禁毒总队合作共建的"青少年禁毒长廊"，2019年与浙江省气象局合作共建的"气象主题馆"等。两处新设展厅分别由浙江省科技馆提供场地及负责日常展厅管理，省公安厅和省气象局出资进行内部装修布展及后期维保工作。自改造完毕至今运行已达成熟阶段，也是浙江省科技馆展厅改造比较成功的案例，特别是在馆校合作中发挥不可多得的重要作用。

2 新设展厅在馆校结合中的实践特点

2.1 凸显时代性和时效性，助力打造省馆代表性特色展厅

无论是"青少年禁毒长廊"还是"气象主题馆"，均代表了这个时代需要普及并且稀缺的教育资源。目前中小学校对毒品教育的宣传仍存短板，一方面

毒品教育尚未纳入中小学教材，只以禁毒宣传小手册或以安全校本教案的形式下发；另一方面在一些特殊的日子，比如开学典礼、安全教育月或禁毒宣传日，中小学校会安排一些与禁毒有关的图文宣传或讲座，但开展的形式很多只停留于表面，针对学生能学到多少知识、真正想学哪些内容，教育部门尚未形成独立的评估机制。相关调查显示，中小学生甚至大学生对身边的新型毒品缺乏认知，不会辨别，甚至抱有好奇追猎之心，一旦误入歧途，后果将不堪设想。所以“青少年禁毒长廊”的设立，特别是安排在大众都能接触到的科技场馆，是非常有必要的。而“气象主题馆”的设立也是一样的道理，一方面，中小学生虽然可以在科学课程中学到气象知识，但很多都是书本上的描述，只能凭借个人理解和死记硬背，学校虽有物理、化学、生物等科学实验室，但地理实验室少之又少，可见在基础设施的配置上也存在主观不重视等问题。另一方面，虽然社会上已存在一定形式的气象宣传交流馆，但门槛比较高，若展厅直接设计在气象局大楼内，对大众而言缺乏亲和力，陌生感较强，展厅缺少一定的人气和互动，科学普及受限。结合上述原因，浙江省公安厅禁毒办和浙江省气象局主动向浙江省科技馆抛来橄榄枝，谋求共建发展。事实证明，上述两大新设展厅的设计与建造符合人本主义原则，从需求出发，以青少年受益为第一要素，构建馆校结合新模板，这样的特色主题共建项目为浙江省科技馆开辟了特色展厅的新路线，也成为省馆代表性特色展厅之一。

2.2 重科学，强互动，补齐校园教育短板

科技馆与其他博物馆最大的区别在于科技馆的展览教育基本都以互动形式而开展，而不是单一的图板形式，这也是吸引观众来科技馆参观最重要的原因之一。但是现实情况往往是很多游客把科技馆展品当成游乐项目，与真正的科普宣传主旨相差较远，这也是广大科技工作者长期以来最为介意的痛点，所以在展品展项改造过程中，需要更多关注具有科学性的展品展项。

“青少年禁毒长廊”目前呈现的是2020年2.0版，相比之前2018年的1.0版去除了冗长的图文，改进了投影、灯光等设计缺陷，增加了17种仿真毒品的展示及互动学习，增加了毒品对身体器官的侵害内容，设计了防毒拒毒智趣屋开展情景式选择型视频播放，使用平面地图的方式直观清楚地展示世界主要毒品产地和浙江各地的毒情介绍等。其中在毒品侵害展品上方，在设计的时候

考虑到青少年会被不良艺人带入歧途，故展示了多幅知名艺人被抓吸毒后的忏悔图片，以作警示作用。在实际操作过程中，禁毒智课堂展项中17种仿真毒品的展示比较直观，特别是“快活水”“笑气”“卡哇潮饮”等外包装容易被迷惑的新型毒品，对青少年的视觉冲击比较大。环顾整个“青少年禁毒长廊”，可操作性展项4件，互动性达到80%，设计细节吻合青少年受众特点，在展品介绍及互动演示中体现科学性原则。

“气象主题馆”互动展项更为丰富，共17件展品，可操作性展项15件，互动性达到88%，其中二十四节气、气象预报系统、暴雨降临、神奇龙卷风、野外避险等互动展项尤为吸引人气，以“二十四节气”展项为例，展厅背景墙安装了24个灯箱，通过互动装置，改变地球围绕太阳运动轨迹的方式来切换不同节气，投影视频会介绍相对应的节气特色，2022年北京冬奥会的成功举办，特别是冬奥会开幕式使用了二十四节气倒计时的设计，很多观众对此记忆犹新，走进科技馆看到此展项，更会激发学习的兴趣。《义务教育科学课程标准（2022年版）》第九章“宇宙中的地球”详细介绍了小学到初中需要掌握的课程内容，如地球自转、公转、地球月亮太阳三者的关系、宇宙环境等。7~9年级课程标准提出“知道春分、夏至、秋分、冬至等主要节气，理解节气与地球公转的关系”，[3]此标准可以在“二十四节气”展项中找到答案，可见浙江省科技馆“气象主题馆”在早期规划设计中，已采用课标作为基础设计标准，强化实践性要求，加强内容与育人目标的联系，从而带动学科化素质教育。

2.3 多方联动，引导学生探究式参观体验

探究和实践[4]是科学学习的主要方式。浙江省科技馆在新设展厅的运行中，摒弃传统单一的看守展项的工作方式，尝试多方联动共建。如在疫情平稳的前提下，周末节假日设立公益讲解，安排科普辅导员定时定点向游客讲解特色展厅中的特色展品，讲解时间基本控制在30分钟内，讲解方式也在前期多方打磨，摒弃教条式、灌输式，打造探究式、沉浸式辅导，将“学到多少”落到实处。另外，省公安厅下属警校学生志愿者以及杭州市红领巾志愿服务队也在2020年加盟“青少年禁毒长廊”讲解队伍，警校学生以现身说法的方式对毒品问题进行专业解答，红领巾小志愿者用稚嫩朴实的语言讲述毒品的危险，对来馆参观的游客而言也是一种全新体验。科技馆作为国家社会教育的实践基地，提供优质科学

教育共享资源，学生志愿者通过“走进来”的方式开展社会实践，也是馆校结合工作的一部分，所以在馆校结合的项目设计上应有针对性的探究式学习。

3 新设展厅在馆校结合中的研究心得

3.1 重视培养员工业务能力及科学涵养，与教育接轨提升整体水平

科技馆辅导员的职业定位一直以来都很模糊，游客对辅导员的理解很多只停留在服务员、引导员等层面，而忽视了与教育相关的职业定义。笔者前期在教育系统工作，2011 年加盟浙江省科技馆展览教育部从事科普教育宣传与管理工作，也同样遇到过相似的困惑与不解，主要表现为：其一，科普辅导员社会认同感不高，没有与教育系统画上等号；其二，同体制内，科普辅导员属于一线员工，与同单位其他部门形成“阶级阶梯”，职业认同感偏低；其三，大部分辅导员属于体制外员工，收入较低，缺乏职业规划，队伍不稳定。以浙江省科技馆为例，展览教育部目前共有员工 35 名，其中在编 4 人，非编 31 人，虽每年都有招聘，但年均也有 4 人左右的人才流失。近期，展览教育部也在岗位提拔、培训深造、福利待遇方面有所改变和完善，如从非编员工中提拔管理层，目前已有 4 名编外员工从事管理工作，在用人招聘上也尽量向理工科及教育专业靠齐，截至目前本科及以上学历达到 86.7%，理工科专业员工有 9 人，其中不乏知名培训机构学科类教师。

《义务教育科学课程标准（2022 年版）》提出培养学生核心科学素养，树立正确的科学观念、科学思维、态度责任感等[3]，简单地说，学生的核心素养需要“伯乐”的正确引领，与此同时，科技馆承载着学校与场馆的纽带功能，在馆校合作期间，学校老师与科技馆辅导员的工作是相辅相成的，需要有效对接，需要思维火花的碰撞，所以在培养新时代学生核心素养的同时，也需要同步提高科技馆辅导员的业务能力和科学涵养，如开展兄弟场馆交流活动、提供外出培训机会，特别是教育系统内部教师能力提升培训，聘请专职教师对辅导员进行教案撰写培训等，总之，在国家“双减”政策落地后，科技馆辅导员的职业导向更应偏向于教师体系，科技馆在“双减”后更应合理安排课后服务功能，与教育接轨，逐步提高全民科学素质。

3.2 以紧抓课标为核心，充分利用展厅资源助推“双减”

科普场馆的科学教育，是在学校教育的基础上，在充分利用场馆资源的前提下，通过实践的形式，对科学进行探究式学习。早在 1996 年美国就已提出“以探究为核心的科学教育”理念，2001 年我国首个科学课标中也提出“科学学习要以探究为核心”的教育理念，[4] 直至后面课标的陆续修订，也始终把“探究式学习”放在核心位置，可见探究和实践是科学学习的主要方式。因此在馆校合作项目的开发进程中，科技工作者首先要对接课标，熟读课标，再根据学校的教育需求，充分利用科普场馆的现有资源，设计适合不同层次学生的教学目标，把“引进来”的学生按学校需求在场馆内就地取材，通过实践活动加深对知识的了解，以达到教育的最终目的。

以课标中“人类活动与环境”为例，该板块关注人类活动环境的彼此影响，在 5~6 年级自然灾害中提出：结合实例，知道台风、洪涝、干旱、沙尘暴、泥石流等灾害及影响，树立自我保护和防灾减灾意识。到了 7~9 年级，要求则提升为：结合实例，说明自然灾害发生的原因和危害。科学教师在平时教学中，这一讲基本只需花半个课时就能完成，但是很多学生对自然灾害的理解比较肤浅，最多只凭个人实际经验，如江浙学生对梅雨天气、台风等比较了解，北方学生对沙尘暴、干旱等深有感悟等。倘若科学教师将教室搬进“气象主题馆”，所有的问题都将迎刃而解，如气象灾害印记展项，通过点击图片触摸屏幕，就能了解国内外近年来多种自然灾害；通过气象灾害预警信号，就能根据四种颜色直观地学习寒潮、大风、霜冻、高温的等级划分；通过暴雨降临，结合数字沙盘和模拟场景，学习降水等级以及城市地下管网系统；通过台风的一生、台风相册、台风剧场，能完整地学习台风从孕育、发展、成熟到消亡的完整过程。其间，科技馆辅导员需要配合学校科学教师，共同在场馆内完成授课，才能达到事半功倍的效果。在实际操作过程中，笔者也接触过个别学校、培训机构及电视台，他们没有完整的教案，只停留在展品表面的操作与感受层面，而没有真正与课程标准结合，这种纯娱乐性观展丧失了探究的实际意义。真正的科学探究需要提出问题，就问题进行猜想与假设，收集证据，论证证据并得出最后结论，故科技馆辅导员已着手根据课标，结合新设展厅展项，设计对应的科学课程，并打包成册，提供“点单式”服务，项目内容一目了然，教学目标和教学重心凸显，并根据“双减”政策合理安排学生课后服务。

3.3 依托科技馆平台，大力弘扬科学家精神

《中国科协2022年科普工作要点》明确提出：需强化科普价值导向，大力弘扬科学家精神，利用现有科技场馆广泛开展群众性示范科普活动。[5] 2022年以来，浙江省科技馆已引入三大主题式展览，分别为“浙里科学家”、“碳达峰 碳中和”和“党领导下的科学家”等。其中“浙里科学家”及“党领导下的科学家”集中展示中国共产党百年奋斗征程中，科技工作者特别是浙江籍科学家不畏艰险、力克难关的伟大精神。在展览运行期间，除了一般的带队讲解外，展览教育部已充分发挥自身场馆独特作用，结合展厅展品展项，对科学家精神进行拓展讲解，并录制视频在公众号进行定期推送，如气象之父竺可桢、共和国院士张伯礼等，科学诠释结合新设的气象展厅和禁毒长廊，能让观众学习参观的时候更有代入感，而不是空洞抽象的，也能拉近科学家与普通观众的距离，从而引导青少年树立正确的价值观。接下来也将据此策划相应的项目式学习教案，逐步将“看展”过渡到“读展”再到“懂展”，这才是科学教育的真正目的。同时，在实际操作过程中，也出现值得思考的问题，如科学家精神巡展的展期过短、学校宣传尚未同步、科学诠释的受众区分度模糊等，这些都需要理论结合实际，不断磨合才能获得更好的效果。

3.4 尝试形式多样的馆校合作体验模式

近十年来，浙江省科技馆一直致力于馆校结合的各项活动，如浙江省教师实验技能大赛、科技馆小达人、趣味亲子实验赛、青少年科技创新大赛、英才计划、香港学生暑期社会实践、浙江大学科普硕士社会实习等，在国家“双减”政策落地前后，浙江省科技馆与浙江省红十字会联合成立急救科普共建活动，并在科技馆展厅设立共建实践基地，2022年浙江省科协联合浙江省教育厅开启“百名科学家进中小学课堂”、“天宫课堂”全国科技馆体系联合行动等。2021年浙江省科协联合《都市快报》设立科普专栏“超级科学+”专栏，将公众关注的科学新闻和前沿科学以通俗易懂的语言进行诠释，《火星，我是祝融号，我已抵达！》成功入选杭州语文中考非文学类作品阅读。事实证

明多年的馆校合作经验为科技工作者提供了极大的动力，也促进科技工作者对现有场馆的展品展项进行多维“馆本”[6]教案设计，为吸引学生兴趣，摒弃单调，可尝试形式多样的设计思路，如融入实验、游戏环节，根据展品特点设计情景剧、科普剧、剧本杀等，以“青少年禁毒长廊”为例，可配合智趣屋展项设计科普剧，用表演的方式表达出来，受众将更易接纳。“气象主题馆”展品丰富，辅导员可尝试以脱口秀形式简单易懂地诠释气象图标，可结合急救科普共建关联紧急避险教育，等等，上述体验模式均已启动并且收效明显。

4 结论

科技馆要保持持久的生命力，就需要大力开展科普教育工作，在馆校结合过程中，虽然很多竞赛、实验、夏（冬）令营、科普讲座等没有跟场馆的展品展项产生直接的表面联系，但深究其根本就能发现所有科技类教育最终还是归为一处。作为一名科技工作者，作为与展厅、游客最为亲密的科技馆辅导员，更应该充分利用场馆资源对大众进行科普教育，结合社会热点，对标课标，加快推进科普教育与学校正规教育相互融合，为“双减”提供教育资源和系统化课后服务，以推动全民科学文化素质的全面提升。

参考文献

[1]《全民科学素质行动规划纲要（2021—2035 年）》，人民出版社，2021。

[2]《教育部办公厅 中国科协办公厅关于利用科普资源助推“双减”工作的通知》，2021 年 12 月 2 日。

[3] 中华人民共和国教育部：《义务教育科学课程标准（2022 年版）》，北京师范大学出版社，2022。

[4] 朱幼文：《“馆校结合”中的两个“三位一体”——科技博物馆“馆校结合”基本策略与项目设计思路分析》，《中国博物馆》2018 年第 4 期。

[5] 中国科协办公厅：《中国科协 2022 年科普工作要点》，2022 年 2 月 25 日。

[6] 齐欣：《从馆校结合到家校社科学教育共同体——“双减”背景下科技馆科学教育发展的思考》，《中国科技教育》2021 年第 10 期。

馆校合作推动学生科技社团发展研究

田　园*

（北京科学中心，北京，100032）

摘　要　学生社团是学生自发组织的促进自身专长发展的功能性主体，社团在涵养学生综合素质方面具有独特的优势。但是在中小学阶段，由于软硬件条件的限制，科技类社团的发展滞后，在规模和活动形式上远远与国家科技战略的要求不相匹配。通过调研发现，针对制约科技社团发展的因素，可以通过馆校合作的机制创新来破解。加强馆校合作，在降低社团组建成本、拓宽社团活动形式、促进学校指导社团发展等方面具有必要性、可行性和现实的实施路径。

关键词　科技社团　校外资源　馆校合作

1　研究的背景、意义和方法

1.1　研究背景

当前，学校教育改革需求、科技场馆公益性需求、国家政策鼓励和教育文化发展战略，为学生社团的发展带来机遇与挑战：一方面“双减”政策落地，学校减负为面向素质教育的学生社团发展提供了更大的空间；另一方面伴随着校外培训机构的整顿规范，其不但对校内教育提出了更高的要求，要求学校在引导学生社团发展方面主动作为，而且对科技场馆而言，也必须在“供给侧”方面有所改革，将学生社团视为拓展工作的重要对接主体，因此，加强馆校合作以丰富学生社团

* 田园，北京科学中心科学教育部，负责场馆教育活动研发和组织实施。

活动就有所必要。而公民科学素养是衡量一个国家综合国力的重要因素，学生科技社团的发展则体现了教育领域对学生科学素养培养的重视程度。习近平总书记指出：“对科学兴趣的引导和培养要从娃娃抓起，使他们更多了解科学知识，掌握科学方法，形成一大批具备科学家潜质的青少年群体。”因此，分析和研究中小学阶段学生科技社团的现状，结合馆校合作背景，以培育学生科技社团为抓手挖掘校园科技教育教学潜力，提高青少年科学素养就具有一定的现实意义。

1.2 研究意义

一是在学生社团方面，通过推动学生社团参与馆校合作，赋予学生社团在馆校合作中的主体地位，提供优质的实践平台和科学资源，有利于培养学生的主动性，有利于缓解加入科技社团的“本领恐慌”，吸纳更多的学生参与科技社团，从整体上培育青少年科学精神。

二是在科技场馆方面，通过加强场馆与学生社团的对接，增强场馆科普教育的针对性，发挥场馆科普载体的效用，进一步撬动科普场馆服务功能，提高科普教育资源的利用率。

三是在学校方面，通过推动学校与学生社团的双向互动，社团可以搭建起学校与学生信息沟通的桥梁，让学校精准把握学生需求，提高教学的针对性，组织好校外资源的利用，尤其是拓宽馆校合作的方式和内容，降低学生科技社团组建成本，进一步增强学校对学生社团的指导作用，促进科学教育在中小学的健康发展。

1.3 研究方法

调查问卷法。通过抽样调查，了解学生科技社团的现状、学生认知与真实需求。

定性分析法。通过特征把握，透过现象看本质，找准制约学生科技社团发展的问题症结，提出具体改善的措施方案。

2 学生社团作为独立主体的功能分析

首先，学生社团是专长性组织。学生社团是指在学生个人兴趣、特长、观念等一致的基础上自发形成的文化、艺术、学术团体。社团成员有一定特长基础，兴趣点一致，认知水平相近，成员普遍具有超越课本知识的求知欲。

其次，学生社团是自组织主体。社团成员相对固定，有一定制度性和非制度性安排，可以统一对外行动。尤其是在节假日期间，学生社团可以在学校闭校期间组织学生开展非校园的集体性活动，天然具有校外活动的组织优势。

再次，学生社团是功能性载体。学生社团是学生自我展示的组织和实践平台。一方面，学生加入社团可以取得身份认同，成员间能够基于社团这个平台分享知识、协作完成任务，从而促进个人健康成长。另一方面，社团一旦成立，就具有一定“社会”属性，在形塑社会适应性方面具有单个学生所不具有的优势。

最后，学生社团是可以承担专项任务的主体。社团通常可以成为项目载体，一些以全体学生为参赛对象的比赛，通过“学生选拔—集训—培优”的形式，培养出优秀的学生代表参赛。这个过程可以通过学生社团来实现，即面向有特长和兴趣爱好的学生开展集中培训，针对比赛要求进行专项训练，将正常的课堂教学、学生社团辅导与实践活动相结合，实现教学培优。

3 学生科技社团发展现状及问题

3.1 学生科技社团现状

3.1.1 科技社团数量少，学生参与意愿和兴趣强烈

通过对北京市 F 区 5 所小学阶段和 3 所初中阶段 137 名学生的有效问卷调查（见图 1），小学阶段参加社团数量 2 个及以下的共 5 人；参加 3~5 个社团的共 57 人；参加 5 个以上的共 6 人。初中阶段相应的数值分别是 15 人、52 人、2 人。其中，只有一所小学的受访学生中有 12 名同学参加了科技社团。受访的 68 名小学生和 69 名初中生中分别有 18 名和 15 名同学知道学校有科技社团的存在。参加科技社团的同学对科技社团有较高的认同感，认为所在科技社团能“助力成长”“学会协作”“扩展知识”，但在“展示自我”方面未得

到认可（见图2）；137名受访学生中有98名学生在“是否愿意加入科技社团”问题中选择“是”，普遍表达了较高的参与意愿。

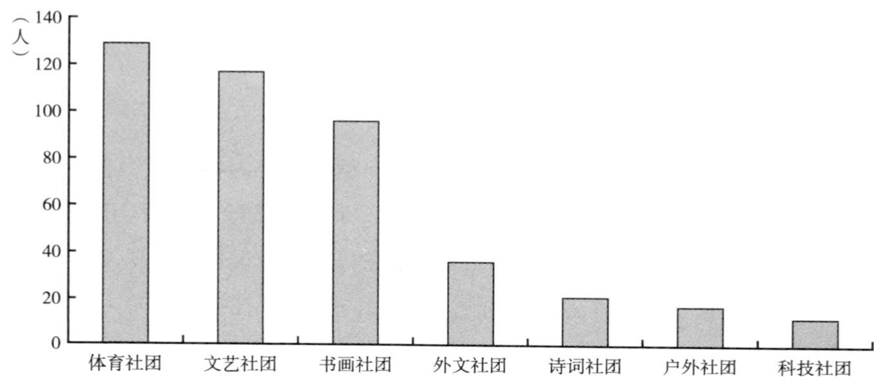

图1　F区中小学阶段社团参与度

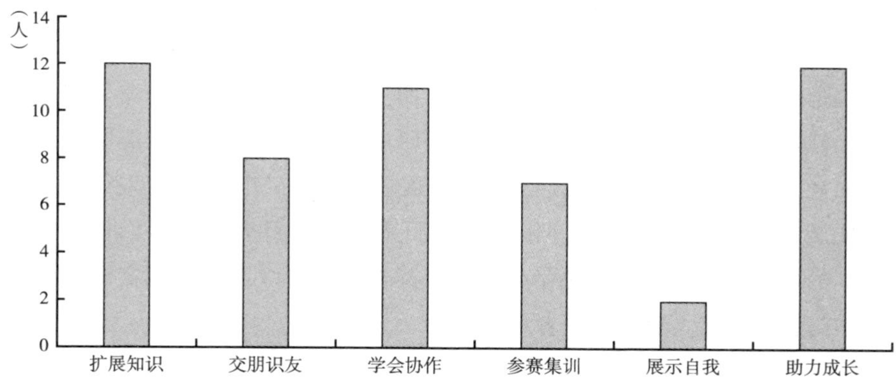

图2　科技社团成员对社团的认知

3.1.2　关于科技社团的理论研究不多，多集中在职业技能培养方面

通过在“中国知网”以“学生社团”为关键词进行检索，2019年以来共有356篇论文，其中，以中小学学生社团为研究主题的论文仅26篇，职业学校学生社团49篇，高校303篇，科技类社团30篇，其中19篇来自职业教育领域，只有3篇是关于中小学科技社团的学术性研究，分别是杨爽、刘文文以人大附中航天城学校为例关于初中科技社团建设策略的研究，赵昕以北师大附

中“科研小组”为例关于创新人才培养模式的研究，以及马熙玲以北师大燕化附中为例关于科技社团课程建设的研究。通过文献分析可知，关于科技社团的研究并不平衡，目前，基础教育阶段的老师关注科技社团的较少，一定程度上不利于中小学学生科技社团的发展。

3.2 学生科技社团特征

一是社团小型化。科技社团具有小型化、学科细分的特点，综合性的科技社团比较少见。受科技设备、实验程序限制，科技社团的活动往往既不能独立、分散操作，也不能大规模组织社团成员进行，而只能以项目为单元，一般由 5~10 人在实验室协同作业比较合适，因此，学生科技社团具有小团队、项目管理的特征。

二是组建成本高。首先，科技社团的进入门槛较高，成员不仅要有科学研究的兴趣和动手能力，而且需要有相应的科技知识储备；其次，科技社团的组建在硬件上需要有科技设备仪器、实验场馆作为支撑，在软件上需要有专业的科技教师团队做指导，相对其他类型社团而言科技社团组建的成本明显要高。

三是校外资源需求大。目前，科技社团主要是实践型社团、竞争型社团，实践型社团的活动主要是组织成员参与科研单位或生产企业的技能实践活动，或者向社团内部引入某些实践性元素，开展技术实训工作；竞争型社团主要是组织成员参与技能大赛，以集训队的形式开展活动。而参与技能实训和技能大赛集训的前提，是校外资源的存在，这些校外资源可以提供技能实训的机会，或者本身就是技能大赛的组织者承办方。

3.3 学生科技社团发展存在的问题

一是科技社团的数量不能满足需求。首先，社团日趋小众化，社团本身吸纳成员有限。科技社团具有小型化、学科细分的特点，单一的科技社团能吸纳的会员数量相对其他类型社团要少。其次，科技社团对理工科知识储备要求较高，学生普遍具备参与体育社团、书画社团、文艺社团、公益性社团的“入团基础条件”，相较于这些社团而言，科技社团的潜在成员基数不大，科技社团在供需两端处于低程度平衡状态，不符合学生科学素养提升和素质教育的要求。

二是科技社团自主活动能力不足。校内社团活动以项目组形式开展，个人发挥作用的舞台受到限制；校外活动以参观游学为主，参观活动中社团成员一般是作为观看和聆听展览、演示、讲解的受众而存在，社团与散客地位无异；参与技能大赛的活动中，活动主体是赛事组织方、教育主管部门，学生和社团的主体地位，乃至学校的主体地位都不彰显。

三是学校的扶持力度不够。当前，学校和家长都注重学生综合素质全面发展，但对于综合素质的理解局限于琴棋书画、文体艺术方面，对科技素养的日常培育缺乏足够重视。科技社团的组建和推广，需要学校提供硬件配套设施、技术支持、智力引导，这对学校在资金、场地投入方面提出了较高要求，也要求学校提供一定数量和质量的科技师资。对此，一些学校往往缺少相应的动力，尤其是在义务教育阶段，科技社团的发展并未得到有效重视。

四是校外资源挖掘得不够。社团集体活动需要专业老师指导，校外资源需要学校对接。其中，实践型科技社团主要是与企业对接，通过学校介绍社团成员到企业实训，技能型实训适用于职业学校或理工科高校，在中小学不太适用；竞争型社团则以组织社团成员参加技能大赛为主，技能大赛具有年度性特点，在技能大赛之余社团活动多处于“休眠状态”，校外其他资源和活动未得到有效开发。

4 以馆校合作推动学生科技社团的健康发展

4.1 必要性

向学生科技社团开放科技场馆，是一项三方受益的举措。

对科技场馆而言，可以避免资源浪费。毫无疑问，科技场馆的主要受众是中小学生，周一至周五学生只能在学校中进行课内学习，如果校内外不能有效衔接，学生只能集中在周六日才有时间到科技场馆“深度游”，因此，周一至周五，科技场馆的丰富资源将被闲置，造成公共资源浪费。“当校外教育机构得不到行政权力支持，无法与学校形成制度化、常规化衔接时，这些公共资源往往在周一至周五处于闲置状态，造成浪费。”[1]

对学生社团而言，可以降低组建成本。学生科技社团成立的最大障碍是学校在设备、场地方面支撑不够，如果解决了设备、场地这些硬件问题，学生有相应固定的实验室和仪器设备，将大大降低科技社团组建成本，推动科技社团在中小学遍地开花。“校内外科技教育结合起来，可以共建共享教学仪器设备，在规模上扩大科技教育仪器设备总资产，在结构上优化科技教育仪器设备种类，从而促进学科教学仪器设备标准配备与校外科技活动专项配备的相互补充，满足大众教育与个性教育、基础教育与提升教育、正式教育与非正式教育对仪器设备的需求。”[2]

对学校发展而言，可以改变实践能力培养的理论化倾向。武汉纺织大学徐卫林院士和南京林业大学林中祥教授曾指出高等教育中“工科理科化”的现象：教师用理论可行的办法，去对待工程问题，重视论文发表，忽视实践创新，于是，学生实践环节变少，教师们逐渐理科化时，教师指导出来的学生往往与工程实践环节脱节。不仅高等教育领域如此，“中小学教育也有理科化的味道。基础教育把中小学生都圈在教室里上课，学习书本上的死知识，而忽略了课外活动对学生兴趣的培养，以及团结协作、吃苦耐劳精神的塑造，使得他们从小缺少工程师精神”。[3]如果深化馆校合作，科技场馆为学生提供实践教学基地并辅以师资力量，可以有效破解中小学教学中实践能力培养的理论化倾向。

4.2 可行性

第一，科技场馆科普与学校科技教育目标一致。我国《义务教育科学课程标准（2022 年版）》中，把科学素养定义为“了解必要的科学技术知识及其对社会与个人的影响，知道基本的科学方法，认识科学本质，树立科学思想，崇尚科学精神，并具备一定的运用它们处理实际问题、参与公共事务的能力”。在科学素养这一个总目标下，中小学科学教育有四个具体目标：“科学知识”“科学探究”“科学态度”“科学、技术、社会与环境”，“校外科技教育的目标在于提高全民科学素质，公民具备基本科学素质一般简称为‘四科两能力’，即了解必要的科学技术知识，掌握基本的科学方法，树立科学思想，崇尚科学精神，并具有一定的处理实际问题、参与公共事务的能力。显然，校内外科技教育的目标具有高度的一致性，有利于校内外科技学习活动相结合”。[2]

第二，科技场馆与学校教育合作有政策文件支持。首先，这是国民素质教育的要求。《国务院关于印发全民科学素质行动规划纲要（2021—2035 年）的通知》（国发〔2021〕9 号）明确要求“建立校内外科学教育资源有效衔接机制”。其次，学校主管部门对加强馆校合作有明文规定。《教育部办公厅关于合理安排中小学生课余生活加强中小学生安全保护工作的通知》（教基厅〔2000〕4 号）中指出：中小学校要主动争取校外教育机构的大力支持，充分利用“宫、馆、家、站”等校外教育机构，有计划地组织中小学生开展丰富多彩的教育活动。最后，校外场馆配合校园教育是一种责任和义务。1993 年颁布的《中国教育改革和发展纲要》中指出：在城镇建设中，要注重兴建博物馆、图书馆、体育馆、青少年之家等设施，要制定和完善公共文化设施对学生开放和减免收费的制度。文化部、发展改革委、教育部等《关于公益性文化设施向未成年人免费开放的实施意见》（文办发〔2004〕33 号）中提出：青少年宫、儿童活动中心等校外教育机构要与学校综合实践活动相衔接，积极开展教育、科技、文化、艺术、体育等适合未成年人参与的活动。再如，《中共中央办公厅　国务院办公厅关于进一步加强和改进未成年人校外活动场所建设和管理工作的意见》（中办发〔2006〕4 号）中提出：校外教育机构要加强与学校的联系，要根据学校需要，及时调整活动内容，精心设计开发与学校教育教学有机结合的活动项目。

第三，科技场馆具有推动学生科技社团发展的优势资源。与学校的科普教育相比，科技馆的目的性与体验性更强，更加注重理论与生活实际的结合，可以为学生提供更加直接的感受体验，进一步巩固学生在课堂上学到的知识。科技馆的优势在于其科普教育在很大程度上弥补了学校教育的不足。就学生科技社团健康发展而言，科技社团面临四个方面的发展瓶颈：主体活动载体瓶颈、校方支撑不足、外部资源瓶颈、主体作用未得到充分发挥。这四个制约因素都可以通过馆校合作，由科技场馆拓展活动项目来破解。

第四，学生科技社团作为自主体可以架构起馆校合作的桥梁。通常馆校合作是“双主体”的合作，学生的真实需求往往来源于学生个体，是分散的、不明确的。那么学生社团，尤其是学生科技社团可以其社团的组织性、需求的确定性、人员的固定性，作为一个参与合作的重要主体，在馆校合作中发挥着不可替代的作用。

4.3 路径与形式

通过馆校合作顶层设计，推动学生科技社团的组建与发展。学校主动与科技场馆、科研单位建立联系，可以依托场馆、科研实验室的硬件设备，降低学生科技社团组建成本；搭建信息沟通平台，比如召开校方、场馆方、社团方的座谈会，发挥学生社团主体作用，让社团参与到馆校合作中来；深化馆校合作制度，推动学生科技社团的日常活动体系化规范化。例如，北京中学建筑社团的组建，就源于北京中学劳动技能老师在指导学生技能实践时，感到建筑技能培养需要一定的硬件支持，比如构造建筑的地基、砖墙结构、承重结构等，如何将纸面理论落实到实践层面是个问题。一次偶然的机会，北京中学劳动技能老师了解到北京科学中心的“建筑主题实验室”，通过双方沟通座谈，最终解决了硬件不足制约科技社团组建的难题。在北京中学建筑社团组建时，最初报名的学生比较多，鉴于科技社团本身规模的限制，后来依据报名次序在6~8年级选择16名学生组建社团。事实上，2000年前后国家从三个方面开始将校内外教育衔接作为制度加以规范：一是要求校外教育机构开发与学校课程衔接的活动；二是要求学校将学生参与校外活动列入学校教育教学计划；三是要求主管部门整合教育资源，并将参与校外教育活动纳入评价体系。

通过科技场馆软硬件支持，提高学生社团自主活动能力。可以提供五个层级的合作，第一个层次（最基础层次）的合作是科技场馆向参与馆校合作的科技社团成员提供免约票服务，学生进出场馆犹如进出所在学校，便利其沉浸于场馆资源之中。第二个层次是推出游馆研学活动，重点针对学生科技社团开发一些科技营地、科技培训、科普展览演示等活动，以社团的集体游学改变仅仅有散客观摩的现象。第三个层次是开放实验室服务，为社团成员提供更多的机会讲科学、学科学，搭建更优质的平台用科学，为学生提供个人展示的机会。第四个层次是共享课程体系，建立类似高等教育中的学分互认制度，将场馆教学纳入系统化的教学课时，面向社团成员开放课程，由科普工作人员为学生讲解科普知识，启发学生的科学思维。如北京科学中心与北京中学共同为建筑社团开设的课程，包括中外建筑发展史、砖墙结构、承重结构、建筑地基、老北京新四合院等，其中，“建筑地基”就是在北京科学中心实验室由实验室场馆辅导员指导的课程。第五个层次（最高层次）的合作是科技科普比赛，结合市级、区级创新大赛，学校定期与场馆合作举办科技节，开展科普知识讲座、小发明小设计比赛、科技小论文比赛等活动，让更多的学生有机会有兴趣参与科技社团。比如沈阳市科协组织的机器人社团活动，将原来面对少数人的精英课程变为更多学生参与的普及类课程，经过选拔，进入学校社团重点训练，在每年的省市科协及教育局电教馆组织的青少年竞赛活动中，均获得了一等奖。[4]

通过科技师资交流培训，提高教师指导社团的实战能力。馆校合作不仅仅是学生受益，场馆的科普工作者和学校的科技教师在身份互换中也得到了提升，他们在培养学生科技社团方面也会更加有针对性，更具有落地性。在场馆与学校都认可的情况下，学生科技社团的指导教师和场馆的科普工作者可以申请互换角色，学生科技社团的指导教师可以担任场馆“教学副馆长”，馆场科普工作人员也可以到学校担任“科技副校长”，这些“副职”专门负责学生的科技教学和科普工作，以推动学生科技社团的组建与发展，吸纳更多的学生参与科技社团，将科技社团打造成提高学生整体科学素养的抓手，让每个孩子具备科学素养，成为21世纪有较高科学素养的公民。这方面，北京市怀柔区已经有比较成熟的尝试，2019年底和2021年4月，怀柔区先后聘任二批共52位来自中国科学院大学、中国科学院在北京怀柔的科研院所、科创企业的教授、研究员和工程师，任命为怀柔区中小学校科技副校长，实现全区中小学科技副校长全覆盖。受聘的科技副校长“指导学校、教师开展科技教育工作及社团活动”，通过“科学家走进来，教师学生走出去”等方式，帮助学校搭建高端科技教育平台。[5]

参考文献

[1] 王海平:《校内外教育有效衔接的制度化推进与反思》,《中国教育学刊》2018年第2期。

[2] 孙涛、李正福:《论校内外科技教育的结合》,《教育理论与实践》2017年第23期。

[3] 徐卫林:《从师资源头破解工科理科化》,《中国科学报》2022年5月13日。

[4] 李丹:《小学科技社团活动与学生创造力培养》，载《第十四届沈阳科学学术年会暨中国·沈阳机器人大会论文集》，2017。

[5]《中科院为京城怀柔所有中小学校配齐科技副校长》，https://baijiahao.baidu.com/s?id=1697204148747570577&wfr=spider&for=pc。

浅谈临时展览策划设计与教育活动的融合

——以山西科技馆“生命的黑匣子”临时展览为例

王子楠　王雁飞*

（山西省检验检测中心，太原，030006；
山西省科学技术馆，太原，030021）

摘　要　随着观众对展览学习意愿的增强，基础的展览陈列方式已经无法满足观众与日俱增的实际需求，观众希望通过形式多样的参与方式丰富参观体验，这对临展的策划提出了新的挑战。如果能够邀请教育活动开发与实施人员，参与临时展览策划与实施的全过程，将临时展览的策划设计与教育活动相互融合，通过邀请教育活动开发者作为策展人参与临时展览的前期布展，在前期布展中对展览“做减法”，为开展后进行教育活动做铺垫，在后期通过配套教育活动的实施为展览“做加法”，并通过收集观众的信息反馈，促使展览进一步优化与完善，形成良性的循环互动。本文将以山西科技馆“生命的黑匣子”临时展览为例，浅谈在临时展览中融合展览策划设计与教育活动。

关键词　临时展览　展览策划　科学教育

博物馆陈列展览大致分为基本陈列与临时展览两类，临时展览因其主题选择多样、内容相对独立、表现形式丰富、展品选择自由，是博物馆吸引观众、丰富展陈内容、实现博物馆良性发展的重要手段。现如今博物馆事业蓬勃发展，临时展览在陈列展览中的作用日益凸显。同时，随着观众对展览学习的意

* 王子楠，山西省检验检测中心，温州科技馆展教顾问，研究方向为科普辅导与讲解、教育活动设计与开发；王雁飞，山西省科学技术馆，研究方向为科学教育。

愿增强，基本的展览陈列方式已经无法满足观众的实际需求，观众希望通过形式多样的教育活动，来帮助他们更深入地了解展陈背后的文化内涵。在临时展览前期策划设计时，如果能够充分考虑教育活动的开展，邀请教育活动的开发人员作为策展人参与到临时展览的策划设计中，将展览策划设计与教育活动开发设计融合起来，更能够充分发挥博物馆临时展览的社会教育价值。[1]因此，本文将以山西科技馆“生命的黑匣子”临时展览为例，浅谈在临时展览策划过程中融合展览策划设计和教育活动。

1　教育活动开发者作为策展人参与前期布展

博物馆作为社会文化教育机构，通过陈列展览发挥其社会教育职能。博物馆陈列展览大致分为基本陈列与临时展览两类，其中，临时展览具有主题选择多样、内容相对独立、表现形式丰富、展品选择自由等特点。也正是因为这些特点，临时展览的策划具有较高的难度，需要涉及众多环节与层次，需要多部门的协调与配合。[2]临时展览前期策划中，策展人会借助科学方法、系统方法和创造性思维，对陈列展览的目标、步骤、策略、手段等进行事先的规划与设计，制订出具体行动方案。以往的策展人思考的重点是借助展览陈设、图片、文字等向观众传播此次展览的知识与内涵，如果在临时展览的前期策划中加入“教育活动开发者”身份的策展人，这类策展人在参与策划时，能够结合日常设计与开发基于场馆展陈时的经验，如展品的特点与局限性、观众的兴趣点、场地的实际需求与缺陷等，拓展传统策展人的思考角度，突破传统策展人的思维束缚，更能够从观众的需求出发，给予相应的想法与建议，完善展览模型或展品的选择，丰富展品的形式，强化展示的效果，并进一步通过与之紧密配套的教育活动的开发与实施，扩大与延伸临时展览的影响力。[3]

在山西科技馆“生命的黑匣子”临时展览的前期策划中，就邀请业内具有多年教育活动策划与实施经验的第一线讲解员与辅导员，作为策展人参与进来，在前期策展时就结合未来开展教育活动的需求，增设相应的展品或减少相应的文字与图片说明，为日后开展教育活动如观察对比、实验猜测等做铺垫。

比如，为了在展示内容的过程中强化与锻炼观众的观察对比能力，在“袋狼”的展陈柜（见图 1）中，教育活动开发人员建议，分别展示袋狼头骨模型和犬的头骨，但在展示板信息中并不标注哪一个模型是袋狼头骨模型，哪一个是犬的头骨，而是通过基于展陈的教育活动培养观众的科学观察能力，通过向观众介绍袋狼的嘴可以像蛇一样张开得很大，腭骨能分两段张开的特点，以及袋狼咬合力更强的特点，邀请观众观察后推断哪个头骨是袋狼的，哪个头骨是犬的，在实际展览中通过教育活动的实施，强化了观众的对比观察与分析能力。

笔者在开展此部分教育活动时就观察注意到，如果活动最开始时就向观众介绍这两个头骨模型分别是犬类和袋狼头骨时，通过讲解介绍实现展示文字说明的作用时，观众给予的反馈很平淡，并且在全部完成此次展览的参观后，再次邀请观众指出哪一个模型是犬类头骨、哪一个是袋狼头骨时，有一部分观众仍然会指错。笔者分析这是由于观众在此部分仅仅是作为普通的听取讲解的听众，处于被动接收的状态，并没有自己的分析与判断，所以总体印象不深。如果在开展活动中改变策略，并不直接介绍，而是像前文中描述的那样，引导观众通过观察分析比较后自行得出结论，笔者注意到，通过这种方式，在实际测试中每一位参与活动的观众都能在展览参观结束后向笔者准确指出两个头骨的归属，并能详细解释其中的原因，通过参与教育活动，进一步强化了展览的教育功能。

同样在“大海雀”的展陈柜（见图2）中，展出的是大海雀卵模型。通过观察大海雀卵模型可以看到，卵上有黑色的花纹，形状也很特别，一头尖尖的一头比较圆。如果是传统的展示形式，可能会通过图片与文字的方式告诉观众，大海雀卵上的黑色花纹与海岸礁石颜色相近，起到保护色的作用。而一头尖一头圆的外形则是为了防止卵滚下礁石。而在此次展览中，教育活动开发人员则建议，展示时不通过图片与文字的形式向观众传达此信息，而是减少文字说明，通过开展实验猜测教育活动的方式，利用实验猜测向公众传递其中的原因。通过设计对比实验，引导观众获得答案。具体为教育活动实施时，教育活动开发者邀请观众，通过观察鸡的卵、鸽子的卵、大海雀的卵，引导观众推动这些卵，观察会发生什么，再引导观众联想这些动物的生存环境，通过实验猜测，观众自发思考不同形状的卵与生存环境的关系。

活动实施过程中统计到，当一开始教育活动实施人员提出“不同的鸟的蛋是否一样时”，观众会给出以下答案：44%的观众回答“一样”，56%的观众回答

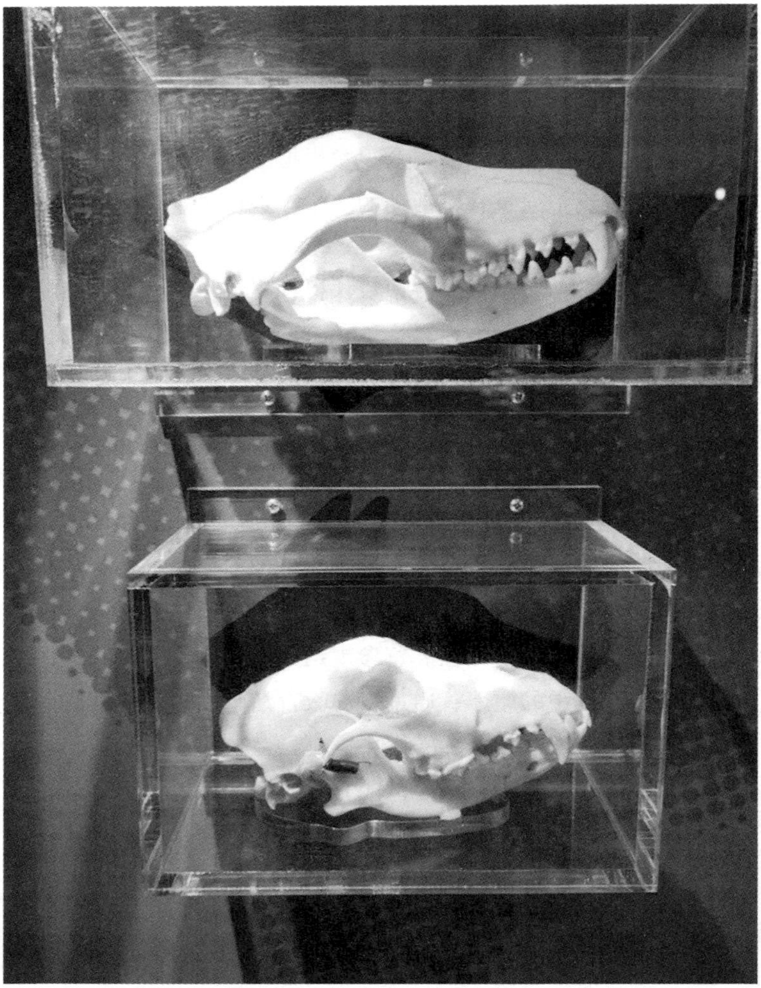

图 1 袋狼头骨模型（图上）和犬的头骨（图下）

“不一样”。当教育活动实施者请回答“不一样”的观众描述不同点时，会收到以下答案：“大小不同”“颜色不同”。但当教育活动实施者拿出事先准备的鸡蛋、鹌鹑蛋与大海雀卵的模型，邀请观众进行对比后，观众才注意到各个卵之间除了大小颜色不同，还有外形的明显不同。教育活动实施人员顺着前文的思路开展活动后，观众对于大海雀卵独特的外形特点与颜色特点有了更深的认识，并在参观展览中潜移默化地锻炼自己的观察分析能力，获得更大的收获。

图2　大海雀卵模型

2　教育活动实施者作为反馈者参与展览中后期完善

传统的临时展览在正式开展后，大多会通过发放调查问卷的形式了解观众对此次展览的评价。通过分析调查问卷，对展示内容或展示方式等进行优化。但从实际来看，首先，观众填写调查问卷的积极性不高，部分展览通过赠送小礼品的形式吸引观众填写，但观众也存在为了获得小礼物而草率填写的情况；其次，由于观众对临时展览各部分的名称并非像策展人一样熟悉，在填写相应部分的问卷时，很难在大脑中与相应展示部分对应；最后，填写调查问卷的场所大多是在展览的出口位置，观众在参观过程中即使有问题需要反馈，也有可能在参观结束时无法想起或无法通过文字精准描述。

针对上述问题，教育活动实施者可以很好地提供解决方案。首先，当观众被邀请参与到教育活动中时，观众的参与积极性已经被调动起来，随着活动的深入开展，观众乐于参与其中，当教育活动实施者向参与观众提出问卷填写要求时，大部分观众都会认真填写。其次，在活动现场填写，观众在遇到上述问题时，如记不清想要反馈的位置是展览的什么部分时，可以现场实地查看或询问教育活动实施者，而且可以在现场与教育活动实施者探讨很多问题，可以在现场就得到解答，提升观众对展览的满意度。

除了针对观众的参观反馈外，作为教育活动的实施者，还可以根据开展教育活动过程中接收到的观众现场反馈，向策展人提出未来的完善意见，如根据观众反馈在未来的策展中调整布展设置，如增加对比模型、增加视频或图片、改变灯光位置与角度等，进一步完善展示效果。如在此次展览中，观众对于展览“行动—留住希望”部分关于保护机构如何开展保护工作，就建议调整目前仅是简单展示各家保护机构的静态展示品，希望适当增加视频资料介绍，通过视频资料展示各家保护机构在保护动物方面取得的成就。同时，教育活动实施者也可以根据教育活动现场开展情况，向策展人建议未来布局时留下一定的教育活动开展空间，设计更为合理的参观动线等。

3　小结

教育活动开发与实施人员，参与到临时展览策划与实施的全过程，将临时展览的策划设计与教育活动融合起来，将开展教育活动的经验与现场反馈融入临时展览策划中，通过邀请教育活动开发者作为策展人参与临时展览的前期布展，在前期布展中对有关文字与图片说明“做减法”，而在后期开展后通过教育活动“做加法”，为后期教育活动的开展做铺垫和留空间，进一步强化观众通过观看此展览后的收获感。并通过不断反馈与完善形成良性的循环互动，促进展览进一步优化与完善。[4]从展览中收集整理的满意度调查结果也可以看到，参与教育活动的观众满意度要明显高于未参与教育活动的观众满意度。

参考文献

[1] 颜雪莲：《博物馆临时展览策划研究》，《文物鉴定与鉴赏》2020 年第 14 期。

[2] 刘洋：《博物馆临时展览工作实践的若干思考》，《文物鉴定与鉴赏》2020 年第 11 期。

[3] 杜莹:《浅谈博物馆策划实施教育活动的情感互动要素——以首都博物馆临展教育活动策划及实施为例》,《博物院》2019年第3期。
[4] 余瀚静:《关于博物馆临时展览的几点思考》,《文物鉴定与鉴赏》2019年第15期。

嵌入式馆校合作课程开发设计研究

——以湖北省小学六年级下册“地球与我们：垃圾处理”为例

谢黎蓉　戈永鑫*

（湖北省科学技术馆，武汉，430012；
武汉市育才汉口小学，武汉，430015）

摘　要　馆校合作是延伸课堂的良好方式，有效利用场馆资源作为课堂教学的补充，使得场馆的科普效应得以充分发挥，对于学校、场馆和学生来说可谓“三赢”。本文以湖北省小学科学课程中“地球与我们：垃圾处理”为例进行教学设计，采用嵌入式馆校合作模式，以学习单为任务驱动，实行“课堂—科技馆—课堂—社会生活实践”教学模式，将教学活动设计模块化，以期能结合湖北省科学技术馆现有展品，紧密联系课标和教材，探索出一条适合本省、本馆的馆校合作课程开发路径。

关键词　馆校合作　课程设计　嵌入式

馆校合作是延伸课堂的良好方式，有效利用场馆资源作为课堂教学的补充，也使得场馆的科普效应得以充分发挥，对于学校、场馆和学生来说可谓是“三赢”，这也是馆校合作越来越受到青睐的原因。而在国内，以中国科学技术馆、上海科技馆为代表的大馆强馆在馆校合作模式和内容的探索和研究方面是做得较为充分和出色的，相较而言其他场馆就显得略微薄弱。因此笔者希望

---

* 谢黎蓉，湖北省科学技术馆馆员，研究方向为科普服务与科学教育工作；戈永鑫，武汉市育才汉口小学科学教师。

结合湖北省科学技术馆现有展品，紧密联系课标和教材，充分发挥场馆的优势，探索出一条适合本省、本馆的馆校合作课程开发路径。

1 馆校合作模式：嵌入式馆校合作

国内科技场馆与学校的合作更偏向于“单打独斗”，要么是学校教师直接将课堂搬到科技馆中[1]，场馆只扮演场地提供者的角色；要么是场馆全权主导教学设计，但场馆的课程开发者缺乏对课标的全面理解和对学生学习基础、知识储备的全局把握，导致课程设计脱离实际，有点“自说自话”的意思。因此，在进行馆校合作课程开发时，应充分发挥学校和场馆的优势，从横向的广度到纵向的深度上综合考虑，切实加强合作的紧密性，真正做到嵌入式馆校合作。

1.1 课程包由科技馆人员和学校科学教师合作开发

由于大多数地区的学校和科技馆隶属于两个不同的系统，现实的原因导致馆校之间沟通有障碍，因此要打破壁垒，规避馆校合作课程设计开发时各自为营。场馆的优势在于拥有形式多样的互动展品，许多课堂上没有条件演示或者体验的项目，学生可以近距离地观察和体验，获取直接经验。科技馆布展设计鲜明的科技感氛围、立体动态的模型展品、直接视觉冲击的呈现方式使得其展品资源成为非常高效的教学资源。但是场馆的劣势在于缺乏教育理论和教学实施经验。

学校的优势在于对课标、教材和学生的了解非常全面，教学经验丰富，同一主题的课程经过多轮实施其体系搭建得相对比较完整，符合学生认知发展的规律。但是学校教育存在教师单向知识输出的问题，学生体验感弱，获取的知识基本上都是间接经验，对于低龄段学生来说不利于他们进行知识内化和迁移。

因此，在设计开发课程包时，学校应该帮助科技辅导员全面解读课标和教材，明确活动主题下的主要知识目标和情感态度价值观导向。同时还要介绍课程所面向的学生这一阶段的心理发展特点以及认知发展规律等，例如根据皮亚杰儿童认知发展理论，小学低年级的学生处于具体运算阶段，需要由具体事物作为支撑，因此在场馆开展活动和讲解时应尽量多依托可观察、可操作、可互动的展品。学校的教学是连贯的、系统的，因此要求在教学设计时考虑学生已有的知识储备基础和后续将要学习的知识内容的深度，教师也需要提供这方面的信息。而场馆人员应协助教师梳理场馆现有展品，以及与主题密切相关的展品，根据选定展品所在的展区设计好探究路线。学习单作为科普场馆中经常使用的工具，科普辅导员也应当向教师介绍它的设计原则和使用规则，融入教师的意见和建议，提高学习单的科学性和有效性。

总而言之，教师和科普辅导员在馆校合作课程开发初期就应当建立紧密而长期的联系，学校或者场馆应该经常性地为他们提供培训和辅导，让教师和科普辅导员有机会走进彼此的工作环境中，体验和感受二者之间的区别和联系。只有二者充分发挥各自的优势，做到互补、互促，才能最大限度地发挥作用，打造有特色的精品课程。

1.2　教学过程在课堂和科技馆展区联动开展

馆校合作应当充分利用课堂教学的有序性引导学生进行专题引入，提出问题，利用科技馆丰富的展品资源和较大的空间进行探究学习、合作学习，能动地进行深入研究后构建自己的知识脉络，最终梳理归纳后在教室中由教师引导，向其他成员进行汇报。这种正式教育与场馆教育相结合的方式，不仅在形式上非常新颖，在教学内容上也有较好的衔接，由浅入深，符合学生认知发展规律。这样就规避了教师完全将教学任务放手给科普辅导员的情况，馆校合作并不意味着由场馆全权负责，而应是双方共有之义务。教师也应积极参与到场馆的教学环节中，可以扮演教学助手或秩序维护者的角色。同时还可以避免科技辅导员独自包揽教学，在教学上没有很好的导入和后续的总结提升，课程成为独立的科技馆体验，与教材、学生的学情脱节，停留在表层的感官体验。只有将课堂教学和科技馆探究有机融合才能充分调动学生的学习兴趣，提高学习的效果。

1.3　科普辅导员与教师协同开展教学评价

教学评价常见于正式教育中，主要用于修正教师教学过程中的问题，达到提高教学质量的效果。但是在馆校合作课程中由于责任不明确、体系尚未健全等因素，许多课程并未设计相应的教学评价环节来评估一个主题课程实施的效果是否达到预期，因此在馆校合作课程设计的初期就应当把教学评价纳入课程体系中。

馆校合作课程中涉及的教学主体比较多，有教师、科普辅导员、学生等，因此在开展教学评价的过程中应秉承主体多元、方式多样的原则。可以结合具体的情况组织针对教学的评价，主要是教师和科普辅导员之间进行，形式可以是教师和科普辅导员之间互相评价，也可以是馆校合作方面的专家学者对教学过程进行点评，达到以评促教的目标。同时，组织针对学习的评价，主要是教师对学生的评价，可以借助学习单来了解学生对知识的掌握情况，也可以结合学生的汇报分享进行评价；学生的自评或者互评也是重要的评价方式，通过自评表、互评表来检验学生的自我效能感、沟通互动和互相帮助等方面的效果，最终达到以评促学的目标。

2 任务驱动：学习单

基于任务的学习可以指明课题目标，以目标为导向，使得学生在偌大的科技馆中的学习更具有目的性。在前期的研究中发现，科技馆学习场景中，学习单的使用是更常见且有效的，那么合理有效设计学习单对于学生在科技馆中的学习就变得非常关键了。馆校合作课程中学习单的设计主要受到以下三个方面因素的影响：一是科技馆中展区较大，同一主题下涉及的展品可能比较分散，学生需要在移动中开展活动进行学习；二是科技馆展品以仿真模型、多媒体视频、互动展项为主，需要学生将大部分的时间投入观察、亲自动手操作、实际体验来感受展品，感知背后的科学原理，如果学习单的题目过于复杂，题量过大，将会喧宾夺主，压缩学生自主探究体验的时间，甚至对学习单产生厌烦、畏难情绪；三是部分主题探究需要以小组合作的形式开展，小组成员之间需要沟通讨论，学习单任务过重也会使得学生忙于填写学习单而影响同伴之间的交流。

基于上述原因，馆校合作学习单的设计也应当相应地秉持以下三个原则：一是不能过于复杂，建议由形式上较为简单明了的选择题、判断题、填空题、连线题和画图标注题等题项组成，最后可以附加一些简单的问答题，由学生总结或者表达自己独特的观点、想法，题目总量以不超过A4纸大小的一面纸为宜。二是题目设计应在紧扣主题的前提下，做到由浅入深、层次分明，第一部分可以是对观察到的展品或现象的记忆与陈述；第二部分提炼总结现象背后的原因，由表及里地分析原理；第三部分内化为问题解决的能力和态度行为倾向的变化，尽量做到重点突出。三是学习单问题的设计应该强化重要知识点与展品展项之间的联系，把握好问题的难度，这也要求学习单的设计者既要充分了解课标、教材，又要完全熟悉教学内容所对应的展品展项，以此来提升展品与教学内容的关联度，激发学生由展品衍生出对学习内容的兴趣，而不是单纯地将课堂搬迁到展厅中。

3 教学模式：课堂—科技馆—课堂

国外科技馆成熟的教育活动在组织管理方面推崇“一体化”管理，将活动分为参观博物馆的前、中、后三个阶段。[2]受此启发，笔者将所设计的馆校合作教学模式分为三个模块，即课堂导入、科技馆参观探究、课堂总结交流，课堂导入对应的是参观前，科技馆参观探究环节对应的是参观时，课堂总结交流和社会与生活环节对应的是参观后。三个阶段是层层递进、相辅相成的关系。

3.1 课堂导入

教师在学校进行先导教学，抛出问题，将学生引入将要探究的课题中来。激发学生对课题的兴趣，引导学生自主思考，提出问题，进而才能带着问题进入科技馆参观。课堂教学是搭建课题探究脚手架的基础性工作，需要完成对课题的基本认识，在学生头脑中形成课题的基本问题是什么，由基本问题可以衍生出哪些其他问题，通过查阅资料、上网搜索以及教师辅导帮助学生排除无实际意义的问题，最后每人至少提出一个问题，这个问题将放在学习单中在下一阶段用于自主探究。同时，教师在这一阶段应向学生明确下一阶段及科技馆参观时的主要任务、参观区域和具体要求，还要提前告知第三阶段教学的重点。这一阶段的主要任务是做好先驱导入教学，为在科技馆参观探究做好充分准备。

3.2 科技馆参观探究

学生带着问题来到科技馆的相应展区，由于科普辅导员对展区、展品相对比较熟悉，该阶段的教学任务由科技馆的科普辅导员带领开展。在正式参观之前，科普辅导员将给学生发放事先设计印制好的学习单，学生在指定的展区中开展参观体验，这一时段由学生自主参观，结合自己准备好的问题和学习单中的任务进行自主探究。然后，科普辅导员带领学生按照设计好的参观路线进行参观，辅导员在关键展品处会适当进行讲解，学生可以围绕展品进行提问，这一时段学生可以修正自己的学习单。部分展品是互动展项，学生可以互动体验，由于时间限制，未体验的学生可以在集体参观结束后再自行体验，保证每一位学生都有体验的机会，通过亲自参与体验，强化对现象以及背后知识点的认知。在这个过程中，学生可以用相机记录关键展品和互动过程用于第三阶段的分享交流展示。这一阶段学生先围绕重点展区展品进行自主探究，再在科普辅导员的带领下参观学习，目的在于突出以学生为主体的学习过程，同时学生可不断修改、优化自己学习单中的内容。主要任务是围绕课题核心在场馆中完成探究活动，解决课题中的主要问题，通过展品展项、科技辅导员的讲解对课题有更深入的认识。

3.3 课堂总结交流

回到课堂，将由教师组织学生开展汇报交流。任务一是分享学习单中自己提出的问题及相应的发现；任务二是与同学分享参观探究后自己的心得体会，可以分享第二阶段中自己拍摄的照片或有趣的故事。最后由教师总结知识点，根据课程情感态度价值观的目标进行总结升华。如果课程中涉及小组合作，还可以加上同伴评价的环节，主要目的是进一步加强学生的小组合作意识，在下一次的小组学习中可以继续保持较高的参与度。这一阶段的主要任务是完成对课题的总结，通过学生的分享加强全体学生对知识点的掌握，培养形成正确的态度倾向，同时也是对科技馆参观体验的强化与延伸。

3.4 社会与生活实践

部分课程可以根据实际情况加设社会生活实践环节，形成一个不封闭的螺旋形结构。通过学校教师、家长来记录检验学生在课后对于知识的迁移应用，以及在应用时是否遇到了新的问题、问题最后是如何解决的，是否再次来到科技馆进行探究，是否借助网络、求助大人使得问题最终得以解决。检验的方式可以更加生动活泼，比如使用 Vlog 记录孩子运用知识处理生活实践中的真实问题，或者学生自己拍摄所观察到与所学知识相关的现象或情境的照片，甚至可以是自己奇思妙想设计出来的小发明、小创造等。

4 馆校合作课程设计案例

4.1 案例选择

笔者以湖北省小学科学课程六年级下册第四章“环境和我们：垃圾处理”为例进行课程设计。湖北省小学科学课程从 1 年级开始开设，采用的是教育科学出版社出版的标准教材。这一章节的教学内容对应的是《义务教育小学科学课程标准》[3]中地球与宇宙科学领域的第三部分：地球是人类生存的家园，具体的学习内容如表 1 所示。

表 1 地球是人类生存的家园部分学习内容与学习目标

学习内容	学习目标	学段
地球为人类生存提供各种自然资源	知道一些自然资源是可再生的,一些自然资源是不可再生的； 列举日常生活中一些可回收或可再利用的资源； 树立回收或再利用资源的意识； 树立保护资源的意识,说出自己力所能及的保护资源的举措	小学 5~6 年级

该活动共 4 个课时，高段学生对“环境污染”已经有一定的认识，并且具有一定的环境保护意识，部分学生还可能参与过一些环保活动；有一定观察和动手操作能力，从具体形象思维向抽象思维过渡。课程本着寓教于乐的教学理念，通过课堂上一些理论知识的学习和动手实践操作，再结合科技馆内的资源，学生能够更加直观地感受环境问题的严重性，并初步思考解决之道，最后

希望学生在有趣的氛围中学习对于生活有所帮助的知识，积极参与环境保护活动，增强环保意识和责任感。

结合课标和教材内容，笔者明确了三维目标，知识与技能方面主要围绕垃圾的种类和危害、垃圾处理方式、城市垃圾分类常见的几种方式、垃圾循环利用策略等；过程与方法方面则主要采取动手实践操作、馆内自主探究、完成任务学习单等方式；情感态度、价值观方面则是促进学生认识到人类生产生活对环境的负面影响，促进学生形成资源节约意识，养成垃圾分类的习惯，增强环境保护意识（见表2）。

表2 “环境与我们：垃圾处理”三维目标

序号	知识与技能	过程与方法	情感态度、价值观
1	①知道人们在生活中要产生大量成分复杂的垃圾； ②能够总结出垃圾分类的方法	①调查统计家庭一天的垃圾数量和成分，并对这些垃圾进行初步分类； ②在科技馆中寻找与垃圾分类相关的展品	关注垃圾去向，提高环境保护意识
2	知道设计合理的垃圾填埋场能够有效减少对环境的污染	①知道如何做垃圾填埋的模拟实验，观察和分析简单填埋垃圾的危害； ②参观科技馆，了解现代新型垃圾填埋场的设施与作用，尝试设计合理的垃圾填埋场	引发对垃圾问题的进一步关注和思考，提高环保意识
3	知道过度包装会造成资源浪费而且会产生大量垃圾，滥用塑料袋会造成环境污染	研究包装盒是否过度包装，能针对包装浪费提几点建议	能用实际行动减少垃圾，做力所能及的保护环境的事，养成好习惯
4	知道垃圾分类中的一些原材料可以重新回收利用，这样可以减少垃圾、节约资源	①利用垃圾分类互动展品进行垃圾的分类分装模拟，完成学习单； ②参观体验与主题相关的展品，探索出最环保的处置方法	通过垃圾分类和分装训练，养成垃圾分类、节约资源的习惯
5	①能够总结出日常生活的垃圾对人类生存环境的影响； ②归纳减少垃圾产生的方法	能够通过交流、分享等方法，加深对有关环境问题的理解	加深对人与环境关系的认识，增强环境保护的意识和责任感
6	能够将家庭中清理出来的垃圾按照厨余垃圾、有害垃圾、可回收垃圾和其他垃圾进行分类	①在大扫除活动中，将清理出来的垃圾进行分类打包，投放到对应的箱子； ②用手机记录整个过程	用所学知识解决生活中的实际问题，养成保护环境的好习惯

4.2 关联展区介绍

依据课标与教材内容，课程开发团队从湖北省科学技术馆绿水青山展厅和超级工程（循环）展厅中筛选出6个与垃圾处理主题紧密相关的展品，其中超级工程（循环）展厅中包含2个展品，内容主要围绕垃圾分类和垃圾处理，绿水青山展厅中包含4个展品，内容主要围绕垃圾的处置方式和人类对待环境问题的行动与态度。具体展品内容如表3所示。

表3　与“环境与我们：垃圾处理”内容相关展品

展品	所在展厅	资源类型	教材中对应的内容
垃圾分类	超级工程（循环）	C	垃圾的分类和分装
垃圾发电		B、E	垃圾处理、垃圾发电
堆肥模拟	绿水青山	A、D	做一个堆肥箱
可造之材		A、B	可回收利用的垃圾
变废为宝		A	减少垃圾的方法（重新利用）、可回收利用的垃圾
生态未来		A、B	环境问题和我们的行动

注：资源类型有A. 展板（文字+图片），B. 多媒体视频，C. 数字互动游戏，D. 静态模型，E. 动态模型。

4.3 馆校合作科学教育活动设计

该馆校合作科学教育活动将采用模块化的教学设计方式，让学生认识到地球面临着复杂、严重的环境问题，从而激发学生进一步探索保护环境的途径。教学活动模式如图1所示。

4.3.1 校内：课程导入活动的教学设计

引入：我们每天都要消耗食物和各种各样的生活用品，与此同时，也产生了很多垃圾。这些垃圾里有什么？

活动一：分小组，统计一天的日常生活中会产生哪些垃圾，对这些垃圾按材料、按原来的用途、按危害状况进行初步分类，并引导学生接下来在科技馆中寻找与垃圾分类相关的展品，总结垃圾分类的正确方式。

活动二：根据教材内容开展填埋垃圾模拟实验，观察现象并思考如何设计

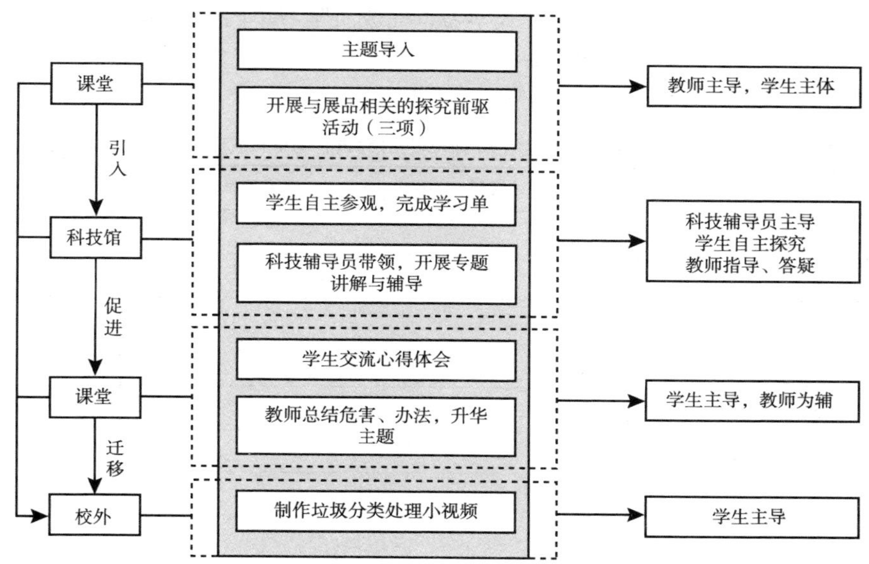

图 1　“环境与我们：垃圾处理”教学模式

一个合理的垃圾填埋场，引导学生结合课本在参观科技馆时加强对垃圾填埋场的认识。

活动三：从家里带一个商品包装盒，观察并分析是否过度包装，并对减少包装浪费提几点建议。

配套学习单内容，如图 2 所示。

1. 请在表格中列出你的家庭生活中产生的 10 种垃圾，并写出它的材料或原来的用途。

序号	名称	材料/原用途	垃圾种类	处置方式
1				
2				

图 2　课堂导入环节配套学习单内容

4.3.2　科技馆：探究式科普教育活动设计

活动四：学生带着学习单在绿水青山、超级工程（循环）展厅自主参观体验，重点体验垃圾分类互动体验游戏，并完成学习单中的内容。

活动五：科普辅导员带领学生参观体验与主题相关的展品，并进行相应的讲解与辅导，指导学生开展探究式学习，完成对学习单内容的修正。

配套学习单内容，如图 3 所示。

1. 请在表格中列出你的家庭生活中产生的 10 种垃圾，并写出它的材料或原来的用途（尽量完成）。

序号	名称	材料/原用途	垃圾种类	处置方式
1				
2				
3				
4				
5				
6				
7				
8				
9				
10				

2. 常见的垃圾分类方法有哪些，请在湖北省科技馆绿水青山、超级工程（循环）展厅中找一找，并用简洁的语言选择两种方法归纳一下吧。

第一种：

第二种：

3. 欧盟垃圾管理“五层倒金字塔”原则如下，请将例子填入对应的垃圾管理方式中去。

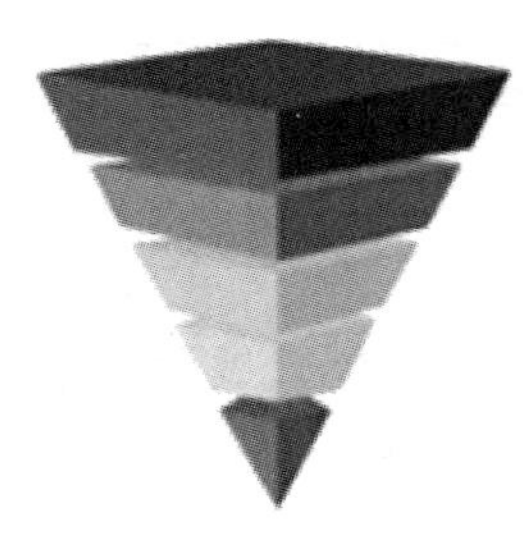

管理方式	具体内容	举例
避免/减少垃圾产生	从源头减少或阻止垃圾产生	
垃圾直接利用	努力直接二次利用	
循环利用	进入收集系统，循环使用	
回收利用	回收到一起，再加工制作成其他物品利用，或者焚烧转化为电能	
处置	实在没有选择，进行填埋	

续表

A. 报废汽车零件拆下后用于维修其他车辆		B. 不购买过度包装的产品
C. 剩菜叶子作为堆肥原料进行利用		D. 适量用餐,提倡光盘行动
E. 填埋处理	F. 废钢铁回收冶炼为好钢	G. 单面打印过的纸张背面用于做草稿本
H. 废橡胶轮胎加工为精细橡胶粉,用于他用		

4. 将你列出的垃圾按照你所归纳的垃圾分类方式进行分类并填进表格中吧,并想一想按照“五层倒金字塔”原则,它们应该如何处理最环保呢,并填到处置方式中。

图 3　科技馆自主探究学习单

4.3.3　校内:主题交流汇报与总结

活动六:学生与同伴和老师分享在科技馆参观的心得体会,也可以将在科技馆参观过程中拍摄的照片或印象深刻的事情与大家共同分享。

活动七:教师带领学生梳理总结垃圾对人类生存环境的影响、减少垃圾产生的方法、如何进行垃圾分类、垃圾如何实现变废为宝,实现主题的升华。

4.3.4　校外:社会生活实践迁移与应用

活动八:周末和爸爸妈妈来一场大扫除吧,将清理出来的垃圾按照厨余垃圾、有害垃圾、可回收垃圾和其他垃圾进行分类打包,投放到相对应的垃圾箱中,如果分辨不出来的垃圾可以请爸爸妈妈来帮帮忙,用手机或相机记录这个过程并制作一个电子相册或 Vlog,发到班级群里和大家共享吧。

5　思考与建议

5.1　整合场馆、学校教学资源,做到高效使用、深度融合

馆校合作不能孤立地考虑,而应该全盘布局,将二者有机融合,才能真正做到“1+1>2”。科技馆方面可以将各个展厅中展品的介绍、知识点、讲解词、操作指南等资料梳理出来供学校教师进行筛选,紧扣课标选择合适的展品进行设计;同时整理出现有的较为成熟的展厅活动、科学教室活动方案,在与教师就馆校合作开发设计课程时考虑如何与教师的课堂教学有机结合。学校方面则应提供课程的教学设计方案、活动课程方案,包括课堂教学时使用到的视音频、教学工具等。双方可以结合现有的素材和资

源开展教学设计，使得资源得到有效利用，同时结合不同的教学环境加以修改。

5.2 省内课程包共享，大馆强馆带动辐射中小型科技馆

由于同一省份内大多采用相同版本的教材，因此有条件的场馆和学校开发馆校合作课程后可以考虑将资源在省内进行推广。这需要合作开发的前期将中小型场馆的展品资源质量与数量考虑进去，他们是否有相同展品，如果没有相同展品，是否拥有可替换的展品，做到课程包的灵活应用，这样既可以节约人力、物力、财力，也可以发挥大馆强馆的综合优势，带动辐射地市县中小型科技馆发挥场馆作为课堂教学补充的作用，充分发挥场馆的科普教育作用。

5.3 做好教师—科技辅导员的培训工作，双向培训，优势互补

为了突破教师、科技辅导员对彼此工作领域不熟悉的壁垒，场馆和学校应组织馆校合作领域的专家学者、课程开发的设计者和实践者从理论和实践两个维度为他们提供培训。科技辅导员和教师对各自领域的理论都非常熟悉，也都积累了一定的实践经验，但是在馆校合作方面无论是理论还是设计开发、合作教学都有一定欠缺，这就需要场馆和学校强强联合，统筹策划系列培训课程，邀请科学传播和馆校合作方面的专家为他们培训，弥补他们在馆校合作方面的缺口，培训以理论为基础，以任务为支架，以实践为目标，让每一位被培训者都具备合作开发课程的能力。

参考文献

［1］金荣莹：《馆校合作课程资源开发策略研究——以北京自然博物馆为例》，《科普研究》2021 年第 3 期。

［2］〔英〕杰克 · 洛曼、〔澳〕凯瑟琳 · 古德诺主编、陆建松著《博物馆教育活动研究》，复旦大学出版社，2015。

［3］中华人民共和国教育部：《义务教育小学科学课程标准》，北京师范大学出版社，2017。

［4］张静娴：《基于馆校合作视角的小学自然课程开发研究》，《科学教育与博物

馆》2015 年第 4 期。
[5] 廖红：《中国科学技术馆馆校合作的实践与思考》，《科普研究》2019 年第 2 期。
[6] 张若婷：《馆校合作实践中的经验探索与启示——以青海科技馆为例》，《科普研究》2015 年第 5 期。
[7] 常娟、王翠：《浅议科技馆学习单中的“问题”》，《科普研究》2014 年第 1 期。

基于馆校结合的听障儿童科技教育活动实施路径

杨 婧 马红源*

（天津科学技术馆，天津，300201）

摘　要 2022年初，国家多部门对“十四五”时期特殊教育的发展进行了部署和安排，提出了更高要求，体现了党中央对特殊教育的高度重视和对残疾儿童青少年的亲切关怀。科技教育作为现代教育体系中一个重点领域，是广大残疾儿童青少年接受公平、高质量的教育的重要组成部分，科技馆作为科普教育的重要阵地，融合特殊教育发展的趋势开展馆校结合，是落实中央提出的“办好特殊教育”的具体有效举措。2017年起，天津科学技术馆依托自身科普优质资源与天津市聋人学校开展馆校共建，针对听障儿童的特点设计多种形式的课程活动，在馆校双方的不断努力和积极配合下，目前已探索出一系列适合听障儿童特点的科普课程，为“十四五”期间特殊教育同步高质量发展、“双减”政策出台后特殊儿童的科技教育创新提供了解决思路和路径。

关键词 馆校结合　听障儿童　科技教育活动

教育是国之大计、党之大计。特殊教育作为教育系统的重要组成部分，与整体教育发展、与教育系统内部其他要素发展之间有着既相互依赖、相互联系又相互制约的关系。习近平总书记多次指出“残疾人是人类大家庭的平等成员”“实现‘一个都不能少’的目标，对残疾人要格外关心、格外关注”。我

* 杨婧，天津科学技术馆文博馆员，研究方向为科普传播、科普教育活动策划实施；马红源，天津科学技术馆文博助理馆员，研究方向为科普教育活动策划实施。

国已进入全面建设社会主义现代化国家的新阶段，推进教育高质量发展对特殊教育提出了新的更高要求，而科技教育作为现代教育体系中一个重点领域，是广大残疾儿童青少年接受公平、高质量的教育的重要组成部分，科技馆作为科普教育的重要阵地，融合特殊教育发展的趋势开展馆校结合，是落实中央提出的“办好特殊教育”的具体有效举措。

1 构建特殊群体馆校结合模式的背景

1.1 新时代我国特殊教育发展的现状与目标

党的十八大以来，以习近平同志为核心的党中央高度重视特殊教育，提出“办好特殊教育”的要求。我国自 2014 年以来组织实施了两期特殊教育提升计划，特殊教育改革发展取得了显著成绩，但时至今日特殊教育仍是我国教育体系中的薄弱环节，面临着新的困难和挑战。2022 年 1 月，国务院办公厅转发教育部等部门《“十四五”特殊教育发展提升行动计划》，对“十四五”时期特殊教育发展进行了部署和安排，要求“到 2025 年，初步建立高质量的特殊教育体系”，这是国家层面对“十四五”特殊教育事业发展做出的顶层设计和特殊安排，体现了党中央、国务院对特殊教育的高度重视和对视力、听力、智力、言语、肢体、精神、多重残疾以及其他有特殊需要的儿童青少年的亲切关怀。[1]

1.2 基于馆校结合的科普教育

馆校结合是科技馆和博物馆与学校形成的一种相互合作关系，是依托科技馆丰富的场馆教育资源，基于科学课程标准，结合学校的教育教学特点，为青少年提供丰富且有意义的学习，共同目标是促进青少年科学素质的提升。从国际视角看，馆校合作已在世界科学教育研究领域广为流行。2020 年 10 月，教育部、国家文物局联合印发《关于利用博物馆资源开展中小学教育教学的意见》，明确提出要健全博物馆与中小学校合作机制，促进博物馆资源融入教育体系，提升中小学生利用博物馆的学习效果。[2] 意见为最大限度地将科技馆的科普教育资源优势融入学校的科学教育、构建常态化的馆校结合工作机制提供了政策依据和保证。

1.3 与聋人学校的馆校结合模式

经过10多年的积累，天津科技馆已与全市16区50多所中小学建立了馆校共建合作模式，形成了系统性、专业性的馆校共建课程和共建策略。2017年，在办好特殊教育的大背景下，与天津市聋人学校建立联系，尝试开展馆校合作，将科技馆的优质科普资源有机地融入聋人学校听障儿童的课后综合实践活动中，累计为聋人学校1000余人次学生开展科技教育课程近百节，丰富了聋人学校学生的科学实践，提升了他们的动手能力，让这群特殊的儿童和普通儿童一样学习更多的科技知识、享受科技活动带来的快乐。

2 与聋人学校馆校结合科技教育的实施路径

2.1 听障儿童的特点分析

2.1.1 听障儿童的感知特点

听障儿童由于双耳失聪，丧失了对外界事物的听觉表象，依靠视觉、触觉、嗅觉等其他感觉通道去认识事物，不能利用声音识别物体的某些特性以及对物体进行定向，大大缩小了知觉的范围，影响了其信息加工的完整性和理解性。但是，生物学上的观点认为人体某一部分功能的缺失都会在其他功能上得到一定程度的补偿。听障儿童在视觉认知能力上发展较快，四年级即可达到正常成年人水平，在通过视觉辨别物体的细节能力上听障儿童优于同龄的正常儿童，而在概括性上落后于同龄正常儿童，这是因为他们没有在头脑中形成良好的知觉表象，缺乏对形象事物进行综合分析及抽象化的能力。[3]

2.1.2 听障儿童的注意力特征

由于听觉障碍，听障儿童语言发展的落后在一定程度上阻碍了其注意力的发展，使其无法较长时间注意某一事件，比较容易受外界环境的影响和暗示，表现出很大的不确定性和不自主性。听障儿童注意力时长很大程度上取决他们的兴趣和事物的特性，再加上听障儿童过多地使用视觉容易造成视觉疲劳，其注意的稳定性往往更差。

2.1.3 听障儿童的思维特征

听障儿童的听觉障碍导致其语言发展迟缓，使听障儿童的思维较长时间停留在形象思维阶段。其思维离不开具体的事物以及事物的外部特征，因而对于具体事物的概念较容易掌握，但对于抽象事物概念的掌握则具有一定的困难。比如听障儿童很容易掌握剪刀、尺子、胶棒等具体概念，但对“工具”就不太容易理解了。

2.2 馆校结合共建科技课程的策略与实施

天津科技馆与聋人学校的馆校结合经历了从最初的邀请听障儿童到科技馆参观，到科技馆的科普辅导老师送课到校的过程，在与聋人学校六年的合作时间里，馆方、校方与听障儿童不断尝试，将手工技能与科技知识相结合，摸索出适合听障儿童特点的馆校共建科技课程体系，其中包括适合小学低年级和轻度智力障碍、中高年级以及初中三个阶段的课程，涉及天文、力学、机械、艺术、精细手工等多个学科及内容，灵活的馆校科技课程已成为这群特殊儿童的“第二课堂”。

2.2.1 建立空间色彩概念，培养动手能力

基于听障儿童的感知主要依靠视觉和知觉来实现的特点，针对低年级阶段和轻度智力障碍的学生，科技馆设计了智慧豆豆画手工课程，“豆豆”是五颜六色的塑料小颗粒，孩子们要用镊子将豆豆摆在透明的塑料板上，组成的图案开始是按照老师指定的底图，如几何形状、花朵、卡通动物等，经过多次模仿后启发学生自行创造，最终将完成的作品加热定型即可。由于塑料小“豆豆”颜色比较鲜艳，通过视觉刺激吸引了听障儿童的注意力，使用镊子夹起和摆放小“豆豆”，通过触觉刺激维持了听障儿童的注意力。智慧豆豆画课程整体轻松、活泼，丰富了听障儿童的色彩认知，提高了他们的动手能力。智慧豆豆画手工由小到大，由易到难，在学期结束时，大部分孩子都能结合生活中见过或接触过的事物自己设计图案，做出几何图案的蝴蝶、复杂的建筑、立体的挂饰等。学生对模板的个数、彩豆的排列、坐标的概念、对称的形成、图形的大小和宽度、整体的形状也都有了很好的把控。

2.2.2 体验科技 DIY，感受沉浸式科学魅力

由于听障儿童的注意力维持往往需要活动的支持和吸引，将其置于趣味性

较强的活动中对他们注意力的维持具有一定的促进作用。在小学中高年级的科技课程中，老师用色彩鲜艳、趣味性强的视频课程或图画导入孩子们要学习的机械、力学等科学知识，然后按步骤指导他们动手进行科技小制作，尽可能地把听觉刺激转化为视觉和触觉刺激。通过科技小制作例如涂鸦机械人、杜尚转盘、空气悬浮球等能够动起来、亮起来的感观刺激吸引和维持听障儿童的注意力。例如，老师在讲解反冲运动的知识点后，指导学生制作反冲小车科技手工，然后组织学生进行反冲小车趣味比赛，比比谁的小车跑得最快、最远，活动过程增加了听障儿童的现场体验感，让听障儿童在沉浸式教学中理解科学原理、感受成功带来的喜悦。

2.2.3　引入天文知识，培养科学精神

对于初中年龄段的听障青少年，其已具备一定的科学知识和自我控制能力，根据这个年龄段的心理发展和认知规律可以提高他们的抽象思维能力、提升记忆力，布置探究性的学习任务。结合天津科技馆的特色资源，为聋人学校初中段学生开设了天文科技兴趣班，在“太阳系大家族”课程中，老师为学生讲解太阳系家族的八颗行星，以及行星的特点、位置尺度及人类的探索等，指导学生亲手制作太阳系八大行星的模型，并利用纸带模拟太阳系尺度，以提升学生的抽象思维认识能力。在“三球仪”科技手工课上，老师首先讲解日、地、月三者间的关系，从而引导学生建立对时间定义的认知和了解历法的由来。为提升听障学生的动手能力、科学思维，老师在讲解了天文望远镜的原理后，带领学生在室外组装天文望远镜，指导学生科学观测太阳黑子、进行记录，培养学生研究性科学精神。天文课程的实施有效地激发了聋人学校学生的科学兴趣，开阔了科学视野，启迪了科学思维，为培养学生科学精神、树立正确的世界观奠定良好基础，在聋人学校是最受欢迎的科学选修课。

3　与聋人学校馆校结合共建的思考和建议

3.1　深入了解需求，建立有效沟通方式

与普通学校不同，特殊群体的馆校共建科技教育需要采取专人专项的活动设计，由于科技馆的科普辅导老师只有少数人员掌握初级的手语技能，科技课

程的开展需要聋人学校手语老师的同步翻译，在一对一辅导学生的过程中，会出现与听障儿童沟通不畅通和不及时的现象，对学生的需求有时候也要靠“猜”。这些问题需要科普辅导老师不断提升对特殊儿童的服务能力，同时也需要特殊学校管理方为科普辅导老师提供必要的培训和学习资源，共同研究解决路径与方法，并在实践中不断探索。

3.2 整合优势资源，健全特色资源建设

科技馆要与特殊群体学校及相关组织单位积极搭建人才培养机制和平台，与高校、科普专家和机构衔接合作，开展多层次、多主题、多形式的培训教育，使科普工作者掌握更加专业的特殊群体科技教育知识和技能。不断拓展特殊群体教育，例如盲人学校以及培智学校的服务能力，达到更好地服务社会、服务人民的工作目标和效果。另外，开发线上展示、云端科普教育活动，在疫情防控等特殊时期，也可以成为与特殊群体学生互动的新途径、新趋势。

3.3 发挥社会力量，强化人文关怀保障

特殊群体在接受教育和服务时常常会遇到各种困难和不便，在社会生活中由于个人和群体力量、权利相对较弱，常处于被忽视状态，也较少获得社会的权益，需要得到更多的关爱。[4]在与聋人学校的馆校合作中我们发现，仅仅依靠单方面的力量是远远不够的，还需要更多的爱心人士、有识之士、科技工作者加入志愿者队伍中，结合最新科技成果和特殊人群未来技能发展需求联合设计、开发适合他们的科技教育资源，逐步提升特殊人群的科学素质，强化人文关怀保障。

3.4 加强理论研究，制定科学课程标准

在对我国特殊教育课程标准的研究中发现，针对聋人学校、盲人学校以及培智学校这三类特殊学校的学科课程标准中均没有科学课程标准[5]，2022 年 4 月教育部印发《义务教育科学课程标准（2022 年版）》，将科学课程开设起始年级提前至一年级。而特殊教育学校中科学课程标准的制定也是体现国家融合教育公平的理念，应加强理论研究尽快推出课程标准。

3.5 构建统筹动员机制，保障特殊群体共享公共文化服务

从政策层面提出保障特殊群体享有平等的公共文化服务的要求，针对特殊群体的不同需求，整合博物馆、特殊群体学校、市场、政府等多方资源，建立有效的工作交流机制，打破信息壁垒，明确统筹和动员机制，构建常态化的合作机制，制定有效评价机制，提升和保障特殊儿童享受公共文化服务和教育的主体地位。[6]

4 未来与展望

让残疾儿童享受平等的社会公共文化服务和教育，特别是“双减”政策后特殊儿童的科技教育发展[7]，是促进残疾儿童青少年自尊、自信、自强、自立的有效路径，这是“十四五”特殊教育发展提升的要求，也是全社会的共同努力目标。与特殊群体建立馆校结合模式，要遵循其特殊需求，开发和设计适合的学习资源，补齐特殊教育短板，推动残疾儿童青少年成长为国家有用之才，从而惠及残疾儿童青少年家庭福祉。

在此过程中，作为科普工作者，需要努力探索和创新的工作还有很多，真正是任重道远。但我们相信在国家对特殊教育的保障能力不断提升、融合教育的全面铺开、高质量发展和现代化建设成为新的时代要求下，特殊群体科技教育必将收获丰硕的果实。

参考文献

[1] 李天顺：《“十四五”特殊教育高质量发展的宏伟蓝图》，《现代特殊教育》2022 年第 2 期。

[2] 李喆：《馆校合作中博物馆教育“供给侧改革”的探索——以苏州博物馆“馆校合作”为例》，《晨刊》2021 年第 5 期。

[3] 李东锋：《面向听障儿童的无障碍移动学习资源设计与实现》，江苏师范大学硕士学位论文，2014。

[4] 王文绮、黄友斌：《基于馆校共建的职高聋人学生陶艺教育教学模式探究》，载

《面向新时代的馆校结合·科学教育——第十届馆校结合科学教育论坛论文集》，2018。

[5] 李尚卫：《我国特殊教育课程标准研究反思与展望》，《教育与教学研究》2021年第6期。

[6] 孔欣：《多措并举构建特殊群体共享公共文化服务的长效机制　提升残疾人群体参观博物馆的体验感与主体地位》，《文物鉴定与鉴赏》2021年第24期。

[7] 宋娴：《“双减”背景下科学类博物馆教育生态体系搭建：现状、困境与机制设计》，《中国博物馆》2022年第1期。

馆校结合　共筑青少年科学教育共同体的实践与探索

——以吉林省科技馆为例进行分析

杨超博*

（吉林省科技馆，长春，130000）

摘　要　科技馆是公益性社会教育机构，是实施科教兴国战略和人才强国战略、提高全民科学素质的大型科普基础设施。随着教育改革的深入推进，青少年利用科技馆资源进行学习和实践的需求逐年增长。本文主要对现阶段青少年科学教育情况、馆校结合存在的问题进行深入剖析，接着又详细介绍了吉林省科技馆在“双减”政策背景下与教育部门、学校深度融合的具体做法。最后，针对科技馆如何利用自身教育资源助力青少年科学教育提质增效提出几点建议和意见，为馆校深度融合提供新理念、新思路和新举措。

关键词　馆校结合　青少年科学教育　科技馆

1　青少年科学教育现状

1.1　国家高度重视，社会层面认识有待提升

青少年是国家科技创新的储备人才，世界各国都十分重视青少年人才的培养以增强国家未来竞争力。[1]青少年科学教育，则是国民科学文化素质的重要

---

* 杨超博，吉林省科技馆科技教师，延边大学硕士研究生，研究方向为科学教育与科学传播、科技馆展览教育活动设计与开发。

标志，是经济振兴、科技进步和社会发展的基础。2017 年 1 月教育部颁布《义务教育小学科学课程标准》，标志着我国小学科学教育步入新的发展阶段[2]，该版小学科学课标增加了两年科学学习时间，科学课程的开设由最初的 3~6 年级变为 1~6 年级，其中 3~6 年级科学课每周有 2 个课时。[3]2022 年 4 月教育部颁布的《义务教育科学课程标准（2022 年版）》较 2017 年颁布的《义务教育小学科学课程标准》又做出了很多修订，包括 1~9 年级义务教育阶段的内容，课程理念更聚焦核心素养、学习进阶，由此可见，教育部对科学课程的重视程度。但出于地域差异等原因，仍存在青少年从事科学事业意愿低、学校科学教育和家长重视度不足、校内外衔接不够等问题。

1.2　学校科学教学师资力量薄弱

青少年时期是人格塑造的重要阶段，该阶段学生对周围的事物充满了好奇心和探索欲望，因此学校科学教师应具备良好的科学素养、扎实的业务知识和特有的专业技能，这样更能在思想和方法上给予学生正确的引导。但现阶段很多学校的科学教师数量较少，还有不少学校的科学教师是由高年级的数学、物理、化学老师或班主任兼职，教师不仅要负责本学科的教学工作，还要兼顾科学课程，显然从时间和精力上看都显得不足，无法对科学课程进行深入研究，还有不少专职科学教师并非科班出身，也没有经过系统的培训，因此其所具备的科学素养有所欠缺。

1.3　学校科学课程教学条件、实验设备有局限性

由于我国地广人多，城乡间的科普教育资源分布不均，基层科普资源相对匮乏。不少学校没有专门的科学实验室或功能室，教师就只能在讲台上为学生做演示，不能让学生亲自参与到实验观察中，课程多以科学知识讲授为主，形式单一，缺乏创新性、实践性，学生也无法由浅入深、由近及远、由表及里、由形象到抽象地进行科学实验探究，这无疑会减弱学生探索科学的兴趣。

2　馆校结合青少年科学教育现状分析

馆校结合是指科技馆与学校共同开展以促进学生全面发展为目标的教育工

作，充分利用场馆丰富的科普教育资源、前沿的科普教育理念和开放的科普活动空间，通过资源共享、相互配合、相互协作，以达到科普场馆与学校、学生共赢的目的。[4]

2.1 国家政策鼓励整合校内外科学教育资源，助推科学教育发展

国务院印发《全民科学素质行动规划纲要（2021—2035 年）》，明确“十四五”时期，我国将通过提升基础教育阶段基础教育水平，建立校内外科学教育资源有效衔接机制，实施教师科学素质提升工程等举措，推动青少年科学素质提升。科技馆作为非正式科学教育阵地，主要承担着落实和支持科学教育的义务和责任，同时科技馆拥有先进的科学教育理念、丰富的科普展教资源和开放的教学空间，科技馆与学校通过相互配合开展科普教育活动可实现资源优势有效互补，进而获得馆校双赢的教学合作关系。

2.2 馆校结合具体落实存在体制机制障碍

由于大多数科技馆与学校隶属不同的部门，不少科技馆与学校在沟通交流中存在交流不畅、衔接不连贯的问题。目前我国科学教育中普遍存在许多懂教育的学校老师不懂科学，懂科学的科研队伍往往又不懂教育，科普队伍懂教育但进不了校园等矛盾。科技馆与学校资源共享存在严重的体制机制障碍，极大地限制了场馆教育之路及教育功能效益最大化。尽管国家已出台一系列鼓励学校组织学生去科普场所学习实践的文件，但很多学校出于安全考虑，很少组织学生集体参加社会实践活动，更少走进科技馆，少部分学校与科技馆签了约、挂了牌，但并没有采取实际行动，仅浮于表面，还有部分合作学校会组织学生每学期参观科技馆 1~2 次，可学习次数、时长都有所限制，青少年利用科技馆科普教育资源提升科学素养的效果也将大打折扣，学生没有机会获得系统性学习，也很难养成良好的科学探究精神和科学学习习惯。

2.3 馆校结合课程开发不系统与学校课程衔接不够紧密

虽然科技馆在教育方面进行了初步的理论研究，也形成了一定数量的成果转化，但大多数科技馆对于青少年科学教育课程的认知比较浅显，探索与实践均处于起步阶段，课程开发水平参差不齐。[5]早期，馆校结合课程资源开发没

有设计教学目标，主要形式为展厅参观及特效影院体验，学校也更倾向于利用春游、秋游或单次课外实践活动等形式组织学生到科学馆参观，学生多是走马观花地在展厅看热闹，学习不够深入。现阶段，虽然馆校合作课程开发已有明显好转，开始基于科学课程标准开发展厅教育活动、深度发掘展品背后的科学原理及实际应用，有些课程也开始逐步重视学生的参与感、体验感及动手能力，但馆校结合项目始终未能针对不同年级的教育目标和教学内容有针对性、系统地开展课程设计，与科学课程内容有效衔接性不足，整体来看随机性较大，没有充分考虑到学校、学生的实际需求。

3　吉林省科技馆馆校结合共筑青少年科学教育共同体的具体做法

基于“双减”背景，国家颁布了一系列相关政策，学生、家长、学校也有诸多现实需求。从科技馆视角看，之前开展的馆校结合实践与探索，虽然可以在一定程度上弥补学校科学教育资源的不足，但是尚不能满足和支撑“双减”之后学校和学生对科学教育资源的新需求。为了让青少年科学教育更有温度、更有深度、更加立体化地开展，吉林省科技馆重新思考科技馆教育资源供给、中小学校教育教学需求、科技馆教育功能发挥的途径和方式，并在馆校结合成功的基础上，遵循教育原理，以个性定制、科教融合为思路，探索建立青少年科学教育共同体。

3.1　研发基于科技馆的校本科学教材，将科技馆与学校科学课程有机结合

吉林省科技馆编撰的校本科学教材《科技馆里的科学世界》现已在吉林人民出版社正式出版，涵盖小学 1~6 年级 6 个学段，以全面提高学生的科学素养为宗旨，以培养学生的创新精神和实践能力为重点，以促进学生转变学习方式——变被动接受式学习为主动探究式学习为突破口，使教材符合学生发展需要和社会需求。并且该套教材现是以科技馆为核心的科学课程，对标教学大纲的学科及知识，充分结合《义务教育小学科学课程标准》重点体现科技馆实践、探究的教育特征，展示科技馆多元化的教育资源，可作为现阶段科学大

纲课程的补充、拓展与提升，定位于科学课拓展课程或兴趣提高课，具有自主性、趣味性、参与性和互动性等优势。

《科技馆里的科学世界》在课程模块和内容设置上充分考虑青少年的年龄特点与认知规律，教材内容以章节划分，每章又具体分为5节课，每节课都包含聚焦、猜想、探索、交流、相约科技馆、拓展6个环节，课程以“聚焦”为基础，激发学生的好奇心引发“猜想”，又通过设置“探索”环节，引导学生利用所给材料进行探究实践及交流讨论，且特别设置“相约科技馆”环节，重点联系科技馆展品、教育活动等，启发学生学以致用，将探索得出的结论指导应用以解决实际问题，章末还专门设计了“资料卡”，重点体现科学家事迹，用科学家精神启迪学生探究学习的灵感，通过理论与实践相结合的方式加强青少年科技创新教育，着重培养学生的探究精神。

3.2 组建馆校结合专职教师队伍，设计研发教材配套教学资源包、教师指导用书、学生学习手册

为进一步提升青少年科学教育质量和水平，吉林省科技馆培养了一支具备发展潜力、创造力和战斗力的科技教师队伍，专门服务于馆校结合项目，该教师队伍的主要任务是依托《科技馆里的科学世界》教材，研发创作配套教学资源包、教师指导用书、学生学习手册，以突出科技馆教育特色，实现科技馆研发的校本科学教材与学校科学课程合而不同的理念，将枯燥、抽象的课本知识以生动直观的形式展示出来，鼓励学生亲自动手探索实践，获得直接经验，有效地弥补学校科学教育的不足。目前，该套教材配套教学资源包、教师指导用书、学生学习手册均已研发完毕并正式在合作示范校投入使用，相关学具还申请了专利。

3.3 与合作学校签订馆校结合战略协议，助推科教融合

馆校结合战略合作协议是科技馆与学校在联合行动中就共同目标、实现途径和具体实施步骤等问题有基本一致的认识，且在行动中必须遵守共同认可的行为规范，为馆校结合项目有效落地提供保障。在“双减”政策导向与现实需求条件下，吉林省科技馆充分发挥科普阵地作用，本着“馆校结合、优势互补、助力教育、战略共赢”的原则，以科技馆资源深度融入科学教育体系

为初衷，与学校就联合推进馆校结合工作达成合作协议，进一步明确双方的责任和义务，共同推进青少年科学教育的高质量发展。希望培养一批主动学习、敢于实践创新、富有科学精神的青少年，锻炼一批善于利用科普场馆资源开展基础性、拓展性、研究性教学的校内外科技教师，共同探索馆校结合可复制、可推广的新模式。截至目前，吉林省科技馆已与长春市 40 余所学校签订战略合作协议，并为其提供科学教材、教学资源包及配套师资，同时提供相关场馆活动、创新人才培养、校本课程开发、科技教师培训和科技馆活动进校园等方面的服务内容。

3.4　创建馆校结合“双师教育”科学课堂、“馆+校”融合教学，提高教学实效

“双师教育”是指由科技馆科技教师和学校科学教师共同完成学校科学课程的教育工作。即将科技馆的科学教材及科技教师融入学校科学课程体系当中，学校科学教师负责讲解小学科学大纲要求的具体科学知识，科技馆科技教师负责科学大纲课程的补充、拓展与提升，多以探究实验、互动体验为核心有效衔接学校科学课，学生平均每周一节科学理论学习、一节科学实践拓展学习，利用双师教育、双师课堂的方式开辟崭新的科学教育新模式。目前，吉林省科技馆“馆+校”融合教学具体采用的是“3+1”教育模式，学生在学校课堂学习 3 节课，就需要到科技馆上 1 次实践课堂，馆内有丰富的科普展教资源，可帮助学生巩固学习、用学习到的理论知识指导实践、探索展品背后的科学原理，切实让学生经历学习实践的全过程，进一步激发学生学习科学的热情和兴趣。

3.5　将科技馆项目式学习引进校园，为馆校结合学校课后服务注入新动能

吉林省科技馆针对不同年龄段的学生研发设计了不同主题的项目式学习，如 4D 空间结构、3D 打印与设计、人工智能与编程、机器人创客、卫星探索与遥感技术应用等内容，根据不同学校课后服务时长、授课周期、学生年龄进行课程进阶编排，与此同时，还定期组织学生开展青少年科技创新大赛。科技创新竞赛是科研和项目制教学的交集，也是项目制教学与科研的桥梁，实施过程

中可将科研问题分解到学科竞赛项目中，引导和规定学生进行项目前期研究，并将问题带进课堂，教师以实际项目为题材重新组合教学内容，帮助学生解惑，从而激发学生为解决问题而学习，不仅能培养学生独立思维的意识和发散创新思维的能力，还能促进学生逻辑思维能力的发展，在提高青少年科学素质的同时，填补课后空白，有效助力“双减”政策落地。

3.6 建立科学的考核评价机制，着力提升学生的科学素养

吉林省科技馆馆校结合探索建立青少年科学教育共同体实践中，无论是在“双师教育”授课过程中，还是在参与学校课后服务教学过程中都高度重视对学生的评价，以评价促进学生核心素养的发展，并注重从科学观念、科学思维、探究实践、态度责任等方面全面评价学生，建立了多元评价体系，既关注结果，更重视过程评价，鼓励学生自评与互评，引导学生针对学习过程进行反思。例如，在对学生进行过程性评价时，可根据学生在解答问题、实验操作、自主探究、小组合作等方面的表现，对学生的学习行为、学习能力、学习态度和合作精神等进行持续性评价。学期末，还通过基础知识回顾答卷、绘制思维导图、征文、科技竞赛等静态和动态相结合的方式对学生进行终结性评价，进而基于学生的学业表现评价馆校结合教育目标的合理性和教育方法的有效性。

4 未来努力方向及展望

4.1 开发线上课堂，扩大青少年科技教育的辐射面

随着现代科技的飞速发展，信息化技术的不断变革，以及移动互联网的迅速崛起，科技馆“馆校结合”项目不能仅停留在与科技馆所在城市学校的合作层面，还要深入全省各县市学校，利用新媒体技术开辟线上教学，即采用“线上+线下”相结合的模式与各县市学校尤其是偏远地区的学校建立合作关系。具体实施方案可由省级科普场馆选派优秀科技教师针对科技馆编撰的科学教材及配套资源包对各县市学校科学教师进行培训，实现资源共享。同时，在给学生实际授课过程中还可采用“线上双师课堂”的教学方式，通过直播或

录播的形式实现科技馆教师与学校教师双向互动、实时互联，由此帮助全省各县市和偏远地区学校的学生享受到省级科技馆的科普展教资源，着力解决科学教育发展中的不平衡不充分问题，缩小城乡科学教育差距，有效打破地域、时间、空间上的限制。

4.2　与地方政府、教育行政部门、基础教育深度合作

科技馆与地方政府、教育行政部门、基础教育深度合作是科普资源助推“双减”工作的有利抓手，构建多方位服务青少年科学教育的共同体可破除体制机制障碍，更加明确教育部门、学校、科技馆各自在利用科技馆资源开展青少年科学教育中的责任分工和具体要求，还可以有效打通优质科普教育资源进入学校课堂的渠道，使场馆教育之路更加宽广。例如，科技馆联合中小学校举办青少年科技创新大赛时，若有教育行政部门的支持与助力，将大大提升学校、教师、家长和学生的重视程度，无形中也将进一步扩大青少年科技创新大赛的覆盖面和影响力。

4.3　注重科普队伍建设，夯实科技馆业务基础，优化科普展教资源配置

想要做深做实“馆校结合”项目，需要硬件软件两手抓。科技馆作为展教结合的科普场所，展与教是相辅相成的，要坚持“展教并重”，夯实业务、优化资源配置、持续推进展区展品升级改造。科普人才是衡量一座城市现代科普软实力的标杆，如何在硬件建设完成后开展配套的软件建设，是科技馆能否适应未来发展的核心问题。因此，更要立足一线锤炼优秀队伍，创新科普形式、拓宽科普领域，动员馆内策展人员、科技教师以及名校科学教师、各界专家学者、社会力量参与科技馆教育资源开发，升级迭代“馆校结合”必备的教材资源、教学资源包及配套师资力量，积极探索馆校结合常态化机制，切实提升科普服务能力，用心用脑创新服务模式，用力用情实现教育关怀，努力培养在科技馆里成长的一代人。

4.4　整合社会教研力量，厚植科普课程质量根基

教研实力是课程质量的根基和保障，未来科技馆不仅要在课程方面与学校

共建，还需要同步开展“师资共建”“联合教研”，让学校教师和科技馆科技教师共同编写教材、开发课程。在实践中，让双方教师取长补短、相互促进、教学相长，尤其是在教学理念、课堂教学方式上实现转型，以此培养一批名优科技教师。同时，还可以整合社会资源力量成立科普教师志愿者社团，充分发挥社团的智库优势与资源优势，给高校专家学者提供为青少年开展科学教育的平台，并组织教师志愿者定期到馆进行课程研讨，共同促进青少年科学教育提质增效。

5 结语

未来，希望通过馆校结合共筑青少年科学教育共同体的教育模式发挥引领示范作用，形成可复制、可推广的馆校结合新模式，吸引更多科普场馆和学校参与到“馆校结合”中来，整合科普资源，实现资源共享，共促青少年科学素养提升，夯实科技强国之基！

参考文献

［1］李秀菊、林利琴：《青少年科学素质的现状、问题与提升路径》，《科普研究》2021 年第 4 期。

［2］李秀菊、黄瑄：《面向 2035 年科学教育发展的几点思考——基于九省市小学科学教育实践现状的调查结果》，《科普研究》2020 年第 4 期。

［3］中华人民共和国教育部：《义务教育小学科学课程标准》，北京师范大学出版社，2017。

［4］廖红：《中国科学技术馆馆校合作的实践与思考》，《科普研究》2019 年第 2 期。

［5］金荣莹：《馆校合作课程资源开发策略研究——以北京自然博物馆为例》，《科普研究》2021 年第 3 期。

小学天文科普教育在馆校结合中的新探索与新实践

杨治国*

（吉林省科技馆，长春，130000）

摘　要　天文学是六大自然科学之一，是一项起源于观察和总结的科学，天文科普教育应将理论与实际观测相结合。小学校内天文课均包含在科学课中，受课程所占篇幅、校内硬件设施、校内教学时间等因素的限制，校内在天文科普教育的发展上仍有所欠缺。科技馆作为校外科学教育场所，有着硬件与软件的双重优势，具备更强的天文科普教育能力。因此，馆校结合仍是开展小学天文科普教育的有效途径。信息化教育及“双减”更是为馆校结合带来了更多契机。吉林省科技馆在馆校结合模式中积极探索，发挥场馆优势，借助互联网平台和信息技术，对馆校结合天文科普教育进行了新探索与新实践。

关键词　天文科普教育　馆校结合　科学教育

天文学是六大自然科学之一，起源于人类对日月星辰持续的观察和对其运动规律的总结。南仁东曾说：“感官安宁，万籁无声，美丽的宇宙太空以它的神秘和绚丽召唤我们踏过平庸，进入无垠的广袤。”对于青少年来说，宇宙和星空有着很强的吸引力，而好奇心的引领不仅能够驱使青少年了解天文知识，通过对星空的观察还有助于培养青少年耐心、细致的学习态度，提高他们的科学素养。因此，天文科普教育应将理论与实际观测相结合。

---

* 杨治国，吉林省科技馆，研究方向为信息化科学教育。

1 馆校结合是开展天文科普教育的有效途径

1.1 校内天文科普教育的现状

以小学为例，校内科学课是天文知识的重要来源，但受课程所占篇幅、校内硬件设施、天文师资力量和校内教学时间的限制，校内的天文科普教育很难做到理论与实际观测并重，这就导致学生们在课后难免觉得天文学有些“不接地气”。例如，学生们都知道太阳系有八颗大行星，却很少有学生真正在夜空中见过它们。

首先，天文课在科学课中所占比例不高。根据《义务教育小学科学课程标准》，天文领域占全部内容的5.3%，这使得天文领域在教学内容的广度上受限。由于占比不高，天文科普也较难引起校方的重视，很多学校的天文硬件设施跟不上。在师资方面，科学教师需要兼顾除天文外所有科学课程，因此教师很难进一步拓展天文教育的深度，在天文教具与课程设计上心有余而力不足。

其次，学校的天文课很难实现天文观测，其最主要的原因是受教学时间的限制。以小学为例，学校课程均是在白天进行，而除观测太阳和个别行星外，天文观测几乎都是在夜晚进行，显然对于学校而言其无法在夜间开课。而天文学本身的特点就要求兼顾理论与观测。例如，小学课标地球与宇宙科学领域的科学知识目标中就有“知道地球自西向东绕着地轴自转”，要得出这一结论，只需要对北极星附近星星的运动方向进行观察，就能发现地球自转的方向；再如科学知识目标中还要求学生“描述月球表面的概况”，如果学生能利用望远镜观察月亮，就能描述出裸眼与望远镜视角下月面的不同。

1.2 科技馆在天文科普教育上的优势

科技馆是校外的科普教育场所，基于实物的体验和学习是科技馆鲜明的教育特征，这种特征的基础就是展品、展览等科普资源。当前，我国大部分科技馆均会陈列一部分与天文有关的展品，2022年新版全国流动科技馆巡展手册中，与天文有关的展品接近1/3，操作实物展品是学生获得直接经验的有效途径。除了常设展品，科技馆天文科普教育的另一件利器就是球幕影院及其天文演示功能。当前，省级以上科技馆均建有球幕影院，流动科技馆也配备了充气式球幕影院，球幕影院最初的功能就是演示星空变化，后来逐渐加入天文影片，其天文科普教育能力得到强化，也成为科技馆天文科普的特色手段。

科技馆不一定都配备天文专业人才，但可以培养天文专门人才。科技馆的科技辅导员相比于学校教师，有更多的时间去研究某一个领域，即使非该专业出身，也可以在长期的工作中积累一定的经验，这有利于科普工作人员对该领域的深度研究。同时，基于科技馆的教育特征，科技辅导员更容易从体验、参与等实践的角度设计课程。天文学离不开实践，学生需要从真实的或接近真实的观察与体验中获取信息。因此，科技辅导员在开发课程教具和设计课程环节方面更有优势。

基于科技馆的教育特征，结合学校教学经验，馆校结合是开展天文科普教育的有效途径，是培养青少年天文兴趣、开阔视野的重要方式，是兼顾天文科普理论与观测的有效手段。

2　信息化教育及“双减”为馆校结合天文科普教育带来契机

2.1　信息化教育为馆校结合天文科普教育提供了更多形式

信息化教育，是指运用现代信息技术，开发教育资源，优化教育过程，以培养和提高学生信息素养为重要目标的一种新的教育方式。在教育中应用的现代信息技术就包括现代传播技术，即运用现代教育媒体开展教育教学活动的方法。互联网的发展、移动终端设备的普及和各路新媒体平台的出现，使得信息化教育变得更加便利，同时也打破了时间和空间的限制，这对于天文科普教育来说是十分有利的外部条件。在馆校结合天文科普教育中，信息化主要体现在四个方面。一是以线上直播等形式讲授天文课，通常可以选择在晚间授课，学生可以直接选择在户外一边观测一边听课，也可以在室内听完课后，马上到户外实践，理论与观测不分家。二是通过信息化手段，开发可供学生在互联网上下载的电子版教案和资源包，使课程覆盖更多人群。三是利用科技馆球幕影院的天文演示功能，模拟星空运动，根据课程内容的不同，定制适合的天文演示，给学生接近真实的体验感。四是利用各类星空软件，实现教学目的。

2.2 “双减”为课后天文科普教育提供了时间

2021 年 4 月，教育部办公厅印发《关于加强义务教育学校作业管理的通知》，将禁止留作业作为校外培训机构日常监督的重要内容，切实避免“校内减负，校外增负”。“双减”减轻了学生的校外培训和作业负担，进一步为课后天文科普教育提供了可能。同时，“双减”也使更多学生增加了家庭时间，首都师范大学初等教育学院的老师提出，家庭成员的交流学习也是非正式学习的范畴，应鼓励家长参与到馆校结合科学教育的活动中。要发挥家庭学习功能，必然要跳出学校的教育环境，营造家庭成员共同学习的氛围，使家庭成员尽可能地参与进来，对于小学生来说，夜晚的户外观星必然需要家长的陪同，而天文知识又非语文、数学那样，有明确的年级界限，天文知识是适合各个年龄段的“普通”科普知识，适合学生与家长一同学习，这种方式有助于实现学校、场馆、家庭“三位一体”的科学教育。

3 吉林省科技馆在馆校结合天文科普教育中的探索

馆校结合天文科普教育课程的设计，要突出科技馆的教育特征，以观察、发现、思考为前提，充分结合场馆资源，参考科学课标，进而设计出适用于馆校结合天文科普的课程资源包。由吉林省科技馆研发的课程资源包“探秘北斗七星”是馆校结合模式下天文科普教育的一次新探索与新实践。

3.1 课程概况

“探秘北斗七星”分为线上和线下两个版本。线上版对应小学课后天文科普教育，线下版对应科技馆实地参观。科技馆开发了能够模拟北斗七星运动的星盘和学习单，以科技馆教师引导和学生自主探究为主要形式；能锻炼学生的观察力、逻辑思维和逻辑推理能力；活动为学生配备了需要分步拼装的星盘和指导学习流程的学习单，边讲边教大家如何拼装和使用北斗七星盘，通过北斗七星盘拼装过程和填写学习单，了解北斗七星如何定位北方，古人如何定节气和历法、如何看四季变化，从而体验古人寻星观天之路。

表1 活动流程清单

版本	线上	线下
活动方式	直播	球幕影院授课
活动道具	北斗七星盘图纸(可自行打印)	北斗七星盘
	学习单(可自行打印)	学习单
互动游戏	Starwallk 观星软件(可自行下载)	现场游戏
观星	户外观星(当晚或自行安排其他时间)	球幕影院模拟星空运动

3.2 对接课标

在内容上，对接《义务教育小学科学课程标准》中关于地球自转和公转、星座以及北极星的相关知识。教学目标参考了课标的难易程度，在知识与技能方面，教会学生认识北斗七星的形状，让学生知道恒星是运动的、如何用北斗七星辨认时间和四季、北斗七星与二十四节气的关系、不同纬度的人看到的星空不同。在户外或球幕观星中，可以利用北斗七星找到北极星进而辨别方向，利用手中北斗七星盘判断四季和二十四节气、查看实时星座位置和认星座、看时间。在情感态度方面，培养学生对自然现象的好奇心和探究热情，培养学生尊重事实的态度，使学生乐于参与观察、分析、验证等科学实践活动。

3.3 实施过程

第一阶段：引入，画北斗七星。让学生画出印象中或想象中北斗七星的样子。在学生画完以后，教师会画出正确的北斗七星，接下来则是重点，教师会画出北斗七星的侧视图，然后告诉学生，这也是北斗七星。学生们会半信半疑。教师引出活动道具的第一次操作，拼装北斗七星盘。资源包里会给出长短不一的小棒（线上课程自行准备，材料易得），教师给出北斗七星各星到地球的距离。学生分析数据，进行拼装，然后从不同的角度看北斗七星，会发现原来北斗七星只有在地球这个方向看才是勺子形，从其他方向看都不是。教师总结，每颗星星到地球的距离都是不同的。

第二阶段：设计探究过程，并学会在观察中总结规律，并验证自己的结论。教师教学生使用星盘，并指出北极星的位置。学生互相讨论：利用北斗七星的哪些特点可以快速定位北极星的位置。教师逐一验证大家的想法，并给出评价。最后由教师给出用北斗七星找北极星的便利方法（线上课程则由教师直接给出定位北极星位置的方法）。

第三阶段：从不同的纬度看星空。教师提出问题，居住在不同纬度，我们看到的星空会是一样的吗？给同学们一分钟思考时间。同学们思考并回答，说出自己的理由。组织小游戏“登高远眺”。教师在墙壁上挂一个物品，学生站在椅子上观察它的位置，然后站在地面上观察它的位置，会发现所在高度不同，物品的相对高度也在变化，进而让大家思考，把地球的纬度想象成很多级台阶，站在高度不同的台阶上看到的星空也会不同（线上课程则利用 Starwalk 软件模拟出不同维度的星空，让同学们观察）。教师提出问题，以北斗七星为例，纬度高时看到的位置偏低还是偏高。学生根据游戏的结果（软件模拟），分析答案。

教师教学生操作星盘，在星盘上通过改变地理纬度，能观察到不同纬度星空的变化。并告诉学生接下来的探究活动，要将所在的地理纬度设置在北纬 30 度至 40 度之间。

第四阶段：北斗七星一天的运动。教师提出问题，9 月 1 日晚 10 点，北斗七星在什么位置？学生操作星盘。教师引导学生观察并推断 9 月 1 日晚 11 点、12 点、1 点……北斗七星的位置变化。学生能通过星盘总结出北斗七星一天绕北极星转动一周的规律。进而可以了解到，正是由于北斗七星的这一特点，古人才会用它来确定时间。教师教学生操作星盘，用北斗七星辨认时间。

第五阶段：北斗七星一年的运动。教师提出问题，9 月 1 日晚 10 点，北斗七星在什么位置？引导学生自己操作星盘，观察并推断 10 月 1 日晚 10 点、11 月 1 日晚 10 点、12 月 1 日晚 10 点……北斗七星的位置变化。学生能通过星盘总结出北斗七星一年绕北极星转动一周的规律。进而可以了解到，正是由于北斗七星的这一特点，古人才会用它来确定季节。

教师教学生操作星盘，用北斗七星辨认季节。

第六阶段：组织学生观看星空演示和影片。教师边进行星空演示，边重复所学内容（线上则发挥家庭教育的作用，即学生与父母一同到户外实地观测北斗七星）。

第七阶段：交流答疑。学生畅所欲言，可以提出疑问或发表自己的想法，教师进行解答并组织交流。

3.4 活动效果

本课程当前共开展5场，累计400余人参与，其中线上3场，参与人数近300人。在最后的提问和答疑环节，很多学生能够基于本课内容提出问题和想法。例如，有学生问道：南半球的星星是围绕南极星旋转吗？因为在本节课中学生了解到北半球的星星绕北极星旋转，所以进而想到是否有南极星的相关问题。再如，学生在本节课中知道了根据北斗七星的指向辨认时间，反馈道：北斗七星就像手表上的指针，跟随时间不停转动。此外，在课程结束几天后，有些家长在活动群里咨询实地观星时的一些疑问，很多问题都是在实地观察的基础上提出来的，从中可以看出本课程能在一定程度上激发参与者的兴趣，并带来较好的“后续反应”。

本课程面向3~6年级学生开展，对部分参与者进行了访谈调查，所有受访者对本课程的开展总体满意。根据作品的完成速度、成品的完整性、所提问题和课后实践可以得知：3、4年级学生在动手环节的表现相对较弱，线上课程中很多同学需要家长的帮助才能完成，而线下学生的动手时间较长；3、4年级学生在游戏互动环节有更大的兴趣，能轻松掌握比较简单的知识。5、6年级学生动手能力较强，能在课程设计的动手时间内完成作品；5、6年级学生有一定的天文知识基础，对于稍复杂的概念在教师循序渐进和重复讲授中均能较好地理解。因此，在之后的课程中，面对低年级学生要适当延长动手制作时间，教师要尽量帮助学生独立完成作品，培养其动手能力，从而使学生获得更大的满足感，进而增强学生自信；对于高年级学生来说，不必每一次课程都从最基础的知识讲起，还要着重培养其分析、归纳和总结的能力。

3.5 活动特色

“探秘北斗七星”课程在分类上选择了六大自然学科之一的天文学，在内容上以学生平常容易忽略但又充满神秘和想象的星空知识为主，并综合考虑天文学特点和校内天文课存在的问题，在唤醒学生重新凝视星空的同时，能较大限度提高学生的学习兴趣。

本课程在内容设计上对接小学课标，使学生达成学习要求的同时得到更多扩展知识和学习的方法，增强学习能力。本课程将知识与实践相结合，用知识指导实践，在实践中检验知识并发现新的问题，进而增强学生探究的内驱力，逐渐发展成由兴趣驱动学习。

本课程的两个版本虽然一个在户外观星，一个是影院模拟星空，但均能为学生们打造出真实的体验感，尤其是线上授课和户外观星，还能为偏远地区和不方便开展线下活动的地方授课。线上课程单次的覆盖面更广，更侧重课程内容的连贯性，而线下课程更侧重各个环节的体验感。

4 结语

近年来，小学生对天文学的兴趣日益增加，天文学本身的特点决定了其学习要将理论和观测相结合，因此馆校结合开展天文科普教育仍然是有效途径。而除了学生到科技馆参观和科技馆教师进学校授课等传统的馆校结合模式外，科技馆应充分利用信息技术，依托网络平台，建立科技馆、学校与家庭的联系，开发适用于线上的天文科普资源包，让更多学生感受到天文学的魅力。

参考文献

[1] 祝智庭、胡姣：《教育数字化转型的理论框架》，《中国教育学刊》2022 年第 4 期。

[2] 祝智庭、胡姣：《教育数字化转型的本质探析与研究展望》，《中国电化教育》2022 年第 4 期。

[3] 杨婧：《基于新课标的小学天文科学课程馆校结合实践》，载《面向新时代的

馆校结合·科学教育——第十届馆校结合科学教育论坛论文集》，2018。
[4] 杨斌：《论馆校结合教育模式在中小学天文教育中的重要性》，《自然科学博物馆研究》2017 年第 S1 期。
[5] 周丽娟：《跨学科、多形式、多角度的馆校结合研究》，载《科技场馆科学教育活动设计——第十一届馆校结合科学教育论坛论文集》，2019。

“馆校社” 协同推进研学实践课程开发的案例研究*

于秀楠　徐　昌**

（北京市东城区青少年科技馆，北京，100011；
北京市东城区教育科学研究院，北京，100009）

摘　要　立足于“研学旅行”和“双减”政策要求，中小学研学实践课程面临供给不足和质量不高的困境，而现有的研究者尚未提出具体的破解思路/可行思路。作为公办校外教育机构的青少年科技馆则发挥了自身的统筹作用，形成了明确的研学实践课程开发路径和实践模型构建、推进机制创新和运行流程优化等策略。在实践过程中，提升了中小学生的科学素养水平、加速了校内外一体化教育的进程、推动了跨界研学教师队伍的建设、促进了青少年科技馆的可持续发展，为地方和学校通过多主体协同推进研学实践课程高质量发展提供了借鉴参考。

关键词　青少年科技馆　馆校社协同　研学实践课程　科学素养

为贯彻落实立德树人根本任务，着力提高中小学生的社会责任感、创新精神和实践能力，教育部等 11 部门联合印发了《关于推进中小学生研学旅行的

* 本文系北京市教育科学“十三五”规划 2020 年度课题“基于研学旅行活动课程开发的科教资源有效配置研究”（课题批准号：CGDB2020399）的成果。该成果于 2022 年 6 月 10 日被北京市教委公示为 2021 年北京市基础教育教学成果二等奖（http：//jw. beijing. gov. cn/tzgg/202206/t20220610_ 2734425. html）。

** 于秀楠，北京市东城区青少年科技馆高级教师，研究方向为科普教育；徐昌，北京市东城区教育科学研究院科研员，研究方向为课程与教学论。

意见》。受政策影响，中小学和社会上校外研学教育机构的研学实践教育热情得到空前激发。在疫情和"双减"政策的影响下，曾经作为研学旅行服务主力军的私立校外培训机构逐渐退出教育舞台，研学实践课程的常态化供给受到极大冲击。如何才能消除这种不利影响？从当前的研究来看，尚未有研究者提供可行的破解思路和具体的案例支持。校外教育是提升学生核心素养的一种重要途径，链接学校教育和家庭教育，是社会教育的支撑。[1]在我国，以青少年科技馆等为代表的公办校外教育机构，是与学校教育相辅相成的青少年素质教育的重要阵地。面对新的挑战和任务，青少年科技馆等校外教育机构就需要充分利用"公办校外"的独特优势，发挥统筹作用来回应时代发展的诉求。这就需要进一步明确青少年科技馆等校外教育机构为何要发挥作用、如何发挥作用、发挥什么样的作用，通过何种方式和内容来回应中小学研学实践课程供给不足的问题？这不仅关系"五育并举"教育方针和"立德树人"根本任务的落实，还影响基础教育课程改革的深化和"双减"政策的有效落实。

1 "馆校社"协同推进研学实践课程开发的缘起

1.1 中小学生多元化个性化的研学实践课程需求

北京市自奥运会后提出"科技北京"理念以来，2017 年又发布《北京城市总体规划（2016 年—2035 年）》，提出"科技创新中心"等四个中心的城市战略定位。这就要求市辖区内的中小学和相关机构能够进一步激发中小学生的科学兴趣、提高科学素养水平，努力培养能够满足首都发展需要的科技创新人才。随着研学政策的发布，很多学生已经不满足于单纯的课堂学习，对外出的研学活动有强烈的愿望。教育部教育发展研究中心的一项调研显示，"2017 年研学旅行全国中小学参与率平均为 38%，2018 年已达到 50%，大部分学校在条件能力允许的情况下都开展了研学旅行"。[2]立足于"双减"政策的要求，对于大城市中的中小学生来说，其对研学实践课程的需求更为强烈，家长期待也更为多元。如何通过高质量的研学实践课程供给来满足学生和家长的多元需求成为当前阶段教育高质量发展不容回避的一个难题。

1.2 研学实践课程供给侧与需求侧的失衡困境

旺盛的研学实践课程需求激发了多方面供给主体的积极性。但是作为供给侧的社会资源单位由于缺少专业教师，在旅游线路基础上开发的“研学”产品数量很多、质量不高、教育性差，收费高、公益性不足，难以达到学校和学生对优质研学实践课程的要求；作为需求侧的中小学校，对高质量的研学实践课程有着迫切的需求，但是由于教师时间与精力有限，缺乏动力与时间保障，很难由学校教师自主开发研学实践课程。如何解决研学实践课程供给侧和需求侧之间存在的供需失衡问题成为各方关注的一个焦点。

1.3 公办校外教育单位的独特定位和发展优势

作为一家位于首都功能核心区，由区教委管辖，以提升青少年科学素养为宗旨的专业性机构，北京市东城区青少年科技馆（以下简称“科技馆”），承担着利用寒暑假时间组织研学活动（冬、夏令营）等方面的职责。多年的行动实践和积累的口碑，使得此类活动深受师生和家长喜爱。随着2016年研学旅行相关意见的出台，学校和社会单位可以直接组织研学旅行活动，这给科技馆的发展带来了挑战，要求科技馆构建完善的研学实践课程体系，以丰富多样的课程满足学生个性化需求。在研学实践教育中科技馆拥有独特的优势：首先，科技馆对内了解学校和学生，对外有社会资源和成熟的线路；其次，不同于社会营利性机构打着“研学旅行”的幌子来“盈利、挣钱”，导致“游而不学”或者“游多学少”，科技馆自身的“公办”属性确保了研学实践课程的公益属性和教育属性；最后，校外教师一般都具备很强的活动课程开发能力和充足的时间保障，擅长把社会资源转化为教育实践课程。这些独特的优势是构建“青少年科技馆+中小学校+社会资源”“三位一体”协同育人机制的基础。面对丰富的社会资源和多元的学校需求，如何以研学旅行实践教育课程为载体推进校内外一体化教育，更好地发挥校外专业优势成为新时期科技馆教育改革与发展的工作重点。

2 “馆校社”协同推进研学实践课程开发的路径

场馆作为面向社会大众，保存和传承人类历史文化，普及自然和科学技术知识的公共机构，不仅包括科技馆、博物馆、天文馆、美术馆等封闭空间，也包括动物园、植物园、历史遗址、自然保护区等露天开放场所。[3]一般来讲，馆校合作是指上述社会资源单位与学校的合作。通过馆校合作开发课程资源，主要是为了满足学生校外教育的需求。[4]但是从具体的组织管理和运行方式来说，场馆机构属于社会资源单位，由科协、文化等部门管辖。而青少年科技馆等则归地方教育当局管辖，具有自身独特的定位与资源优势。"十二五"期间，科技馆在全国南、北、中各选定了一个自然保护区，依托天文、地理、生物等学科开展综合实践活动，尝试为每个基地开发"一个菜单""一本指南""一本手册"；"十三五"期间，科技馆依托试点成果，扩大研学基地规模，细化研学课程开发"十步走"流程，开发精品研学课程，并进行大规模学生实践，基于实践成果开展科教类研学资源配置研究，逐步成立了以科技馆为主导的"馆校社"协同合作共同体；"十四五"期间，探讨疫情防控常态化时代研学课程的调整，在助力"双减"的过程中，充分发挥公办校外教育单位的优势，将优质研学实践课程以"课后服务"的形式惠及区域内的各级各类学校，促进教育均衡，助力学生全面发展。

2.1 课程开发的理念和目标定位

培养学生核心素养是落实素质教育和立德树人根本任务的重要举措，科技馆研学实践课程的育人目标既要体现中国学生培养核心素养的要求，又要体现科技馆自身的科普教育理念和办学特色。这就需要对核心素养进行"馆本化"的表达和实践，转化为科技馆诸多研学实践课程中的目标体系。

一级目标即总体目标，是基于STS教育理念开发的实践性活动课程，这是科技馆所有研学课程设计的基本依据。教育部在《中小学综合实践活动课程指导纲要》中对综合实践活动课程的规定是："课程目标以培养学生综合素质为导向，强调学生综合运用各学科知识，认识、分析和解决现实问题，提升综合素质，着力发展核心素养，特别是社会责任感、创新精神和实践能力，以适应快速变化的社会生活、职业世界和个人自主发展的需要，迎接信息时代和知识社会的挑战。"[5]科技馆研学实践课程一级目标指向学生"科学素养"和"核心价值"的提升，注重教育的"开放性"和"人本性"，致力于"科学文化"与"人文文化"相统一的教育。以落实立德树人根本任务为目的，提升学生对自然、社会和自我之间内在联系的整体认识，培育学生的科学精神，引导学生进行社会参与，为中国特色社会主义培养建设者和接班人。

二级目标是某一项研学课程的“主题”目标。学生的学习和认知是一项综合性活动，需要多门类知识的参与，没有哪一项活动是单靠一门学科知识就能完成的。科技馆设计的研学课程，不是只聚焦某一学科单一主题，也不是多种学科知识的随意拼凑和混搭，而是基于一定的教育理念和发展诉求进行的跨学科有机融合。在课程开发过程中，会基于研学地点的特色和优势，结合基础教育各学科的课程标准和北京市校外教育“三个一”课程建设标准，设定该项目的研究“主题”，围绕主题划定范围，在范围内细化展开下一级目标。

三级目标是课程实施过程中每个教学环节的具体目标。如参观类、体验类活动主要为了培养学生观察能力；制作类、实验类活动主要为了培养学生动手实践能力；课题类、探究类课程主要为了培养学生的逻辑思维和研究能力；拓展类活动主要为了培养学生的生存、适应能力；等等。

2.2 课程开发的原则遵循

科技馆在开发研学实践课程时，以落实“五育并举”为基本原则，立足学生的全面发展、长远发展，跳出校外科技教育课程的局限性，将校内教育与校外教育有效衔接，将校内资源与校外资源合理统筹，将科技与艺术、美育、德育、劳动教育等相融合，以研学课程为载体进行校内外一体化教育实践，课程开发过程围绕以下 4 个原则。

第一，科学性原则。科技馆会根据不同的项目需求选择专业对口的教师进行课程开发。以云南腾冲研学项目为例，课程开发部经过与专家的反复研讨，确立了 8 个研究专题，对应挑选了“天文+地理+生物+环保+德育”5 个项目的校内外专业教师组成团队，前往腾冲进行踩点和课程开发。在“建筑达人”满洲里研学项目中，是“地理+建筑模型+生物+阅读+历史”组合；在“助力女书申遗”江永研学项目中，是“科学阅读+地理+小记者+音乐”组合。课程开发完成后，会把研学手册交给专家团做最后的审核，以确保内容的科学、严谨、规范。

第二，趣味性原则。科技馆的研学项目会把多学科知识融于有趣、有挑战性、与学生生活相关的问题中。以黑龙江漠河研学项目为例，天文老师设计了“立竿见影”环节，让学生出发前准备一根小棍儿，测量并记录正午 12 点时木棍的影长和角度，到达漠河后，选择同样的时间让学生再次立棍测量，并把数据与在北京测量的数据相对比，教学生如何用数据差计算出北京和漠河的经度差；用立竿见影算出的时间与手表上的北京时间对比，计算两地时差等。这些环节的设计能激发学生的内在学习动机，将基于探索和目标导向的学习嵌入趣味性的动手实验中。

第三，协作性原则。研学过程中会设置很多团队合作任务，以团队成员的共同表现为参考进行课程评价。例如，在“相约雪龙　寄梦南极——接雪龙船回家”研学项目中，学生登船后会分成 4 支队伍，按照不同的路线分组探究，最后以小组为单位进行课题汇报。再如，“考察魅力江永，助力女书申遗”研学项目中，4 支队伍分不同路线考察完成后，从不同的角度撰写“女书申遗”考察报告，进行展示及答辩会，最后还要在专家的指导下整合出总报告，生成整个研学团队的总成果，为女书申遗贡献一份力量。学生在相互协同中，既构建了群体性知识，又增强了合作意识和团队精神。

第四，体验性原则。以长白山研学项目为例，教师设计“走科学家的路”公路生态调查科学体验环节，学生以小组为单位，亲身体验走一趟科学家中国科学院长白山科学研究所朴正吉教授的“科研路”——环长白山自然保护区旅游公路，在公路调查中亲身体验科学研究的真实过程。知识层面，通过组织学生亲身体验科研工作者野外科学考察的过程，了解人类行为对长白山原始森林生物的影响；能力层面，了解公路生态学调查过程中所用到的科学记录数据的方法，培养学生收集整理资料、分析使用资料的能力；情感态度价值观层面，体验科研工作者的辛苦，培养问题意识和创新精神，获得参与实践的积极体验。

2.3　课程内容体系的科学搭建

校外教育作为与学校教育并行的教育领域，必须遵循教育发展的基本规律，其实施方式是以活动课程思想引领的教育形式。科技馆基于校外教育的特点和科技馆的办学理念，秉持“生活即教育”“学习即经历”理念，对研学课程内容进行统筹设计、整体建构。强调密切联系社会的重要性，使学生在社会生活中获得直接经验，重视学生的兴趣和需要，发挥学生学习的主动性和自主性。

根据学生发展需求的差异，科技馆构建了“三层四级六模块”研学实践课程体系，如图 1 所示。三个层面分别是：面向全体学生的基础层、面向不同学段的拓展层、面向专题小组的提升层。四个级别分别是：一级课程“身边的研学”，活动范围在本区内；二级课程“周边的研学”，活动范围在北京市内，“环京的研学”，活动范围在京津冀以内；三级课程“毕业研学”和“假期研学”，活动范围在省外国内；四级课程“PBL 项目式研学”，活动范围因课制宜。根据课时长短、选课方式等的不同，四级课程具体分为六个模块加以实施。

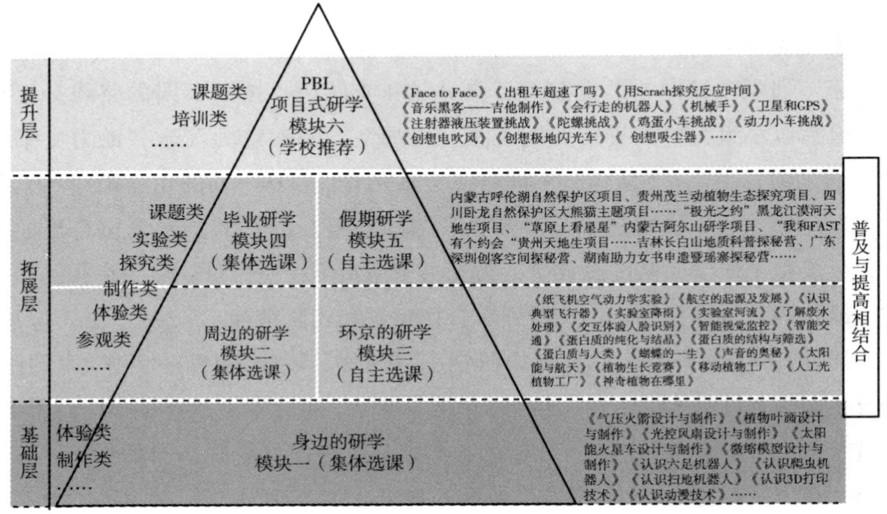

图 1　科技馆“三层四级六模块”研学实践课程体系

2.4　课程模块的灵活构成

依据杜威的活动课程理论，校外课程更多地适用于学生获取直接经验的活动课程，更加关注学生个性的发展与兴趣的培养。校外教育单位研学课程的建构并不等于学校研学课程的翻版，而应该遵循校外教育的独特性建构“活动课程”。科技馆要求研学课程的开发，要从三维目标、施教手段、阶段目标实施以及评价体系等方面建构具有“校外教育特色”的研学实践课程，在活动的各个环节都要充分体现“活动课程”意识。科技馆共计研发了 90 项研学课程项目，基础层 15 项，拓展层 60 项，提升层 15 项，如表 1 所示。这些课程经专家评审、上级审核后面向全区中小学发布，学校和学生自主选课，科技馆依据选课结果实施课程。

表 1 科技馆研学实践课程菜单概览

<table>
<tr><th>课程层次</th><th>课程级别</th><th>课程模块</th><th>所需时间</th><th>区域</th><th>适合学段</th><th>选择方式</th><th>课程项目</th></tr>
<tr><td>基础层（面向全体）</td><td>一级（15 项）</td><td>身边的研学（模块 1）</td><td>0. 5 日</td><td>区内</td><td>小学全学段</td><td>集体选课</td><td>科学小制作系列：气压火箭设计与制作、太阳能火星车设计与制作等 5 项
人工智能在身边系列：认识六足机器人、认识爬虫机器人等 5 项
探秘身边的科学系列：“磁悬浮”探秘、“学影科学”探秘等 5 项</td></tr>
<tr><td rowspan="4">拓展层（面向分层）</td><td rowspan="2">二级（30 项）</td><td>周边的研学（模块 2）</td><td>1 日</td><td>京内</td><td>小高、初中、高中</td><td>集体选课</td><td rowspan="2">走进北京航空航天大学课程：纸飞机空气动力学实验等 3 项
走进中科院地理资源所课程：实验室降雨实验等 3 项
走进中科院自动化研究所课程：交互体验人脸识别体验等 3 项
走进中科院生物物理所课程：蛋白质的纯化与结晶实验等 3 项
中科院自然科学系列：蝴蝶的一生等 4 项
中国农业科学院系列：闻香识蘑菇等 4 项
探究神奇的海洋科普课程系列：海洋贝壳创意设计等 5 项
科技馆小组课程之研学系列：天文组高阶研修等 5 项</td></tr>
<tr><td>环京的研学（模块 3）</td><td>2 日</td><td>京津冀</td><td>小高、初中、高中</td><td>个人自选</td></tr>
<tr><td rowspan="2">三级（30 级）</td><td>毕业研学（模块 4）</td><td>3~5 日</td><td>国内</td><td>六年级、初三</td><td>集体选课</td><td rowspan="2">国家级自然保护区系列：内蒙古阿尔山自然保护区研学旅行项目、贵州茂兰自然保护区研学旅行项目等 10 项
“天地生资源全国行”系列：“极光之约”黑龙江漠河天地生研学旅行项目、“草原上看星星”内蒙古阿尔山—满洲里天地生研学旅行项目等 10 项
探秘营系列：吉林长白山地质科普探秘营项目、湖南助力女书申遗暨瑶寨探秘营主题项目等 10 项</td></tr>
<tr><td>假期研学（模块 5）</td><td>5~15 日</td><td>国内</td><td>小高、初中、高中</td><td>集体选课/个人自选</td></tr>
<tr><td>提升层（面向小组）</td><td>四级（15 项）</td><td>PBL 项目式研学（模块 6）</td><td>长期</td><td>国内</td><td>小高、初中、高中</td><td>学校推荐</td><td>“数字科学家”系列：出租车超速了吗、用 Scrach 探究反应时间 3 项
STEM 系列：音乐黑客——吉他制作、机械手等 4 项
科学创想系列：注射器液压装置挑战、鸡蛋小车挑战等 8 项</td></tr>
</table>

3 “馆校社”协同推进研学实践课程开发的策略

3.1 构建“馆校社”协同开发课程的实践模型

开发高质量的研学实践课程，不仅会受到学校和研学基地的影响，同时也会受到科技馆及其他社会机构的影响。基于多主体参加研学实践课程的客观现实，如何处理复杂主体之间的关系呢？由苏联马克思主义心理学家维果斯基开创的文化历史活动理论（Cultural Historical Activity Theory）[6]和德国哈肯提出的协同学理论（Synergetics）[7]为我们分析当前的研学实践课程问题提供了理论指导。研学实践课程的推进涉及科技馆、中小学校和社会资源单位等多个主体，这些主体能够基于各自客体的不同，形成相对独立又互相影响的活动系统，具体如图 2 所示。但是从知识逻辑、实践逻辑和学生认知逻辑三个维度来讲，社会资源单位以营利为目的，注重研学的实践逻辑，缺少对学生认知逻辑的把握，对知识逻辑的掌握也不够精确；学校注重学生认知逻辑，但对实践逻辑缺乏了解，对知识逻辑的掌握同样不够精确，自身缺少专业人才和研学资源；科技馆基于长期的实践教育活动经验既注重知识逻辑，又了解学生的认知逻辑，能兼顾实践逻辑，同时还具有自身的公益属性和专业优势。

基于多方主体优劣势分析，科技馆提出了“馆”主导下的“馆校社”“三位一体”协同推进研学实践课程开发的三角模型，如图 3 所示。由图 2 和图 3 可见，三个独立的活动系统互相影响、自成体系，但是随着科技馆这个序参量主导作用的加强，构成了如图 3 所示的活动系统。在旧的活动系统中，主体、客体、中介、规则、共同体和分工，各有所指，同时存在一定的矛盾，但最终在多主体不断参与、客体逐步统一的基础上发展成为新的活动系统。新的主体的重构和共同体的形成，需要新的规则和劳动分工，最终在研学实践课程中介工具的开发下，实现新的客体改造，达到培养学生的目标。

3.2 创新“馆校社”协同开发课程的推进机制

结合“馆校社”多方主体特点、学生需求和课程运行流程特点，科技馆

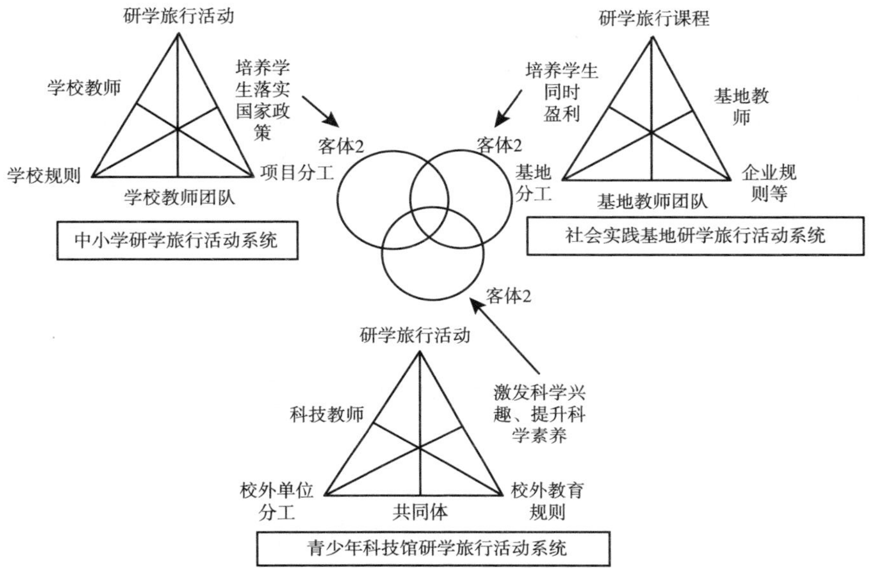

图 2 多主体独立且互涉的研学实践课程开发模型

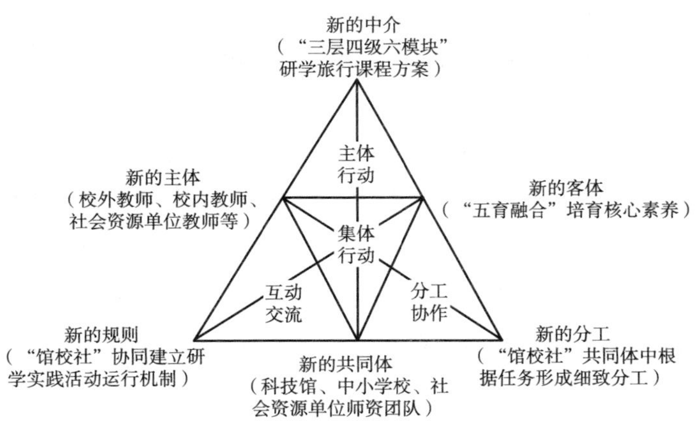

图 3 “馆校社”协同推进的研学实践课程开发模型

实现了研学实践课程推进机制的创新，如图 4 所示。

第一，内牵中小学校，馆校协同。借助行政主管部门设立在科技馆的科教办、学院办等平台，与中小学校相联系，通过学生问卷、家长问卷等调查，与学生和家长相联系，在充分调研需求的基础上，掌握学校和学生、家长的实际

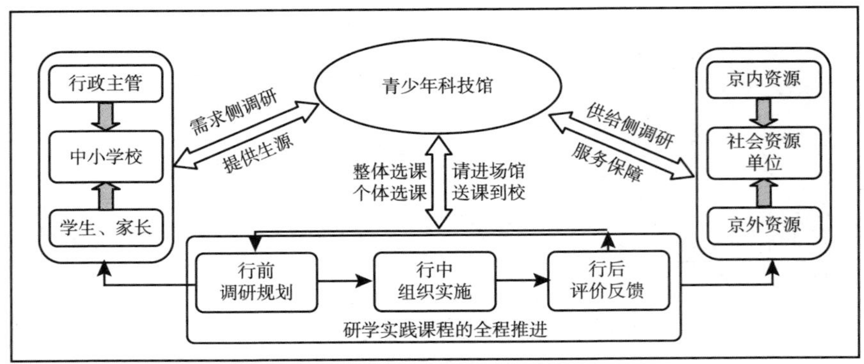

图 4　“馆校社”协同推进研学实践课程运行机制

需求。

第二，外联社会资源单位，馆社协同。根据地理位置的不同，将社会研学资源单位进行分类，对京内资源采取定期走访的方式，了解研学单位的资质、资源、承载力等；对京外资源派出教师团队前往现场踩点，建立挂牌研学基地，合作开发研学课程，优化研学路线。

第三，“馆校社”协同，助力“双减”。将学校、学生的需求与社会资源单位进行匹配，设计研学实践课程的内容、时间、规模、组织方式、安全预案等，课程上报行政主管，经过审批后，通过办公网、微信公众号等途径发布，完成招生等前期工作。项目实施过程中，科技馆安排校内外教师组成研学导师团队，全程带领学生完成研学活动，并在返回后完成后续的测评反馈与成果汇报。“双减”政策实施期间，科技馆通过“馆校社”协同机制，为课后服务存在需求缺口的学校对接社会资源单位，使学生不出校园就能学习丰富优质的研学课程。

3.3　优化“馆校社”协同开发课程的运行流程

第一，行前阶段——调研需求、制订方案。针对科技馆老师对学生情况了解不够全面的客观现实，科技馆在完成学生报名工作后，针对报名人数较多的学校，会及时与学校取得联系，建议学校派出带队老师参与活动；为了更好地掌握选课学生的个性化与共性化需求，科技馆会向报名学生进行问卷前测，基于学情诊断调整研学目标，编写配套的《学习手册》《出行手册》《领队手册》和材料包等，提前配发给学生，有针对性地引导学生自主探究、完成行前预习。针对学校集体选课的毕业研学，科技馆还会派教师到校访谈，了解学校的个性化需求，调整课程内容，并聘请实践基地的专家到校开设专题讲座，充分激发学生的学习兴趣，做好学习铺垫。

第二，行中阶段——亲身体验、有效实施。根据时间、区域和课程类型的不同，按照既定环节组织实施，以确保参与研学课程的师生都能够在研学实践过程中进行学习管理，处理好“学”与“行”的关系。在真实的情境中开展具身学习，在实地考察中解决问题。科技馆研学导师在活动过程中，通过对话、提问、观察等方式，及时评估学生的学习进度和难度，及时调整活动节奏；在《学习手册》中设置学生的自评和互评栏目，引导学生及时对学习过程进行反思，增强研学旅行过程中的交流与互动，培养学生的社会参与意识。

第三，行后阶段——评价反馈、升华提高。研学归来后，及时总结，设计从科学知识、实践能力、创新精神三个层面进行课程反馈。科学知识层面，引导学生整理研学日志、撰写考察报告，利用 PPT、视频、美篇等不同形式，进行知识层面的研学成果反馈；实践能力层面，通过学生、学校带队教师、家长三类群体的后测问卷调查，进行课程质量和效果的监控与分析；创新精神层面，组织学生“给半年后的自己写一封信”活动，由科技馆统一收集，在半年后寄出，学生在活动半年后收到自己写的信，回顾研学过程，从精神层面得到一次升华。基于三个层面的情况反馈，召开课程复盘总结会，促进品质提升。

第四，全程阶段——安全保障、应急处置。在行前的教师踩点、课程开发、课程发布、行前家长会、签订租车协议、签订学生安全承诺书、上报出京审批表与安全预案等流程进行安全风险评估，细化安全保障方案与应急处置流程，最大限度地规避安全隐患；在活动过程中，对出行管理、饮食管理、住宿管理、活动场地管理、医疗卫生应急管理等进行严格把关，注重突发情况的应急处理；研学归来后，进行全流程复盘，总结过程中出现的问题，研讨解决方案的利弊，确定下次遇到该情况时的最优解决方案。

4 “馆校社”协同推进研学实践课程开发的效果

4.1 提升了中小学生的科学素养水平

科技馆自2016年暑期以来，共有40余所中小学校参与研学实践课程中，每年平均受益学生达5000余人次。学校以整年级、整班级形式参与课程的实践活动增多，学校对送课到校的需求也在不断增长。“半日研学”“毕业研学”已经成为品牌活动，受到周边学校的欢迎，参与学校数量持续增长。从后测调研数据看，95.01%的学生选择会主动与他人分享参与科技馆研学旅行的经历，80.82%的学生认为自己的科学素养得到了提升，75.26%的学生认为自己的动手实践能力得到了锻炼，88.71%的学生认为在过程中拓展了眼界开阔了视野，初步探索了符合首都“科技创新中心”定位需求的一体化育人之路。

4.2 加速了校内外一体化教育的进程

如何有效开展校内外一体化教育是当前基础教育阶段的重要研究课题，“馆校社”研学共同体的建立，既可以改变中小学校与社会资源单位联系不紧密的现状，为学校开展研学旅行提供更加专业的课程支持；又可以打破以营利为目的的旅行社、校外培训机构对研学资源的垄断，为更优质的社会资源单位对接学校需求提供便捷通道，实现校内外研学课程资源的供需对接，充分体现了科技馆的职能和属性，发挥了公办校外教育单位的“桥梁”作用。

4.3 推动了跨界研学教师队伍的建设

科技馆教师、学校教师、社会资源单位教师三方合力组建团队，经过多年的研究和实践，培养了大批在研学实践课程开发与实施上有想法、有做法的优秀教师。团队教师撰写学术论文多篇，其中被中国知网收录的论文共计9篇，累计下载2248次，被25篇学术论文和硕博论文转引。科技馆聘请北京师范大学、首都师范大学等专家团队到馆定期指导，举办“天地生资源全国行”系列师训课，“中小学生科技类研学实践课程的开发与建设”专题师训课等，打造了一支专业水平高的跨界研学导师队伍。随着参与学校的增多，参与教师的数量也逐年上升，为科技馆研学实践课程的深度开发与有效实践提供了坚实的师资保障。

4.4 促进了青少年科技馆的可持续发展

项目研究过程中，取得了丰硕的成果。科技馆以"研学实践"为主题，连续立项了北京市级课题5项，完成课题研究报告7篇；出版"研学实践"成果专著2本，《中小学生科技类研学课程案例研究》（2019年由哈尔滨工业大学出版社出版）和《科学探索——带你见识世界的研学课》（2020年由化学工业出版社出版），后者被中山大学图书馆等30多家单位采购；设计研学实践课程方案90份，原创课程手册10册，课程成果集20余册，课程方案设计参与比赛获奖7项，论文获奖累计20余项……创设的"半日研学""毕业研学"等活动成为周边学校的热门课程，很多学校主动联系科技馆寻求合作，为学校定制开发研学课程。项目提升了青少年科技馆在市区的影响力和声誉，推动了科技馆的可持续发展。

综合来看，在常态化疫情防控背景下，"馆校社"协同推进的研学实践课程在一定程度上能够满足多方面需求，同时也必须注意疫情带来的冲击和影响。一方面，教育主管部门、学校、教师对研学实践活动抱有更加谨慎的态度，大量社会资源单位处于关闭或限流状态；另一方面，受"双减"政策驱动，学生可支配时间增多，学生和家长对研学实践课程存在刚需。但是如何满足学生和家长两方面的需求呢？习近平总书记在全国教育大会上强调"办好教育事业，家庭、学校、政府、社会都有责任"。[8] 2021年11月10日，联合国教科文组织发布《共同重新构想我们的未来——一种新的教育社会契约》报告[9]，提出教育应成为"全球公共利益"理念，倡导国家政府、社会组织、学校和教师、青年与儿童、家长与社区等教育的相关利益方共建人人参与、多领域协作的未来教育。全国教育大会的要求和国际报告的研究成果，强调了多方主体参与教育的重要性。这就要求家庭参与到"馆校社"协同育人的行列，通过"科技馆+家庭+学校+社会""四位一体"协同推进的模式，促进研学实践课程的开发。这也反映出新时代背景下要由"馆校社"协同推进，升级到"馆校社家"协同推进，通过多方面力量整合，为学生提供高质量的研学实践课程，促进学生的高质量发展。

参考文献

[1] 史建华主编《校外教育机构教师手册》，光明日报出版社，2014。

[2] 王禹苏：《后疫情时代研学实践教育面临的问题及对策》，《中小学信息技术教育》2021 年第 Z2 期。

[3] 王牧华、付积：《论基于馆校合作的场馆课程资源开发策略》，《全球教育展望》2018 年第 4 期。

[4] 金荣莹：《馆校合作课程资源开发策略研究——以北京自然博物馆为例》，《科普研究》2021 年第 3 期。

[5] 中华人民共和国教育部：《中小学综合实践活动课程指导纲要》，2017 年 9 月 25 日。

[6] Yrjö Engeström & Annalisa Sannino，“From Mediated Actions to Heterogenous Coalitions：Four Generations of Activity-theoretical Studies of Work and Learning，” Mind，Culture，and Activity，2021，(28).

[7] 胡定荣：《协同论视域下的 U-S-A 校本课程合作开发案例研究》，《教育学报》2015 年第 3 期。

[8] 习近平：《坚持中国特色社会主义教育发展道路　培养德智体美劳全面发展的社会主义建设者和接班人》，http：//www. moe. gov. cn/jyb_ xwfb/s6052/moe_ 838/201809/t20180910_ 348145. html，2018 年 9 月 10 日。

[9] UNESCO，Reimagining Our Futures Together：A New Social Contract for Education，https：//en. unesco. org/futuresofeducation/.

馆校合作，搭建学生志愿服务平台

——以山西省科技馆中小学生志愿者队伍建设为例

张晓肖*

（山西省科学技术馆，太原，030000）

摘　要　2021 年 7 月，中共中央办公厅、国务院办公厅印发《关于进一步减轻义务教育阶段学生作业负担和校外培训负担的意见》，提出要“提升学校课后服务水平，满足学生多样化需求”；新课标更是从“有理想”“有能力”“有担当”三个方面明确了新时期义务教育阶段的新人培养目标，更加突出理想和价值观的重要性。科技馆作为重要的校外科普资源，要“配合国家‘双减’政策，探索建立‘馆校结合’多元化育人长效机制”。本文就从中小学生志愿者队伍建设出发，介绍山西省科技馆实践经验。

关键词　馆校结合　志愿者　中小学生

2021 年 7 月，中共中央办公厅、国务院办公厅印发《关于进一步减轻义务教育阶段学生作业负担和校外培训负担的意见》，提出要“提升学校课后服务水平，满足学生多样化需求”；2021 年 12 月 17 日，中国科协印发《现代科技馆体系发展“十四五”规划（2021—2025 年）》，指出要“加快构建多元主体参与的开放体系，推进科技馆体系开放共享和资源融通，优化科技馆体系发展生态”，要“配合国家‘双减’政策，加强与教育主管部门、中小学校合作，探索建立‘馆校结合’长效机制”；新课标从“有理想”“有能力”“有担当”三个方面明确了新时期义务教育阶段的新人培养目标，更加突出理想

---

* 张晓肖，山西省科学技术馆，馆员，研究方向为科学教育。

和价值观的重要性。

科技馆作为重要的校外基地，要“配合国家‘双减’政策，探索建立‘馆校结合’多元化育人长效机制”，其中，与中小学合作，为中小学生搭建志愿服务平台，便是重要途径。

1 中小学生开展志愿服务的重要意义

1.1 关于志愿服务的重要论述

2019 年 1 月，习近平总书记在京津冀三省市考察并主持召开京津冀协同发展座谈会讲话中提道：“志愿服务是社会文明进步的重要标志，是广大志愿者奉献爱心的重要渠道”，“要为志愿者服务搭建更多平台，更好发挥志愿服务在社会治理中的积极作用”。

2019 年 7 月，习近平总书记向中国志愿服务联合会第二届会员代表大会致贺信时提出“把志愿服务与学雷锋活动结合起来，就是要用雷锋精神爱党爱国爱社会主义的鲜明立场，以及人民至上、艰苦奋斗的价值导向引领志愿服务的发展，切实把雷锋精神转化为中国特色志愿服务的思想内核”。

1.2 中小学生志愿服务工作的重要社会意义

青年一代有理想、有担当，国家就有前途，民族就有希望，实现中华民族伟大复兴就有源源不断的强大力量。开展学生科技志愿服务工作，有利于学生深入了解国情、省情，感知民情、民意；弘扬科学家精神，涵养优良学风作风；有利于学生心怀“国之大者”，积极为民服务；坚持学以致用，提高实践本领；有利于激励学生积极投身科技志愿服务事业，在服务人民群众的实践中受教育、增才干、做贡献，用所学科学知识和专业技能，对助力乡村振兴、实现共同富裕、提升全民科学素质发挥应有作用。

1.3 学生志愿者是科技馆事业发展的重要社会力量

学生志愿者是科技馆事业发展的重要社会力量：一方面，作为重要的人力资源和智力资源，学生志愿者充分发挥自身的特长，有效弥补科普场馆人力资源的不足；另一方面，学生志愿者不仅通过自身的服务把科普知识传递给社会，让社会大众受到科学文化的熏陶，而且还将社会各方面的科普需求反馈给科普场馆，促进科普事业的创新和发展，从而使科普场馆和社会达到充分的融合与和谐共存。

2 山西省科技馆学生志愿服务工作特点

学生志愿者是科技馆事业发展的重要社会力量，为搭建志愿服务和社会实践育人平台，自 2013 年开馆以来，山西省科技馆依托科普教育基地资源优势，联合社会各界力量，搭建科普志愿服务社会化平台，带动了一系列学生志愿服务活动的蓬勃开展，在招募注册、培训学习、志愿服务等方面，进行了一系列积极有效的尝试、实践与探索。

山西科技馆依托科普教育基地资源优势，联合社会各界力量，搭建科普志愿服务社会化平台，在学生志愿服务方面开展了积极的尝试，其主要集中在以下几点。

2.1 管理培训的规范性

山西省科技馆对学生志愿服务实施有序管理，打造联动高效的协调机制，扎实推进志愿服务制度化、规范化。

一是规范的招募和注册制度。目前，山西省科技馆志愿者团队已经建立起一套相对完善的招募和注册制度。该馆根据实际需要不定期在“山西掌上科技馆”微信公众号发布学生志愿者招募公告，学生志愿者根据自身需求来馆服务。首次参与志愿服务的团队或者个人需在“志愿云”系统登记注册，来馆时需填写《山西省科技馆志愿者信息登记表》。目前，与该馆有长期合作的高校和社团有春雷工程青年志愿者服务大队、山西财经大学青年服务大队、山西财经大学科普服务大队、山西大学物电学院、数科学院、山西医科大学国医社等高校学院和社团；长期合作的中小学校有山西省实验小学、太原市第三十七中学校、太原市四十八中学校、太原市十一中学校等。

二是完善的培训和管理机制。做好志愿者的培训和管理工作，是提高志愿者素质和志愿服务水平的重要举措。山西省科技馆对即将上岗的学生志愿者进行岗前培训：一方面，对志愿者服务团队队长（或骨干）进行培训，提前发放《山西省科学技术馆志愿者服务工作守则》《山西省科学技术馆志愿者餐券领用管理办法》等制度文件，以及各展厅讲解词，要求队长（或骨干）提前培训自己的队员；另一方面，在上岗当天，对所有上岗志愿者进行40分钟岗前培训，针对当日的观众需求、服务要点做进一步说明。对志愿者进行相关知识和技能培训，从而有效提高学生服务意识、服务能力和服务水平。

三是建立和完善志愿者激励机制。建立和完善志愿者激励机制能有效吸引和感召更多的学生志愿者加入科普教育志愿服务行列。山西省科技馆对来馆志愿者给予午餐补助；对于服务期满的学生志愿者，颁发志愿服务合格证书；结合志愿者的服务时长、服务表现等推举“优秀志愿者”予以证书表彰。

四是志愿服务制度化、规范化。为推动山西省科技馆学雷锋志愿服务常态化、健康化发展，结合工作实际，该馆重新健全完善了《山西省科学技术馆学雷锋志愿服务站管理制度》《山西省科学技术馆学雷锋志愿服务制度》《山西省科学技术馆学雷锋志愿者培训制度》《山西省科学技术馆学雷锋志愿者权益》等9项制度文件，进一步明确规定了学雷锋志愿者的招募、管理、岗位职责、权益等，有效确保了工作实效。

2.2 志愿服务的多样性

多年来，山西省科技馆结合自身科普工作特点以及学生志愿者的实际情况，不断强化学生志愿服务项目体系，广泛开展多样化的学雷锋志愿服务活动。

2.2.1 日常展厅管理服务

该馆在双休日、节假日等人流量较大的节点，依托学雷锋志愿服务站以及科技馆平台优势，不断加强与太原市各高校院系级社团以及中小学校的交流合作，通过志愿科普讲解、展品维护以及维序导览服务等形式，鼓励引导学生开展科普志愿服务。据统计，仅2018年9月至2019年9月一年，有348名志愿者参加了科普志愿服务活动，累计时长2784小时。

为了给小学生提供一个展现自我的平台，提高小学生的语言表达能力和社会服务意识，从2014年起，山西省科技馆利用寒暑假针对4~5年级小学生开展“小小讲解员”活动。经过报名—选拔—培训—上岗等诸多环节的锻炼，小学生们俨然成为合格的“讲解员”，活动受到家长和学生的欢迎。

2.2.2 主题科普志愿服务

对于大学生志愿者而言，他们更希望将自己所学专业应用到志愿工作中，并通过服务锻炼自己，提高实践能力。该馆利用“3・5”学雷锋日、全国科普日、全国科技工作者日、辅导员大赛及夏令营等重大活动节点，组织各高校科协和社团来馆开展志愿活动。2019 年 3 月，学雷锋日活动期间，山西省科技馆携手山西医科大学国医学社科普宣讲志愿服务队的老师和同学共同组织开展了为期一个月的“健康科普　关爱你我”学雷锋志愿服务活动。活动期间，山西医科大学国医学社科普宣讲志愿服务队的同学们立足自身专业背景，依托山西省科技馆的科普展项，以“窝沟封闭，保护牙齿”“肺，五脏之华盖”“健康与熬夜”“揭开癌症的真相”等内容为主题，引导社会大众从科学的角度预防疾病，健康生活，有效推动山西省科技馆志愿科普活动专业化、多样化发展。

2.2.3 流动科普志愿活动

该馆依托流动科技馆和科普大篷车，积极动员当地的返乡大学生及中学生参与学雷锋志愿服务活动，并按照培训—考核—上岗的顺序，通过“体验科学”等主题展览，在山西省各地市、县及偏远山区广泛开展中国流动科技馆巡展及学雷锋科普志愿者活动，积极引导广大学生通过志愿服务奉献社会，服务他人。据统计，仅 2018 年 9 月至 2019 年底，就有 1500 名返乡大学生及中学生参与了流动科技馆和科普大篷车的科普志愿讲解活动。

2.2.4 其他形式的科普志愿服务

为丰富小学生志愿服务内容，2015 年山西省科技馆首次举办“小小科学秀”志愿活动。经过报名和初选，选拔出的“小小科学秀”们需要在 3~4 天时间内，熟悉科普剧本《超市奇幻夜》，经过科技老师前期的一对一辅导，完整地表演科普剧，并在之后向观众进行分场演出。由于“小小科学秀”活动受到家长和学生的好评，之后又陆续开展了“小小实验员”志愿活动，学生经过前期培训，掌握实验表演的基本流程和原理，并向观众进行分场演出。

除此之外，该馆依托天文观测台招募天文爱好者来馆开展天文讲解和天文观测志愿服务，现场指导观众正确使用天文望远镜开展天文观测，并且普及天文相关知识；广大志愿者还就天文台展示内容、天文主题活动策划等方面纷纷建言献策，把天文观测台看成共同的“家”，为天文观测台发展提供了许多宝贵的意见建议。

2.3 志愿服务的持续性和常态化

由于学生流动性等特点，志愿者工作的持续性经常成为阻碍学生志愿者团队建设的一个问题。自 2015 年以来，该馆改进志愿者管理办法，为志愿者建档，与社团队长以及学校联系人保持密切联系，保障持续开展学生志愿服务，有不少学生从小学来馆从事志愿服务一直持续到大学阶段。

2018 年，山西省科技馆紧密结合学雷锋志愿服务工作，在二层公共空间设置了专门的学雷锋志愿服务站，并按照“五有”标准化建设要求，实行统一标识、台账管理，通过科普讲解、文明倡导、信息咨询、秩序引导、“AB 岗制”等志愿服务项目，不断加强学雷锋志愿服务站服务便利化、常态化发展。

3 中小学生志愿者队伍建设未来展望

随着新时期国家事业的快速发展，学生志愿者参与志愿服务的内涵、外延以及重大意义都会愈加丰富和凸显，这也对科普场馆开展学生志愿者队伍建设提出了新的挑战。

一是充分发挥学生志愿者的作用。学生志愿者最大的特点是“鲜活”，科普场馆要充分发挥其特点。一方面可以吸纳学生新鲜的理念，发挥专长，策划并开展丰富多彩的科普教育活动，另一方面架起科技馆与观众之间的桥梁，让学生志愿者为科技馆发声，为观众发声。

二是加大志愿者宣传力度，树立品牌效应。培育志愿服务品牌，树立志愿者典型和榜样，加大宣传力度，一方面让更多学生知晓并加入志愿服务行列，以实际行动书写新时代的雷锋故事；另一方面在社会大力弘扬雷锋精神，营造社会氛围。

三是积极推进学生志愿者服务标准化。加强顶层设计，注重科学规划，进一步规范志愿者注册招募等工作，完善志愿服务管理与保障机制，完善志愿服务激励制度，规范志愿服务记录与证明出具。优化志愿服务评估体系，着力提高志愿服务专业化评估水平。积极推动志愿服务标准化建设，提高志愿服务各环节的可操作性。

参考文献

[1] 王翠:《浅谈博物馆志愿服务规范——以苏州博物馆志愿服务为例》，《文物鉴定与鉴赏》2021 年第 20 期。

[2] 蒋菡:《构建博物馆志愿者管理的长效机制——以苏州博物馆为例》，《中国博物馆》2012 年第 3 期。

[3] 李芳:《湖南省博物馆志愿者管理与维系研究》，中南大学硕士学位论文，2012。

[4] 唐金同:《科普教育基地志愿者队伍动员机制建设初探——以广西科技馆志愿者团队建设为例》，《大众科技》2014 年第 3 期。

科学教育馆校结合实践探索

——以北京科学中心为例

赵东平*

（北京科学中心，北京，100032）

摘　要　青少年核心素养的培养离不开校外的非正式教育，科普场馆具有展项和场地优势。本文梳理了北京科学中心地理方面的资源，并探索了几种馆校结合模式，以期为馆校结合提供更多的支撑，为后备人才培养做出更大的贡献。

关键词　科学课程　地理课程　科学素养　馆校结合

2021 年 7 月，中共中央办公厅、国务院办公厅印发《关于进一步减轻义务教育阶段学生作业负担和校外培训负担的意见》，提出提高课后服务质量，增强课后服务的吸引力。2022 年 4 月，教育部颁布《义务教育科学课程标准（2022 年版）》，指出“培养什么人、怎样培养人、为谁培养人”的育人目标。科技馆与学校的相互结合，对于充分发挥科普场馆的科学教育功能、为课后提供优质服务、促进全民科学素质的提升具有重要作用。因此，科技辅导员应提升对馆校结合的重视程度，根据学校教育目标以及课程体系，与教育工作者充分沟通和交流，共同研究馆校结合的实践策略，通过多种途径，充分发挥科普场馆的教育功能，为培养优秀的后备人才提供丰富的教育资源和实践教学保障。

---

* 赵东平，北京科学中心科技辅导员，研究方向为科学教育与科学传播。

1 课标对小学科学课程和初中地理课程核心素养的界定

1.1 课标对小学科学课程核心素养的界定

《义务教育科学课程标准（2022 年版）》对科学课程设置 13 个学科核心概念，通过对学科核心概念的学习，理解物质与能量、结构与功能、系统与模型、稳定与变化 4 个跨学科概念。将科学观念、科学思维、探究实践、态度责任等核心素养的培养有机融入学科核心概念的学习过程中。[1]

小学科学是一门综合性课程，是与语文、数学等学科相同性质的课程，在初中和高中阶段则分科为物理、化学、生物学以及地理学课程。[2]

1.2 课标对初中地理课程核心素养的界定

《义务教育地理课程标准（2022 年版）》指出，地理课程以提升学生核心素养为宗旨，引导学生学习对生活有用的地理、对终身发展有用的地理，为培养具有生态文明理念的时代新人打下基础。地理课程要培育的核心素养，主要包括人地协调观、综合思维、区域认知和地理实践力等，是中国学生发展核心素养在地理课程中的具体化，体现了地理课程对培育有理想、有本领、有担当的少年的独特价值。[3]

2 当前小学科学教育和初中地理教育存在的问题

2.1 小学科学教育存在的问题

郭舒晨、刘恩山等人对小学生科学态度现状与特征的研究表明，小学生对科学的态度总体正向积极，各维度发展均衡，小部分学生的态度有待改善。这在很大程度上取决于学校的科学课程。在我国，很多地区都存在小学科学课程开设不完善、小学科学师资不完备、未配备专职教师的情况。[4]

重知识传递，轻动手实践。小学科学课程目标包括科学观念、科学思维、探究实践、态度责任等。小学科学是一门需要灵活教学的学科，但是，目前多数教师使用的是单一的书本灌输，实验课的比重极小，学生只是观看教师在台上操作，自己却难有亲自动手实践的机会。[5]特别是线上教学视频更多的是知识灌输，师生交流互动缺失。另外，完全预设的教学环节导致学生难以形成批判质疑、多角度思考的科学态度。[6]

教学经验与课程标准的要求难以结合。许广玲对珠海 103 位科学教师的调研表明，教师在进行教学设计时，不会基于课程标准制定教学目标，设计的探究实验活动结构性不强，不能为学生搭建有效的支架。特别是地球与宇宙科学领域的教学能力亟须提升，教师的教学能力需要通过持续的培训得到提升。同时，在一项面向区域内小学科学专职教师的调查中发现，有 49.5%的专职教师认为“地球与宇宙科学领域”的教学难以把握。这主要跟科学教师的分科培养模式有关，涉及非其所学专业学科的知识就容易出现知识性错误。[7]这与席占龙对河北省的调研结果比较吻合，席占龙通过对 24 名科学教师的专业进行调查发现，理化生专业出身的科学教师只有 2 人，而中文和数学专业的人数为 19 人，他们对于基础物理、化学以及生物地理等理科方面的专业知识较为缺乏，也没有专业科学老师的考核培训，所以没有丰富的科学知识和科学教育能力。[8]

2.2 初中地理教育存在的问题

虽然与小学科学课程类似，地理课程也存在课堂教学形式单一、注重知识与技能传授、教师不专业的情况[9]，但与小学科学不同的是，初中的地理课程存在缺少情境体验、缺少实际观察等问题[10]。

所设情境达不到预期目标。即使多数初中地理教师已经充分认识到情境教学法在实践教学中有着显著的作用，但一些教师深受应试教育的影响，还是存在所设情境形式单一、素材陈旧、不合时宜等问题，所选素材缺乏一定的生活化和时代感，或者没有考虑学生的兴趣爱好，无法吸引学生的注意力，使得整体教学质量较低。[11]

不重视平时的积累。相对于城市来讲，农村初中地理教学具有一定的滞后性。虽然农村具有丰富多彩的乡村资源优势，但在实际的地理教学中，很多教师都没有培养学生日常积累和实践的习惯，没有为教学所用。并且检验教学成果的方式也比较单一，只通过平时的考试成绩判断学生的学习情况，过分重视结果，忽视了教学过程的重要性。[12]

3 北京科学中心的小学科学课程和初中地理课程资源分析

3.1 小学科学课程资源分析

北京科学中心是北京市科协所属事业单位，是以青少年为主要对象的公益性科普教育场所。“三生”主展馆下设20个二级主题，分为三个展厅：“生命乐章”展厅展示地球生命的形成、生长和发展规律，引导公众科学地审视生命的价值，并思考与地球生物圈和谐共存的意义；“生活追梦”展厅围绕与日常生活密切相关的便捷出行、衣食起居、健康生活、人工智能等内容，引导公众感受科技创新改变社会生活的美好；“生存对话”展厅围绕人类在地球上的生存现状，以及生存环境的变化与危机，诠释了人与自然之间的相互影响，并引导公众反思可持续发展的有效途径。

3.2 初中地理课程资源分析

2019年，北京科学中心从美国国家海洋与大气管理局引进“小球大世界”球面科学展示系统，该系统运用计算机和视频投影技术将行星数据、大气风暴、气候变化、海洋温度、极地冰川等以一种直观和引人入胜的方式呈现在公众面前，内含900多条国外科研视频/图像资源，旨在唤醒公众保护地球的意识。每个数据都包含文字描述、图片、视频，兼具科学性与普及性。

2021年，地球方圆主题展正式面向公众开放，该展览由北京市科学技术协会主办，北京科学中心承办。地球方圆主题展第一篇章为“朴素认知——论地形方圆”。在该展区，既展示了古希腊埃拉托色尼测量地球周长的方法，也展示了我国唐代僧人一行使用复矩测量大地。第二篇章为“理性探索——识地表容颜”。15世纪后，地理大发现开阔了人类的视野，文艺复兴继承了古希腊的思想遗产，科学革命随之勃兴，这既是一个“理性探索”的时代，也是一个产生科学巨匠的时代。他们坚持用实验和证据说话，让人类科学地认知地球形状和地表形态。在这里，公众不仅能了解到麦哲伦环球航行的艰险历程，也能知道墨卡托如何将球形地球的面貌绘制在平面上，还能在小剧场上看到牛顿与卡西尼就地球扁圆长圆的争论。在理性探索的阶段，科学巨匠们从实践观察到定量化的科学实验，引发了科学体系的变革。该展览着力推动科普理念与实践双升级，突出传播科学思想和方法，旨在传达人类探索永不停息的科学精神。

4 基于北京科学中心资源开发的教育活动形式与馆校结合情况

北京科学中心在采用先进的展示手段增强展览的知识性、互动性、趣味性的同时，增加并拓展具备体验性、参与性的科学教育活动场所，提供更多的“科学实践”机会。与学校相比，科普场馆有门类齐全、数量丰富的展项，配备齐全的科普活动场地，专职的科普宣教人员，固定的共建科研院所，固定的受众群体等。北京科学中心开馆三年来，开发了大量的小学科学课程和地理主题科普教育活动，在馆校结合方面也探索了几种模式。

4.1 学生进馆参与展线课程和教育活动

北京科学中心开发了涵盖生命、生活、生存的“三生”主题展和展线课程体系，作为科学传播功能的教育载体。“三生”展线课程体系分为认识现象、理解概念、分析规律、综合应用4个能力层级，分别对应1~2年级、3~4年级、5~6年级和7~8年级，能够满足不同青少年的参观学习需求。例如，2021年顺义区政府主办的“科学创青春　筑梦新时代”顺义科学小记者实践采访活动，小记者们参观了北京科学中心的地球方圆主题展厅和“三生”主题展厅，通过“疏密见陡缓”和“进化的故事”两个展线课程，掌握了等高线地图的使用方法、人与地球的关系，以及生命起源的几种主流假说和生物进化的规律；通过新闻采访与写作系统培训，初步了解了新闻采访与写作的基础知识，明确了作为科学小记者的活动任务。[13]

4.2 开展地理教师培训，“菜单式”课程进学校

北京科学中心调研相关中学地理老师的需求，并与高校深入合作，提前介入科学课程设计和科学教师培训，构建一体化发展模式，提升了北京科学中心

科学教育资源汇集平台的成效。例如，北京科学中心与北京师范大学地理科学学部深入合作，选择“小球大世界”展区的地理信息数据，以及“生存对话”展区的图片、文本、视频、触屏互动游戏，作为围绕“环境问题与可持续发展”主题开展课程设计的支架。让学生借助学习支架经历提出问题、联系情境与新旧知识点、探究实践、成果展示与评价的过程，在循序渐进的过程中实现思维能力的进阶。[14]以此系列课程为载体，对地理教师进行培训，并以“菜单式”课程打包给学校。

4.3 拍摄专家讲座长视频和科普短视频

“科学三分半”与“小球大世界”的科普课堂是北京科学中心科技辅导员自主设计的线上科学传播栏目。通过“数字北京科学中心”面向公众推出系列展项辅导微视频，以“生命、生活、生存”主题展和“小球大世界”展项为依托，选择贴近生活的热门主题和观众关心的热点话题，不仅传播了科学知识，而且传递了正确的科学思想与科学方法，引导大众感悟科学家的科学理念和创新精神。

专家讲座依托“小球大世界”展项资源，在传播科学知识的基础上，着重传播科学思想、科学方法、科学精神。通过一个认知冲突，吸引观众兴趣；通过一个核心难题，传播科学思想；通过一套思路和做法，传播科学方法；设置若干实验和互动，在增强互动性和参与性的同时，传播科学方法；在解决问题的过程中，传播科学精神。

5 结语

义务教育新课标基于核心素养要求，遴选重要观念、主题内容和基础知识技能，精选、设计课程内容，优化组织形式，对义务教育课程教学提出了新的要求。特别是，要求各学科用不少于本学科总课时 10%的时间开展跨学科主题学习（实践）活动，这对很多科学老师来讲是个大的挑战。首先，科普场馆具有开展跨学科学习以及项目式学习的优势，双方合作对于学科素养的提升具有重要的作用。其次，科普场馆与科研院所签署战略协议，一方面有利于科技资源科普化，另一方面向公众提供了了解最新成果的渠道，使青少年懂科学爱科学，有利于后备人才培养。最后，科普场馆与科研院所、高校、社区合作，鼓励和支持科技工作者等充分发挥专业和技术特长，参与科普志愿服务活动，扩大科普人才范围。青少年核心素养的培养不是一朝一夕的事情，需要多部门协同配合，科普场馆需要树立主动、积极服务学校的鲜明意识，让学校、家长、学生等充分认识科普的价值；学校需制定教师推动科普融入教学的激励机制并做好统筹工作，免除教师的后顾之忧。

参考文献

[1] 中华人民共和国教育部：《义务教育科学课程标准（2022 年版）》，北京师范大学出版社，2022。

[2] 薛松：《小学生对科学本质的理解及其影响因素研究》，华中师范大学博士学位论文，2021。

[3] 中华人民共和国教育部：《义务教育地理课程标准（2022 年版）》，北京师范大学出版社，2022。

[4] 郭舒晨、刘恩山：《小学生对科学的态度现状与特征——基于郑州市 277 所学校的大规模测评与比较》，《科普研究》2022 年第 1 期。

[5] 马宋民：《小学科学教学的困境与探究教学法在课堂上的应用》，《家长》2021 年第 35 期。

[6] 陈志昆：《小学科学线上教学困境与启示》，《科学咨询（教育科研）》2021 年第 2 期。

[7] 许广玲：《PBL 理念下的科学教师培训模式实践与思考》，《科教导刊》2021 年第 36 期。

[8] 席占龙：《农村小学科学课程实施的现状、问题及对策研究——以 Z 县为例》，河北师范大学硕士学位论文，2017。

[9] 何宇、彭定洪：《中学地理课堂教学中地理“综合思维”素养培养存在的问题及有效路径探讨》，《地理教育》2022 年第 3 期。

[10] 蒋亚琴：《例谈高中地理实践力教学的问题及解决途径》，《教学考试》2021 年第 54 期。

[11] 侯伟：《基于地理核心素养的初中地理情境教学方法研究》，《教育天地》2022 年第 4 期。

[12] 王志贤：《基于研学的农村初中地理深度学习开展探究》，《华夏教师》2022 年第 8 期。

[13]《2021 年顺义科学小记者实践采访活动在北京科学中心开启》，2021 年 7 月 24 日。

[14] 李思楠：《基于科普场馆的高中地理课程开发初探——以北京科学中心为例》，《中学地理教学参考》2021 年第 1 期。

馆校结合探索万花筒中的光学世界

赵　茜*

（北京市少年宫，北京，100061）

摘　要　本文从真实问题出发，以平面镜成像原理为课程基础，充分利用万华镜科学馆展教资源和网络平台，开展基于 STEM 教育理念的 PBL 教学设计，将光学原理与物化的光学产品——万花筒的设计制作联系起来，组织学生开展探究实验和设计活动，探索万花筒成像规律。将学科内知识进行延伸，采用控制变量法、理想模型法等科学方法，开展跨学科的研究性、项目化、合作式学习，让学生感悟到小问题也能讲出大道理，注重学生科学核心能力和工程思维的培养，提升学生创新能力。

关键词　馆校结合　STEM　PBL　光学　平面镜成像

从宇宙的起源到 X 射线、生命的诞生都离不开光的作用，光带来了全新的能源、革新的诊疗技术、千兆级光纤网络……光塑造了世界，重构了人类对未来的畅想。从 1015 年海什木出版的《光学之书》到爱因斯坦的光电效应论，人类对光的探索从未停止，如何让青少年更深入浅出、饶有趣味地了解光学现象原理，学习光学知识，探究光学定律，理解光的功用及其在不同领域的应用——瞬息万变的万花筒就是一个生动的切入口。万花筒（Kaleidoscope）是 1817 年由英国光学家大卫·布儒斯特发明的一种光学玩具，将颜色鲜艳的实物放置于镜筒一端，镜筒内置三面平面镜，镜筒另一端用开小孔的玻璃密封，从孔中看去即可观测到对称的美丽图像。万花筒的核心部件就是平面镜，

* 赵茜，北京市少年宫教师。

遵循光的反射原理，利用平面镜成像规律，光线多次反射后，形成了丰富多彩的像。本活动以培养学生的核心素养为目标，充分利用万华镜科学馆展教资源，通过融合科学、技术、工程、数学、艺术与万花筒发展历史等内容，开创个性化的学习环境，引导学生探究光学基本原理，完成混合式项目学习任务。

1 背景依据

1.1 基于STEM教育理念的PBL教学设计

STEM是科学（Science）、技术（Technology）、工程（Engineering）、数学（Mathematics）四学科缩写。项目式学习（Project-Based Learning，PBL），源自杜威的“做中学”理论，倡导从真实世界的问题出发，通过组织学习小组，让学生借助信息技术以及各种资源开展探究活动，在一定的时间内解决一系列相互关联的问题，并将研究成果以一定的形式发布。[1]基于STEM教育理念的PBL教学设计，目的是促进学生自主学习和能力提升，强调学生通过情境教学、问题学习与探究学习，促进高阶思维的提升；强调教师通过跨学科课程重构、多维评价等教学变革，培养更具创新能力的工程科技人才。[2]2022年颁布的《义务教育科学课程标准（2022年版）》（以下简称“新课标”）强调要“坚持能力为重，设立跨学科主题学习活动，加强学科间项目关联，带动课程综合化实施，强化实践性要求”，强调学生解决真实情境中的问题。混合式项目学习是多种学习方式的混合，可分为学科间的混合、线上与线下的混合，更有助于学生创新、问题求解、决策和批判性思维能力的培养。[3]

1.2 理论依据

活动坚持以习近平新时代中国特色社会主义思想为指导，全面落实立德树人根本任务。坚持“五育”并举，利用信息化手段整合资源，探索构建多元化、高质量的教育活动平台，为“双减”工作服务。中共中央、国务院印发的《关于深化教育教学改革全面提高义务教育质量的意见》提出“要激发学生创新意识，要引导学生主动思考，积极提问，自主探究。融合运用传统与现代技术手段，重视情境教学，开展研究型、项目化、合作式的学习等”。

《全民科学素质行动规划纲要（2021—2035 年）》中强调要保护学生好奇心、激发求知欲和想象力。建立校内外科学教育资源有效衔接机制，引导中小学充分利用科技馆、博物馆、科普教育基地等科普场所广泛开展各类学习实践活动。

1.3 资源背景

2015 年联合国教科文组织将每年的 5 月 16 日设立为“国际光日”。国际光日的设立是为了强调光在科学、文化、艺术、教育、通信、能源等多个领域的重要作用，提升公众对光及相关技术在日常生活中重要性的认识，促进全球和平与可持续发展。

万华镜科学馆是一所万花筒主题的综合型科普场馆，展项包含科学、文化、艺术、木工等内容，馆内科学展品设施共计 300 余件，集物理、机械、建筑、艺术等多方面知识于一体，体验性、互动性强，深受中小学生的喜爱。馆内科技辅导员熟悉万花筒的历史、结构和功能，能够根据不同群体，开展有针对性的讲解和演示活动。活动教师和场馆教师深挖场馆教育资源，结合学情共同设计研发活动课程框架。

2 核心概念、目标及学情分析

2.1 核心概念及内容要求

万花筒设计的光学内容对应新课标中“3. 物质的运动和相互作用”及“13. 工程设计与物化”的核心内容。具体学习内容和要求是 7~9 年级中“3.3 声音与光的传播”的“㉔通过实验了解光的反射定律及其特点，知道平面镜成像的特点”；“13.2 工程的关键是设计”中的“②尝试使用合适的方法，对选定的设计方案进行模拟分析和预测”以及“13.3 工程是设计方案物化的结果”中的“④知道工程需要历经明确问题、设计方案、实施计划、检验作品、改进完善、发布成果等过程；利用工具制作实物模型，尝试应用科学原理指导制作过程，根据实际反馈结果，对模型进行有科学依据的迭代改进，最终进行展示”。

2.2 活动目标

科学概念：观察万花筒结构，利用光的反射规律及平面镜成像的特征，提出万花筒成像的假设和问题。

科学思维：能提出科学假设，基于实验和证据，检验假设、得出结论。能分析万花筒的结构和成像影响要素，正确描述万花筒成像的光学原理，多角度解释并阐述其成像的规律，形成初步的创造性科学问题提出和解决能力。

探究实践：能灵活运用所学的光学知识和常用材料，设计并制作出个性化万花筒。通过观察、实验、探究等各种方法，设计研究影响万花筒成像因素的实验，能完成与所学知识和方法相适应的探究报告，自觉地对探究过程和结果进行反思与评价。

态度责任：乐于思考，对探究万花筒成像规律和设计创新感兴趣，能对万花筒设计制作方案及探究过程、方法、结果进行反思、评价与调整。乐于与他人合作交流，善于利用小组合作的方式共同解决问题。了解光学应用，理解光学对人类社会发展和进步的意义。

2.3 学情分析

参加本次活动的是来自八年级的学生，这一阶段学生思维能力发展较快，自我意识增强，有较强的求知欲和表现欲，具有半成熟半幼稚的青年期过渡特点，有初步的自主学习、合作探究的能力，有很强的自尊心，相信通过自身努力可以实现目标。

学生在课内已学习光的反射原理及平面镜成像的规律，知道基本光路图的画法。本次活动结合国际光日主题开展拓展活动，通过参观万花筒展览以及设计制作个性化万花筒来解决实际问题，不仅使学生对光学知识有更加深入浅出的认识，更增强了其对光学在现实应用方面的理解。

3 活动实施

3.1 活动思路

学生首先参观万华镜科学馆，通过馆内工作人员的讲解和实物展品，观看视频资料，了解万花筒发展历程及制作工艺、欣赏不同类型的万花筒。在明确活动任务——设计制作个性化万花筒之后，结合学过的光的反射定律和平面镜成像原理，提出假设。设计个性化万花筒制作方案，绘制设计图，通过小组合作的形式制作个性化万花筒，探究万花筒的成像规律。同时，结合小组作品展示，总结万花筒的成像规律和影响因素，并由组员完成小组间互评和提出意见，再进一步改进作品，对万花筒进行完善和优化。迁移到日常生活，完成拓展。最终，结合活动过程，说说活动体会，形成小组简报，进行总结反思。

3.2 活动过程

环节	教师活动	学生活动	设计意图	时长
创设情境，明确问题	一、创设情境、唤醒经验 介绍国际光日及万华镜科学馆概况，营造情境，导入。 二、参观万花筒展览 发放学习单，提出问题，引发学生探究万花筒的成像规律和影响因素。 结合线上平台开发的活动课程资源和线下场馆展教资源，引导学生参观万华镜科学馆，了解万花筒结构和历史渊源。 三、明确问题 结合参观讲解和线上学习，引导学生提出问题；明确活动任务：设计制作个性化万花筒	了解国际光日。参观馆内展品及展览，听讲解、观看视频资料，结合学习单，了解万花筒的发展、制作原理、工艺，欣赏不同类型的万花筒作品，并绘制小组万花筒思维导图。 明确本活动的学习任务为完成个性化万华镜产品制作	通过场馆展览和主题引入，营造活动氛围。结合万华镜科学馆展教资源，使学生对万花筒有直观的感性认识。以任务驱动，激发学生学习兴趣，培养自主探究能力	60 分钟
提出假设，设计方案，探究规律	一、提出假设 师生对话，头脑风暴，明确假设。根据观察和以往经验，提出万花筒成像的假设。 设计实验，探究规律。以课内光学知识为基础，引导学生自主探究万花筒的成像规律和影响因素。 二、设计方案 根据实验结果，引导学生从设计理念、功能实现、小组分工、外观设计、内部结构等方面进行设计思考，完成万花筒设计方案。提示学生考虑设计元素和要求，如可视性和美观性	小组讨论，设计实验。结合光的反射定律和平面镜成像原理，设计实验，探究万花筒的成像特点和影响因素。 交流论证，达成共识。总结万花筒的成像规律和影响因素。以小组为单位，设计万花筒设计方案，明确制作步骤，绘制设计图。完成制作物料的准备工作	通过自主设计实验、探究规律，培养学生归纳总结、数据分析能力和合作能力，严谨的科学态度。通过设计图和设计方案的制作，学生完成概念的物化，明确实施步骤，培养设计思维和工程思维	80 分钟

续表

环节	教师活动	学生活动	设计意图	时长
实施计划，完成制作	鼓励学生积极参与任务和活动，给予学生指导。观察学生制作过程。适时提出问题，引发学生思考	根据设计图和制作方案，以小组为单位，分工合作，制作万花筒	培养学生善于交流分享协作实践。加深学生对设计理念、知识技能的掌握	25 分钟
检验作品，展示交流	组织展示。学生以小组为单位展示作品，并阐述设计理念，进行组间互评。与学生一起分析制作成果与设计方案、设计图的要求是否一致，能否进一步改进完善	对已完成作品进行检测与实验。初步形成作品，准备展示。小组间互评并提出意见	通过展示交流的方式，促使学生自我判断，提高学生反思和科学思辨的能力	30 分钟
改进作品，迭代完善	引导学生对作品和设计方案、设计图进行修改和完善，经过“问题—改进—新问题—再改进”的迭代优化，呈现修改后的设计方案和作品	通过组间和组内意见及展示效果，对设计图、设计方案和产品进行优化改进	培养学生实践习惯和工程思维，学生能及时反思、评价与调整	45 分钟
发布成果，拓展应用	一、组织学生利用网络学习平台，完成成果发布。 提示学生附产品说明，阐述作品设计的理念和过程。 二、联系生活实际，延伸拓展。 从生活情境中的光学现象和光学物品，引导学生尝试从多角度做出解释	将项目作品视频及图片提交网络平台展示，并完成评价等。 结合生活情境和网络资源，从不同角度解释光的反射现象及应用	拓展光学规律的应用范围，迁移到生活情境中，结合日常生活中的实际应用转化成光学模型	25 分钟
总结反思	引导学生总结反思，结合提出假设、设计制作、展示交流，分享经验和体会	说说在活动中的心得。总结反思参与的活动过程及遇到的问题	培养学生主动表达、善于分享的能力，提升活动效果	15 分钟

3.3 活动效果检测

通过任务单、万花筒设计方案及设计图、万花筒作品的完成情况，检测学生对光学原理的掌握情况和设计思维、创新思维的体现与完成情况。通过评价表，检测学生对活动各环节的态度、收获、满意度。通过活动心得、展示交流及访谈，检测学生对活动内容设置、实施方式及科技辅导员、教师教学的意见和建议。通过观察和倾听，检测学生在活动过程中合作交流的感想及体会。通过线上平台的检测工具，对学生活动过程中的表现进行评价。

4 启示

4.1 注重工程思维，提升学生创新能力

创设真实问题情境，基于真实光学问题，通过万华镜科学馆的参观学习，紧密围绕光学原理、现象和产品，通过探究实验、设计制作、评价修改、优化作品，探究光学原理。工程活动的本质是创造人工实体，设计与物化是其重要环节。将复杂现实问题分解为基础模型，针对学生工程实践方面的薄弱环节进行有针对性的训练。引导学生在解决问题的过程中感受处理工程问题的规范性、解决方案的多样性，以及根据反馈迭代改进作品的必要性。让学生亲手画设计图，设计实验，设计制作方案，将抽象的知识变为直观图示和量化数据，学会从多个角度全面考虑。在完成探究任务的过程中，激发学生的好奇心和想象力，增强科学兴趣和创新意识，培养学生的工程实践能力和创新能力。

4.2 有效利用馆校资源，关注学生科学核心能力

通过 STEM 与万花筒溯源、制作原理相结合，将光学原理与物化的光学产品——万花筒的设计制作联系起来。充分利用万华镜科学馆展教资源和网络平台，将学科内知识进行延伸，加强学科间的关联性，开展研究性、项目化、合作式学习，探索符合科学学科特点、时代要求和学生成长规律的课程综合化教学模式。开创个性化学习环境，关注学生高阶思维能力的发展，学生的学习得到深化和拓展。通过小组合作探究的方式，加深学生对科学探究、科学精神、科学态度和价值观的理解，促进批判性思维和创造性思维的发展，激发学生的创新创造意识。万花筒内有绚烂多彩的世界，万花筒外有科学的奥秘。让学生感悟到小问题也能讲出大道理，万花筒就是身边艺术与科学的融合，其中蕴藏着无穷的奥妙。

5 结论

馆校结合探索万花筒中的光学世界活动，立足科学课标，充分利用万华镜

科学馆展教资源和网络平台，以混合式项目学习的模式，设计制作万花筒，探究万花筒中的光学原理。通过学生主动参与、亲身实践，在不断的迭代改进中，逐步形成“问题—改进—新问题—再改进”的实践习惯和工程思维，培养学生重构、反思、创新能力，发展学生自主学习、团队合作、设计实践能力，促进科学核心能力的提升。

参考文献

[1] 马宁、郭佳惠、温紫荆、李维扬：《大数据背景下证据导向的项目式学习模式与系统》，《中国电化教育》2022 年第 2 期。

[2] 叶荔辉：《基于 STEM 教育理念的 PBL 教学模式设计与实践研究》，《电化教育研究》2022 年第 2 期。

[3] 韩莹莹、朱赫宇、贾晓阳：《运用 PBL 教学法开展 STEM 教育活动的思考与实践——以长春中国光学科学技术馆科学教育活动为例》，《自然科学博物馆研究》2019 年第 3 期。

博物馆“公众参与”形式面向义务教育阶段的运用及减负增效

赵　妍*

（北京自然博物馆，北京，100050）

摘　要　随着“双减”政策的落实，博物馆因充沛的展教资源成为校园延时服务的良好渠道。本文分析了博物馆公众参与的概念及特征，并结合义务教育课程方案分析了博物馆公众参与中体现的教育理念，包括以人为本，尊重个体需要与价值；学生主体，倡导来自实践的经验；关注核心素养，培养面向未来的能力。从而探索博物馆面向中小学义务教育阶段的“学生参与”，在馆校合作当中通过活动课、工作组及志愿者的方式，让学生参与到展品的解读、展览的塑造和博物馆的日常工作中，以此来活用博物馆的资源，引导学生主动参与，在贡献中成长，实现减负增效。

关键词　博物馆　公众参与　义务教育

2022 年 5 月，国际博物馆协会公布了博物馆定义修订的两个提案，其中都提到了“参与”[1]，可见参与在博物馆当前发展中的重要地位，也能够预见未来的博物馆将是更加开放的、公众参与性更强的博物馆。而博物馆“公众参与”的理念，也体现着现代教育中的一些思想和方法，那么，在“双减”政策的背景下，如何将博物馆的“公众参与”运用到馆校合作中，帮助义务教育阶段的中小学生提升核心素养、面向未来发展是值得探讨的。

---

* 赵妍，北京自然博物馆馆员，研究方向为博物馆教育。

1 博物馆的公众参与

博物馆是一个为社会及其发展服务的、向公众开放的非营利性常设机构，为教育、研究、欣赏的目的征集、保护、研究、传播并展出人类及人类环境的物质及非物质遗产。[2]博物馆的藏品真实反映记载了人类发展和认知的历史，回望博物馆的发展历程，随着时代的发展与社会形态的变化，博物馆的重心已经从物品的收藏逐渐向对藏品本身所承载科学与文化的传播偏移。人们希望不断增加的藏品——那些来自人类智慧的结晶，能够更大限度地发挥其价值，也就是对人类发展的作用。学者古德（G. B. Goode）认为，“博物馆不在于它拥有什么，而在于它以其有用的资源做了什么”。[3]为达成推动社会发展的使命，博物馆必须形成对人的影响。在理念上博物馆界已经出现从“藏品本位”向“观众中心”的转移。[4]

20世纪80年代以来，博物馆开始关注公众参与。博物馆的公众参与是指博物馆与观众之间的良性对话和互动过程，旨在提高人们的学习效率，促进博物馆的可持续发展和现代化教育目标的实现。[5]公众参与的提出代表着博物馆更关注公众在博物馆的体验，重视公众对博物馆的理解，鼓励公众对博物馆的建设，从而增进博物馆与公众之间的联系，使得博物馆与社会公众协同进步，从而达成推动社会发展的使命。

有研究将博物馆的公众参与归纳为观众参加培训课程、讲座、游戏和体验活动的“体验式的参与”，以及涉及博物馆策展、展品选取、价值阐释等的“深层次的参与”。[6]目前，体验式的参与在博物馆的教育活动中较为普遍，而深层次的参与也开始在博物馆界不断得到尝试。2020年，我国公民具备科学素质的比例已经超过10%，其中，上海、北京和深圳三地的公民科学素质水平均超过20%[7]，公众本身具备的知识和能力是值得肯定并能够用于博物馆建设中的。因此，在推动观众与博物馆互动的过程中，观众不应再被视为单纯的知识接收者，而应成为创造性的知识主体。[5]国际博物馆协会副主席安来顺在《关于博物馆高质量发展的认识和实践问题》中提到，以多种模式相结合为特色的博物馆需要公众参与，如贡献型的参与、协作型的参与、共创型的参与、主人翁型的参与，可以结合不同博物馆的情况加以尝试和推广。[8]这些参与模式也将是未来博物馆拓展公众参与渠道的方向。

2 博物馆公众参与中教育理念的体现

2022年4月，教育部发布《义务教育课程方案和课程标准（2022年版）》，其中明确了培养目标，即使学生有理想、有本领、有担当，培养德智体美劳全面发展的社会主义建设者和接班人。[9]通过对课程方案中基本原则的解读，笔者发现，博物馆公众参与的理念与义务教育阶段的育人理念有如下契合之处。

2.1 以人为本的教育理念，尊重个体需要与价值

首先，不论是教育领域还是博物馆领域，都接受以人为本的科学发展观的指导。

教育是培养人的社会活动，教育中的以人为本，就是要尊重、理解、关心、信任每一个学生，发现人的价值，发挥人的潜能，发展人的个性。[10]贯彻执行以人为本的教育观念要从学生的需要出发，正确把握学生所在年龄段的心理特征和发展规律，理性分析学生的个性，尊重学生的经验视角，将这一理念贯穿教育教学的过程中，从而拓展学生的知识，培养学生的能力，形成正确的价值观念，帮助学生身心健康成长，实现自身价值。

而博物馆的“公众参与”理念也是以人为本观念的体现。博物馆强调公众参与，即关注公众的需求，倾听公众的声音，满足公众的需要；此外，博物馆还要尊重每一位公民的理解和解读，认可公众的价值并给予其实现价值的平台，重视公众对博物馆的再造和重塑，博物馆在获得公众建设的同时也能够帮助公众成长和发展。因此，博物馆的“公众参与”理念与教育教学理念在根本上内涵一致。

2.2 注重学生的主体性，倡导来自实践的经验

教育学家泰勒（Ralph W. Tyler）认为所谓学习经验既不等同于课程内容，也不等同于教师活动，而意味着学生是一个主动的参与者。[11]随着教育改革的不断推进，现代教育更强调学生的主体地位，发挥学生在学习过程中的主动性

和积极性，倡导来自实践的经验。与被动灌输相比，主动性的学习更能激发学生的兴趣，调动学生的思维，推动学生自主探知，更有助于提升学习效果。与此同时，《义务教育课程方案和课程标准（2022 年版）》也倡导课程综合与突出实践，提出要“培养学生在真实情境中综合运用知识解决问题的能力”，“加强课程与生产劳动、社会实践相结合，充分发挥实践的育人功能”。[9]

而博物馆的公众参与本质上就是公众发挥主动性，在博物馆的真实情境中进行综合实践。公众在参与的过程中实现对博物馆的塑造，不仅让博物馆真正意义上成为公众的博物馆，也让公众在这一过程中获得知识的延伸、方法的拓展和应用创新，形成基于实践的经验。其中发挥主动性的参与理念与学生主体性和“做中学、用中学、创中学”的思路相一致，体现了实践出真知的教育观。

2.3 关注核心素养，培养面向未来的能力和品格

学生发展核心素养，主要指学生应具备能够适应终身发展和社会发展需要的必备品格和关键能力。[12]在《义务教育课程方案和课程标准（2022 年版）》中也强调依据学生终身发展和社会发展需要，明确育人主线，加强正确价值观引导，重视必备品格和关键能力培育。[9]教育是为社会和社会发展服务的，学生的教育也不应与社会脱节。在教育教学当中应贯穿服务社会、贡献社会的意识形态和价值观念，培养学生面向未来社会发展的创新能力和工作水平，成为对社会发展有用的栋梁之材。

博物馆的公众参与也正是鼓励社会公众贡献自身力量，推动公益事业发展和社会进步，并在其中实现终身学习。在公众参与博物馆工作的过程当中，跨学科领域的知识运用、解决问题的思路方法等都有助于实现自我锻炼和塑造，进一步提高综合能力，激发创造性和开放性，有助于推动未来创新型人才的培养。因此，博物馆在公众参与的过程中也体现了关注核心素养，面向未来发展的教育理念。

3 博物馆面向义务教育阶段的“学生参与”

3.1 学生参与的意义

博物馆公众参与的理念与义务教育阶段的育人理念相互契合，那么引导学

生参与博物馆实践，也将帮助学生完成多维度、立体化的发展和成长。学生通过接触博物馆的收藏开阔视野、积累知识，通过主动参与博物馆的实践能够培养能力、获取经验，通过解决问题、克服困难、为博物馆的发展贡献力量形成正面的价值观念。因此，学生参与博物馆实践可以帮助学生在未来面向社会的发展中打下坚实的基础。

对于博物馆而言学生参与也具有重要意义。首先，学生的参与将推动博物馆更加多元与包容，学生视角的塑造对于博物馆而言弥足珍贵，我们总是告诉学生博物馆有什么，却常常忽略他们对所见所闻的表达，学生往往更具想象力和创造力，有助于我们更全面地看待事物；此外，要重视学生在社会传播中的作用，学生之间、学生与家庭、学生与社会之间有着紧密的接触和联系，通过学生传播能够切实帮助博物馆实现宣传的功能；同时也要看到博物馆的未来发展，学生是未来博物馆事业发展的希望和动力，学生的参与有助于培养未来新一代的博物馆人才。

3.2 学生参与的方式

3.2.1 展品的解读

博物馆展品本身蕴含着多重信息，一千个读者眼中有一千个哈姆雷特，不同的观众对展品也会产生不同的解读。展品在学生眼里如何呈现，也是博物馆所感兴趣的。博物馆可以鼓励学生基于展品进行创作：依据展品信息展开的想象与故事，或将科学与艺术融合绘制展品的图形图案，甚至是根据展品衍生出一台有趣的科普剧，等等，这都是学生视角对展品的进一步加工和塑造。在学生对展品的创作当中，他们会主动观察、分析、思考展品的具体特征和内涵，而不是被动地接受和记忆。

3.2.2 展览的塑造

博物馆学者认为，将参与展览开发的权利赋予公众，不仅能够促进公众对自身社会价值的肯定，更能让多元的声音进入展览中，帮助博物馆提升展览策划、建设和管理的水平。[13]那么学生也可以参与到展览的塑造中来，在展览策划任务的驱动下主动探索和学习。学生看到的展览通常是固有的，导致其未曾想过展览如何诞生，为何要选用这些展品，策展人想要通过展览表达怎样的含义等。学生真实参与博物馆展览的策划布置，有助于其了解展览的形成过程，也能够帮助其解读展览所要表达的深层次的内涵。

上海科技馆的暑期课程“海洋传奇：今天我是策展人”就以项目式学习的方式，引导学生动手制作微展览模型，从而培养学生的展览策划能力、团结协作能力，实现学生对所学内容的科学表达。[14]

3.2.3 博物馆的日常工作

博物馆在实际工作当中涉及收藏、研究、展览、教育、传播等多个领域的内容，可以就博物馆现实发展中遇到的问题邀请学生贡献自身力量，建言献策，共同致力于博物馆的发展。学生能够参与的博物馆工作有很多，例如标本的制作与保护，展品的讲解与展览的宣传，线上科普内容的打造，等等。

北京自然博物馆曾举办“绘出我的‘心馆’”活动，邀请公众绘制出自己心目中新馆建筑的外观。该活动收到很多学生作品，学生在绘制博物馆建筑的过程中，发挥了自己的想象力，也了解了博物馆的建筑及功能。博物馆将收到的作品展示在馆内的屏幕上，形成了博物馆与公众的积极互动，精彩多样的作品也激发了未来博物馆建筑的设计灵感。

4 馆校合作下的“学生参与”式活动助推减负增效

4.1 馆校联动，开发“学生参与”式教学活动

2021 年 7 月，中共中央办公厅、国务院办公厅印发《关于进一步减轻义务教育阶段学生作业负担和校外培训负担的意见》，其中明确指出提升学校课后服务水平，满足学生多样化需求[15]，博物馆也因其充沛的展教资源成为校园延时服务的良好渠道。当前，博物馆与学校合作的主要形式包括博物馆进校园、学生课程进馆及教师培训等。面向“双减”政策后的延时服务需求，博物馆可加强与学校之间的合作，多种形式并举，共同开发“学生参与”式的教学活动。活动应注重学生本身能力的运用，并在完成任务的过程中对学生进行知识、方法、思想、态度上的培养，帮助学生成长。

相关研究认为，博物馆策划开发的具有“公众参与”特征的教育活动，可以归纳为：公众以传播（教育）主体的角色承担内容的创造、分享和传播任务的教育活动。[16]博物馆可以以此为基础，结合学校需求，以“贡献—成

长”为理念，开发“学生参与”式的教学活动，服务“双减”后学生的减负增效，即学生基于自身经验与兴趣，对博物馆相关内容进行解读、塑造和贡献，通过博物馆及教师的引导，培养学生的核心素养与面向未来社会的能力，并使之得到全面发展。

4.2 结合校园情况设立多种活动形式

4.2.1 活动课形式

面向以班级为单位的延时服务，博物馆可以根据频率和时长，设计并推送单次或者系列活动课程。课程主题可与义务教育阶段多学科的课程标准相结合，充分发挥博物馆的资源优势，引导学生对展览、展品及博物馆相关内容进行加工，例如展品的绘图与制作、故事的撰写与编辑、音视频的录制与传播等，致力于发挥学生的想象力、创造力及真实情境中解决问题的能力。系列课程应随着课程进展，使学生不断深入地了解博物馆的工作内容。

4.2.2 工作组形式

面向学校社团形式的延时服务，校方可组织感兴趣的学生参与博物馆及相关主题的社团或工作小组，馆方则提供小组工作的方向和内容，实现双方的合作。兴趣社团的活动内容应涉及博物馆的研究、展览、教育等，以博物馆的专业从业者为导师，指导学生在参与中学习标本制作、文物鉴别、展览设计、教育传播等工作，内容可分板块、分主题、递进式地呈现，使社团学生在兴趣驱使下合作共进，实现自身的成长发展。

4.2.3 志愿者形式

在馆校合作的基础上，博物馆还可以鼓励有经验、感兴趣的学生成为博物馆的志愿者，参与到博物馆的真实工作中来，以志愿工作的形式度过有意义的课余时光。博物馆在日常的调查研究、展览布置、教学组织、线上宣传等工作中常需要志愿者的帮助，而在此过程中吸纳学生参与，不仅能够满足博物馆的工作需要，也能够满足学生学习成长的需要。学生与博物馆的工作人员合作，参与到社会服务的过程当中，有助于其正确价值观念的形成和综合实力的养成。

4.3 在“参与”中关注学生成长，助推减负增效

4.3.1 前期制定教学目标

馆校合作组织“学生参与”的目的是促进学生成长，其根本上属于教育活动，需要根据学生年龄设置与其发展规律相适应的教学目标。馆校双方应共同商定，将博物馆特色与义务教育阶段的多学科课程标准相结合，遵从以人为本的指导思想，关注学生核心素养的培育。在明确目标的基础上，由博物馆整合自身展教资源，设计“学生参与”式活动。

4.3.2 中期关注学生表现

在活动的过程中教师要关注学生的态度和表现，观察学生参与任务时的工作方式，解决问题时运用到的知识、技能、方法等，并及时给予相应的总结、引导和升华。参与式活动的开放性较强，会带来不确定性，因此在实施过程中要根据学生情况对内容进行把握和调整，确保学生能够完成任务并有所收获，达成教育的目标。

4.3.3 后期进行成果展示与评估

课程的结束并不是博物馆“学生参与”的结束，成果的回归和运用能够让“学生参与”形成闭环，也让学生的贡献真实有效。博物馆可以收集“学生参与”的作品用于线上、线下的展示，让博物馆以学生视角进行传播，实现更为广泛的社会效益。同时将“学生参与”中形成的办法、方案等应用于博物馆的发展当中，提升学生在参与中的成就感，培养学生对公益事业的使命感和责任感，让学生在为博物馆贡献自身力量的同时成长起来。

馆校双方还要重视对学生学习效果的反馈评估和后续跟踪，收集学生参与活动的收获、感想、启发及意见建议等，调查评估活动对学生的短期及长期影响，从而优化博物馆的“学生参与”形式和内容，进一步深化馆校合作。

5 结语

“双减”政策要求减轻学生的作业负担和校外培训负担，新版义务教育课程标准要求关注学生的核心素养，这些文件的出台将教育的重心落在学生身心健康和全面发展上，也推动着义务教育高质量发展。博物馆作为公益性文化机

构，承担着社会教育的职责和使命。馆校合作一直是博物馆的重要教育形式，在“双减”政策下思考如何为校园提供博物馆资源，服务学生的课余生活，在不增加学生负担的基础上帮助学生主动参与、主动成长，是值得博物馆思考和实践的。

作为非正规教育，博物馆的教育方式更加灵活开放，在尊重学生主体性、注重实践和面向未来发展的培养当中，可以多加尝试。这其中，参与不失为一种有效的手段。在公众参与的过程中，博物馆发挥“平台式”的作用，协助公众发现和发展自身兴趣，公众在博物馆展示自己，在博物馆和公众间实现一种“双赢”，使公众能够从真正意义上融入博物馆。[17]而“学生参与”也更有助于学生和博物馆的共同发展，博物馆不妨在“求之以鱼”的情境下“授之以渔”，让学生主动参与，在实践中掌握方法和技能，从而启迪学生的思维、培养学生的能力、帮助其养成良好的学习习惯，让学生在为博物馆发展做出贡献的同时汲取营养、茁壮成长。

参考文献

[1] 中国博物馆协会：《国际博协公布博物馆定义两个最终提案》，https：//mp.weixin.qq.com/s/0GswyBix1MKB40dk8Bgf6A，2022年5月11日。

[2] 杰特·桑达尔、秦文：《博物馆定义——国际博物馆协会的支柱》，《国际博物馆（中文版）》2021年第Z1期。

[3] 郑奕：《博物馆强化“观众服务”能力的路径探析》，《行政管理改革》2021年第5期。

[4] 常丹婧：《博物馆学习中的观众参与：概念、特点与对策》，《东南文化》2021年第5期。

[5] 李晓茨：《博物馆良性公众参与的若干途径》，《文化产业》2022年第10期。

[6] 史明立：《谁的博物馆？——博物馆与公众参与》，《博物院》2017年第5期。

[7] 中国公民科学素质调查课题组：《第十一次中国公民科学素质抽样调查主要结果发布》，《科普研究》2021年第1期。

[8] 安来顺：《关于博物馆高质量发展的认识和实践问题》，http：//society.sohu.com/a/537404982_121107011，2022年4月12日。

[9] 田慧生：《落实立德树人任务　教育部颁布义务教育课程方案和课程标准（2022年版）》，《基础教育课程》2022年第9期。

[10] 吴瑾:《论“以人为本”的教育观》，华中师范大学硕士学位论文，2008。
[11] 单中惠、朱镜人主编《20 世纪外国教育经典导读》，山东教育出版社，2018。
[12]《中国学生发展核心素养》，《新教育》2019 年第 17 期。
[13] 郭佳雯:《美国科技博物馆展览开发中公众参与的研究及启示》，《自然科学博物馆研究》2018 年第 1 期。
[14] 赵静:《基于实践案例的项目式学习研究》，《科学教育与博物馆》2021 年第 1 期。
[15]《中共中央办公厅　国务院办公厅印发〈关于进一步减轻义务教育阶段学生作业负担和校外培训负担的意见〉》，《教育发展研究》2021 年第 Z2 期。
[16] 刘哲、贾清:《博物馆教育活动中的“公众参与”》，《科学教育与博物馆》2021 年第 3 期。
[17] 郭相奇:《探索 · 热爱 · 分享——试论公众参与博物馆的新模式》，《科普研究》2019 年第 4 期。

以信息技术赋能，探索“双减”背景下场馆研学新样态

周翠萍　马帅　晁晴*

（北京市第八十中学嘉源分校，北京，100020；
北京中学，北京，100010；
郑州市郑东新区外国语学校，郑州，450000）

摘　要　“双减”政策落地后，中小学课后服务催生了对优质教育资源的巨大需求，场馆研学被视为促进教育综合改革的重要实践途径。随着疫情防控常态化，线下场馆研学难以满足校园疫情防控的新要求。伴随着互联网的不断发展，更多高端技术被运用到线上教育中。如何更好地利用信息技术开展基于科技馆的学习值得思考。本文尝试构建基于信息技术的场馆研学模式，促进场馆研学发展新样态：以科学表演、展品介绍与答疑、展品体验活动、科学探究活动为主体，通过连贯的线上场馆研学活动提升学生的科学素养。

关键词　信息技术　场馆研学　线上教育　“双减”

21世纪以来，国内外均将培养具有科学素养的公民作为教育的重要目标，我国学校承担着立德树人的重要任务。在基础教育领域，馆校结合被视为推进育人方式变革、提升学生科学素养的重要实践途径，双方应基于立德树人的重要任务展开合作，积极探索学习途径和载体，丰富教育资源，推进新兴技术手

* 周翠萍，北京市第八十中学嘉源分校，硕士研究生；马帅，北京中学，硕士研究生；晁晴，郑州市郑东新区外国语学校，硕士研究生。

段与教育教学融合应用，适应学生多样化的需求。此外，依据“双减”政策要求，中小学应提高课后服务质量，拓展课后服务渠道，增强课后服务的吸引力，做强做优免费线上学习服务，为学生拓展学习空间。[1]场馆学习可弥补学校教育的限制和不足，是学生拓展知识、陶冶情操的重要学习方式，将其作为课后服务的重要渠道，能够满足学生多样化的需求，对培养学生的科学素养具有积极作用。

随着疫情防控常态化，线下场馆研学难以满足校园疫情防控的新要求，为更好地落实“双减”政策要求，最大限度发挥场馆在提升学生科学素养方面的育人价值，就需要场馆研学紧跟时代要求做出相应调整。本文结合时代发展以及相关政策要求，以信息技术赋能，以科技场馆为例，探索“双减”背景下场馆研学新样态，运用新兴技术来呈现展品，传播科学知识，积极创造条件开展体验活动和在线互动与答疑，充分发挥其育人价值，丰富教育资源，助力立德树人根本任务的落实。

1 场馆研学是培养小学生科学素养的重要途径

1.1 场馆研学概述

研学旅行是综合实践育人较为有效的途径之一，是教育部门和学校有计划、有组织的安排，通过集体旅行、集中食宿方式开展的研究性学习和旅行体验相结合的校外教育活动，是学校教育和校外教育衔接的创新形式，同样也是教育教学的重要内容。场馆研学则指基于科技馆、博物馆等对于人们有教育和启发作用的场所，由学校组织学生进行相关的研学活动，对培养中小学生的科学与文化素养发挥重要作用。

1.2 线上场馆研学概述

线上场馆研学指融合“互联网+”“智能+”等技术，学生通过视频与讲解模拟现场参观进行“云游览”、通过校馆联动进行“云探究”等方式开展相关的研学活动，以此来促进学生科学素养等方面的发展。线上场馆研学克服了时间与空间的限制，为研学旅行的发展提供了新思路、新前景。

1.3 场馆研学的价值

场馆研学是非正式学习的一种重要途径，主要的活动开展形式有专题讲座、科普论坛、戏剧表演等，这些活动大多是以科技馆为主导方、学校为接受方的形式展开的。[2]例如，由科技馆组织中小学师生进馆参观体验主题科普展览活动，包括完成科学小实验、观看科普剧、聆听科普讲座等。近年来，伴随信息技术的迅速发展，多媒体融合技术和内容不断深入教育领域，场馆研学也逐步走上数字化之路，借助多种互联网平台，融合多种媒体资源，实现场馆资源的最大化传播，在此过程中传播科学知识，提升科学文化素养，发展素质教育。

《义务教育科学课程标准（2022 年版）》提出，要发挥各类科普场馆的作用，把校外学习与校内学习结合起来，充分利用网络资源开展科学教学，促进信息技术与科学学习深度融合，为教学服务。[3]可见，国家对场馆教育十分重视，以信息技术赋能场馆研学是实现学生综合素养培养的重要途径之一，有助于提高全民科学素质，促进经济社会发展和科技强国建设。

2 场馆研学特点与困境

场馆研学作为校内科学教育的重要资源和途径，在很多方面不同于学校教育，是与学校科学教育相互补充、相互促进的一种学习模式。随着信息技术的不断发展，推动场馆研学不断创新，将技术融于场馆研学中将成为一种趋势。

2.1 我国场馆研学特点

首先，场馆研学的教学环境区别于传统学校教学。场馆研学多将科技馆等传播科学知识的大型公共机构作为科学教育的大课堂，场馆环境和展品等被视为实施科学课程的有效资源。学生自主选择感兴趣的展厅进行学习，自我规划学习时间和路线，整体学习环境充分体现自主性，学习氛围比较轻松。相比之下，学校教学严格按照作息时间以及课程安排进行，有严格的教学计划和课堂规章制度，学习环境中目的性比较强，学习氛围相对严肃。

其次，场馆研学的知识获取途径区别于传统学校教学。场馆研学基于建构主义学习理念，借助丰富的展品为学生提供实物观察、沉浸式体验等直接经验学习的机会，让学生在与展品交互的过程中主动获取科学知识，为学生的学习提供便利。而学校教育更多的是通过教师讲解以及课本等进行间接经验的学习，学生多为被动接受统一的既定知识。

此外，随着信息技术的不断发展，技术成为传播发展的一个重要手段，线上研学不断发展，线上研学能够在保证学生安全的前提下促进学生发展。在数字化时代，线上研学顺应了时代的发展，融合了“互联网+”“智能+”等技术，克服了时间与空间的限制，帮助学生时时进行探究，也让探究更快捷、更智能。技术支持下的活动还可以促进学生对展品的深度理解，帮助其在观察的基础上通过动手操作、答疑交流充分体验并理解科学原理，感受科学的奥秘。此外，线上研学更注重个性化教学，培养学生自主学习和探究学习的能力。

2.2 我国场馆研学的困境

从实践方面来看，场馆研学是有效的。场馆研学能够极大地提高学生对科学学习的兴趣，促进学生对科学知识、概念的探究和理解。场馆研学作为学校教育的重要补充，在提升学生科学素养和促进学生全面发展方面发挥越来越重要的作用。近几年，国家相继颁布了一系列政策和指导意见，多次提出科学教育要与场馆学习相结合的要求，支持和鼓励学校开展科技场馆研学。我国的馆校结合发展也表现出“教育资源形式丰富”“跨学科融合”等特点，但是我国科技场馆研学也存在以下问题。

当前我国科技馆的学习形式以针对性的讲解和说明牌的阐述为主，探究式学习比较少，形式比较单一，学生走马观花，导致学习效果不佳。尤其是在线上研学中，学生往往只能观看探究过程，无法进行实际操作，科技馆与学校之间的联动性较弱。

科技场馆场地有限，场馆研学未能在小学科学教育中全面开展与落实。除此之外，由于工作人员有限，针对学习者的提问难以做到一对一答疑，导致场馆学习效果不够理想。未建立数字化场馆资源数据库，学生缺乏基于数据库进行的自主探究活动。

学生在场馆研学过程中出现探究学习水平低、缺乏教师指导等情况，使得很多学生在行为上表现出一种服从或是盲从。已有研究表明，技术应用对非认知层面和认知层面的学习效果均有显著影响，当前很多场馆未深入探究辅助参观类、互动类技术在科技馆中的应用，学生无法与展品交互，致使场馆研学缺乏互动性和体验性。

2020 年，新冠肺炎疫情突袭而至，线下研学活动的举办将带来大量的人群集聚。因疫情防控需求，各类研学活动相继延期或停办，使得场馆研学受到巨大冲击。部分场馆未做好准备，尚未积极探索并发展信息技术支持下的科技场馆研学，致使其发展受到严重冲击。

由此可见，我国场馆研学在提升学生科学素养方面存在许多优点，但就目前发展情况而言，也存在受疫情影响无法正常开展活动、部分场馆因落后的展示方式等难以吸引观众的情况。如何在充分发挥场馆研学优势的基础上，运用信息技术，通过科技馆线上宣传、线上展览、线上直播等方式与学校线下课程联动，针对相关问题进行改进，增强其对学生的吸引力，满足学生对科学的追求，有效应对疫情影响，需要进一步探讨。

3 基于信息技术的场馆研学新样态

我国互联网技术运用日益广泛，涉及领域广泛。随着学生利用互联网学习的比重越来越高，开展线上研学能够更好地满足学生的学习诉求，对于提升学生的科学素养有着重大意义。得益于信息技术的不断发展，越来越多的前沿信息技术被应用到线上教学中。如何运用信息技术赋能场馆研学值得思考。本文尝试构建基于当前信息技术水平的场馆研学模式，促进形成场馆研学新样态。

科技馆线上科普活动主要分为四个部分：科学表演、展品介绍与答疑、展品体验活动、科学探究活动，各部分相互补充共同构成线上研学的总体框架（见图 1）。基于对四个部分关系的梳理，充分利用信息技术对框架做进一步补充，得到科技馆线上科普活动结构图（见图 2）。

首先，基于直播平台的科学表演，无论是表演者还是观看者都能够被最大限度地激发其对科学学习的兴趣。其次，学生基于科技馆内生成的展品数据库，自主选择感兴趣的展品进行细致的观察。与此同时，校内科学教师和科技馆老师在线为学生答疑。除此之外，学生可以基于虚拟与现实技术对展品进行

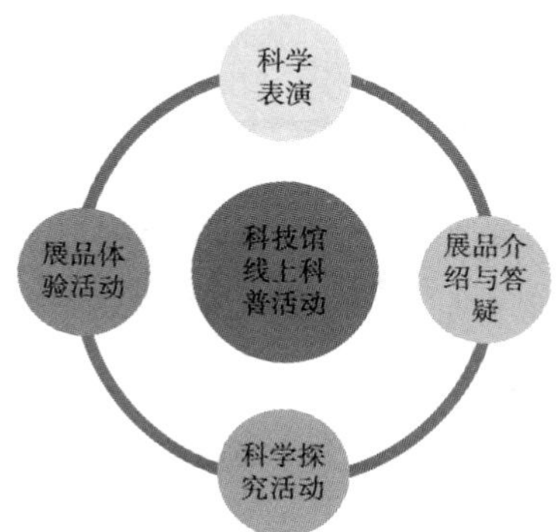

图 1　线上科普活动总框架

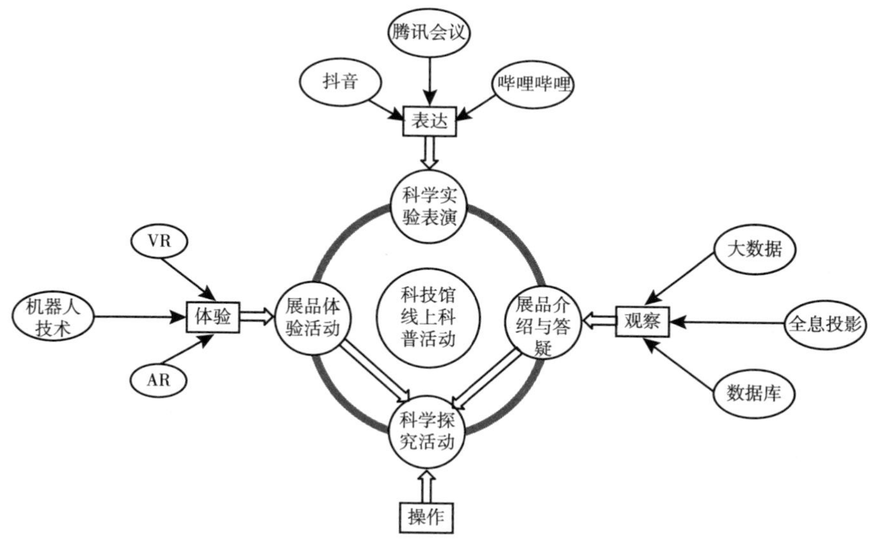

图 2　科技馆线上科普活动结构

操作体验。最后，通过对教师以及学生提出的有价值的问题进行探究，激发学生自主性探究知识的兴趣，通过连贯的场馆研学活动发展学生的思维。

3.1　科学实验表演——表达

科学表演是一项集科学思想、艺术形式和文化内涵于一体的科学传播活动，

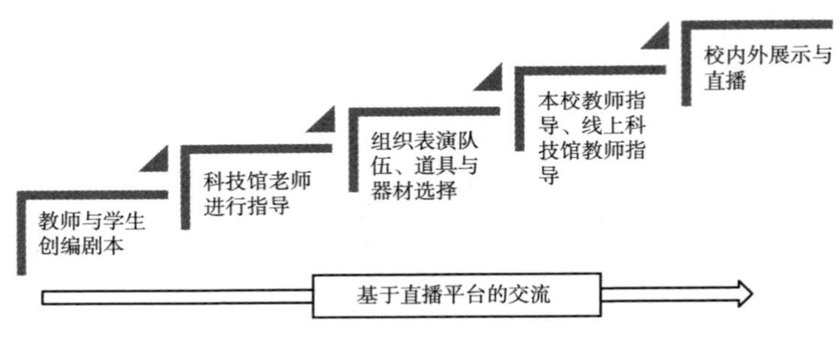

图 3　科学表演流程

具备启发性、生活性、实践性、互动性，通过精心设计的主题、巧妙设计的故事情节、与生活息息相关的场景，给观众以深刻的视觉感知，从而精彩演绎社会热点。[4]本部分主要内容为基于直播平台的科学实验表演。首先由教师与学生共同创编剧本；接下来由科技馆教师针对剧本进行专业指导，学生进行剧本的二次创造；然后由教师组织表演队伍、选择道具与器材；再由本校教师以及科技馆教师分别进行指导；最终学生进行校内外的展示与直播。

学生在参与直播的过程中学习科学知识，发展科学思维。观众也在跌宕起伏的故事情节中感悟科学知识，体验科学乐趣，从而激发探索科学的兴趣，达到寓教于乐的效果。

3.2　展品介绍与答疑——观察

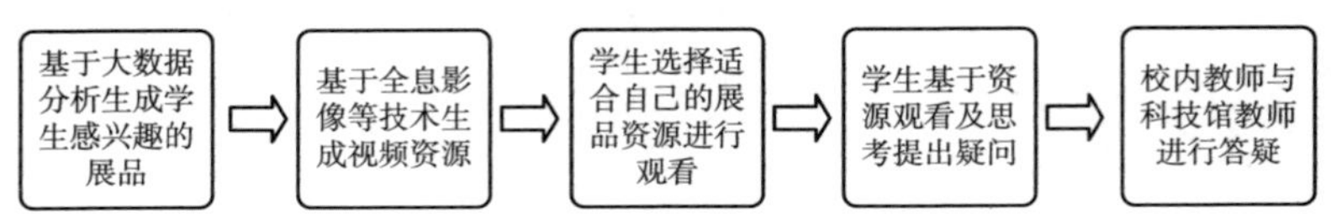

图 4　产品介绍与答疑流程

观众不仅是科学展览的观看者，也是展览的参与者、创造者，通过身临其境的感官体验，充分吸收展览所承载的科学知识。科技馆展陈设计通过引入新媒体技术手段，增强观众线上的临场感，更加生动地呈现科技产品背后的故事，塑造更加丰满、立体的展品形象。其主要路径为：科技馆通过互联网平台以及多媒体等方式，结合学校教育需求，对科技馆的各类展品进行全面的梳理和整合，利用 VR、AR 等技术形成视频资源，汇总后生成数据库，从而通过互联网平台等方式与学校实现资源共享。学生选择适合自己的展品数据库进行观看、思考，如果存在疑问，将由校内和科技馆教师进行答疑。这样让学生用户有更大的自主选择权以及更强的参与感，满足学生对知识的探索需求，培养学生的观察能力，增强学习效果，发展学生的科学思维。

3.3 展品体验活动——体验

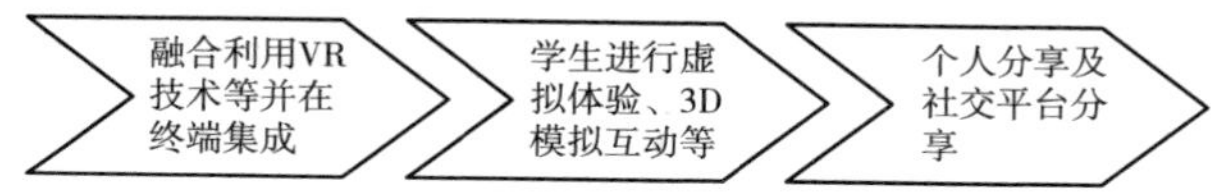

图 5　展品体验流程

学校可以与科技馆展开广泛合作，利用 VR、AR、智能机器人等形式帮助学生线上参观体验科技馆。新型的多媒体技术能够多方位刺激学生的感官体验，供学生“感知”，学生在与展品互动的过程中享受学习的快乐。首先科技馆融合 VR 技术并在终端集成，然后学校安排学生进行虚拟体验、3D 模拟互动等活动，鼓励学生进行个人分享以及社交平台分享。通过移动 AR 技术手段，生成一种超现实的科技馆虚拟环境，实现用户和线上展品之间的虚拟实时交互。科技馆通过互联网，将互动体验活动向中小学渗透，有助于实现更快的资源共享。科技馆通过科学教育活动的新模式，有效加速人才培养，进一步提升中小学生的科学素养。

3.4 科学探究活动——操作

学生充分参与展品体验和展品介绍与答疑活动之后，再由教师为其创设有价值、可探究的问题。然后由学校提供多样的探究工具，激发学生思考多种探究方案，在真实场景中探究并解决问题。在探究过程中，教师要提供“脚手架”，激发学生自主性知识建构，让学生解释与交流实验结论，教师还要提醒学生注意实验的安全性等。通过科学实验等实践活动提升学生的探究能力，培养学生自主学习的习惯，提升学生的科学素养。[5]

4 研究总结与展望

中共中央办公厅、国务院办公厅印发的《关于深化教育体制机制改革的意见》中明确指出：“建立健全课后服务制度，探索实行弹性离校时间，提供丰富多样的课后服务。”[6] 本研究设计形成的基于信息技术的场馆研学模式，为课后服务提供有价值的活动，丰富课后服务的资源供给。

线上研学活动打破疫情对于研学的影响，提供了新的有效路径，通过广泛使用云计算、物联网、大数据、虚拟现实、增强现实、移动互联、智能感知等技术创建虚拟学习环境、满足学生个性化需求，进一步激发学生的科学意识。未来将基于理论框架进行实践，发展学生创新思维，提升学生的科学素养，培养具有想象力、创造力的青年学生。

在线上教育时代，开展线上研学不只是进行线上展示，结合前文分析，笔者建议在科技馆研学中开展基于信息技术的科学表演、展品介绍与答疑、展品体验活动、科学探究活动，分级进行设计，整合多方资源，突破场馆或学校教室有限的空间，以科技馆的现代化与创新发展为主体，坚持体验式展览展品、探究式教育活动的基本形式。通过组织变革、机制创新、技术赋能和资源共享等与学校进行互联。未来将基于该模式做进一步实践、推广，也为线上研学带来更多的可能性。

参考文献

[1]《中共中央办公厅　国务院办公厅印发〈关于进一步减轻义务教育阶段学生作业负担和校外培训负担的意见〉》，《中华人民共和国教育部公报》2021 年第 10 期。

[2] 许芳杰：《中小学研学旅行：现实困境与实践超越》，《教育理论与实践》2019 年第 11 期。

[3] 中华人民共和国教育部：《义务教育科学课程标准（2022 年版）》，北京师范大学出版社，2022。

[4] 钟婧：《注重感知与体验——基于有效开发科技馆教育活动的探索》，《青年与社会》2019 年第 1 期。

[5] 黄笑欢：《浅谈科学探究的实施策略》，《科教导刊》2021 年第 15 期。

[6]《深化教育体制机制改革》，《中国高等教育》2017 年第 20 期。

基于文化透镜视角的场馆活动设计

——以叙春园“排水”做法复原主题活动为例

罗新锋　温紫荆*

[深圳市福田区荔园小学（荔园教育集团），

深圳　5180283；

深圳市南山区第二外国语学校（集团）学府一小，

深圳　518057]

摘　要　科技场馆的建设如火如荼，其中的展品愈发丰富。科技场馆及展品能够呈现科学知识，丰富学生的科学学习方式，发挥学校教育不能替代的作用。但是当前科技场馆及其展品发挥的作用不明显，参与者停留在浅层的认知层面，很难从场地和展品中建构有意义的经验，特别是社会文化方面的经验。本文从文化透镜的视角对其原因进行了分析，并结合一次中学生的研学活动案例，探讨如何设计科学教育活动从而增进学生与展品、场地之间的意义连接。

关键词　文化透镜　场馆教育　非正式学习　园林设计

早在 1989 年，乔治·海因就对博物馆此类非正式环境中学习获得的经验进行分类，利用一个二维的坐标系来表示在不同经验下参与者的思维得到了何种发展。[1]依据海因的简单图示可将博物馆或展品为观众提供的学习环境，归类到四个象限中。这一框架强调认知的、社会的和文化的学习过程与结果，这

---

* 罗新锋，在职科学教师，硕士，研究方向为科学与技术教育、非正式学习；温紫荆，在职科学教师，硕士，研究方向为科学教育、STEM 教育。

种学习过程和结果被特定场景的独特特征、学习者动机以及相关联的学习期望所塑造。所有的学习都可以认为是一种文化的过程。

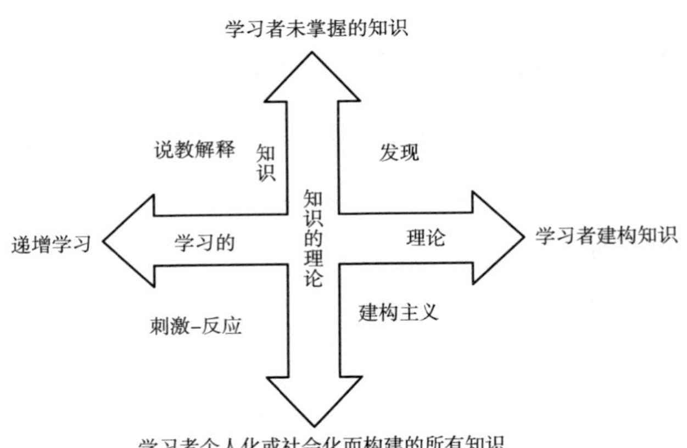

图 1　乔治·海因的建构主义教育理论模型

当前科技场馆看重收藏和研究功能，忽略了参观者与场馆之间的互动性，文化互动是比较缺乏的。本文基于文化透镜视角探讨场馆中的科学活动设计开发，旨在发挥非正式环境的特性促进学生与场所、环境之间的互动连接。

1　基于文化透镜视角的教育理念

维果茨基的社会建构主义告诉我们，文化是由学习者所拥有的强有力的社会交往关系所构成的，通过这种关系，他们获取和表达自己的观念、价值观和实践。[2]学习者会在这种社会联结下进行实践，随着实践，发展出特定的技能、责任、知识和身份。同样，这一过程也可能是依靠中介完成的，例如家庭交谈、社团成员间的互动，或者师生间的互动。

但是青少年与科学研究者之间的社会交往存在天然的沟壑，前者很难参与到后一群体的社会关系当中。这一点也可以解释为何场馆中的建构不那么容易发生，因为在大多数环境中，场馆与参观者之间缺乏一种有效的社会文化的连接。从文化角度看，科学是生成和验证知识的一系列过程，这也就意味着学习者可以通过特定的认知工具进行经验分析生成关于自然世界的解答，而这一过程就是一种集体实践。换句话说，场馆中的实践——活动，能够为学习者提供类似科学研究者的文化实践。

1.1 文化透镜的含义

来自外界的信息通常是经由人们的态度、信仰、动机构成的一面“透镜”，有选择地过滤和吸收后，形成个人的认知和观点。一个实践共同体包括一系列共享的、相互明确的实践和信念以及对长时间追求共同利益的理解，共同体中的成员通过参与共同体在社会活动中获得一个有真实意义的角色。

“文化透镜”指的是共同体在共同信仰、态度、看问题的方法基础上，形成的对外界事物的认知。[3]而这一文化透镜反映了共同体在处理或看待、执行某事件中表现出的共同动作、价值观念、习惯、倾向等。就科学实践而言，“文化透镜”反映了那些能够解释、拓展和支持学习的经验的共同特征：带入学习环境中的学习资源（如特定的讨论交流方式）、与自然世界发生关联的方式、学科理论体系与日常研究的模型、相关的物质资源和活动、共同体目标。

1.2 “文化透镜”的学习理论

由于“文化透镜”这一共同体的整体倾向性，处于共同体边缘的学习者则会有意无意地模仿起共同体的行为、观念、习惯、倾向等，这就是“边缘性参与”。学习者沿着“参观者—参与者—成熟实践的示范者”轨迹前进——从合法的边缘性参与者逐步转变为共同体中的核心成员，通过共同体中的参与获得身份发展和再实践。[2]在这种从边缘性靠近核心的过程中，学生会依靠自己在家庭、学校或其他媒介中获得的日常经验和参与“科学事务”中潜藏的科学技术经验互动，从而建构起自己的新认知。一场博物馆展品与学习者间的文化实践需要让学习者实现边缘性参与，同时应为学习者提供向共同体核心进发的可能，因而活动的设计需要考虑实践与身份两个方面。

采用文化透镜的视角看待学习，则学习既是以意义的协商为本质的实践，又是成为一个实践共同体的成员的身份建构过程。[4]转变学习方式的最为深层的意义在于，通过特定“透镜”进行认知，既包含实践的改变，又包含参与者身份的转变。

温格（Wenger）认为，人类对于实践的参与，首先是一个意义协商的过程，即与共同体成员间达成一致观点。[5]意义的协商涉及交往的两个过程：参与和具体化。参与指的是个体作为共同体成员积极介入社会事务，由此获得的经验。具体化指的是将一些已经获得的经验化作实体，在这一过程中经验被组织起来，赋予新形式，例如实践共同体创造的一些工具、符号、故事、名词和概念等。实践共同体成员通过实践成为共同体，而相互的介入（成员间产生关联与组织）、共同的事业和共享的技艺库（一整套共享的资源，例如惯例、用语、工具、做事的方式、故事、手势、符号等）就是共同体实践，从而获得“文化透镜”的关键机制。

1.3 “文化透镜”对活动设计的指导

科技场馆中的科技活动能够为学习者提供实践的机会，从而产生场馆与人的文化互动。因此，科技活动就要以“实践”的顺利进行为目标而设计。如果说实践是意义的协商过程，那么实践参与中形成的身份，就是一种经过协商的经验。[5]身份中蕴含着参与的成分和具体化的成分。身份是参与的经验和具体化投射这两个复杂因素的相互交织，意义的协商是连接它们的桥梁。因而，在科技活动的设计中，学习者应具有一定的“角色”。“角色”来源于真实的科学实践，例如考古队员、地质勘探员、动物饲养员等角色。这些“角色”天然地带有一定的实践色彩。从“角色”的扮演到“身份”的认同，还需要经历实践过程。因此，实践活动的设计应接近真实的科学实践，同时需要考虑学习者的能力。实践不仅包括个人的行为，还包括与科学家群体间的互动、与环境间的互动。同时，实践中的相互介入、共同的事业和共享的技艺库，使得一群个体凝聚成共同体，同时决定着其中每个成员的身份。这些内容是一个活动设计成功的关键点，因为具备了这些条件，共同体中的实践与身份认同就能统一起来。因而，在活动中应为学习者提供相互介入的机制、任务导向以及一整套技艺，而这些都应从选择的科学实践角色中抽取提炼。学习者从充分参与到共同体的实践，逐渐实现从非共同体成员到胜任成员的转变，从而与场馆场地、展品产生文化连接。

2 以叙春园“排水”做法复原主题活动为例

2.1 项目简介

“自然与城市的共生”教育项目是广东省深圳市科教课程团队开发的STEM教育系列课程之一。该项目以建筑学、园林景观、城市规划为学科背景，以丰富的古代建筑、园林和城镇聚落研究与学习为载体，旨在促进青少年对身边城镇发展历史的了解，对人居环境建设的认知。叙春园“排水”做法复原主题活动是该项目中的一部分，青少年将在这一活动中体验建筑群落和自然要素之间如何协调“排水”这一难题。

“排水”问题的解决，有赖于园林设计师对植物、地形、建筑物等园林要素的处理，反映了园林设计师的“文化透镜”。本活动为北京地区中学生提供非正式环境下的科学学习，围绕“如何排水”展开，学习者将以园林设计师的身份勘探颐和园后山，体会后山排水的方法，并对这些方法进行总结，改造自己的园林设计，从而在这一过程中与场地、园林设计师产生文化连接，体会改进人居环境过程中得出的经验。

2.2 活动目标设计

本主题活动参考《义务教育初中科学课程标准》与《非正式环境下的科学学习：人、场所与活动》，整合科学、技术、工程和数学多个学科领域，从学生实际情况与综合素养发展出发，制定以下活动目标。

培养科学态度：观察自然界中的水、植物、土壤、岩石等，从中体验兴奋、发展兴趣，保持对自然现象的好奇心；养成与城市生态环境和谐相处的生活态度，提高保护生态环境的意识，增强社会责任感。

理解科学知识：识别常见园林植物；掌握特定园林植物的生活习性等；加深对课堂中学习的植物群落、生物与环境之间关系等的理解；能够运用科学概念、原理等解释植物、降水、地形、园林小品内在的联系。

参与科学实践：掌握阅读地形图、制图等基本技能；与他人共同参与颐和园后山排水做法调查活动，就任务不断发现问题，并通过查阅资料、询问其他人等方式寻求证据，运用创造性思维和逻辑推理解决问题，并通过评价与交流达成共识。

2.3 文化透镜视角的活动设计

学生在整个项目中有一连串设计任务。“叙春园”遗址复原是其中一项任务，该活动要求学生根据遗址材料复原一座清代的园林——“叙春园”，并利用油泥、PVC 板、高密度泡沫板、木棍、颜料等制作复原模型。叙春园遗址位于颐和园万寿山后山，与万寿山主体建筑为同一时期设计建造。遗址材料包括带有等高线和柱础石（即柱子下垫的石头基础）位置的地图，因此学生可以据此构建起基本的地形和建筑物。

但是叙春园位于低洼处，因而排水就成了一个非常重要的问题。遗址已经遭到严重破坏，因而具体的排水方法只能参考同一地段的其他建筑物。这就使得“排水”主题活动能够开展，本文中对叙春园“排水”做法复原主题活动进行探讨，该活动包括：①实地调查颐和园万寿山后山建筑群“排水”做法；②整理成调查报告；③并依据做法复原叙春园排水措施。

本次活动，4~5 位学生一组，活动具体支持见表 1。

表 1　主题活动学习支持

<table>
<tr><th colspan="2">学习支持项目</th><th>内容</th></tr>
<tr><td colspan="2" rowspan="3">相互介入</td><td>对于典型做法的调查</td></tr>
<tr><td>整理调查报告时的协作讨论</td></tr>
<tr><td>叙春园复原模型制作</td></tr>
<tr><td colspan="2">共同事业</td><td>成功复原叙春园排水措施</td></tr>
<tr><td rowspan="4">共享技艺库</td><td>特定用语</td><td>排水；导水；清淤；沉淀池；水沟；建筑</td></tr>
<tr><td>调查方式</td><td>观察园林中道路、置石、植物群落、特殊构筑物、地形变化等，随时离开大道徒步调查</td></tr>
<tr><td>符号</td><td>记录特殊植物、道路、置石、泄洪通道等的符号</td></tr>
<tr><td>记录方式</td><td>利用地形图，随时将发现的特殊之处记录在图上</td></tr>
</table>

2.3.1 对于“排水”做法的意义协商

本活动中，学生有 3 小时时间调查颐和园万寿山后山的植被、道路设计、泄洪水沟、地形设计以及其他与排水有关的设置。在正式开始调查之前，教师（对应实践共同体中较为核心的园林设计师）会讲解后山排水的两种主要做法，以及相应的工程处理措施。一种“排水”做法是“挡水”，即利用植物、石头等减缓雨水冲刷的速度，另一种是“导水”，即控制水流沿固定方向流动。此外，雨水带来的泥沙不能直接排入昆明湖，需要提前“沉淀”，那么在旱季还需要对沉淀池进行“清淤”。教师将结合地图讲解园林设计师如何运用山石、地形、植物、水等园林要素进行山坡排水，随后让学生自己发现万寿山具体是如何调配园林要素来实现这些做法的。

完整的实践包含交往的两个过程：参与和具体化。在这一活动中，学生首先从教师中介这里获得新经验。当他参与到具体的调查工作时，这部分经验会被他们重新组织，转化成小组成员共同创造的符号、概念、特殊记号等。这种意义协商还存在于整理调查报告时的协作讨论以及叙春园复原模型制作过程中，只是后两者的经验更多地会转化成实在的内容。

2.3.2 新手边缘性参与和成员身份构建

对于本活动而言，新手进入实践中有一定难度，主要表现为不胜任上文提到的实践机制：不知道如何介入彼此的活动；不理解界定的共同事业；缺少共同的资源、工具、符号等。因此活动需要为他们提供这些支持，使得他们能够参与到实践中。

舍恩（Schon）在《反映的实践者》一书中从实践者的体验经历方面来解释设计过程，认为设计过程（designing）是设计者与情境材料之间的对话。[6]依据舍恩的观点，设计师遇到不熟悉的、困惑的情境时，会借助以往的经验对情境进行框定，尝试与情境的材料进行对话。设计师建构出的资料库，囊括了各种实例、形象、理解和行动。这一资料库涵盖其过去所有经验，帮助其理解和行动。

对于新手而言，其边缘性参与则需要一位共同体中能够胜任的成员——教师（园林设计师）与学生之间建立起介入关系，通过这种中介作用让新手获得抽象的经验——舍恩提到的园林设计师们对情境的特定用语、符号、语言、处事方式等。在这一活动中，最主要的经验与其对应的资源如表 2 所示，因此需在活动中为参与者提供相对应的手册。

表 2　园林设计师的经验与对应资源

园林设计师经验	对应资源
植物配置手法	植物的生活习性 典型植物群落的乔灌草构成 颐和园常见园林植物 植物根系的保水性、耐水性
园路设计准则	常见道路铺装 园路一、二、三级分级方法
地形处理手段	等高线与常见地形识别 斜坡安息角 视线的遮挡与开放
排水手法	挡水做法、导水做法 园林给排水准则(汇流区、自流坡度角……)

另外，为了让学生在活动中与其他成员相互协作，需要适当分配任务角色。表 3 是对第一个调查活动的角色分配，参与者依据经验的多少分布在从新手到胜任者的轨迹上，不同的角色会获得不同的资源手册。而在随后的调查报告整理以及排水做法复原中，这两者一个是讨论总结，一个是设计创造过程，学习者之间必定有不同的想法，因而自然而然就会有彼此之间的相互介入，从而产生意义的协商。

表 3　调查活动角色分配

角色名	工作内容
园林设计师	负责协调组员合作,保证任务顺利进行
园艺师	负责利用植物手册查找园林植物种类、常见植物生活习性、调查植物群落等
向导/园林工程师	负责确认所在位置、勘察地势、观察园路以及在地图上做标记、进行记录等
新手	配合其他人完成调查工作

3　结语

任何知识都是在社会文化中获得的经验。生活中充满各种学习者社群，学习者可以从社群中获得经验。但在学校中，与科学家和技术专家等共同体成员进行交流，是比较少也比较困难的。非正式环境为科学学习提供了学校中无法体验到的真实的科学情境，因而非正式环境及其中的展品等能为学习者提供与科学共同体的文化连接，在这类实践中，学习者逐渐产生群体间的意义协商，参与到真正的实践共同体当中。

发挥非正式环境的价值，就需要为学习者提供“边缘性参与”的实践机会，而这要求非正式环境能够让新手学习者体会科学家们的交流方式、研究方式以及科学探究的工具、科学规范，等等。非正式环境中的学生能够顺利实践和身份构建，离不开对科学家和技术专家共同体的“文化透镜”的研究。就科学家与技术专家的“文化透镜”而言，或者说相互介入、共同事业、共享技艺库，需要科技活动的设计师，并且需要熟悉科学家实践，这些对科技活动的设计提出了挑战。

参考文献

[1] 刘巍：《一位建构主义者眼中的博物馆教育——评 George E. Hein 的〈学在博物馆〉》，《科普研究》2011 年第 4 期。

[2] 王文静：《基于情境认知与学习的教学模式研究》，华东师范大学博士学位论文，2002。

[3]〔美〕菲利普·贝尔、布鲁斯·列文斯坦、安德鲁·绍斯、米歇尔·费得：《非正式环境下的科学学习：人、场所与活动》，赵健、王茹译，科学普及出版社，2015。

[4] 赵健：《学习共同体——关于学习的社会文化分析》，华东师范大学博士学位论文，2005。

[5]〔美〕J. 莱夫、T. 温格：《情景学习：合法的边缘性参与》，王文静译，华东师范大学出版社，2004。

[6]〔美〕唐纳德·A. 舍恩：《反映的实践者——专业工作者如何在行动中思考》，夏林清译，教育科学出版社，2007。

基于小学校园博物馆资源的课程设计

——以苏州 M 小学校园文化长廊为例

毛章玉　鲍贤清　陆彩萍*

（上海师范大学，上海，200234；

文星小学，苏州，215011）

摘　要　中小学校园中的陈列、展示是一种博物馆资源，但这些资源常被师生习以为常地看成学校的“装饰物”。如何发挥中小学校园博物馆资源的优势，发挥其教育功能是本文希望探讨的问题。本文以苏州 M 小学校园文化长廊资源为例，开发适合校园博物馆资源的课程，尝试探索发挥资源优势的路径，以期为小学校园博物馆资源的课程开发提供借鉴。

关键词　校园博物馆资源　校园文化长廊　课程设计

1　研究背景

1.1　校园博物馆资源

2020 年《教育部 国家文物局关于利用博物馆资源开展中小学教育教学的意见》（以下简称《意见》）中提到要充分挖掘博物馆资源，研究开发自然

---

* 毛章玉，上海师范大学教育技术系研究生，研究方向为博物馆教育、STEM 学习；鲍贤清，上海师范大学教育技术系副教授，研究方向为博物馆教育、STEM 学习；陆彩萍，江苏省苏州市高新区文星小学校长，正高级教师，姑苏教育领军人才，苏州市名教师，长期致力于小学语文“读写结合”、综合性学习研究，曾获江苏省教育教学与研究成果奖。

类、历史类、科技类等系列活动课程，丰富学生知识，开阔学生视野。《意见》还鼓励小学在下午3点半课后时间开设校内博物馆系列课程，利用博物馆资源开展专题教育活动。[1]

素质教育背景下，除教室等正式学习场所中的资源外，中小学校园中常见的图书馆、校史馆、走廊等非正式场所中的资源也逐渐受到重视。充分挖掘校园中的博物馆资源，让学生在校园中体验到多样的学习方式至关重要。中小学校园中的校史馆、文化长廊等通过各种展品资源体现了学校的文化特色和精神文明。例如，昭通市昭阳区某小学每层教学楼的走廊都围绕不同主题利用文字、诗词、图片、插画等综合展示不同内容。[2]南京市某实验小学汇集多种艺术手法，通过四个不同的主题来展示学校的历史风貌、先贤名人等。[3]

博物馆通过实物、模型的布置，配合图片、文字说明构建一个结构化的学习内容。[4]国外已有学校将校园中收集的博物馆藏品资源应用于教学当中。[5]展览展品本身和基于展览展品的教育活动是博物馆教育功能的最主要载体。[6]中小学建设校园博物馆可为师生提供丰富的学习资源，已有中小学通过建设校史馆来展示学校发展的历史，利用文化长廊的方式展示地区文物资源。师生在与文化长廊等物品资源的互动中习得知识，实现资源的育人价值。把学习内容设置在使用频繁的走廊空间中，可以增加不同班级、年级的学生之间及师生之间交流互动的学习机会。[7]

1.2 校园长廊资源分析

苏州M小学地处苏州浒墅关经济技术开发区，紧依美丽的大运河。学校师生在校园教学楼中就可以欣赏运河的风景，长廊建筑颇具艺术气息，详细介绍了京杭大运河的文化意义及政治意义。长廊中不乏运河相关图片及文字介绍，展示了从古至今运河的作用。利用灯光和墙壁呈现运河中曾运送的货物及从前运河的发展盛况，让人身临其境感知运河的发展。长廊中还介绍了运河中的著名桥梁，展示运河上各类船只，放置帆船模型，配有创客空间。学生不仅可以参观长廊，还可以将长廊与创客教室结合，在创客教室中进行科学实验。

2 基于校园博物馆资源的课程设计

2.1 课程设计背景

在前期的学生访谈中，我们发现学校师生对于此环境只是“知道”，偶有参观，但对长廊中的内容并没有仔细了解，也没有将长廊中的展示内容纳入课程体系当中。课题组对长廊展品中的文字内容、图片、帆船模型等资源进行仔细研究，发现可与小学科学课程内容结合起来开展课程，故设计了“运河上的船只”课程。

2.2 课程目标设计

“运河上的船只”充分挖掘运河长廊中有关船只的知识，让学生与展品进行互动，并结合小学科学相关知识点进行科学探索，掌握科学知识并学会灵活运用。最后明确本课程的目标为：①学会观察运河长廊展品，知道运河上的船只从古到今的发展变化；②观察船的结构，与实际生活经验联系起来，对比得出船只的一般结构；③通过观察船只的特点，知道船的设计与船所需功能相关；④学生可以利用所学知识自己设计并制作船只模型，提升团队协作能力和动手实践能力；⑤通过本课程学生增加对文化长廊的理解及关注，认识到博物馆类环境的价值。

2.3 教学方法设计

基于实物的学习（objects-based learning）是博物馆学习中的一种典型方式，其核心思想是，与实物互动可以加强学习，因为这种互动与先前知识有联系且对学习者具有持久的影响。[8]在博物馆背景下，物品具有双重特性，一方面，物品是确定的，可以观察且易于描述；另一方面，在与我们不断变化的知识体系互动的过程中，物品被我们赋予新的价值，因此它常与跨学科紧密联系在一起。[5]基于实物的学习可以提高学生参与度、同理心以及理解知识的能力，利用物体所代表或体现出的意义给学生一个真实的例子进行观察、感受、解释和深入研究，增强学生的“感同身受”。[9]基于实物的学习是学校教学的一种重要资源，利用它可以提高课堂教学效率，给学生深度学习的机会，激发学生的好奇心、鼓励学生进行批判性思考和分析性的调查与评价。

加拿大圣玛利亚大学一位教师常将自己收集到的古文物带到课堂中使用，让学生“亲身实践”，多年以后，学生们依然能记住这些经验。[10]澳大利亚历史博物馆研究人员曾将麦考瑞大学的学生分为两组，一组学生接触校园博物馆收藏的物品，而另一组学生只是接触相同物品的图片，结果发现前者有更全面的感官体验，同时表现得更好。[11]在我国，也早有教师将实物运用到数学、物理、英语的学科教学当中，取得了良好的教学效果。[12~14]

纽约市博物馆学校的教育专家设计出博物馆式学习过程（Museum Learning Process，MLP）的教育模式，具有基于实物的学习与博物馆流程的双重特征，包括反复观察、提出问题、进行研究、分析和综合、展示、反馈这六个方面。[15]外国学者 Hooper-Greenhill 认为，面向学校的博物馆项目架构应该包含三个部分（参观前、参观中、参观后），在这个架构中，博物馆参观后的课堂活动是一个不可缺少的组成部分，从教室开始在教室结束，这是一个持续的教育过程。[16]在校园之外的博物馆环境中，博物馆无法给学生提供一个课堂环境（教室等）来进行学习，学生们大多只有参观中的体验，而没有参观前和参观后的课堂体验。而学校中基于博物馆资源的学习为学生提供了条件，与创客教室结合让学生自己动手进行科学探究。学习单被认为是一种学习的中介工具，通过提示空间环境、展品和其他要素的学习内容，来促进观众与展品、观众与观众之间的交互，帮助观众更好地利用博物馆中的资源，使博物馆学习更加有效。[4]学习单可以为校园展品资源的学习提供支撑。

基于此，本课程设计将博物馆式学习过程（MLP）融入学校博物馆资源学习课程当中，强调文化长廊环境与创客教室的穿插使用（不仅在整个课程当中穿插使用，在单一课时中也穿插使用）。整个课程的每个环节都设计学习单为学生的展品学习、科学探究、设计制作展品提供支撑。首先，学生们在文化长廊中对展品实物进行反复观察，教师及同学一起头脑风暴提出问题，通过展品呈现的信息主动收集资料或动手制作，对自己收集的信息进行分析与综合形成自己的理解，接着将自己的理解通过演讲及展览的方式向同学们展示，最后接收老师和同学们的反馈，从而形成新的理解（见图 1）。

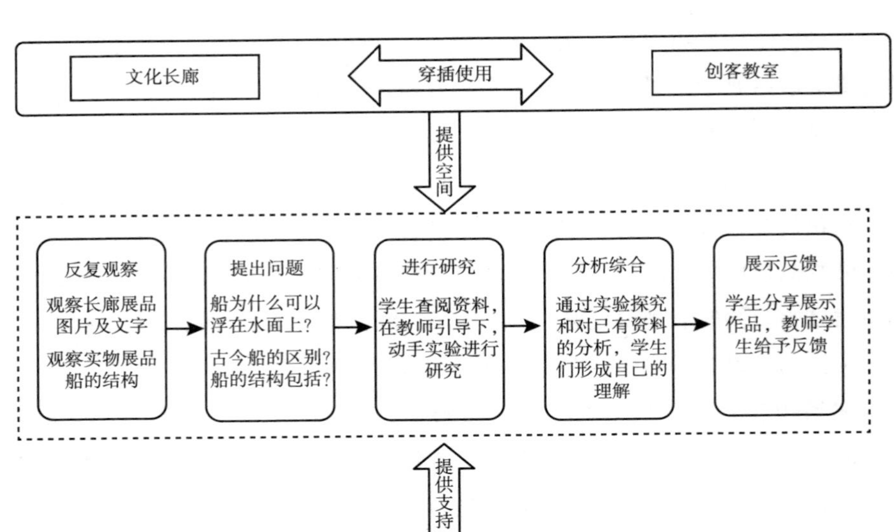

图 1　课程教学方法的设计

2.4　课程内容

“运河上的船只”课程主要是结合运河长廊中有关船的展品（图片、文字、帆船模型）加以设计，充分利用文化长廊和创客教室环境来设计课程内容，在反复观察、提出问题、进行研究、分析综合、展示反馈中完成有关船只知识的学习。基于此过程，将本课程分成七个课时。课时一和课时二学生沉浸在运河长廊中，观察长廊中的展品了解古今运河中船和船的结构等背景知识，并提出“船为什么可以浮在水面上”等研究性问题；课时三、课时四、课时五学生通过多次观察展品信息及收集资料，动手进行简单的物理实验研究，理解形成阿基米德原理、船宽比、浮力的科学知识；课时六学生们对研究产生的新理解进行分析综合迁移到实际运用当中，构思并设计制作出船只；课时七在运河长廊中进行小船展示与反馈。

本课程以小组为单位，四人一组进行学习，课时一及课时二开始时都在教室环境中，由教师引导学生回忆思考平时在运河上看到的船（船的形态、结构），小组进行讨论。将学生的兴趣和注意力引到船上面，然后教师带领学生到文化长廊环境中，利用学习单上的提示，让学生充分挖掘长廊中的展品信息，观察记录并完成学习单。有了学习单的支持，学生们对展品的观察会更加细致，并提出自己的问题“古代的船和现代的船有什么不同”“船的结构都是一样的吗”，同学们自己收集资料，对资料进行分析综合。最后回到教室中，与其他同学交流，得到老师及同学的反馈。通过这两个课时，学生知道了古今运河船的差异并认识船的一般结构。

基于之前的观察学生们会产生一些问题，不论是长廊中展示的船只还是我们现在见到的船只，它们都浮在水面上。“船为什么可以浮在水面上?”“船的速度都是一样快的吗?”为了获得这一问题的答案，学生们开始自己动手实验探究。在课时三、课时四、课时五中，学生们不仅在长廊中观察展品，还利用自己收集到的材料进行科学研究，寻求问题的答案。在重复的观察—研究中形成自己的理解。

经过多次的观察实践，学生们形成关于船的背景知识及科学原理知识，在课时六中，学生们根据自己的理解，设计并制作出一艘小船。依据同学们自己的构思，设计船只的功能，在创客教室中小组开始设计并制作出一艘小船。最后，同学们拿着自己制作的小船回到长廊环境中。将自己制作的小船与长廊中的展品进行对比，在教师反馈、小组反馈中产生新的理解。

整个“运河上的船只”课程中包括主要利用长廊资源学习的课时和主要利用创客教室资源学习的课时，但是长廊资源与创客资源不是相互独立的个体，长廊资源始终可以给学生提供科学探究、动手制作的灵感，创客教室资源则在学生参观前、参观中、参观后的过程中提供讨论、教授、实验和制作的环境，它们之间是相互支撑的关系。本课程每一个课时都设有学习单，学习单中的内容与课时所要掌握的知识点相关。

3 中小学校园博物馆资源设计启发

3.1 充分利用展品信息及校园文化长廊特色

中小学中的博物馆资源常常不被关注，学校的学生并不注重长廊中的知识点学习，对于长廊只是“路过”或“草草观看”。在设计课程之前，笔者仔细观察长廊中的展品，充分挖掘长廊中的知识内容，将这些内容融汇到课程当中，并设计学生自己到长廊观察发现的探究活动，完成学习任务。校园文化长廊一般展示的是学校的特色，因学校在运河附近，学生经常看到运河上的船只，长廊中的展品也多与船只有关，课程中运用这一优势让学生观察平时看到的运河上的船只与展牌上的船只，充分结合环境进行课程设计。

3.2 注重展品与课程的联系及课程探究性

笔者关注到长廊中的展品内容多与船相关，联想到小学科学课程内容“物体的沉与浮”“阿基米德原理”等知识点，让学生们在参观长廊的过程中产生对船的兴趣，从而在接下来的课程中引导学生自己动手实验，进行探究，掌握科学原理。学生们既学习了科学课本中的知识，又对博物馆类环境的学习产生了更大的兴趣。

3.3 增加学生与展品的互动

在课程中拉近学生与展品之间的距离，让他们把展品当成学习的材料、资源、工具，增加学生与展品的互动。以小组为单位进行学习，在与同学讨论、合作的过程中感悟展品中的知识点，将展品与教室关联起来，让这种互动从长廊延续到课程，从课上延续到课下，学生们在课下会更加关注长廊展品信息，更多地与同学进行讨论。

3.4 符合学生学习特点

本课程最初是针对三年级学生设计的课后社团课程，他们还没有学习过有关浮力的知识点和阿基米德原理的知识，对于复杂的实验过程他们可能不能在短时间内接受，设计的科学实验以易理解易操作为主。三年级学生有很强的好奇心，思维活跃，利用分小组分角色的方式让学生充分发挥自己的优势，获得课程成就感。

4 结语

相较于校外的博物馆资源，校内有更好的学习氛围，学生们可以更多地接触展品、学习展品并与自己的同学老师进行交流。学校中的教室、创客教室等资源与校园博物馆资源结合起来，利用校园博物馆资源进行课程学习可以提升学生的学习兴趣，与学科内容相结合改善学生们的学习方式。

中小学校园博物馆资源的建设还有待加强，内容陈设及空间利用方面还有待改进。对于校园博物馆的设计，中小学理应重视起来，扩大校园展示资源的空间，及时更新展品，为中小学学生提供更丰富的学习内容。中小学教师应走在学生前面，学习认识校园博物馆，并将博物馆资源与课程结合起来，开发出适合学生、能吸引学生兴趣的课程。相信在小学校园中，博物馆资源的学习可以带给学生更多的收获，为学生学习跨学科课程提供机会。博物馆课程从来不是单学科的学习，博物馆各类资源的更新也对设计开发博物馆课程的老师提出了挑战，教师们也应不断学习，利用自己丰富的教学经验，将博物馆知识融入进来，最终呈现良好的教学效果。

期望未来在中小学能有更多特色校园博物馆资源的出现，将博物馆学习与课程学习更紧密地联系在一起。

参考文献

[1]《教育部 国家文物局关于利用博物馆资源开展中小学教育教学的意见》，http：//www.gov.cn/zhengce/zhengceku/2020－10/20/content_5552654.htm，2020年9月30日。

[2] 蔡娅金：《校园文化长廊构建例谈》，《云南教育》（视界综合版）2020年第11期。

[3] 赵鸿：《面壁思“过”——南京市高淳区实验小学校园文化长廊布置解读》，《中国现代教育装备》2014年第2期。

[4] 鲍贤清：《博物馆场景中的学习设计研究》，华东师范大学博士学位论文，2013。

[5] Thogersen，J.，Simpson，A.，Hammond，G.，Janiszewski，L.，& Guerry，E.，“Creating Curriculum Connections：A University Museum Object-based Learning Project，” *Education for Information*，2018，34（2）.

[6] 杨莹莹：《基于教育记忆史的中小学校史馆育人路径探析》，《教学与管理》2020年第13期。

[7] 罗勍、张宇、付本臣：《中小学建筑廊空间复合化设计策略研究》，《城市建筑》2018年第34期。

[8] Romanek, D., & Lynch, B., “Touch and the Value of Object Handling: Final Conclusions for a New Sensory Museology,” In *In Touch in Museums: Policy and Practice in Object Handling*. Edited by H. J. Chatterjee, Oxford & New York, Berg, 2008.

[9] McCann, L., “Home-Front Badges of the Great War: Empathy and Object-Based Learning,” *Agora*, 2019, 54 (1).

[10] Frigo, N., “The Power of Things: Object-Based Learning in the Classroom,” *Agora*, 2019, 54 (1).

[11] Simpson A., Hammond G., “University Collections and Object-based Pedagogies,” *University Muse-ums and Collections Journal*, 2012 (5).

[12] 唐学明、张海燕:《实物调动大学物理学习兴趣的方法》,《赤子(中旬)》2014 年第 3 期。

[13] 张燕:《实物教具在学生学习英语词汇教学中的应用》,《考试周刊》2014 年第 80 期。

[14] 肖志英:《利用实物操作突破学习难点》,《小学教学(数学版)》2021 年第 9 期。

[15] 朱峤:《美国博物馆学校的运营模式和教育实践初探》,《博物馆研究》2016 年第 2 期。

[16] Chalas, A., “The Architect, the Museum, and the School: Working Together to Incorporate Architecture and Built Environment Education into the Curriculum,” *Teaching Artist Journal*, 2015, 13 (2).

晓小工学团："馆校+科学教育"活动的设计与开发*

——以"我的 DIY 小菜园"为例

王振强　贾明娜**

（南京晓庄学院附属小学，南京，210038；
南京市江宁区谷里中心小学，南京，210097）

摘　要　基于科学课程标准，结合"馆校+"的方式进行科学教育活动的设计，以晓小工学团项目学习法的方式开展科学教育活动。本文在调查六年级学生在学校喜欢的学科等基础上，结合南京市陌上花渡、学校种植基地、八卦洲行知农业基地等设计"我的 DIY 小菜园"科学教育活动。结合活动的开发与探索、实施效果和反思总结梳理提出："馆校+科学教育"活动应借助基地平台，搭建馆校结合社群；"馆校+科学教育"活动应注重课程开发，构建馆校课程资源包；"馆校+科学教育"活动应研发科技创新活动联盟课程；"馆校+科学教育"活动应强化课程架构，课程开放常态化等七条建议。以学校教育为主阵地，将校外科技教育场馆、家庭等结合起来，让科学的种子在孩子心中生根发芽，实现共同促进孩子科学素养的提升。

---

* 本文系江苏省教育科学"十三五"规划 2020 年度重点资助课题"儿童数字社区：陶行知'真人'教育思想的创新实践研究"（课题批准号：TY-b/2020/03）暨中国陶行知研究会生活实践教育专业委员会 2022 年度重点课题"晓小工学团：培养儿童自主力的实践研究"（课题批准号：SHSJ2022011）的阶段性研究成果。

** 王振强，南京师范大学学校课程与教学博士生，南京晓庄学院附属小学科学教师，全国高级科技辅导员，研究方向为科学教育、课程与教学；贾明娜，本文通讯作者，南京市江宁区谷里中心小学，研究生学历，研究方向为科学教育。

关键词 馆校合作 科学教育 活动开发

1 问题来源

随着基础教育改革的不断推进，关于教师的课后服务成为影响新时代推进教育公平的关键因素。2021 年 7 月，中共中央办公厅、国务院办公厅印发的《关于进一步减轻义务教育阶段学生作业负担和校外培训负担的意见》（以下简称“双减”）明确提出，“要减轻义务教育阶段学生的作业负担和校外培训负担，避免校外培训资本化，从而促进教育生态的健康化发展”。[1]利用互联网平台，为教师上好科学课提供科学性且有保障的参考资料、图片、视频、动画等。加强家校社合作，将科普作家、校外科技辅导员、高学历家长作为兼职科技教师。认证一批合格科普场馆，作为学生上好科学课的第二课堂。[2]

2017 年教育部颁布的《义务教育小学科学课程标准》第四部分“课程资源开发与利用建议”中提及：①科学实验室的建设；②校园资源的开发和建设；③校外资源的开发和建设；④网络资源的开发和应用。[3] 2022 年教育部颁布的《义务教育科学课程标准（2022 年版）》第六部分“教学建议”中指出：科学教学要以促进学生核心素养发展为宗旨，以学生认知水平和经验为基础，加强教学内容整合，精心设计教学活动。以探究实践为主要方式开展教学活动，放手让学生进行探究和实践。在“评价建议”中指出：小学阶段尤其要重视过程性评价。对于 1~2 年级的学生，以观察学生在活动中的表现为主，作业形式要多样化，如实验设计和探究、科学设计与制作等，主题学习的考察类作业，如参观科普场馆、研究某一具体的主题或课题等。[4]面对当前基础教育减负的呼声，需提高对科学教育的重视程度。面对社会的期待、家长的重视和孩子的期待，学校科学教育如何与校外科技教育阵地建立联系？为此，本研究拟基于晓小工学团学习法，审慎思考如何进行“馆校+科学教育”活动的设计开发和实践探索，以期为馆校合作、推动科学教育的可持续发展提供参考。

2 “双减”背景下小学六年级在学校喜欢的学科等调查

2.1 调查方法

2021 年 7 月，中共中央办公厅、国务院办公厅印发关于“双减”的意见，9 月各个省区市学校纷纷开展“双减”课后服务。11 月，在学校实施课后服务 2 个月的情况下，对学校六年级学生进行调查统计。①学生在学校最喜欢的学科，每人按照最喜欢的顺序依次递减，写出 3 个；②在学校最喜欢去的地方，写出 3 个；③在学校最喜欢做的事情，写出 3 个。针对写出的所有内容，进行分类统计。

2.2 数据统计与分析

统计六年级所有学生总人数 180 人，其中男生 92 人，占比 51.1%；女生 88 人，占比 48.9%。

通过表 1 数据分析得出：总数占比大于 50%的仅有美术 1 门学科，占比 51.1%；男生喜欢体育的占比 66.3%；女生喜欢美术的占比 62.5%，喜欢数学的占比 50.0%；其余数据都低于 50%。学生最喜欢的学科前 5 名排序依次是：美术、体育、数学、科学、信息。

表 1 某小学六年级学生喜欢上的科目统计

单位：人，%

某小学六年级学生喜欢上的科目统计表　　统计时间:2021 年 11 月

性别	数学		语文		英语		体育		音乐		美术		科学		信息		其他(8 门)	
	人数	占比	人数	占比	人数	占比	人数	占比	人数	占比	人数	占比	人数	占比	人数	占比	人数	占比
男生	35	38.0	12	13.0	7	7.6	61	66.3	17	18.5	37	40.2	41	44.6	45	48.9	8	8.8
女生	44	50.0	20	22.7	35	39.8	24	27.3	25	28.4	55	62.5	23	26.1	18	20.5	15	17.0
总数	79	43.9	32	17.8	42	23.3	85	47.2	42	23.3	92	51.1	64	35.6	63	35.0	23	12.8

注：8 门分别是体育活动、劳技、道德与法治、阅读、作文、班会、口语交际、体育健康(2)。

通过表 2 数据分析得出：六年级学生最喜欢去的地方是操场，占比 82.2%；其余占比都低于 50%。学生喜欢去的地方前 5 名排序（除其他）依次是：操场、教室、图书馆、植物园、实验室。

表 2　某小学六年级学生在校喜欢去的地方

单位：人，%

某小学六年级学生在校最喜欢去的地方统计表　　统计时间:2021 年 11 月

性别	教室		操场		植物园		图书馆		实验室		室外景点		食堂		其他	
	人数	占比	人数	占比	人数	占比	人数	占比	人数	占比	人数	占比	人数	占比	人数	占比
男生	39	42.4	82	89.0	18	20.0	19	21.0	30	32.6	2	2.0	0	0.0	32	34.0
女生	43	48.9	66	75.0	28	30.4	29	33.0	14	16.0	10	11.4	6	7.0	31	35.0
总数	82	45.6	148	82.2	46	25.6	48	26.7	44	24.4	12	6.7	6	3.3	63	35.0

注：其他，如办公室等。

通过表 3 数据分析得出：在统计分类中男生喜欢运动（54.3%）、玩（69.6%）的占比超过 50%；其余占比都低于 50%。学生喜欢做的事情前 5 名排序（除其他）依次是：玩、运动、读书、写作业、艺术。

表 3　某小学六年级学生在校喜欢做的事情

单位：人，%

某小学六年级学生在校喜欢做的事情统计表　　统计时间:2021 年 11 月

性别	读书		运动		聊天		写作业		玩		艺术		休息		其他	
	人数	占比	人数	占比	人数	占比	人数	占比	人数	占比	人数	占比	人数	占比	人数	占比
男生	38	41.3	50	54.3	7	7.6	17	18.5	64	69.6	4	4.3	10	10.9	28	27.1
女生	22	25.0	19	21.6	3	3.4	12	13.6	13	14.8	22	25.0	8	9.1	16	18.1
总数	60	33.3	69	38.3	10	5.6	29	16.1	77	42.8	26	14.4	18	10.0	44	24.4

注：休息是吃和午休。

根据以上统计分析发现：①学生喜欢科技类课程；②学生喜欢去一些室外场所和科技教育活动场所等；③学生在学校喜欢运动和玩（学校科学教育的主张是科学好好玩，好好玩科学）。

3 晓小工学团内涵与特质

3.1 晓小工学团的含义

随着科技时代的发展，陶行知的生活教育理论如今依然适用。赋予工学团新的含义："工"意指"工作"，引申为科技创新中的"探索、操作、实践"，是培育"工匠精神"的基础。"学"意指"学习"，引申为科技创新中的"问题发现、问题研究、问题解决"。"团"意指"团体组织"，引申为科技创新活动中的"学习共同体"，强化实践与学习中的团队合作精神。

"工学团"是一个整体概念，强调"在劳力上劳心"、在问题解决中提升认知能力、在学习共同体中实现共同发展。"晓""小"取之于学校简称"晓院附小"中首尾两字，合成"晓小工学团"。"晓小工学团"立足国家课程标准，扎根于学生生活实际，通过自主选题、自主研究、自主评价等方式，形成项目学习共同体。

3.2 晓小工学团的特质

生活性。陶行知生活教育理论强调生活性，儿童过什么样的生活就受什么样的教育。科学源于生活，回归于生活。儿童立足于生活，在生活中观察、探究科学。儿童生活是科学观察、科学探究的源泉。陶行知认为"问题是在生活里发现，问题是在生活里研究，问题是在生活里解决"。

实践性。工学团强调儿童动手动脑，在劳力上劳心，核心是在实践中思考，在思考中实践。工学团主张先生在做上教，学生在做上学，教与学都作为中心。

创造性。毛泽东在《实践论》中指出，"马克思主义者认为人类的生产活动是最基本的实践活动"，但"人的社会实践，不限于生活活动一种形式，还有多种其他的形式"。[5]科学探究、科学实验、科学制作等是典型的探索性活动，是动手动脑相结合，是创造能力的具体体现。

合作性。工学团凸显学习共同体。以项目为抓手，共同体成员之间相互合作学习，培养团队精神。儿童在科学探究的过程中，很多情况仅凭个人是无法完成科学探究的，需要团队合作，有的进行资料的收集、有的负责记笔记、有的负责操作，等等。

3.3 晓小工学团的活动步骤

提出问题。一个项目的形成以问题设计为起点，教师根据课程标准，寻找与课程标准规定目标有关的问题。[6]以生活为中心，能从具体现象与事物的观察、比较中，提出可探究的科学问题进行探究学习，践行生活教育。

分析问题。根据确定的问题，进一步分析问题。分析该问题可能涉及的方面，学生是否能够开展研究。把适合学生研究的问题拆分为各个小问题，然后制订研究计划。

探究问题。做出假设（可能出现的各种因素），制订计划，通过实验、实地考察、查阅资料等寻找证据，在探究中验证实验，最后调整设计方案，再次进行实验，以找到最有效的解决问题的办法。通过做，在实践的过程中进行预设、进行学习，在劳力上劳心。

解决问题。在探究问题的基础上，找到解决问题的最佳办法，并在实际生活中加以运用。以解决生活中的真实问题，来服务他人或改变人们的生活。

4 “馆校+科学教育”活动设计来源

4.1 “馆校+”内涵

学校是教育的主要阵地，学校教育中的科学教育是提升学生科学素养的重要方式。校外的科技教育场馆是提升学生科学素养的第二课堂。家庭、社会是学生成长离不开的重要环境。家庭是学生成长中的基本组织和单元，构建“馆校+”的方式可联通学校、家庭、社区、场馆共同促进学生科学素养提升，实现共同的育人目标。

4.2 “馆校+科学教育”活动设计来源

课程标准是科学教育活动设计的纲领。“馆校+科学教育”活动不是单一的学科教育活动，在设计活动的过程中，主要依据科学课程标准、信息科技课程标准、劳动课程标准等，从而实现课程的整合。

4.3 "馆校+科学教育"活动设计原则

在"馆校+科学教育"活动中要基于课程标准进行设计，同时也要满足以下原则：①真实的情境；②学生主动参与探究；③活动形式多样化；④活动设计生活化；⑤活动评价过程化等。

5 "我的 DIY 小菜园"活动实施路径

基于"双减"背景，对六年级学生课余喜欢的科目和事情的调查统计发现，学生比较喜欢室外活动，结合科学课程的特点，结合学生的特点设计"我的 DIY 小菜园"。该主题主要结合"馆校+科学教育"活动，联合南京市八卦洲陌上花渡的农业主题展馆、学校互联网种植基地、八卦洲行知农业基地、家庭等开展科学教育活动。

5.1 南京市八卦洲陌上花渡简介

陌上花渡园区位于栖霞区八卦洲街道，占地面积 1788 亩，连续四年成为中国·南京农业嘉年华主会场。陌上花渡园区重点打造了三大农业专题展区。一是"百合馆"，展示百余个品种的特色百合花卉与其他花卉，打造脱贫攻坚主题创意景观；二是"兴农馆"，通过"农业与帮扶"主题的 13 个展区，与展馆内南都老街场景融合，展现了一幅南都农兴新画卷；三是"农业科普馆"，通过五谷农趣、豆豆王国、航天育种三大科普互动空间，带领游客领略不一样的农趣生活。

5.2 学校互联网种植基地、八卦洲行知农业基地简介

互联网种植基地是学校的科学教育活动实践基地，采用物联网实现现代化的种植技术。学校的八卦洲行知农业基地是学生进行农业社会实践的重要场所，学生可以在基地拔萝卜、挖花生、掰玉米，等等。

5.3 “我的 DIY 小菜园”科学教育活动开发与探索

5.3.1 关于苏教版小学科学种植内容的梳理

表 4 重点针对苏教版小学科学 1~6 年级下册有关生命科学领域的内容进行梳理，针对课题梳理出课标要求的重点科学教育活动。

表 4 关于苏教版小学科学种植内容的梳理

年级	单元教材	课题	活动任务
1	动物与植物	多姿多彩的植物	说植物、画植物
2	土壤与生命	栽小葱	研究小葱喝多少水
3	植物的一生、植物与环境	种子发芽、幼苗长大、植物开花了、植物结果了、不同环境里的植物、沙漠里的植物、水里的植物、石头上的植物	种黄瓜或西红柿、植物观察笔记、调查了解植物的价值、探究不同植物生存的本领
4	繁殖、生物与非生物	用种子繁殖、用根茎叶繁殖、生物与非生物	植物观察笔记、研究根茎叶的作用
5	STEM 立体小菜园	生物的启示、我们来仿生、昼夜对植物的影响	建造立体小菜园
6	生物和栖息地 STEM 节能小屋	多样的栖息地、有趣的食物链、做个生态瓶适应生存的本领、多样的生物、健康的土地	绘制心中理想家园

5.3.2 “我的 DIY 小菜园”科学教育活动

1. 活动目的

3 月 12 日，我们迎来了第 44 个植树节。习近平总书记说：“人与自然是生命共同体，人类必须尊重自然、顺应自然、保护自然。”结合 2022 年晓院附小科技节系列活动，制订“我的 DIY 小菜园”植树节活动方案。植树节是按照法律规定宣传保护树木，并组织动员群众积极参加以植树造林为活动内容的节日。关于植物，你了解多少呢？怎样才能种得更好呢？

2. 活动时间

2022 年 3 月 12 日至 4 月 15 日。

3. 活动对象

晓院附小 1~6 年级所有学生。

4. 活动内容安排

活动分为个人项目和团体项目。

（1）团体项目

1~4 年级：校园植物认领挂牌活动（以团队制作植物认领卡牌，包括认领植物名称、认领班级、姓名、植物介绍等）。

5~6 年级：我为校园植物美容活动（自由组队 3~5 人），累计记录 5 天以上。记录交由各个班级的科学老师。

（2）个人项目

家庭种植项目：

1~2 年级作品以照片或视频的方式提交，由各个班级科学老师负责。

3~4 年级作品以植物观察笔记的方式提交，累计记录不少于 10 天。

5~6 年级作品以作品设计方案、研究主题记录报告的方式提交，累计记录不少于 15 天。

学校种植项目：由校科学组统一安排，详细内容另行安排（见表 5）。

表 5　个人项目安排

年级	活动任务		活动要求
	学校种植项目	家庭种植项目	
1	说:喜欢的植物	自选生活中的蔬菜进行种植。例如,大蒜、青菜等	选择自己喜欢的 1~2 种植物
2	种:栽小葱		研究小葱每天的喝水量
3	研:向日葵的一生	西红柿或者黄瓜	记录植物的生长过程
4	研:凤仙花	自选用根、茎、叶繁殖的植物进行种植	记录植物的生长过程,写植物观察笔记
5	STEM:立体小菜园		设计立体小菜园。选择喜欢的植物进行种植和研究
6	STEM:生态瓶		设计生态瓶,制作生态瓶。或者绘制心中理想的家园小报

5. 作品展示交流

班级在科学课上举行作品展示交流活动，同时作品可以以照片或者视频的方式提交，发送到学校邮箱（xyfxkjhd@ 163. com）。以上所有作品提交的截止时间为 2022 年 4 月 15 日。优秀作品将在学校展示栏、科学微信公众号、学校陶娃报上展示交流。

6. 奖项设置

根据学生参与情况，评选一、二、三等奖（比例 20%、30%、50%），荣获一等奖的家庭，同时被评为“榜样家庭种植基地”称号。

5.3.3 活动后的反馈与总结

学校方面。本次活动整合苏教版科学教材的种植内容，结合“我的 DIY 小菜园”，将社会实践活动和科学课结合起来。同时将校外的科普实践基地和校内的种植基地结合起来，构建家庭种植基地。从学校的层面针对课程、活动、基地等开展“馆校+科学教育”活动，让学校、家庭、社会有机结合。

教师方面。以活动为抓手，增加教师的教育智慧。教师在设计教学活动的过程中，要熟悉和把握课程标准，理解教材。在用活教材的基础上，实现人力资源的整合，让家长、社会主动参与到科学教育探究活动中。

家长方面。本次活动恰好在疫情防控期间，以“我的 DIY 小菜园”活动为载体，家长和孩子共同参与种植研究中，共同参与、共同探究、共同分享种植中的快乐。活动得到了广大家长的认可，同时丰富了疫情期间的生活。

学生方面。本次活动共收到有关种植的调查报告、种植记录 585 项，评选出榜样家庭种植基地 65 家。2021 年科技节活动中植物观察笔记提交作品 190 项。2022 年的种植项目比 2021 年增加 395 项，增加比例高达 108%，其中五年级学生参与度达到 100%。

6 晓小工学团：“馆校+科学教育”活动中存在的问题及建议

6.1 “馆校+科学教育”活动应借助基地平台：搭建馆校结合社群

借助教育部、中国科协搭建的科学家精神教育基地、中国科协开展的科创筑梦“双减”科普实践基地学校等馆校合作平台，结合当地的一些场馆资源和学校，搭建馆校结合社群。例如，在南京可以利用南京科技馆、江苏省科技馆、南京博物院、中山植物园、南京古生物博物馆等场馆资源组建校园场馆联盟。南京市中小学星光基地学校，主要针对中小学开展科学教育特色活动。最终联合校园场馆联盟、南京市中小学星光基地学校和星光科技培育学校组建社群，共同开展研究。

6.2 "馆校+科学教育"活动应注重课程开发：构建馆校课程资源包

结合南京科技馆现有的场馆资源、苏教版小学科学教材，主要研发以下主题课程，主要分为生命科学领域课程、生活中的科学主题活动课程、定时讲解主题课程、科技周活动课程，等等。分不同的主题开展体现"馆校+课程"的资源活动。

6.3 "馆校+科学教育"活动应研发科技创新活动联盟课程

南京市科协将与市教育局签署"南京市中小学科技创新中心"运维合作协议，南京科技馆将与相关中小学签署馆校合作协议，通过丰富科教资源、传承科技文明，强化科、教、馆、校四方联动，校内外协同，持续放大科学教育品牌效应，进一步提升南京市中小学生科技创新素养，为南京建设引领性国家创新型城市培根强基。与此同时，省青少年科技中心将与南京科技馆签订共建"'科创筑梦'助力'双减'科普行动"基地协议，在有效发挥场馆科普效能的前提下深挖科教内涵，向公众尤其是青少年提供优秀的科学教育活动资源服务。

6.4 "馆校+科学教育"活动应强化课程架构：课程开放常态化

科技馆应与学校、教师、学生加强联系，搭建基地平台。学习、研究学校的课程标准和科学教学内容，更好地开展科学普及工作。邀请学校管理人员、任课老师一起制订活动方案，学生可以参与活动场馆的介绍。[7]

结合周末、寒暑假、科技周、星光科技活动等，开展主题式的科学探究性活动。针对不同年龄段的孩子开设不同类型的课程，以体验、探究、创新为主线给孩子搭建常态化的科学课程。同时，要注重课程的整体架构和课程内容主题的更新。学生是馆校合作活动的主体，设置活动调查表和反馈意见表，布置一些适当的家庭作业，使学生有目的地参观学习。将馆校活动融入常态化教学，每次活动结束后要求学生填写反馈意见表或观后感；与带队老师及家长沟通，使我们全面了解和掌握学生学习与参观的情况及效果，构建馆校评一体化系统。及时对活动安排进行修订和合理规划；查漏补缺，充分利用场馆课程资源，开发定位更加精准的科学实践教育活动。[8]

6.5 “馆校+科学教育”活动应传承行知思想：普及推广小先生制

晓院附小是伟大的人民教育家陶行知先生创办的，先生主张生活教育，创办小先生制。学校传承行知思想，在学校推广并普及小先生制。学校创建行知少儿科学院，并为行知少儿科学院搭建科学体验馆、物联网种植、机器人、无人机等十几种校内外科学教育资源。学校的行知少儿科学院、科学体验馆的选拔都是在全校中队推荐下，公开竞聘。例如，科学体验馆的管理和运行，学校每学期都进行科技馆的招聘工作，招聘主要分为笔试、面试和讲解，根据综合评定，最终录用6~8名科技馆工作人员。科技馆工作人员主要负责科技馆的日常讲解、宣传、活动等。

2022年5月20日，新时代普法小先生启动仪式在武汉市光谷六小举办，随着“新时代科普小先生”活动的广泛普及，小先生在参与活动的过程中得到更多重视。这一系列活动进一步加强青少年生活实践教育和生态文明教育，探索新时代下馆校“小先生制”的实践价值，引导少年儿童树立远大志向、培育美好心灵，推动学校、家庭和社会的协同育人。行动充分发挥少先队实践育人优势，继承和发扬人民教育家陶行知先生的小先生教育思想，引导少年儿童从校外博物馆等文化场所中汲取丰富的文化营养，并在校外实践中做到“即知即传”，带动家长、社区居民共同了解和学习中国优秀文化。实践活动既把家社校有机联系起来，实现了家社校协同育人，培育青少年的生活力、实践力、学习力、自主力、合作力、创造力，也培养了青少年良好的人文底蕴，促进青少年德智体美劳的全面发展，增强学生的创新思维和实践能力。

6.6 “馆校+科学教育”活动应组建地域共同体：探索人力资源共享

国家日益重视科学教育，同时加大对科学教师的培养力度。2022年5月，教育部办公厅印发《关于加强小学科学教师培养的通知》（教师厅涵〔2022〕10号），重点提出：第一，建强科学教育专业扩大招生规模。第二，加大相关专业科学教师人才培养力度。第三，优化小学科学教师人才培养方案。第四，创新小学科学教师培养协同机制。在最后一条中指出：支持师范院校与科研院所、科技馆、博物馆、天文台、植物园及其他科普资源、科技创新第一现场开展教研，优化教师培养。结合当前的时代背景，探索线上和线下相结合实现人力资源的交互。线上可以大区域的方式实现教师、场馆工作人员等资源共享，线下可以实现小区域范围内的人力资源共享。

6.7 “馆校+科学教育”活动应构建馆校评一体化系统

任何课程都要遵循教学评一体化原则。对于新形态下的馆校结合，如何更好地有效地发挥作用，评价至关重要。评价标准和评价体系要统一，既要激励不同的人群，也要宣传榜样人物和事迹。第一，对场馆、学校等进行科普特色基地的考核要统一。场馆的主管单位主要是市科协，学校的主管单位主要是教育局，科协和教育局要做好统一。第二，对场馆工作人员、科技辅导员的绩效考核要统一。馆校结合属于新的事物，很多工作人员和学校对这部分内容不够重视，不能激发工作人员和科技辅导员的积极性。第三，实现馆校考核互认制度。学校设置科学研究性学习指标，到对应的场馆应得到认可和支持，参与活动后应提供相应的证明和评价体系。在学生参与校外探究性课程学习后，学校根据证明或评价，将其纳入三好学生、科学小院士等荣誉评选范围之内。

7 结语

在“双减”的背景下，为减轻学生的负担，提升学生的综合素养，适应未来社会人才发展的需求至关重要。在2022年版小学科学课程标准中，科学和信息科技占比9%~13%，这一比例比2017年版课程标准有所增加。学校是基础教育的主阵地，是教育的标杆。学生的成长还离不开家庭和社会的合力支持。科学普及程度决定国家物质文化发展水平和民族的创新力。全国政协委员、中国科学院副院长、中国科协副主席高鸿钧在2022年召开的全国“两会”上建议，牢牢把握“抓科普就是抓创新”。以“馆校+”的方式开展科学教育活动，以晓小工学团项目学习法推进科学教育活动，不仅有助于学生科学素养的提升，也传承了陶行知先生的小先生制，小孩子带动大人一起提升科学素养，实现“1+1>2”的目的。

参考文献

[1]《中共中央办公厅　国务院办公厅印发〈关于进一步减轻义务教育阶段学生作业负担和校外培训负担的意见〉》，2021 年 7 月 24 日。

[2] 周忠和：《加强小学科学教师队伍和“科学课”建设》，《中国科学报》2022 年 3 月 3 日。

[3] 李秀菊、高宏斌主编《北极星报告：科技场馆教育活动案例》，社会科学文献出版社，2021。

[4] 中华人民共和国教育部：《义务教育科学课程标准（2022 年版）》，北京师范大学出版社，2022。

[5]《毛泽东选集（第一卷）》，人民出版社，1991。

[6] 薛志诚、蔺平爱：《项目学习法在高等数学教学中的应用》，《教育理论与实践》2015 年第 18 期。

[7] 张秋杰、鲁婷婷、王铟：《国内外科普场馆馆校结合研究》，《开放学习研究》2017 年第 5 期。

[8] 吴瑛：《中加两国科普场馆“馆校结合”工作机制的思考》，《科协论坛》2016 年第 10 期。

生命科学STEM课程馆校协同开发与实践研究

肖小亮*

（东莞市东莞中学初中部，东莞，523015）

摘　要　本研究基于科学场馆及其资源开发一系列活动，同时生成一系列配套的生命科学STEM课程，并开展线上线下实践。三年实践，共生成大型生命科学展览2场，且时间跨度长、受众广；生成线上线下STEM课程6门；让不同层次的师生均获得迅速成长，工作室特色也得到进一步彰显。同时还生成“非正规教育，以及非正式学习到正式学习的衔接与互补、转化与提升探索”等更高层次的研究成果。

关键词　生命科学　STEM课程　馆校协同开发

1　国内外相关研究的学术史梳理及研究动态

STEM代表科学（Science）、技术（Technology）、工程（Engineering）、数学（Mathematics）；STEM教育就是科学、技术、工程、数学的教育。后来A代表艺术（Art）融入进来，泛指包括艺术在内的人文科学，形成了STEAM，常常出现在科学探究、发明创造、创客教育等领域。

美国政府STEM计划是一项鼓励学生主修科学、技术、工程和数学（STEM）领域的计划，并不断加大对科学、技术、工程和数学教育的投入，

---

* 肖小亮，东莞市东莞中学初中部副校长，特级教师，广东省中小学名教师工作室主持人，研究方向为馆校合作推科普。

培养学生的科技素养。其中芝加哥伊利诺伊理工学院科学与数学教育系哈兰德老师所著《STEM项目学生研究手册》在我国就有相当大的影响。而国内，一些STEM教育创客流动工作室、创客空间等悄然铺开……早期以东南大学学习科学研究中心为代表，特别是“汉博·科学教育”“蜜蜂贝比”两个微信公众号，在STEM教育的推广方面做出了很大贡献。近几年，随着创客空间异军突起，STEM教育成为关注的焦点。可见，STEM教育已成为当今世界科学教育的主旋律。我国的教育信息化“十三五”规划也正式提出，有条件的地区要积极探索信息技术在“众创空间”、跨学科学习（STEM教育）、创客教育等新的教育模式中的应用，着力提升学生的信息素养、创新意识和创新能力，养成数字化学习习惯，促进学生的全面发展……从国家政策层面鼓励尝试STEM教育，可见，该理念越来越受到重视。特别是现在越来越多人已经意识到：儿童接触STEM概念越早，今后他们越能游刃有余地解决生活中的实际问题。这也是我们高度关注STEM教育的原因。然而，初中学生已失去早期接受STEM教育的机会，应想方设法让学生尽早体验STEM教育，同时尝试让初中生从“消费者”转变为“生产创造者”；而生命学科与人体及生活密切相关，与STEM教育融合，如仿生工程、生物创意设计等将是未来的STEM教育的切入方向。STEM教育应该具有跨时代的意义，能更好地帮助学生不被单一的生命科学知识体系所束缚；促进教师在生命科学教学过程中更好地进行跨学科融合；鼓励学生跨学科地解决真实情景中的问题；有助于学生们提升解决问题的综合能力和跨学科的思维能力，促进学生从“消费者”向“生产创造者”转变，从而提升生活品质，增强社会责任感。

馆校结合，也称馆校协作、馆校合作，指学校与科学场馆（含科学馆、科技馆等社区资源）合作开展一系列教育活动，是一种“学校有效利用校外资源于教育教学”“科学场馆资源推广进校园”的双赢模式。[1]对学校来讲，馆校协作是充分利用校外资源的主要渠道；对科学场馆来讲，其是开展科普教育的重要途径和承担社会服务职能的方式；对工作室来讲，其为教师提供了拓展教育教学实践的平台，也是打造工作室特色的较佳途径。馆校协同开发生命科学STEM课程，有工作室的参与，可充分发挥各自的专业优势，有效整合教育资源开展生命科学STEM教育。这一实践让工作室、科学场馆、学校、教师、学生多方共赢，具有现代的“协同进化”优势，颇具实践意义。

2 已有研究的独到学术价值和应用价值

学术价值方面，馆校协作在国内也兴起10多年，特别是一年一度的“馆校结合·科学教育”年会引领其理论研究和实践推广。本课题从生命科学STEM课程切入，把馆校协作与STEM教育结合起来，充分发挥科学场馆的优势，利用社会资源大力探索STEM教育，具有一定的应用价值。

3 研究过程

3.1 研究内容

3.1.1 研究对象

生命科学STEM课程及受众，面向广大青少年。

3.1.2 总体框架

①宏观上进行STEM教育一体化研究，纵向推动馆校会企室合作，建立协作机制；②微观上进行STEM教育机构发展研究，发展一批机构参与生命科学STEM教育课程开发与实践；③硬件上开发多个公益类STEM主题展览，争取建设多个公益类科普展览或STEM实验室支持课程开展；④软件上馆校协作开发多门STEM课程，并付诸实践推广。

3.1.3 重点难点

重点在课程，难点在馆校协同开发与实践，联合多部门，提升课程质量。

3.1.4 主要目标

①搭建新平台，馆校协作搭建课程合作开发与实施的软硬件平台支持学生学习；②传递正能量，公益实施STEM课程，增强科学场馆从业人员师生的社会责任感；③践行做中学，协同开发STEM课程与实践，提供更多动手做机会，提升横贯能力；④师生共成长，受众（广大师生）在STEM课程非正式学习中获得共同成长。

3.2 思路方法

3.2.1 研究的基本思路

以省工作室为纽带和技术支持，以“生命科学STEM课程”开发与实践切入，宏观上进行STEM教育一体化研究，通过馆校会企室（科学场馆、学校、教研会协会、企业）纵向合作，充分发挥各自的优势；微观上进行STEM教育机构发展研究，由省工作室寻找和发展STEM教育机构，如联合科普基地、事业单位、企业、自然保护区等开展横向合作，拓展课程的深度、广度与宽度，建设STEM主题科普展览的支持研究，并进一步完善配套建设，重点加强STEM课程（含STEM式研学课程）开发与实践研究。通过馆校立体式协作，充分利用社会资源，线上线下搭建起一系列生命科学STEM课程平台，并形成协同开发模式，辐射影响其他学科。

3.2.2 具体研究方法

调查研究法、行动研究法。

3.3 行动研究过程

3.3.1 调查研究，制订方案（2009年1~6月）

针对生命科学领域利用社区资源开展STEM教育的现状，工作室研讨分析，集聚集体智慧，拟定“生命科学STEM课程馆校协同开发与实施”方案。主要进行：①生命科学STEM教育现状调查；②资源需求调查；③馆校协作现状调查；④综合调查情况，生成馆校协作开发生命科学STEM课程的方案和初步模式。

3.3.2 探索馆校协作开发方法与途径（2019年7月至2021年10月）

自2019年暑假开始，我们采用行动研究法，进行生命科学STEM课程馆校协同开发与实施试验，2019年暑假推“遇见神奇动物·城市爬宠展”和“爬宠主题STEM”公益课程；2020年因疫情暂停；2021年暑假推“保护生态文明·海洋贝壳展”和“贝壳主题STEM”公益课程；2022年暑假活动已开始策划，若疫情许可，拟继续推生物科普展（非洲·美洲的野生动物标本展）和“（本土）标本主题STEM”公益课，让这一馆校协作实践可持续发展，行稳致远。

“爬宠主题STEM”课程是借助馆校合作平台联合市爬宠协会开发城市爬宠主题科普展览（见表1），展示60多种爬宠，科学普及其生活习性、形态结构、多样性及保护知识；同时依据做中学和STEM理念，开发一系列基于爬宠主题的STEM活动，面向全市青少年开展11种21场次公益STEM教育活动，并借助项目学习，让学生转换角色，从受众的角度进行爬宠主题展览设计和展示答辩，意在让青少年感受STEM魅力，提升其横贯能力和综合素养。活动备受好评，多家媒体报道推广。

表1　“爬宠主题STEM”公益课程活动对应要素一览（2019年暑假）

案例	科学	数学	技术	工程	艺术
1恐龙、爬宠简笔画创作	恐龙、爬宠的结构与功能相适应	分类思想	生物绘图	综合设计	简笔画
2模拟制作恐龙化石	恐龙的结构科学性	颈椎、尾椎的统计	模拟制作	模型构建	化石美观性
3模拟恐龙挖掘活动	理解恐龙结构不同，体验考古	购买活动套装最省价格计算	考古挖掘	建构恐龙立体模型	结构美观性
4恐龙化石还原工程	恐龙的结构科学性	颈椎、尾椎的统计	剪纸	建构恐龙平体模型	化石美观性
5爬宠水晶（人工琥珀）制作	界定小型爬宠	AB胶用量的（体积）计算	人工琥珀制作	人工琥珀系统设计（爬宠不同时期）	琥珀造型的美观性
6爬宠STEM仿生讲座	理解爬宠生活习性、形态结构特征	养殖成本与食量计算	仿生设计	仿生模型的建构	恐龙欣赏
7小型爬宠数码显微观察与仿生设计	观察理解小型爬宠显微结构特征	三角形结构的稳定性	数码显微技术	仿生模型的建构	设计的艺术性
8仿生爬宠或恐龙机器人制作	理解爬宠的形态结构特征	积木模块数量	仿生设计 编程技术	仿生模型的建构	机器人的美观性
9项目学习：探究温度对守宫性别的影响	温度对部分爬宠性别孵化的影响	孵化时间与种类的关系、孵化率计算	恒温温控技术	恒温孵化箱的设计	欣赏出壳瞬间，微观摄影的美
10科普创作“爬宠绘本”	爬宠故事化、普及化	卵数量的统计	绘图技术	图书创作	构图的美观性
11主题展览设计师体验	理解爬宠生活习性、形态结构特征、多样性及保护	调查数据统计分类	问卷星调查、3D模型图的制作（绘图）	大型科普展览设计	环境布置的美观性、色彩搭配设计

“贝壳主题STEM”公益课程是借助馆校合作平台自主开发贝壳主题科普展（见表2），展览以多种多样的贝类标本、贝类化石、贝类活体等展示为主，以展板、背景墙、模拟贝类生活环境造景等为辅，共展出500多种千奇百怪的贝类标本及6个模拟海洋环境活体缸。展览主要介绍贝类对海洋生态的修复作用，传递保护海洋生态环境的重要性，增强人们对海洋的保护意识并激发人们探究科学的兴趣。同时依据做中学和STEM理念，开发一系列基于贝壳主题的STEM活动，面向全市青少年开展9种13场次公益STEM教育活动，非常受欢迎，多家媒体报道推广。

表2　“贝壳主题STEM”公益课程活动对应要素一览（2021年暑假）

案例	科学	数学	技术	工程	艺术
1“珠”光宝气DIY	河蚌中珍珠的形成原理	统计成珠数及其规律	珍珠打孔技术	珍珠饰品的设计与制作	珍珠饰品的美观性
2制作纸上贝壳博物馆	贝壳的分类	书本展开图数学建模设计	生物绘画技术	制作纸上贝壳博物馆模板	贝壳绘图的艺术性
3缢蛏解剖及晶杆作用探秘	缢蛏晶杆的作用	“慢”消化的时间统计	生物实验技术	—	—
4模拟菊石化石挖掘及学具还原制作	理解菊石结构，体验考古	购买活动套装最省价格计算	考古挖掘	逆向制作菊石化石挖掘学具	理解菊石黄金螺线美
5贝壳水晶滴胶制作	界定小型贝类	AB胶用量的（体积）计算	人工琥珀制作	人工琥珀系统设计	琥珀造型的美观性
6贝壳—数学建模体验活动	鹦鹉螺	绘制黄金螺线、半径测量及比例计算	3D打印	鹦鹉螺仿生家具制作	平面设计 平面摄影
7贝壳模型手工皂制作	肥皂的制作原理	原料配置最优化	肥皂的制作技术	包装设计与组装	包装的艺术性
8贝壳成分鉴定、碳酸钙生成实验及其固碳作用探秘	贝壳成分鉴定 固碳作用	BTB、澄清石灰水浓度计算	碳酸钙鉴定技术	—	—
9“贝壳历险记”scratch编程体验	贝壳的种类与价值	积分计数与换算	scratch编程技术	游戏工程设计	游戏画面的艺术性
10主题展览设计师体验	理解贝类生活习性、形态结构特征、多样性及保护	调查数据统计分类	问卷星调查	大型科普展览设计	环境布置的美观性、色彩搭配设计

为了更好地推进 STEM 项目，开发课程时，我们提供每一节课相应的可操作性强的评价标准（见表 3），引领学生展开项目研究，并评选优秀项目若干，奖励肖小亮工作室出版书籍《小实验大道理》《数码显微视界》《馆校合作在路上》（签名书）共 3 本以及合作单位赞助的奖品若干，大大激励学生过程参与的积极性。

表 3　主题展览设计师体验评价标准

科学性	艺术性	可操作性	创新性	小组合作	表达交流
20%	10%	20%	20%	10%	20%

实践发现，基于某一主题或某一生物素材开发系列 STEM 活动，较具发散性和可操作性，且较受欢迎，尤其是基于某一动物主题展览的 STEM 活动更具吸引力。在馆校合作试验 STEM 主题科普展览“遇见神奇动物·城市爬宠展”后，打包送展下乡：与万江社区合作推出爬宠 STEM 主题公益课，与东莞城市规划展览馆、东莞植物园、东莞市环保局等机构合作推出爬宠与昆虫 STEM 主题体验活动，还送展览和课程到东城初级中学、东莞中学松山湖学校等。这些课程与资源打包后，送展下乡供不应求。不断探索馆校协同运行机制，生成馆校会企室协作机制，特别是移植学校现有 STEM 课程和场所生成课程相结合，每年暑假面向广大青少年探索开发 STEM 主题科普展览，并共建一些 STEM 实验室和互动体验 STEM 资源，支持广大青少年利用课余时间参与 STEM 学习与研究。

3.3.3　线上线下同步推进生命科学 STEM 课程的开发与实施（2020年3~5月）

2020 年春起，受疫情影响改成线上学习；研究也不得不由线下改为线上。凭借馆校协作组建起来的教师志愿者团队优势，率先推出居家生物学线上课程案例（每周 1 期），边开发边完善，逐步往 STEM 靠拢，让广大青少年在家也可以通过玩转某一生物，体验跨学科深度融合应用。同时，整合全部课程资源（至今已开发 150 期），面向全国开设线上少年宫公益课程向广大青少年推广（见表 4）。

表 4　“居家生物学”线上公益少年宫安排（面上铺开）

	活动时间	内容	活动时间	内容
第一学期	第 1、2 学时	开题课：课程介绍，研究任务等	第 13、14 学时	实践课：自主选择公众号发布的“居家生物学”活动，边学习边实践边记录（建议用表格和照片来记录实践过程、结果等），以 WORD 文档形式发至工作室邮箱
	第 3、4 学时	体验课：自主选择公众号发布的“居家生物学”实验，边学习边实践边记录（建议用表格和照片来记录实践过程、结果等），以 WORD 文档形式发至工作室邮箱	第 15、16 学时	
	第 5、6 学时		第 17、18 学时	
	第 7、8 学时		第 19、20 学时	
	第 9、10 学时		第 21、22 学时	
	第 11、12 学时		第 23、24 学时	实践成果（网络）展览
第二学期	第 25、26 学时	实践课：自主选择公众号发布的“居家生物学”实验或活动，边学习边实践边记录（建议用表格和照片来记录实践过程、结果等），以 WORD 文档形式发至工作室邮箱	第 37、38 学时	创作课：自主选择厨房素材，模拟老师们开发的案例，自主开发一个实验或活动案例，以 PPT 文档形式发至工作室邮箱
	第 27、28 学时		第 39、40 学时	
	第 29、30 学时		第 41、42 学时	
	第 31、32 学时		第 43、44 学时	
	第 33、34 学时		第 45、46 学时	
	第 35、36 学时		第 47、48 学时	结题课：“居家生物学”课程资源成果网络展评，表彰

特别挑出一些较有代表性的案例，如“学科横贯　掂过碌蔗——玩转甘蔗”“观察吐水现象　解剖寻找证据　模拟探究奥秘——玩转藕尖”“结构之探秘　仿生之技术——玩转鱼”等（见表 5），经整合拔高后，生成校本课程，

表 5　“居家生物学 · STEM”线上公益少年宫（点上培养）

“居家生物学 · STEM”目录
第 1 课　学科横贯　掂过碌蔗——玩转甘蔗
第 2 课　观察吐水现象　解剖寻找证据　模拟探究奥秘——玩转藕尖
第 3 课　舌尖上花食　居家来种植——玩转石斛
第 4 课　酸甜人生　相携同行——玩转柠檬
第 5 课　学科的魅力　生活的智慧——玩转菠萝
第 6 课　时间的螺旋　生命的智慧——玩转鹦鹉螺
第 7 课　多领域创新　融合中发展——玩转小龙虾
第 8 课　结构之探秘　仿生之技术——玩转鱼
第 9 课　环境的适应　生存的智慧——玩转蛙
第 10 课　文化的沉淀　现代的实践——玩转龟
第 11 课　学习生物智慧　智慧学习生活——玩转鹌鹑
第 12 课　牛之生存智　传承传统文化——玩转牛

更有针对性地在线上推进生物STEM学习，疫情背景下坚持创造性地开展STEM教育，实属不易。

3.3.4 试验第四阶段：完善校内外课程，反哺交叉试验

通过前期试验，形成精品STEM课程“居家生物学”，移植部分对场所要求不太高的课程至校内试验，丰富学校的课程资源。该课程设计按“智慧生物学”的实施模式，利用“金字塔”学习理论、“做中学”理念，尝试“小班化”项目学习的教学实践，让青少年线下学习一系列跨学科深度融合的“居家生物学”STEM案例并付诸实践，在熟练掌握跨学科融合应用技巧后，转换角色，自主选题开发“居家生物学”STEM案例，最后进行现场答辩，甚至争取创意物化参加校园创客集市义卖，最后还将所学成果通过社区服务的形式加以推广，真正做到学以致用……其目的是让学生通过做中学，综合体验“五位一体”的跨学科深度融合，培养学生的横贯能力和综合素养。通过学习，有效提升青少年跨学科知识应用与解决问题的能力（益智）；引导学生从“输入”到“输出”转变，从“消费者”向“生产者”转变，增强社会责任感，传递正能量（养德）；引导学生深入挖掘生物在各领域的价值，并尝试创新应用，形成推广案例（创新）；个别金点子创意物化后进行义卖，引导学生关注公益活动（养德）。

为鼓励和引领课程的实施，每一个项目的推进过程中除了开展项目质量的评价外，还有课程学习的整体评价表，记录学生每节课的表现并评分，强调过程评价和终结评价相结合。

两个课程分别在学校和居家开展，相互补充，最终创意物化的成果都带回学校自主参与青少年科技创新大赛答辩或创意物化后进行创客义卖，取得较好的学习活动效果。

3.3.5 整理研究成果，及时辐射推广，甚至向其他学科移植

通过3年的实践，工作室以学校为基地，以青少年为研究对象，借用科学场馆资源，先开发校内生命科学STEM课程；经实践完善，生成校外生命科学STEM课程，并打包推广到科学场馆，在寒暑假面向全市青少年推广；并再次总结完善打包成馆校共建STEM课程。然后，借助工作室、市生物教研会、市青少年科技教育协会等，通过送教下乡的形式，将这些课程推广至普通学校，让更多青少年获益（见图1）。特别是物理、化学、地理等学科也可以借助这

种馆校协作机制、课程开发与实施模式等开展实践探索，同时还生成一些通用的 STEM 课程反哺校内课堂，并及时辐射推广。

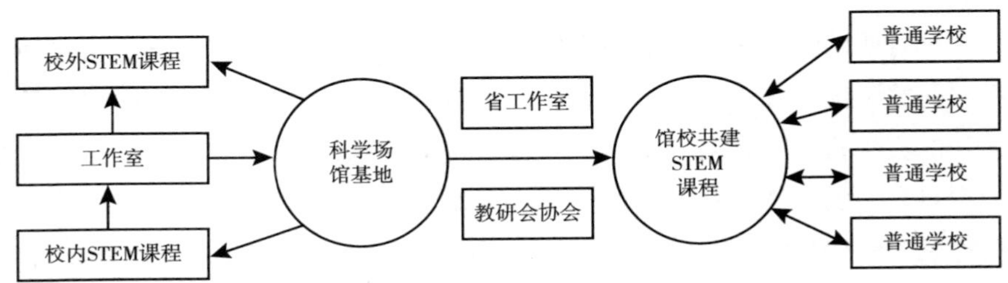

图 1　校馆协作开发 STEM 课程模式

4　研究成果或结论

4.1　生成大型生命科学科普展 2 场，且时间跨度长、受众广

2019 年馆校合作举办了“遇见神奇动物 · 城市爬宠展”，历时 3 个多月，共 14 万人获益；2020 年因疫情暂停；2021 年疫情虽零星散发，但在做足安全防范措施的背景下，我们还是举办了“保护生态文明 · 海洋贝壳展”，历时 3 个月，共 8.4 万人获益。若疫情允许，拟将暑假展览常态化，为 STEM 课程的开发提供非常理想的情境和“做中学”资源。

4.2　生成线上线下 STEM 课程 6 门，备受欢迎

线下课程：两个大型展览同步生成课程“遇见神奇动物 · 城市爬宠展——配套 STEM 活动设计”和“保护生态文明 · 海洋贝壳展——配套 STEM 活动设计”，并进行线下公益课实践，分别开展了 21 场和 13 场公益课，各有 340 名和 200 名青少年受益。因这种非正规教育学位供不应求，每次公益课报名都是秒抢一空，从开始不定时发报名信息，到家长要求早上 9 点定时发，大家都调好闹钟来抢课。还有前期探索的 STEM “智慧生物学” 公益课程，重心在于引导学生进行仿生发明，通过前期的成功试验现已推广至 5 个学校线下实践，备受欢迎，获得非常好的实施反馈。

线上课程：为克服疫情带来的不便，弥补线上教学的不足，我们组织广大生物教师，特别是馆校结合的志愿者团队，在前期公益线上案例的基础上，挑选质量较高的案例，生成线上 STEM 课程“居家·生物 STEM”“节气·生物 STEM”“传统节日·生物 STEM”3 门公益课程，并通过线上少年宫公益课的形式向全国推广。

5 研究成效与分析

5.1 不同层次的教师获得迅速成长

持续两年多的课程开发，有 200 多位教师加盟馆校协作公益课程开发与实施团队并获得成长，以东莞市内生物学教师为主（线下实施），也有来自新疆、云南、吉林、山东、贵州、陕西等省外 40 位生物学教师（线上开发）。大家的一致评价是：参与门槛低，只要愿意人人有机会参与课程开发，并在工作室成员的指导下加以完善，是非常好的成长平台。省工作室公众号关注量自课题开始研究以来，从 514 人增加至 6573 人，增加约 12 倍，其中生物学、科学教师居多。

5.2 不同层次的学生获得迅速成长

线上线下课程都是面向全体青少年，也没有门槛，只要有兴趣都可以参与。从线下线上活动的参与度来看，科普活动让广大青少年开阔视野，公益课让广大青少年亲身体验，尤其是从答辩环节可以看出，参与活动后获得较快的成长。

5.3 工作室获得迅速成长，特色得到进一步彰显

疫情背景下推出“居家·生物 STEM”“节气·生物 STEM”“传统节日·生物 STEM”等公益课程引起全国各地师生关注，并得到北京师范大学（中国教育创新研究院）、华东师范大学（全国教育类核心期刊《生物学教学》）等高校研究机构助力推广；还应邀参加了全国劳动教育研讨会分享“居家生物学与劳育创新融合”，50 多万人在线聆听，扩大了工作室在全国的知名度和影响力，工作室的“做中学”生命教育特色也得到进一步彰显。以生物仿生设计及创意物化为方向的课程“智慧生物学”2019 年更是获得全国青少年科技

创新大赛一等奖和 STEM 园丁成就奖专项奖。"居家生物学"是"智慧生物学"的延伸与补充，很好地实现了学校与家庭学习相结合。

6 研究创新点

本课题具有以下创新点：①以广东省肖小亮名师工作室团队为纽带，遵循合作共赢原则，通过跨部门协同开发生命科学 STEM 课程，充分调动社会资源支持学生的 STEM 学习与研究，最优化配置资源支持 STEM 教育，在国内外较为少见。②组建馆校协作公益课程开发与实施团队，门槛低，同伴互助成长快，通过"市内培养"和"全国补充"相结合，很好地实现了志愿服务线上线下互补。③持续 3 年定期（每周、每个节气、每个暑假）开发多个方向的公益 STEM 课程，并且公益推广，获益面广。

7 实践生成与展望

自 2013 年探索馆校结合推科普以来，不断生成新的研究课题，纵向推进合作研究，至今已有 120 多万受众获益。经过十年探索，教师由活动开发到课程开发到公益实施，学生由被动参观到主动学习到公益助教……现拟进一步拔高，以生命科学 STEM 课程学习发展非正规教育和非正式学习，探索非正规教育以及非正式学习到正式学习的衔接与互补、转化与提升，让校外课程补充校内资源，特别是为"湾区都市　品质东莞"探索新型馆校协作"合力"推广非正规教育模型，让更多青少年在东莞接受高品质、有温度、受益终身的校内外教育。期待下一个十年更精彩！

参考文献

[1] 肖小亮、卢懿健编著《馆校合作在路上》，新世纪出版社，2019。

[2] 肖小亮：《基于 STEAM 的仿生设计及创意物化活动方案》，《中国科技教育》2020 年第 9 期。

图书在版编目（CIP）数据

馆校结合助推"双减"工作：第十四届馆校结合科学教育论坛论文集 / 李秀菊，曹金，李萌主编 .--北京：社会科学文献出版社，2023. 2

ISBN 978-7-5228-1004-1

Ⅰ. ①馆… Ⅱ. ①李…②曹…③李… Ⅲ. ①科学馆-科学教育学-中国-文集 Ⅳ. ①N282-53

中国版本图书馆 CIP 数据核字（2022）第 205604 号

馆校结合助推"双减"工作

——第十四届馆校结合科学教育论坛论文集

主　　编 / 李秀菊　曹　金　李　萌

出 版 人 / 王利民
责任编辑 / 张　媛
责任印制 / 王京美

出　　版 / 社会科学文献出版社 · 皮书出版分社（010）59367127
地址：北京市北三环中路甲 29 号院华龙大厦　邮编：100029
网址：www. ssap. com. cn
发　　行 / 社会科学文献出版社（010）59367028
印　　装 / 三河市龙林印务有限公司

规　　格 / 开 本：787mm× 1092mm　1/16
印 张：33　字 数：556 千字
版　　次 / 2023 年 2 月第 1 版　2023 年 2 月第 1 次印刷
书　　号 / ISBN 978-7-5228-1004-1
定　　价 / 158.00 元

读者服务电话：4008918866